Der BIM-Manager

Jetzt diesen Titel zusätzlich als E-Book downloaden und 70 % sparen!

Als Käufer dieses Buchtitels haben Sie Anspruch auf ein besonderes Kombi-Angebot: Sie können den Titel zusätzlich zum Ihnen vorliegenden gedruckten Exemplar für nur 30 % des Normalpreises als E-Book beziehen.

Der BESONDERE VORTEIL: Im E-Book recherchieren Sie in Sekundenschnelle die gewünschten Themen und Textpassagen. Denn die E-Book-Variante ist mit einer komfortablen Volltextsuche ausgestattet!

Deshalb: Zögern Sie nicht. Laden Sie sich am besten gleich Ihre persönliche E-Book-Ausgabe dieses Titels herunter.

In 3 einfachen Schritten zum E-Book:

1. Rufen Sie die Website **www.beuth.de/e-book** auf.

2. Geben Sie hier Ihren persönlichen, nur einmal verwendbaren E-Book-Code ein:

   2623264AB6CFFC3

3. Klicken Sie das „Download-Feld" an und gehen dann weiter zum Warenkorb. Führen Sie den normalen Bestellprozess aus.

Hinweis: Der E-Book-Code wurde individuell für Sie als Erwerber dieses Buches erzeugt und darf nicht an Dritte weitergegeben werden. Mit Zurückziehung dieses Buches wird auch der damit verbundene E-Book-Code für den Download ungültig.

Der BIM-Manager

DIN

Mark Baldwin

Der BIM-Manager

Praktische Anleitung für das BIM-Projektmanagement

1. Auflage 2018

Herausgeber:
DIN Deutsches Institut für Normung e. V.
Mensch und Maschine Schweiz AG

Beuth Verlag GmbH · Berlin · Wien · Zürich

Übersetzung aus dem Englischen: Reimer Dietze

Herausgeber: DIN Deutsches Institut für Normung e. V.
Mensch und Maschine Schweiz AG

Berlin · Wien · Zürich
Am DIN-Platz
Burggrafenstraße 6
10787 Berlin

Telefon: +49 30 2601-0
Telefax: +49 30 2601-1260
Internet: www.beuth.de
E-Mail: kundenservice@beuth.de

Titelbild: © André Ringel
Illustrationen: Germar Wambach (www.g-wambach.de)
Satz: B & B Fachübersetzergesellschaft mbH, Berlin
Druck: Leyko, Kraków
Gedruckt auf säurefreiem, alterungsbeständigem Papier nach DIN EN ISO 9706

ISBN 978-3-410-26232-9
ISBN (E-Book) 978-3-410-26233-6

Vorwort

Richard Petrie
CEO buildingSMART International

Wir leben in aufregenden Zeiten. Wir stehen am Anfang von Industrie 4.0, der vierten industriellen Revolution. Im Rekordtempo werden allenthalben Innovationen eingeführt; und ungeachtet aller Spekulation darüber, was die Zukunft wohl bringen mag, gibt es viel zu definieren. Das ruft ebenso viel Unsicherheit wie Enthusiasmus hervor. Erstere kann sowohl Widerstände als auch gesunde Skepsis auslösen, Letzterer bringt Innovationen voran.

Industrie 4.0 bezieht sich auf den aktuellen Trend zur digitalen Automatisierung und zum digitalen Datenaustausch in der Produktion. Hierzu gehören Konzepte wie das „Internet der Dinge" und die cloudbasierte Datenverarbeitung.

Um die Implementierung von Industrie 4.0 zu unterstützen, sind vier Prinzipien festgelegt worden. Sie sollen der Verunsicherung entgegenwirken und Innovationen fördern. Es handelt sich um

- Interoperabilität
- Informationstransparenz
- technische Unterstützung
- dezentrale Entscheidungsstrukturen.[1]

Die Parallelen zwischen diesen Prinzipien für Industrie 4.0 und dem, was wir speziell in der Digitalisierung der Bauindustrie anstreben, sind unübersehbar. Bei *buildingSMART* geht es uns im Kern um die **Transparenz** von Informationen und um **Interoperabilität** durch die Entwicklung offener Normen. D. h., es handelt sich um die Entwicklung **technischer Mechanismen**, die die **Dezentralisierung** (und intelligente Verknüpfung) von Informations- und Entscheidungsfindungsprozessen ermöglichen.

buildingSMART ist eine internationale Organisation, die die Entwicklung von Normen für openBIM (openBIM-Standards) vorantreibt.

Natürlich stehen wir dabei vor mancherlei Herausforderungen, und man muss zugeben, dass die Digitalisierung die Bauindustrie – eine der ältesten Industrien überhaupt und vielleicht eine der widerständigsten – nur langsam erreicht hat. Doch der Prozess hat begonnen, und seit einigen Jahren sehen wir Vorboten dessen, was er mit sich bringen könnte.

BIM (Building Information Modelling) – Bauinformationsmodellierung – ist der Einsatz digitaler Modelle für die Planung, Realisierung und betriebliche Nutzung baulicher Liegenschaften.

Modell-basierte Planung ist heute ein festes Standbein der meisten großen Planungsbüros, ermöglicht sie doch komplexeres Planen und

1 *Hermann / Pentek / Otto* (2016): Design Principles for Industry 4.0 Scenarios, published in: 49th Hawaii International Conference on System Sciences (HICSS), 2016.

ISO
(en: *International Organization for Standardization*) ist die Institution, die Internationale Normen entwickelt und herausgibt.

CEN
(fr: *Comité Européen de Normalisation*) ist das europäische Normungsinstitut – eine öffentliche Organisation, die europaweite Normen (ENs) entwickelt und veröffentlicht.

IFC
(en: *Industry Foundation Classes*) ist ein offener Standard zum Austausch von Modelldaten zwischen verschiedenen Softwarelösungen.

frühzeitigere wie exaktere Entwurfsprüfungen. Immer öfter sieht man auf Baustellen Laserscans, *BIM-to-Field*-Mobilgeräte und computergesteuerte Erdbewegungsmaschinen. Dies alles bringt Zugewinn an Sicherheit und Produktivität. Die betriebliche Nutzung von Bauwerken wird durch CAFM- (Computer-Aided Facility Management) und cloudbasierte Gebäudeautomationssysteme einfacher und lässt sich zugleich verantwortungsvoller und kosteneffizienter handhaben.

buildingSMART ist weltweit für *openBIM* zuständig; Aufgabe der Organisation ist die Entwicklung und Umsetzung von *openBIM*-Normen, von denen inzwischen einige durch ISO und CEN übernommen wurden. Ich nehme an, dass Ihnen die *Industry Foundation Classes* (IFC) geläufig sind. IFC (ISO 16739) ist die Norm für die Struktur von Datentransfers, die Grundnorm von *buildingSMART*, auf der alle anderen *buildingSMART*-Normen aufbauen, und zugleich eine Basis, von der sämtliche *openBIM*-Datenaustauschvorgänge ausgehen können.

Ich bezeichne IFC gern als das Betriebssystem von buildingSMART. So gesehen sind die anderen *buildingSMART*-Normen „Apps", die die Funktionalität und Nutzbarkeit von IFC erweitern. Dazu gehören das *buildingSMART*-Daten-Wörterbuch (*BuildingSMART Data Dictionary* = bSDD), die Anleitung zur Informationsbereitstellung (*Information Delivery Manual* = IDM), Modellansichtsdefinitionen (*Model View Definitions* = MVDs) und das kollaborative BIM-Format BCF (*BIM Collaboration Format*).

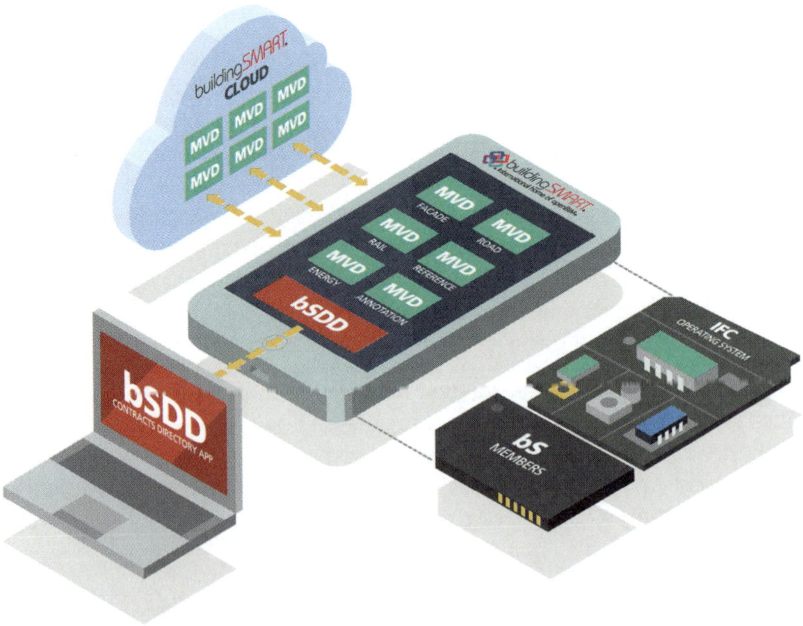

Quelle: buildingSMART International

Abbildung 1: Die buildingSMART-„Smartphone-Analogie"

Diese Normen erwähne ich hier nur im Vorübergehen, werden sie doch im vorliegenden Buch detailliert dargestellt. Hier mag es genügen zu sagen, dass diese *buildingSMART*-„Apps“ dazu dienen, komplexe Datenaustauschprozesse so zu formatieren, dass sie den Mustern bestmöglicher digitaler Verfahrensweisen entsprechen. Sie stellen einen wichtigen Schritt zur Vereinfachung und Standardisierung künftiger Arbeitsabläufe und zur Ermöglichung digitaler Transfers und digitaler Zusammenarbeit innerhalb von Projektteams und über Landesgrenzen hinweg dar.

Auf die Initiativen von *buildingSMART* kommt es sowohl auf nationaler als auch auf internationaler Ebene an. Ich lade Sie ein, sich dieser Bewegung anzuschließen, *openBIM* zu unterstützen und bei der Beschleunigung von Industrie 4.0 innerhalb der Bauindustrie mitzuwirken.[2]

2 Weitere Informationen auf www.buildingsmart.org.

Vorwort des Herausgebers

Rainer Sailer
Geschäftsführer des Bereiches Bauwesen
Mensch und Maschine Deutschland GmbH

Dies ist ein Buch für BIM-Manager und Menschen, die mit der Implementierung der BIM-Methode in ihrem Unternehmen wie auch mit der Anwendung von BIM im Projektkontext befasst sind. Es möchte Ihnen die Kernprinzipien vorstellen, welche Sie in Ihrem Unternehmen direkt umsetzen können.

Dies ist kein theoretisches Buch und keine Zukunftsspekulation. Es geht darum Schlüsselkonzepte und -prinzipien des Building Information Modelling in ihrem Kontext zu erklären. Mehr als alles andere jedoch ist es ein praktischer Leitfaden zur Planung und Umsetzung von BIM-Projekten weltweit.

Der BIM-Manager stellt das Wissen und die Prinzipien dar, die hinter der Building Information Modelling bei Mensch und Maschine stehen. Das ist die Methodik, die wir in unserer Arbeit flächendeckend anwenden: in unserem *BIM-Ready*-Programm, in der Kundenbetreuung und der Projektbegleitung.

Mensch und Maschine ist eine deutsche Technologie-Firma, die in der Bau-, Infrastruktur-, GIS- und Maschinenbaubranche tätig ist. Mit über 700 Mitarbeitern ist das Unternehmen europaweit vertreten.

Das *BIM-Ready*-Trainingsprogramm ist ein Kernstück unserer Dienstleistung. Es deckt die praktischen Bedürfnisse von Planern, Koordinatoren und Managern in der Bauindustrie ab und wurde bislang mit über 2.000 Teilnehmerinnen und Teilnehmern in Deutschland, Österreich, der Schweiz und anderen Ländern durchgeführt. Das Programm ist abgestimmt auf das Programm zur professionellen Zertifizierung von *buildingSMART*, mit dem wir intensiv zusammenarbeiten.

BIM-Ready ist ein von Mensch und Maschine entwickeltes Trainingskonzept, das die drei Kernbereiche von BIM abdeckt: Konstruktion, Koordination und BIM-Management.

Die Arbeit unserer Kunden, darunter einige der renommiertesten Liegenschaftsbetreiber, Bauunternehmen und Bauplaner im deutschsprachigen Raum, zeigt den Erfolg unserer Herangehensweise. Im vorliegenden Buch finden Sie sowohl Beiträge als auch Projektbeispiele der Firmen SBB Immobilien, Strabag, Implenia, Losinger Marazzi, Obermeyer, Herzog & de Meuron, Burkhardt & Partner, Boll & Partner, Hild & K und vieler anderer Unternehmen.

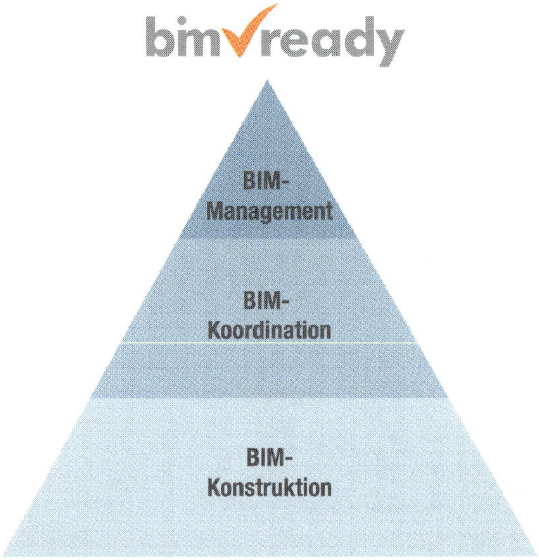

Abbildung 2: Das BIM-Ready-Schulungskonzept von Mensch und Maschine

Mark Baldwin hat mehr als dreizehn Jahre Erfahrung in der Planung, Durchführung und beratenden Begleitung von BIM-Projekten in Australien, dem Nahen Osten und Europa. Als Kombination seiner Projekterfahrung, technischen Kompetenz und tiefgreifenden konzeptionellen BIM-Expertise legt Baldwin mit diesem Buch einen wichtigen Beitrag für BIM-Praktiker vor. Er versteht es, Mythen und Missverständnisse beiseite zu räumen und eine klare, durchdachte Methodik der Implementierung von BIM und der BIM-gestützten Projektabwicklung zu präsentieren.

Ich bin überzeugt, dass *Der BIM-Manager* Ihnen die Ressourcen an die Hand gibt, die Sie brauchen, um BIM in Ihrem Unternehmen erfolgreich planen, implementieren und anwenden zu können.

Vorbemerkung des Verfassers

Mark Baldwin
Leiter BIM Management
Mensch und Maschine Schweiz AG

Natürlich ist *Building Information Modelling* nichts Neues. Während der letzten zehn Jahre ist BIM weltweit in tausenden Projekten erfolgreich eingesetzt worden. Unterstützende Technologien und Prozesse wurden entwickelt und verfeinert, reiches Wissen und vielfältigste Erfahrungen wurden gesammelt, aus denen wiederum konkrete Prinzipien und dokumentierte Verfahrensvorgaben abgeleitet wurden, die Planung, Umsetzung und Durchführung von BIM-Projekten zu unterstützen. Das vorliegende Buch möchte diese Prinzipien einfach und übersichtlich vermitteln.

Das kann selbstverständlich nicht erschöpfend geschehen. Innovation und Weiterentwicklung sind bei BIM an der Tagesordnung. Vieles, was initiativ unternommen wird, ist noch längst nicht abgeschlossen – das gilt auch für den „Eckstein“ *openBIM, IFC* (s. dazu Kap. 3). Nach wie vor ist vieles zu definieren und zu verbessern. Das kann eine gewisse Unsicherheit oder gar Verwirrung nach sich ziehen, sehen wir uns doch unaufhörlich mit unvollständigen, übertriebenen und zuweilen widersprüchlichen Aussagen konfrontiert.

Inmitten all der Verwirrung und der Missverständnisse im Hinblick darauf, was BIM ist und nicht ist, möchte dieses Buch ein stabiles Fundament legen. Es greift auf anerkannte Normen und erprobte, bestmögliche Verfahrensweisen zurück, um eine robuste Methode der Implementierung von BIM und des BIM-gestützten Projektmanagements aufzuzeigen.

Der Inhalt dieses Buches unterteilt sich in drei Abschnitte. Der erste bietet eine allgemeine Einführung in Konzeption und Kontext der Gebäudeinformationsmodellierung. Im zweiten wird eine Methodik der strategischen Planung und Implementierung von BIM innerhalb einer Organisation bzw. eines Unternehmens erläutert. Der dritte Abschnitt enthält eine Schilderung der Aktivitäten und Prozesse des BIM-gestützten Projektmanagements von der Projektdefinition über Planung und Bauausführung bis hin zur Übergabe an den Auftraggeber.

BIM ist ein weites Feld, zu dem vielfältige Branchen, Arbeitsbereiche, Phasen und Projektarten gehören. Sämtliche Bereiche mit einem breiten

Pinselstrich abdecken zu wollen, wäre unrealistisch. Deshalb beschränkt sich der Fokus des vorliegenden Buches auf die Planungs- und Ausführungsphasen im Hochbau. Diese werden grundsätzlich aus dem Blickwinkel von Unternehmen dargestellt, die planerisch tätig sind, d.h. aus der Sicht von Architekten und Fachplaner. Tiefbau wird in diesem Buch ebenso wenig im Detail behandelt wie Infrastrukturprojekte. Auch die BIM-Anwendungsbereiche betriebliche Nutzung und Liegenschaftsverwaltung kommen hier nicht zur Sprache. Nichtsdestoweniger sind die dargestellten Prinzipien allgemeingültig und gelten im Großen und Ganzen für alle Projektbeteiligten aus sämtlichen Bereichen der Bauwirtschaft.

Dank

Dieses Werk steht in keiner Hinsicht für sich allein. Es ist nur ein dünner Faden innerhalb eines globalen Gewebes, das immer noch im Entstehen begriffen ist. Ich habe mir alle Mühe gegeben, den Quellen und Urhebern der Gedanken gerecht zu werden, die in diesem Buch zur Sprache kommen. Da sich die BIM-Welt jedoch rapide weiterentwickelt, ist nicht immer klar, woher oder von wem bestimmte Überlegungen stammen. Ich bitte im Voraus um Entschuldigung, falls mir irgendein Irrtum unterlaufen sein sollte oder ich es versäumt habe, eine Quelle bzw. einen Urheber korrekt zu benennen.

Von vornherein möchte ich meine Hochachtung vor der jahrzehntelangen Pionierarbeit und dem innovativen Schaffen ausdrücken, die mein Verständnis der Building Information Modelling geprägt haben und die auch Grundlage meiner eigenen Beiträge auf diesem Gebiet sind. Jene bedeutenden Leistungen haben uns alle erst dahin gebracht, wo wir heute stehen, und geben uns das Privileg, von früheren Entwicklungen zu lernen und sie vielleicht auch hier und da zu kritisieren. Unser eigener Beitrag stellt nicht mehr als eine Momentaufnahme innerhalb einer sich immer weiter entrollenden Geschichte dar.

Deshalb möchte ich auch denen, die nach uns kommen werden, meine Anerkennung ausdrücken. Vielleicht wird die nächste Generation auf den hier präsentierten bescheidenen Beitrag zurückgreifen, ihn weiterentwickeln, vielleicht auch ihn in Frage stellen oder widerlegen. In jedem Falle ist zu hoffen, dass sie das hier weitergegebene Wissen beständig verbessern wird.

Wenn es ein Herzstück der weltweiten BIM-Bewegung gibt, so etwas wie eine sprudelnde Quelle des Wissens, dann ist das ohne Frage *buildingSMART*, die internationale gemeinnützige Organisation, die für die meisten wichtigen internationalen BIM-Normen verantwortlich zeichnet und so viele bedeutende Initiativen auf nationaler Ebene in Gang gesetzt hat. Mehr noch als die Ergebnisse der Arbeit von *buildingSMART* möchte ich an dieser Stelle jedoch die Menschen würdigen, die hinter dieser Organisation stehen, und zwar sowohl die weithin bekannten Persönlichkeiten, deren Namen Synonyme für bahnbrechende *openBIM*-Entwicklungen sind, als auch die weniger prominenten Frauen und Männer, die mit Entwicklungs- und Verwaltungstätigkeiten befasst sind. Bis heute ist die *buildingSMART*-Gemeinschaft meine wichtigste Plattform für den Erwerb von Wissen, die Erfahrung von Inspiration, den kollegialen Austausch und das Erleben von Kameradschaft in Sachen BIM.

Ich möchte auch denen meine Wertschätzung ausdrücken, die im Laufe meines Berufslebens meine BIM-Kenntnisse und -Fertigkeiten unmittelbar gefördert, inspiriert und auf die Probe gestellt haben, angefangen von meiner förmlichen Einführung in das Arbeiten mit BIM durch den Leiter Planungstechnologie bei Architectus Sydney, Rodd Perrey, im Jahre 2005.

Im Rückblick auf meine Zeit im Nahen Osten möchte ich ebenso meinem gelehrten Vorgesetzten bei Oger International Abu Dhabi, Gerard Couturier, danken wie meinen hervorragenden Kollegen und BIM-Managern Alexander Kolpakov und Lee Combs. Auch den Kollegen und guten Freunden bei Mensch und Maschine, mit denen ich heute zusammenarbeite, möchte ich Anerkennung und Dank aussprechen.

Ohne den Ansporn und die Unterstützung des Leiters Architektur, Ingenieur- und Bauwesen bei Mensch und Maschine, Rainer Sailer, wäre dieses Buch ebenso wenig entstanden wie ohne die Vision und kontinuierliche Ermutigung, die ich meinem Geschäftsführer Thomas J. Müller verdanke. Weiter danke ich Germar Wambach für die Erstellung der Abbildungen und Grafiken, Shawna Lessard für das englische Lektorat und Reimer Dietze für die Übertragung ins Deutsche. Dazu möchte ich mich beim Projektteam von Beuth Verlag bedanken, insbesondere Sarah Merz und Sven Bergander.

Schließlich möchte ich meiner entschiedensten Fürsprecherin und strengsten Kritikerin, meiner Teilzeit-Übersetzerin, bewährten Navigatorin und ständigen Gefährtin danken, meiner lieben Frau Maria-Luise – und mit ihr unserer entzückenden Tochter Mia-Sophie. Die beiden sind meine kontinuierliche Erinnerung an alles, was schön und wichtig ist außerhalb der BIM-Welt!

Inhaltsverzeichnis

1 Einführung

Es gibt nichts so Unnützes, als wenn man mit großer Effizienz etwas tut, das überhaupt nicht getan werden sollte.

Peter Drucker

Building Information Modelling (oder BIM) ermöglicht uns, die Art, wie wir arbeiten, ganz neu zu denken. BIM versetzt uns in die Lage, integriert und unmittelbar zusammenzuarbeiten, unsere planerischen Entscheidungen ungeheuer schnell und genau zu validieren sowie die Beiträge sämtlicher Projektbeteiligter zugänglich zu machen, zu integrieren und zu analysieren.

BIM ist zugleich ein Kommunikationswerkzeug, mit dessen Hilfe wir unsere Planungsabsicht besser zum Ausdruck bringen können, ohne dass wir Gefahr laufen, dabei nicht präzise genug zu sein oder missverstanden zu werden. Nicht minder ins Gewicht fällt seine Qualität als Management-Tool, das die automatische Erkennung von Planungsfehlern, -konflikten oder -lücken erleichtert.

Vielleicht mehr als alles andere ist BIM ein Instrument des Projektmanagements, das Projektteams befähigt, mit großer Genauigkeit Kostenschätzungen vorzunehmen, den Materialausschuss zu reduzieren, die Terminplanung zu optimieren, konstruktive Aktivitäten zu simulieren und die betriebliche Nutzung von Bauten zu rationalisieren. Zugleich ist BIM ein Mechanismus, der die Verwaltung von Vertragswerken unterstützt, Aufgaben zuordnet und ihre Ausführung überwacht, Änderungen managt und den Projektfortschritt im Ganzen plant, überwacht und dokumentiert.

BIM ersetzt keine Fachkompetenz. Es bedroht nicht, wie viele befürchten, den Berufsstand der Architekten und Bauingenieure. Nach wie vor steht das Bauvorhaben als solches im Mittelpunkt, und der Erfolg eines Projekts hängt ebenso sehr von der Kompetenz der daran beteiligten Menschen ab wie von allen anderen relevanten Faktoren. Wie eh und je brauchen wir auch heute in der Bauindustrie gut ausgebildete und erfahrene Profis.

Allerdings verändert BIM unsere Art zu arbeiten. Manuelle und Routinetätigkeiten werden automatisiert werden. Die eine oder andere Tätigkeit wird überflüssig werden. Neue Berufsrollen treten in Erscheinung: der „Informationsmanager“, der „BIM-Koordinator“ oder der „BIM-Manager“. Althergebrachte Technologien werden ersetzt, und neue Normen und Leitlinien, die digitale Arbeitsprozesse unterstützen, sind in Entwicklung begriffen.

Es stimmt auch, dass die Vision von BIM weit über das hinausgeht, was heute den Großteil der Bauindustrie ausmacht. Vieles, was BIM verspricht, erscheint unrealistisch und womöglich unerreichbar.

Wie also können wir diese Vision mit unserem praktischen Alltagsgeschäft verbinden? Was müssen wir wirklich wissen, und welche konkreten Schritte können wir gehen, um diese Dinge von der Vision zur Realität werden zu lassen?

Das vorliegende Buch möchte diese Fragen beantworten. Es will konkret verständlich machen, was BIM ist und wie es in der praktischen Projektarbeit angewandt werden kann.

Treten wir also ein paar Schritte zurück und schauen uns den Kontext an, in den BIM eingebunden ist.

1.1 Das Bauwesen im digitalen Umbruch

Digitale Technologien verändern unser Leben. Das Internet ist für die meisten unserer Geschäftsvorgänge zum unersetzlichen Rückgrat geworden. Die allgemeine Verbreitung von Smartphones und anderen mobilen Kommunikationsgeräten bringt es mit sich, dass wir heute in so gut wie allen Bereichen unserer professionellen und privaten Interaktion *online* sein wollen und müssen. Digitale Technologien verändern unsere Kommunikation, die Art, wie wir Bankgeschäfte tätigen, einkaufen, unseren Urlaub planen, lernen, unsere Meinung kundtun und uns mit Freunden verabreden.

Innovationen und Neuentwicklungen kommen niemals zum Stillstand und verändern fortwährend die Spielregeln. Dank Google und Wikipedia wandeln sich die Regeln, die für Urheberschaft und Austausch von Informationen gelten (wodurch herkömmliche Enzyklopädien und andere statische Informationsquellen nahezu überflüssig werden). Amazon, eBay, Zalando und andere stellen den Einzelhandel auf den Kopf: Der Online-Kauf gewinnt gegenüber dem stationären Handel mehr und mehr Marktanteile. Denselben Effekt haben iTunes in der Musikbranche sowie booking.com, Tripadvisor und andere im Reisegeschäft. Digitale Technologien schaffen gleiche Rahmenbedingungen für kleine und große Anbieter und rücken den Kunden wieder in den Mittelpunkt. Die Erfahrungen und Bewertungen derer, die ihre Online-Dienste täglich nutzen, bestimmen die Geschäftsmodelle dieser Unternehmen.

Die Disparität zwischen kleinen und großen Anbietern (Unternehmern) hat sich verengt, aber noch deutlicher sitzt der Nutzer am Steuer. Es kommt auf die Wahl, die Einstellungen und Nutzergewohnheiten des Einzelnen an; und heute verfügen wir über Zugänge und Ressourcen, um diese Entscheidungen unmittelbare Aktionen auslösen zu lassen. Einkaufen, kommunizieren und Transaktionen ausführen – das alles erfordert nicht mehr als einen Mausklick. Ja, sogar die Maus ist überholt. Es genügt, den Bildschirm zu berühren.

Branche	Traditionelle Geschäfte	digitale Umwälzung
Reisen	Reiseagentur	Booking.com, Expedia, Skyscanner
	Mietwagen	Rhina Car hire, Kayak
	Taxis	Uber
Einkauf	Kleidung	Zalando, Outfittery
	Kaufhaus	eBay, Wayfair
	Buchhandlung	Amazon, Alibris
Medien	Enzyklopädien	Google, Wikipedia
	Musik	iTunes, Spotify
	Kino	YouTube, Netflix

Abbildung 3: Branchen im digitalen Umbruch

1.1.1 Die Begründung für BIM

Nicht in allen Wirtschaftsbereichen greift die digitale Transformation durch. Anhaltenden Widerstand leistet eine der ältesten und ineffizientesten Industriebranchen: die Bauindustrie.

Historisch gesehen hat die Bauindustrie Innovationen nie rasch umgesetzt. Betrachten wir die letzten Jahrzehnte vor der „digitalen Revolution", so sehen wir, dass die Produktivität in allen anderen wirtschaftlichen Sektoren schneller wuchs als in der Bauindustrie. Eine 2004 am *Center for Integrated Facility Engineering* (Zentrum für Integriertes Immobilien-Management) der Universität Stanford durchgeführte Studie zeigt, dass die Produktivität in der Bauindustrie im Zeitraum 1964–2004 um ca. 20 % gesunken ist, während alle anderen Branchen im selben Zeitraum ein mehr als hundertprozentiges Produktivitätswachstum verzeichneten.[3]

Eine ähnliche Studie wurde in Deutschland durchgeführt. Für einen Untersuchungszeitraum von 24 Jahren (1991–2015) wies die Studie nach, dass die Produktivität der deutschen Bauindustrie stagnierte, während andere industrielle Branchen in Deutschland im selben Zeitraum ein durchschnittliches Produktivitätswachstum von 70 % verzeichneten.[4]

Könnte man nur sagen, die Produktivität sei nicht gewachsen, weil die Bauindustrie mit maximaler Effizienz arbeitete! Doch so liegen die Dinge natürlich nicht. Im Gegenteil, die Bauindustrie ist eine der am wenigsten effizienten Branchen überhaupt.

3 *Teicholz,* Prof. Dr. Paul, Abt. f. Bau- u. Umweltingenieurwesen, Universität Stanford. Zwar wurde die Agrarindustrie in dieser Studie nicht berücksichtigt, das US-Landwirtschaftsministerium vermeldet jedoch, dass auch in diesem Sektor die Produktivität im Untersuchungszeitraum um 100 % stieg. (Quelle: www.ers.usda.gov/data-products/agricultural-productivity-in-the-us/).

4 www.ctb.de/wiki/ctb/BIM_(CTB).php

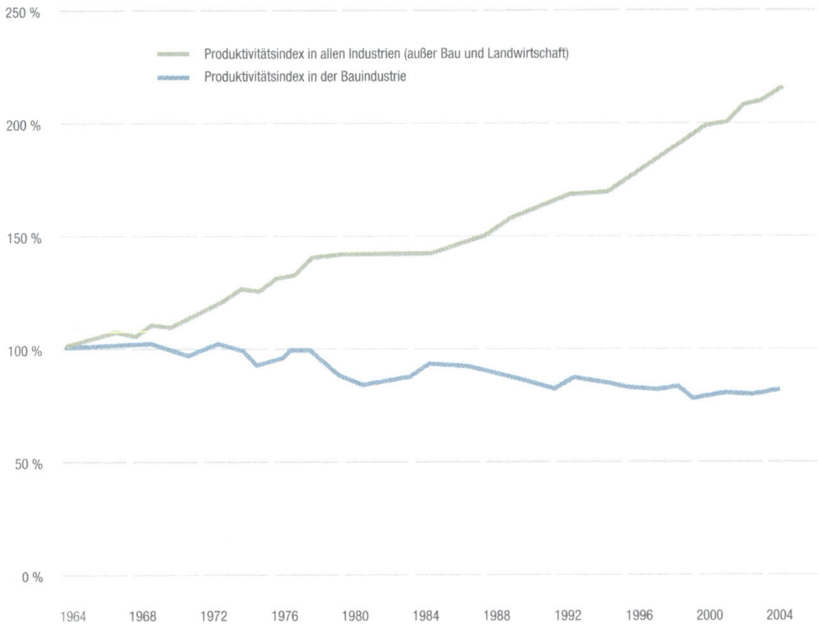

Quelle: Teicholz, Prof. em. Dr. Paul, Abt. f. Bau- und Umweltingenieurwesen, Universität Stanford

Abbildung 4: Produktivitätsentwicklung in der Bauindustrie verglichen mit anderen Industrien

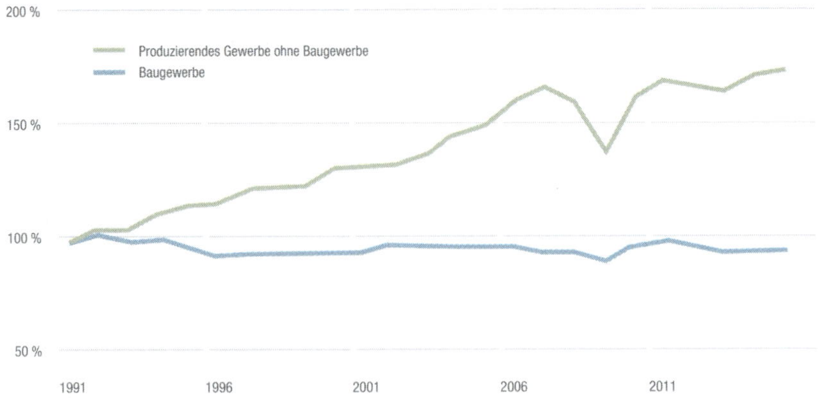

Quelle: Statistisches Bundesamt, Deutschland

Abbildung 5: Berechnung des Bruttoinlandsprodukts in Deutschland – Lange Reihen ab 1970, Fachserie 18, Reihe 1.5 – 2015

Die Bauindustrie produziert mehr Ausschuss als alle anderen industriellen und gewerblichen Branchen. Für das Jahr 2014 wurde geschätzt, dass 33,5 % der Vergeudung von Material und Ressourcen in der Europäischen Union zulasten der Bauindustrie gingen, während diese nur 5,4 % zum Gesamt-Wirtschaftsergebnis (GDP) der EU beitrug.[5]

Wo liegen die Gründe dieser Ineffizienz? Drei ursächliche Faktoren lassen sich ausmachen:

1. Fragmentierung der Industrie

Die Bauindustrie wird immer komplexer und fragmentierter. Jahrzehnt für Jahrzehnt entstehen neue Teilbranchen und Gewerke. Mit jedem Spezialisierungsschritt werden Projektanforderungen komplexer und Kommunikations- wie Entscheidungsfindungsprozesse umständlicher. Die Mehrzahl der Auftragnehmer – Firmen mit weniger als zehn Beschäftigten[6] – sieht sich vor schier unüberwindlichen Hürden, wenn es darum geht, den so entstehenden Informationsrückstand aufzuholen.

2. Manuelle, ineffiziente und veraltete Prozesse

Viele unserer Planungs- und Bauausführungsmethoden sind heillos veraltet. Kernbranchen der Bauindustrie wie Maurer, Zimmerleute, Dachdecker usw. haben sich seit Jahrhunderten kaum verändert, und die Vorschriften, nach denen wir Bauzeichnungen erstellen, sind ein Relikt aus der Zeit der Renaissance. Gewiss haben diese Verfahrensweisen in der Vergangenheit gute Dienste geleistet, um gut eingeführte, standardisierte Bauprozesse zu gewährleisten; in die heutige Zeit passen sie jedoch nicht mehr.

Ebenso verhält es sich mit der Masse an Dokumenten, die bei Vorlage eines Bauplans anfallen. Bauvorschriften, Ausstattungslisten, Zeitpläne, Betriebs- und Wartungshandbücher, Verträge, Änderungsaufträge und jede Menge weiterer Dokumente ergänzen und duplizieren den Inhalt von Zeichnungen – und allzuoft widersprechen sie ihm auch. Es muss bessere Arbeitsmethoden geben!

3. Technologischer Widerstand

Die Bauindustrie ist im Großen und Ganzen konservativ und verhält sich sehr zurückhaltend, wenn es um die Übernahme neuer Technologien geht. Natürlich gibt es bemerkenswerte Ausnahmen wie z. B. die Entwicklung digitaler Fertigungsprozesse (CAD-CAM) im Stahlbau. Doch stehen diese Neuerungen üblicherweise für sich allein und bleiben ohne Einfluss auf die Gesamtheit der Wertschöpfungskette.

CAD
(en: *Computer Aided Design*) ist der Einsatz digitaler Werkzeuge in Entwurfs- und Planungsarbeiten. Üblicherweise bezieht sich der Begriff CAD auf zweidimensionale Zeichnungen, er kann jedoch auch dreidimensionales volumetrisches Modellieren einbeziehen.

CAM
(en: *Computer Aided Manufacturing*) ist der Einsatz digitaler Werkzeuge zur Unterstützung maschinell gesteuerter Produktionsvorgänge.

---

5 Basierend auf Untersuchungen aller 28 EU-Staaten. Quelle: Eurostat, Oktober 2016.

6 In der US-Bauindustrie liegt die Beschäftigtenzahl durchschnittlicher Marktteilnehmer bei zehn Personen (Quelle: US Census Bureau, 2016). In Großbritannien verfügen 66 % der Bauunternehmen über maximal drei Beschäftigte (Quelle: UK Office for National Statistics, 2016).

1.1.2 Die Antwort

Wie können wir nun mit dieser Sachlage umgehen, und welche Rolle spielt dabei die Building Information Modelling?

Die Fragmentierung der Industrie ist unumkehrbar. Ja, wir sind gut beraten, die Spezialisierung *voranzutreiben*, indem wir vernetzte, flexible und schnelle Möglichkeiten der Kommunikation und des Informationsaustausches schaffen. Wir müssen neue Prozesse einführen, die an die Stelle veralteter und ineffizienter Arbeitsabläufe treten und integrierte, digitale Arbeitsweisen fördern.

Schließlich und endlich muss es zu einem Kulturwandel kommen: Wir müssen Technologien anders betrachten und nutzen als bisher.

Viele der Technologien, die wir für diesen digitalen Wandel brauchen, gibt es bereits. Sie flirren an den Rändern unseres Blickfeldes herum: cloudbasierte IT-Prozesse, mobile digitale Kommunikationsgeräte, digitale Fertigungsweisen und GPS-gesteuerte Baumaschinen – um nur einige wenige zu nennen. Wir müssen sie uns schlicht und einfach aneignen.

Cloudbasierte Datenverarbeitung (en: *Cloud Computing*) bezieht sich auf Datenberechnung, die in Datenzentren und nicht in unseren PCs abläuft. PCs und Mobilgeräte brauchen dabei nur auf das Interface der jeweiligen Anwendung zuzugreifen, während die eigentlichen Rechenprozesse in der Cloud (Wolke) stattfinden.

1.2 Was ist Building Information Modelling?

Building Information Modelling ist ein digitales Rückgrat für die Bauindustrie. Sie ersetzt nicht die Kerntätigkeiten der Planung, Bauausführung und betrieblichen Nutzung von Projekten. Sie unterstützt diese Tätigkeiten, indem sie Projektdaten computerlesbar und offen austauschbar macht.

Das ist etwas ganz anderes als die digitalen Technologien wie CAD, die wir bisher genutzt haben.

Das traditionelle „flache CAD“ ist schlicht ein digitales Duplikat des Zeichnens. Es ist kaum ein Unterschied, ob eine Linie am Reißbrett oder am Bildschirm gezeichnet wird. Natürlich macht CAD es möglich, mit geringem Aufwand zu editieren, zu duplizieren oder zu reproduzieren bzw. zu drucken. Nichtsdestoweniger bietet CAD nur eine statische Wiedergabe von etwas, das in Wirklichkeit einen dynamischen, mehreren Beteiligten gemeinsamen „Organismus“ an Wissen darstellt, nämlich das zunehmende Korpus der Projektinformationen.

1.2.1 Die Bausteine von BIM

BIM ist objektorientiert und parametrisch. Jedes Objekt steht für ein Bauelement (also z. B. eine Wand oder Tür) und hat Beziehungen zu anderen Elementen: Eine Tür befindet sich in einer Wand, eine Wand begrenzt einen Raum, ein Raum ist auf einem Geschoss angesiedelt, ein Geschoss ist Teil eines Bauwerks. Diese Beziehungen sind dynamisch: Wird die Wand versetzt, verändern sich auch die Standorte der zugehörigen Fenster und Türen mit; setzt man eine Deckenhöhe größer an, so werden die Wände des betreffenden Raumes automatisch höher.

2D/3D CAD	BIM
digital	**digital**
weitgehend manuell statisch	objektorientiert parametrisch dynamisch

Abbildung 6: Eigenschaften der Traditionale CAD (links) in Vergleich mit BIM (rechts)

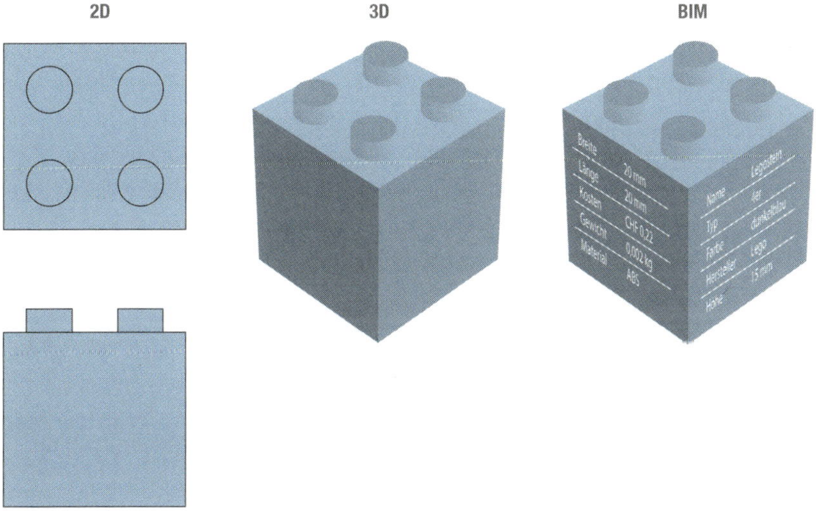

Abbildung 7: Die Lego-Analogie: von 2D-CAD zur objektorientierten Modellierung mit BIM

Parametrisch bedeutet, dass eine Einheit aus variablen Attributen oder Parametern konstruiert ist. Der Begriff „parametrisch" wird häufig auf geometrische Objekte angewandt, die modifizierbar sind. Jedoch können Parameter auch nichtgeometrisch sein; dies gilt z. B. für Material- oder Brandschutz-Eigenschaften. Parameter werden auch als **Objekteigenschaften** oder **-attribute** bezeichnet.

Klar ist, dass jedes einzelne Bauelement bestimmte Eigenschaften besitzt. Die Objekteigenschaften benennen das Wesen des Objekts: seine physikalischen Ausdehnungen, seine materielle Beschaffenheit, seine Funktion (tragend oder nicht?), seine Kosten, seine Entwicklungsreife bzw. seinen Freigabestatus. Jedes Objekt hat theoretisch unendlich viele Eigenschaften. Diese Fülle repräsentiert den verborgenen Wert von BIM – inwieweit wir sie nutzen, hängt nur von unserem eigenen Einfallsreichtum ab.

In einem ersten Schritt können wir die Objekteigenschaften als Identifikationsmechanismus nutzen. Innerhalb der Modellumgebung können wir rasch jedes Merkmal eines Objekts auswählen, um es zu visualisieren. Beispielsweise ist es möglich, sämtliche Türen im Modell sichtbar zu machen, um Mengen zu ermitteln. Es geht aber auch spezifischer, indem wir nach allen Türen suchen, die ein bestimmtes Materialfinish aufweisen. Oder wir

Abbildung 8: Objekteigenschaften ermöglichen effektive Such- und Sortierfunktionen

verwenden ein logikbasiertes Suchverfahren, mit dem wir alle Türen identifizieren, die bestimmte Brandschutz-Eigenschaften haben müssen, um zu überprüfen, ob die vorgesehenen Türen diese Anforderung tatsächlich erfüllen. Diese differenzierten Suchverfahren geben uns die Möglichkeit, Planungsfehler im Modell zu erkennen und zu beheben.

Die Modellarbeit auf der Ebene der Objekteigenschaften erleichtert zugleich die Kommunikation. Wir können eine spezifische Baukomponente wie z. B. eine Deckenleuchte namentlich identifizieren, um eine Änderung ihrer Lichtstärke zu veranlassen. Da im Modell jedes Objekt unverwechselbar identifiziert ist, kann es keine Unklarheit darüber geben, welches Element oder welche Element-Eigenschaft gemeint ist.

Mengenermittlung bezieht sich hier auf die BIM-Anwendung, bei der Stücklisten oder andere Auswertungen (z. B. Flächenermittlung) aus dem Modell generiert werden.

Von besonderem Wert ist das Modell darüber hinaus für die Planungskontrolle und -validierung, ob es sich nun um eine Kostenschätzung durch Verknüpfung von Kostenwerten mit einer extrahierten Mengenermittlung, eine komplexere statische Analyse oder energetische Simulationen handelt. Dank der Geschwindigkeit und Effizienz dieser analytischen Funktionen erweist sich BIM als unglaublich hilfreich, wenn es darum geht, Planungsalternativen zu vergleichen, Szenarien durchzuspielen und Ergebnisse zu simulieren.

Diese Konzepte, Prinzipien und Anwendungen von BIM werden im ersten Teil des vorliegenden Buches (Kapitel 2, 3 und 4) detaillierter erläutert.

1.3 BIM implementieren

BIM verspricht viel, bringt aber nicht immer die erhofften Resultate!

Neben den vielen erfolgreichen BIM-Projekten gibt es auch diejenigen, die nicht den versprochenen Nutzen erbringen, Projektteams frustriert zurücklassen und womöglich erhebliche Terminverzögerungen nach sich ziehen. Worin also besteht der Unterschied zwischen erfolgreichen und scheiternden Projekten?

Die Antwort ist bündig: in der strategischen Planung.

Natürlich gibt es viele Faktoren, die den Erfolg eines BIM-Projekts beeinflussen: Komplexität, Projektvolumen, Entwurfsänderungen, Kosten- oder

Termingesichtspunkte, technologische Beschränkungen oder sogar begrenzte Kompetenzen bzw. Erfahrungen im Team. Einige dieser Faktoren sind vorhersehbar, andere nicht – aber alle können mittels strategischer Planung effektiver gemanagt werden.

Der Erfolg einer BIM-gestützten Projektabwicklung beruht auf dem Setzen realistischer Ziele, klugem Erwartungsmanagement innerhalb des Projektteams sowie strukturierter Projektplanung und -durchführung.

Dieses Thema ist Gegenstand des zweiten Buchteils (Kapitel 5 und 6). Dort finden Sie einen Ablaufplan sowie Ressourcen für die Planung und Implementierung von BIM innerhalb Ihrer Organisation.

1.4 Der BIM-Prozess

Wer BIM in einem Projekt effektiv zum Einsatz bringen möchte, braucht praktisches, anwendbares Wissen, das sowohl die konzeptionellen und technologischen Aspekte von BIM als auch erprobte Erfahrung im Bereich des Projektmanagements umfasst. Die BIM-Pyramide stellt eine nützliche Verdeutlichung des vielschichtigen Wesens von BIM und der damit einhergehenden Tätigkeitsbereiche dar.

Viele sehen in BIM zunächst das *geometrische* 3D-Modell – etwas, mit dem wir alle umzugehen wissen. Das 3D-Modell ist ein wichtiger Bestandteil von BIM, im größeren Zusammenhang jedoch bildet es nur so etwas wie die Spitze des Eisbergs: BIM steht für sehr viel mehr.

Gewiss ist das geometrische Modell von erheblichem Wert – erheblich ist ja auch der Aufwand, der erforderlich ist, um es zu erstellen und zu managen. Noch gewichtiger ist jedoch der Informationsgehalt. Der wahre Wert des Modells liegt in den *Daten*, die es enthält. Sie liegen Suchkriterien, Simulationen und Analysen zugrunde. Informationsinhalte bilden die zweite Ebene von BIM.

Als BIM-Manager sind wir nicht primär für die geometrische Modellierung zuständig, ebensowenig wie für die Generierung von Daten. Unsere Aufgabe ist das Management von *Prozessen* rund um diese Aktivitäten: die Festlegung von Modellinhalten und Leistungsvorgaben, die Einführung digitaler Arbeitsabläufe, das Änderungsmanagement, die Qualitätskontrolle sowie die Vergabe, Überwachung und Dokumentation verschiedener Tätigkeiten. Der BIM-Manager ist Moderator des Projektabwicklungsprozesses. Er schafft dessen Inhalte nicht, er verwaltet sie.

Um die drei Anwendungsebenen von BIM zu verdeutlichen, wie sie die BIM-Pyramide darstellt, betonen wir den *Management*-Charakter.

Der letzte Teil dieses Buches (Kapitel 7, 8 und 9) befasst sich mit den Prozessen, Rollen und Technologien des BIM-gestützten Projektmanagements.

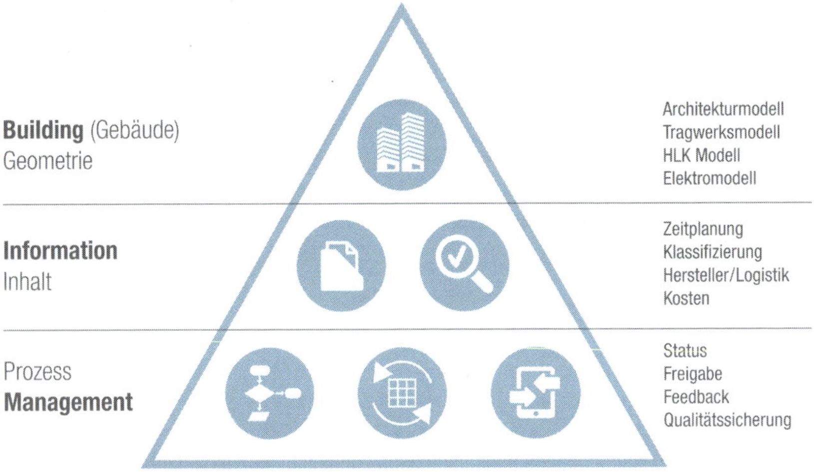

Abbildung 9: Die BIM-Pyramide

1.5 Die ersten Schritte

BIM ist für alle Arbeitsbereiche und in allen Phasen anwendbar, die mit der Planung, Realisierung und Nutzung eines Gebäudes zusammenhängen. Es enthält für viele Beteiligte viele unterschiedliche Informationen, und es kann auf jeder Stufe des Projektabwicklungsprozesses eine neue Form annehmen. Jeder betrachtet und deutet BIM aus seinem ureigensten Blickwinkel.

Abbildung 10: Der BIM-Elefant

Diese Tatsache hat im Hinblick auf die Terminologie und die Prinzipien, die BIM definieren, jede Menge Unklarheit und eine anhaltende Debatte hervorgerufen. Deshalb wollen wir uns ansehen, wie ein exemplarisches Planungsbüro an BIM herangehen kann. Dabei werden wir uns zugleich mit einigen relevanten konzeptionellen Überlegungen vertraut machen.

1.5.1 BIM-Kompetenz und fortschreitende Modellanwendung

Die meisten Unternehmen führen BIM Zug um Zug ein, indem sie schrittweise von 2D-basierten Arbeitsabläufen zu einem objektorientierten, kollaborativen Prozess übergehen. Dies kann auf vielerlei Weise geschehen; es gibt aber ein häufig befolgtes Grundmuster. Im Folgenden zeigen wir einen grundsätzlichen Pfad auf, den ein Planungsbüro beschreiten kann, wenn es BIM einführen will.

Schritt 1: Das 3D-Modell

Besonders für Architekten bilden oft frühe Massen- oder Studienmodelle den Ausgangspunkt der Reise in die BIM-Welt – Modelle, wie man sie für interne Planungsstudien, Visualisierungen oder auch Untersuchungen von Lichteinfall / Beschattung heranziehen kann. Solche Modelle haben gemeinhin einen relativ geringen Informationsgehalt; sie verwenden generische Bauelemente, die lediglich der Formfindung dienen. 3D-Modelle werden häufig parallel zu einem 2D-Planungsprozess erstellt – eine Doppelarbeit, die oft dazu führt, dass die 3D-Modelle in späteren Planungsphasen gar nicht mehr benutzt werden.

Visualisierung bedeutet im vorliegenden Kontext eine BIM-Anwendung, die ein digitales Gebäudemodell zur Bereitstellung von perspektivischen Ansichten bzw. 3D-Simulationen (Animationen) heranzieht.

Anders als in der Architektur üblich, beginnt die Projektentwicklung bei Haustechnikern und Tragwerksplanern in der Regel ganz konventionell – mit 2D-Skizzen, -Zeichnungen und klassischen Berechnungen –, während das 3D-Modell erst in einem späteren Stadium zu Koordinationszwecken ausgearbeitet wird.

Schritt 2: Koordinierte Dokumentation

Der zweite Schritt ist für Architekten und Fachplaner oft ähnlich, nämlich die Modellentwicklung, um eine koordinierte Dokumentation zu erzeugen. Zwar ist die Modellerstellung dabei Mittel zum Zweck – hauptsachlich, um Pläne zu erstellen, -nichtsdestoweniger kann das Modell relativ detailliert ausfallen.

Der Mehrwert der BIM-Nutzung in dieser Phase ergibt sich aus parametrischen und objektorientierten Arbeitsabläufen. So kann man z. B. die Größe eines Fensters anpassen, indem man schlicht den Parameter für die Fensterbreite ändert. Diese Änderung wird automatisch in alle „Ansichten" des Modells übernommen: Pläne, Schnitte, Aufrisse, Fenster-Detailzeichnungen und Mengenermittlungen. Das spart Zeit und gewährleistet eine konsistente Projekt-Dokumentation.

Verschattungsberechnung Architektonische Untersuchung, durch die ermittelt wird, inwieweit ein zu errichtendes Gebäude benachbarte Bauwerke oder Freiflächen verschatten würde. Dies kann auf herkömmlichem Wege oder mittels einer BIM-Anwendung anhand eines digitalen Modells geschehen.

In dieser Phase spielt der Informationsgehalt des Modells nach wie vor keine große Rolle. Objektattribute werden noch nicht in nennenswertem Umfang herangezogen, abgesehen von grundsätzlichen Festlegungen wie der Objekt-Kategorisierung und vielleicht der einen oder anderen Materialbeschaffenheit. Vorrangig geht es darum, geometrisch saubere Objekte zu erstellen und diese gut zu dokumentieren. Für Architekten, die in diesem Stadium arbeiten, kann ein erheblicher Aufwand erforderlich sein, um ihre Software so anzupassen, dass sie „ordentliche" Zeichnungen generiert. Unternehmen sollten sich auch damit befassen, ihre Objektbibliotheken auf- oder auszubauen und interne BIM- und CAD-Richtlinien zu entwickeln.

Objektbibliotheken (auch BIM-Bibliotheken) sind Kataloge digitaler Modellobjekte (Bauelemente), die in multiplen Projektmodellen verwendet werden können.

Schritt 3: Modellauswertung und Simulation

Nachdem sie den Aufwand betrieben haben, ihre Software-Kapazitäten anzupassen, und nunmehr offensichtlich qualitativ hochwertige Modelle produzieren, möchten viele Unternehmen vermehrt von ihren Modellen profitieren. Die Früchte, die sich dabei am leichtesten ernten lassen, sind die Mengenermittlung zur Kostenkalkulation und die Modellauswertung.

Normalerweise erreichen Ingenieure dieses Stadium viel schneller als Architekten. Tragwerksplaner entwickeln ein Modell zunächst vorrangig für statische Untersuchungen. Für Haustechniker liegt der Fokus in der Regel auf der räumlichen Koordination; allerdings erkennen sie meist rasch, wie wertvoll das Modell für die Gebäudeberechnung ist. Das spornt die Fachplaner an, sehr viel genauer zu arbeiten, wenn es um die Eigenschaften der einzelnen Bauelemente und -systeme geht. Bei Architekten ist das meist nicht so sehr der Fall.

Modellanalyse oder **-simulation** bezieht sich auf alle BIM-Anwendungen, die die Extrahierung und Bewertung von Projektinformationen umfassen – von einfachen Mengenermittlungen bis hin zu anspruchsvollen energetischen oder statischen Analysen.

Dabei können auch Architekten davon profitieren, ihr Modell für verschiedene analytische Zwecke heranzuziehen wie z. B. für die Untersuchung von Möglichkeiten der Fassadengestaltung im Hinblick auf Lichtabstrahlung, Erwärmung, Luftströme oder – natürliche wie auch künstliche – Beleuchtung. Fortgeschrittene Untersuchungsmöglichkeiten sind z. B. die Berechnung von Fluchtwegen oder automatisierte Kontrollen der Baurechtskonformität, um sicherzustellen, dass bestimmte Räume ausreichenden natürlichen Lichteinfall haben, Flure nicht nur die Mindestbreite aufweisen, Treppen und Handläufe den gesetzlichen Vorschriften entsprechen u. a. m.

1.6 little bim / BIG BIM

Die drei dargestellten Stationen können allesamt Bestandteil von Projekten sein, die gar nicht formell bzw. vertraglich „BIM-ertüchtigt" sind. In solchen Fällen setzen Planungsbüros einfach diejenigen Technologien und Prozesse ein, die ihren Zwecken entsprechen. D. h., sie adaptieren für ihre Organisation eine reduzierte Form von BIM, die ausschließlich auf ihre eigenen Prozesse und Wertschöpfungseffekte ausgerichtet, nicht aber für kollaboratives Arbeiten gedacht ist.

Diese Art des Einsatzes von BIM nennt man *„little bim“* (kleines BIM). Gemeint ist das Nutzen von BIM-Technologien und -Prozessen zu ausschließlich unternehmens- bzw. organisationsinternen Zwecken. Little bim ermöglicht die Nutzung parametrischer, modellbasierter Arbeitsvorgänge innerhalb einer Organisation, nicht jedoch den Modellaustausch innerhalb einer Projekt-Arbeitsgemeinschaft, den man auch als „BIG *BIM*“ bezeichnet.[7]

little bim bezeichnet die Nutzung von BIM in einem limitierten Kontext, genauer die BIM-Nutzung innerhalb einer einzigen Organisation ohne Modellaustausch mit externen Planungspartnern.

Little bim ist jedem Unternehmer als erster Schritt wärmstens zu empfehlen. Es ermöglicht, Prozesse zu entwickeln und technische Kapazitäten aufzubauen, die spezifisch auf die Bedürfnisse des Unternehmens ausgerichtet sind, ohne dass man auf die Beschränkungen und Herausforderungen achten muss, die das kollaborative Arbeiten mit sich bringt. Nicht zuletzt etabliert es innerhalb einer Organisation ein Bewusstsein für „unser BIM“, und es dient allein den geschäftlichen Interessen des Unternehmens.

1.6.1 Transition BIM

Sehr häufig erfolgt auch der Übergang von little bim zu BIG BIM schrittweise. In Regionen, in denen BIM noch in einer frühen Einführungsphase ist, findet man allenthalben Projekte, bei denen zwei oder mehrere Teammitglieder unabhängig voneinander in ihren Organisationen bereits little-bim-Prozesse implementiert haben. Diese Unternehmen können sich freiwillig darauf verständigen, zu grundlegenden Koordinationszwecken Modelle auszutauschen. BIM ist jedoch keine Projektvorgabe, und die vertragsgemäße Dokumentation erfolgt nach wie vor im Wesentlichen durch 2D-Baupläne. Nichtsdestoweniger liegen die Vorteile von *Transition* BIM, wie man die BIM-Nutzung in einer solchen Übergangsphase hier und da nennt, auf der Hand: Koordination und Kommunikation werden verbessert, während die beteiligten Unternehmen zugleich Gelegenheit haben, ihre BIM-Kompetenzen in einem kollaborativen Umfeld zu steigern.

Transition BIM bezieht sich auf die Verwendung von BIM in einem Projekt bei ungeplanten Modelltransfers, ohne dass projektspezifische Richtlinien vorhanden sind, also einen relativ willkürlich erfolgenden BIM-Einsatz.

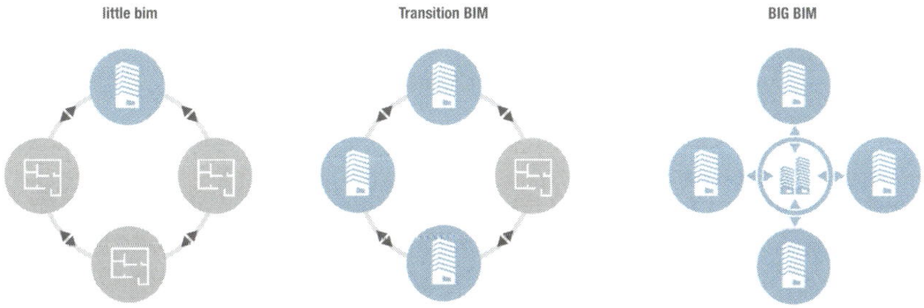

Abbildung 11: little bim, Transition BIM und BIG BIM

7 Die Begriffe *little bim* und *BIG BIM* gehen auf Finith E. Jernigan zurück; siehe sein 2007 erschienenes Buch „BIG BIM little bim“.

BIG BIM
beschreibt den projektweiten, kollaborativen Einsatz von BIM, basierend auf modellzentrierten Arbeitsabläufen, d. h. dem geregelten Austausch von Modellen.

Schritt 4: Kollaboratives BIM (BIG BIM)

Kollaboratives BIM ist unser Endziel: integrierte Kommunikation und Informationsaustausch mittels einer zentralen Projekt-Infrastruktur. Ist dieses Stadium erreicht, kann man von einem gemeinsamen, alle Projektinformationen umfassenden Wissens-„Organismus" sprechen, der sich über den gesamten Lebenszyklus des Projekts hinweg von Phase zu Phase weiterbewegt und sämtliche projektbezogenen Arbeitsbereiche einbezieht.

Auch wenn Planungsbüros bereits little-bim-Prozesse anwenden, darf man den Übergang von little bim zu BIG BIM nicht unterschätzen. Kollaboratives BIM erfordert ein völlig neues Regelwerk.

Der Hauptfehler, den ein Unternehmen begehen kann, wenn es sein erstes BIG-BIM-Projekt startet, liegt in der Annahme, dass ein auf die Zwecke des eigenen Unternehmens ausgerichtetes Modell ohne weiteres auch für ein größeres Projektteam nutzbar ist. Mehr als alles andere erfordert BIM Struktur, Disziplin und Vorausplanung. In jedem seriösen kollaborativen BIM-Projekt braucht man strikt einzuhaltende Vorgaben, damit Begriffe, Definitionen und Prozesse von allen Beteiligten einheitlich verstanden werden.

BIM-Pflichtenheft
(auch als **Auftraggeber Informationsanforderungen** (AIA) [en: *Employer Information Requirements* = EIR] bezeichnet): Beschreibung der projektbezogenen BIM-Anforderungen aus der Sicht des Bauherrn. Das BIM-Pflichtenheft ist üblicherweise Teil des Vertragswerkes zwichen Auftraggeber und Auftragnehmer.

1.6.2 Projekt- und Leistungsanforderungen definieren

Es ist Aufgabe des Bauherrn, die Projektanforderungen in Form von BIM-Vorgaben festzulegen. Nach britischen Standards, die inzwischen in ISO-Normen übernommen wurden, bezeichnet man diese Vorgaben als „Auftraggeber Informationsanforderungen", AIA, (*Employer's Information Requirements* = EIR). Dies hat sich auch im deutschsprachigen Raum eingebürgert. AIA ist ein Synonym für „BIM-Vorgaben", „BIM-Pflichtenheft" und „BIM-Lastenheft", die hier ebenfalls verwendet werden.

Im Kern legt dieses Dokument fest, welche Informationen während der Projektabwicklung und nach deren Abschluss an den Bauherrn weiterzugeben sind; darüber hinaus sollte es Verfahrensweisen und technische Standards im Hinblick auf Dateitransfers und kollaborative Prozesse enthalten, die definiert sein müssen, damit BIM leisten kann, was es leisten soll. In einigen Fällen werden die BIM-Vorgaben durch BIM-Richtlinien ergänzt, die weitere technische Einzelheiten enthalten.

Unternehmens-BIM-Richtlinien
Regeln und Anleitungen, mit denen man BIM in einer Firma oder einem Projekt steuert.

Auf die Vorgaben des Auftraggebers eingehend, müssen die Auftragnehmer festlegen, welche Informationen in jeder Projektphase im Modell generiert werden müssen und wer für die Bereitstellung dieser Informationen zuständig ist – die womöglich größte Herausforderung eines kollaborativen BIM-Projekts.

Ergebnis dieses Prozesses der „Planung der Planung" ist der BIM-Projektabwicklungsplan (BAP). Die Ausarbeitung eines BAP stellt durchaus einige Anforderungen. Es geht dabei um mehr als nur die Verteilung von Aufgaben. Erforderlich ist genaue Übersicht und Vorausplanung im Hinblick darauf, welche Informationen jede beteiligte Stelle braucht, um ihre Aufgabe erfüllen

BIM-Projektabwicklungsplan (BAP) (en: *BIM Execution Plan* = BEP): ein vom Projektteam aufgesetztes Dokument, das festlegt, in welcher Weise das Team BIM in einem gegebenen Projekt zum Einsatz bringen will. Der BAP wird auf der Grundlage des bauherrenseitigen BIM-Lastenheftes geschrieben.

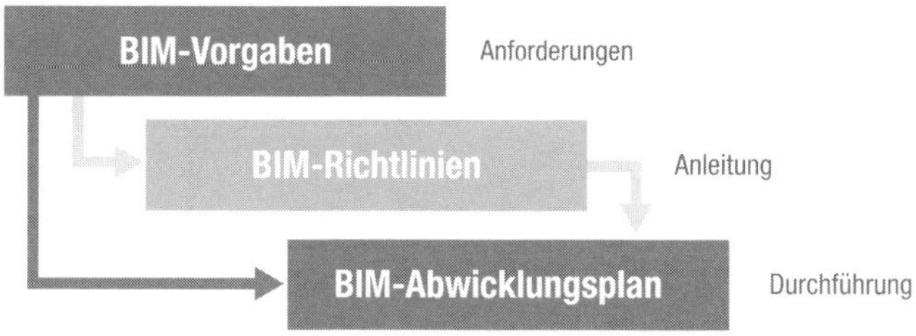

Abbildung 12: Die Festlegung der Projektanforderungen und des Projektabwicklungsprozesses

zu können, und welche Informationen wiederum jede Stelle generieren muss, damit der Nächste in der Wertschöpfungskette zur Hand hat, was er benötigt.

Zeit und Kräfte zu investieren, um ein BIM-Projekt angemessen zu definieren und zu planen, schlägt sich in der Projektqualität nieder. Dieser Aufwand sorgt dafür, dass alle Beteiligten sich darin einig sind, was BIM im Projekt ist und was es leisten soll. Dadurch treten weniger Missverständnisse und Konflikte auf. Die Kommunikation wird verbessert, und es werden nicht nur sämtliche Aktivitäten durchrationalisiert, sondern alles, was das Projektteam tut, wird gefördert.

Die BIM-Vorgaben (also AIA) und der Projektabwicklungsplan sind in Kapitel 6 detailliert beschrieben.

1.7 Der BIM-Manager

Im Zentrum dieses ganzen Prozesses steht der „BIM-Manager". Er hat zwei Aufgabenbereiche: Er verantwortet die Implementierung von BIM innerhalb einer Organisation, und er vertritt diese Organisation in einem Projektteam.

In mittleren und größeren Organisationen liegen diese Aufgaben häufig auf mehreren Schultern: Sie haben einen Mitarbeiter, der die internen Prozesse verantwortet, und einen oder mehrere andere, die projektbezogen arbeiten.

1.7.1 Aufgaben und Kompetenzen

Der BIM-Manager ist ein Allrounder. Er hat Kompetenzen sowohl in der Bauausführung, im Technologie- und Projektmanagement als auch im Bereich der *soft skills*: Er kann verhandeln, versteht andere anzuleiten bzw. zu schulen und als Tutor in ihrem Kompetenzaufbau zu begleiten. Auch kennt er sich in Verkauf und Marketing aus. Was die Implementierung und Entwicklung von BIM innerhalb einer Organisation angeht, gehören zu seinen Aufgabenbereichen die Ausarbeitung von Richtlinien, die Schulung und technische Unterstützung von Mitarbeitern und möglicherweise sogar die Installation und Pflege von Soft- und Hardware. In der Projektumgebung kann der BIM-Manager sowohl eine technisch unterstützende Rolle spielen als auch

Abbildung 13: Fähigkeiten und Kompetenzbereiche des BIM-Managers

Projektleiter sein. In jedem Fall vertritt er ebenso die Interessen seiner Organisation in BIM-Koordinationsbesprechungen wie er organisationsintern die Umsetzung der Projektanforderungen vorantreibt.

Was BIM-Management bedeutet, lässt sich anhand der „T-förmigen" Persönlichkeit aufzeigen: Der BIM-Manager ist einerseits Generalist, andererseits Spezialist in einem bestimmten Bereich – in welchem, kann von Organisation zu Organisation variieren. Viele BIM-Manager haben einen ausgeprägten IT- oder CAD-Hintergrund. Natürlich ist es eine organisationsspezifische Entscheidung, welche Person mit dem BIM-Management beauftragt wird; im Allgemeinen empfehlen wir jedoch, sich eher für jemanden zu entscheiden, der über profunde Erfahrungen in der Bauausführung oder im Projektmanagement verfügt, als für einen IT-Spezialisten – kurz: eine Person zu wählen, die für das Kerngeschäft der jeweiligen Organisation steht.

In diesem Buch geht es vorrangig um den BIM-Manager. Es bietet sowohl eine Einführung in das Grundverständnis von BIM, das jeder BIM-Manager haben muss, als auch eine praktische Anleitung zur BIM-Implementierung und BIM-gestützten Projektabwicklung.

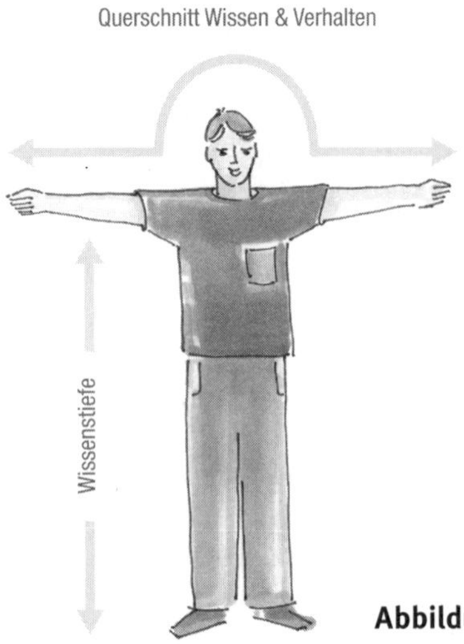

Abbildung 14: Der „T-förmige" BIM-Manager

Gastbeitrag: Anwendung und Alltag

Michael Drobnik
ist Senior Architect und BIM-Manager der Digital Technologies Group (DT) bei Herzog & de Meuron. Er befasst sich seit 2008 in Theorie und Praxis mit der Anwendung von digitalen Werkzeugen im Planungsprozess. Von 2011 bis 2014 unterrichtete Drobnik am Lehrstuhl für Architekturinformatik der TU München. Seit 2016 ist er Kommissionsmitglied und Referent beim CAS ARC DIGITAL an der ETH Zürich.

Ein solides Fundament ist entscheidend für die erfolgreiche Umsetzung eines BIM-Projektes. Die Erwartungen und Ziele müssen zu Beginn mit allen Beteiligten gemeinsam erörtert, festgelegt und dokumentiert werden. Aus diesen Vereinbarungen können dann Prozesse für die modellbasierte Zusammenarbeit entwickelt werden. Für uns als Architekturbüro liegt eine große Herausforderung auf dem Weg zwischen BIM-Abwicklungsplan als Wegbeschreibung und dem Data Drop als Ziel: die konkrete Arbeit mit dem Modell. Die effiziente und erfolgreiche Umsetzung von Modellen ist abhängig von der Leistung des gesamten Teams und seinen unterschiedlichen Beteiligten und nicht nur eines spezialisierten BIM-Managers. Als Mitarbeiter des Digital Technologies Departments bei Herzog & de Meuron erarbeiten die BIM-Manager Prozesse, Vorlagen und Standards. Die Implementierung in der BIM-Umgebung erfordert viel Kommunikation, stetige Schulung der Mitarbeiter bis hin zur Erweiterung der Plattformen mittels API. Jedes Bauwerk führt durch Gestaltung, Typologie und Ort sowie den Wünschen und Anforderungen des Bestellers zu unterschiedlichen Szenarien. Entsprechend gestalten und betreuen wir bei Herzog & de Meuron jeden BIM-Prozess individuell. Letztlich ist das zu erreichende Endergebnis das gebaute Werk und nicht Building Information Modelling.

API
(en: *Application Programming Interface*) ist eine Programmierschnittstelle, genauer: eine Schnittstelle zur Anwendungsprogrammierung.

Dynamik des Systems

Arbeitsweisen und Technologie

Traditionell kommunizieren Architekten ihre planerische Absicht durch zweidimensionale Darstellungen in Plänen. In einem BIM-Projekt wird jedoch die modell-, bzw. datenbasierte Beschreibung als vertraglich geschuldete Lieferleistung in den Vordergrund gerückt und verdrängt den Plan. So ist auch die Arbeit mit kategorisierten und typisierten Bauteilen, die die Grundeinheiten eines BIM-Modells bilden, dem zu realisierenden Bauwerk näher als die klassische Zeichnung. Die Arbeit mit Modellen in der Architektur an sich ist selbstverständlich nicht neu. Maßstäbliche, physische Modelle waren historisch bereits vor dem Einzug und der Dominanz des Planes als Kommunikationsmittel ein essentielles Werkzeug in der Entwicklung und Beschrei-

CGI
(en: *Computer Generated Imagery*) ist der englische Fachausdruck für mittels Computer generierte 3D-Grafiken, vor allem im Bereich der Filmproduktion.

CNC
(en: *Computer Numerical Control*) ist eine Technologie, die computergesteuerte Maschinen in der Fertigung von Objekten einsetzt. Bezieht sich vorwiegend auf subtraktive Vorgänge wie das Sägen oder Wegschleifen von Material.

3D-Druck
ist eine Technik, mit der aus einem digitalen Modell ein physisches 3D-Modell hergestellt wird. Dies geschieht mittels einer Maschine, die Material (in flüssiger oder Partikel-Form) Zug um Zug übereinanderschichtet.

bung einer Bauaufgabe. Selbst die Erstellung von digitalen, dreidimensionalen Modellen zur Koordination von Geometrie oder zur Visualisierung mit Hilfe von CGI steht in einer jahrzehntelangen Tradition. Durch digitale Fabrikation, CNC-Technologie und 3D-Druck sind die Grenzen zwischen den physischen und digitalen Modellen zusätzlich verschwommen. Während dieser Entwicklung von neuen technologischen Möglichkeiten mussten Konventionen festgelegt werden, um überhaupt die nötigen Schnittstellen und den Austausch strukturierter Informationen im Planungsprozess zu ermöglichen. Die BIM-Methodik baut auf diesen Fragestellungen auf. So entsteht jedes neue BIM-Modell nicht auf einem leeren Blatt, sondern in einer bereits höchst vorstrukturierten, digitalen Systemlandschaft. Oberflächlich betrachtet liegt darin noch kein disruptiver Sprung vor. Spannend ist die Frage, welchen Wandel diese neue Methodik konkret auslöst. Auf der übergeordneten Ebene einer Büroorganisation wirkt sich die Implementierung in den verschiedensten Bereichen wie Unternehmensstrategie, Vertragsmanagement oder Personalplanung aus. Auf der Projektebene wiederum müssen wir die Folgen für die Arbeitsweisen der Teams sowie die Rolle der BIM-Manager erarbeiten und kommunizieren.

Lebendes Modell

Einer der konzeptionellen Grundpfeiler von BIM liegt in der Verbesserung der interdisziplinären Kollaboration aller Planungsbeteiligten mittels standardisierter, digitaler Modelle und Daten. Die Erwartungen, die daraus bei den verschiedenen Projektbeteiligten entstehen, sind vielfältig, wie z. B. die Erhöhung der Transparenz und Planungsqualität oder Kosten- und Terminoptimierung. Überträgt man den Gedanken der Kollaboration auf die eigene Planungsaufgabe und die internen Arbeitsprozesse, wird es notwendig, die Rolle seines Modells zu verstehen. War die CAD-Welt noch ein Konglomerat an manuell referenzierten Silos, die mehr oder weniger synchron waren, ist das BIM-Modell der Versuch einer Zentralisierung aller digitalen Beschreibungen eines Bauwerks. Die Entwicklung eines Modells als ein Prozess des Hinzufügens, Bearbeitens und Entfernens von Elementen und deren Eigenschaften kann mit der Arbeit an einer realen Baustelle verglichen werden. Nur wird hier nicht sequentiell aufgebaut, sondern alle Gewerke sind zeitgleich in verschiedenen Detaillierungsgraden in Bearbeitung. Dabei sind alle kollaborierenden Teammitglieder simultan Autoren am Modell. Bildlich gesprochen ist es lebend und ständig in Bewegung. Im Gegensatz zu einem IFC-Modell, das als Data Drop einen eindeutigen Stand repräsentiert und nicht weiter bearbeitbar ist, ist das native Modell immer im Fluss.

Diese Dynamik bedeutet durchaus eine Herausforderung im Alltag. Jeder einzelne Planungsschritt wird in kürzester Zeit für alle Teammitglied sichtbar. So werden nicht nur Informationen global verteilt, sondern zu jeder Zeit auch alle Fehler und Widersprüche von Planungsinhalten. Diese entstehen gerade durch die enge Relation der Modellelemente und deren Eigenschaften. Während einer Planung wird die Gesamtaufgabe sinnvollerweise in

Quelle: Herzog & de Meuron

Abbildung 15: Kollaboration am eigenen Modell

einzelne Fragestellungen aufgebrochen, um die Komplexität zu reduzieren. Sind nun zwei Planer am selben Objekt tätig, bearbeiten jedoch inhaltlich unterschiedliche Planungsschwerpunkte, kann z.B. die Änderung des Elementtyps und damit der definierten Attribute durch den Einen zu einer falschen Aussage beim Anderen führen. Dadurch, dass diese Widersprüche nun für alle zugänglich und sichtbar werden, liegt das positive Potenzial darin, diese schneller eliminieren zu können. Andererseits kann diese iterativ vernetzte Arbeitsweise die Fertigstellung der eigenen Teilleistung zur Herausforderung machen. Vor jedem Datenauszug – ob als gedruckter Plan, Tabellenauszug oder Export eines IFC – muss immer die Aktualität der Inhalte geprüft werden, da Veränderungen durch andere Teammitglieder ausgelöst werden können. Die Auflösung der Silos hat zur Folge, dass es keine geschützten Arbeitsbereiche mehr gibt. Grundlage ist nun das Modell als die gemeinsame, vernetzt zentralisierte Plattform. Es bildet unser Netzwerk an Informationen und muss dadurch als „Single Source of Truth" der eigenen Leistung behandelt werden. Eine der Herausforderungen liegt darin, die Zusammenhänge und Auswirkungen einer Änderung im Gesamtsystem zu durchdringen. Dies ist dann umso relevanter, wenn wir mit disziplinübergreifenden, cloudbasierten Raum- bzw. Elementdatenbanken unsere Datenbasis erweitern. Robuste und intelligente Lösungen sind notwendig, welche die Balance zwischen technologischer Machbarkeit und der Einfachheit und somit Lesbarkeit erreichen. Ziel ist, die Autonomie des Bearbeiters zu maximieren, um die Abhängigkeit vom Spezialisten möglichst gering zu halten.

Wir benötigen das Bewusstsein, dass die Dynamik der Informationen nun inhärent in dieser Arbeitsweise ist. Das BIM-Modell an sich wird kein Problem lösen, sondern es nur aufzeigen.

Satelliten

Der Prozess der Planung ist nicht linear, sondern geprägt durch eine iterative Annäherung an die Aufgabe. Die Entwicklung in Varianten und Optionen ist entsprechend essentieller Bestandteil des Prozesses. So geht es oft darum, in möglichst kurzer Zeit einen Lösungsweg zu skizzieren, unabhängig von den gewählten digitalen oder analogen Werkzeugen. Dies kann abstrakt und losgelöst vom tagesaktuellen Modellstand erfolgen. Zwar beinhalten BIM-Systeme umfassende Funktionalitäten, aber der Einsatz einer auf das Problem spezialisierten Software kann den Prozess beschleunigen. Zur Erstellung einer hochauflösenden Visualisierung wird nicht der ganze Rucksack an Informationen und Typisierungen benötigt, sondern eine leistungsfähige Renderumgebung. Auch analoge Modelle und Handskizzen haben daher noch immer einen hohen Stellenwert. Die Konsequenz ist eine Vielzahl von parallelen Teilmodellen, die wie Satelliten um das Hauptmodell schwirren. Im Alltag verteilen sich Projektinformationen auf weitere Medien wie Protokolle, Besprechungsnotizen oder Berichte. In diesem Sinne kann unser Modell auch nur einen Teilbereich des Projektes abbilden. Wichtig ist es, diese losgelöste Betrachtung wieder zum richtigen Zeitpunkt in das Modell einzuarbeiten.

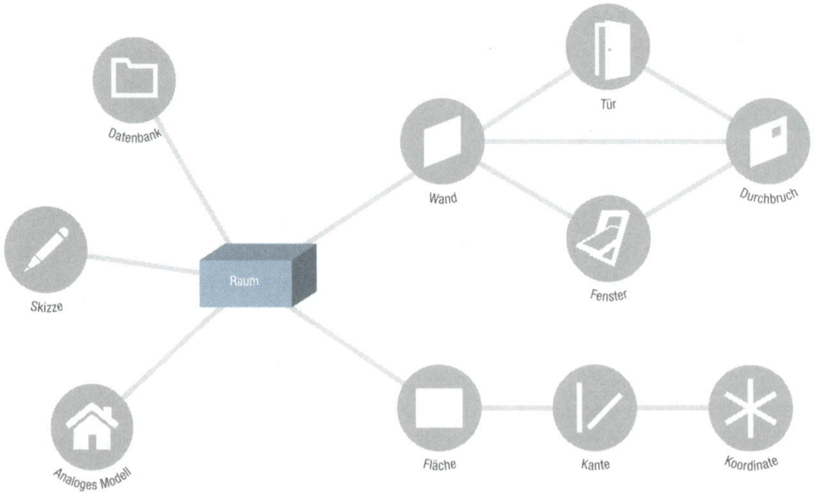

Quelle: Herzog & de Meuron

Abbildung 16: Vernetzung von Information

Formen der Abbildung

Der Plan im Modell

Ein immer wieder beschriebenes Szenario ist das Verschwinden des Plans als Konsequenz des modellbasierten Arbeitens. Zeichnet man das dreidimensionale Gebäude in Grundriss und Schnitt, so wird eine Dimension immer redundant zweimal definiert. Diese Redundanz führt bei Änderungen zwangsläufig zum Problem der Inkonsistenz der Informationen. Das BIM-Modell sorgt als organisierendes System dafür, dass verschiedenste Abbildungen desselben Inhaltes synchron sind, und stellt somit die Konsistenz dieser Inhalte sicher. Dreidimensionale Darstellungen, die zweidimensionalen Grundrisse, Schnitte und Ansichten, ja selbst die Tabellen der Einzelbauteile und der parametrisierte Typenkatalog sind schließlich nur verschiedene Betrachtungsweisen desselben Inhalts. Der radikale Gedanke, dass der Plan in Zukunft verschwindet, spiegelt sich auch nicht in der aktuell gängigen BIM-Software wider. BIM-Systeme beinhalten sogar umfassende Organisationssysteme für Zeichnungen und das Modell wird hauptsächlich über die Zeichnung erstellt. Der Plan ist somit nicht Abfallprodukt, sondern das Modell ergibt sich durch die Arbeit an der Vielzahl der zweidimensionalen Modellausschnitte. Modell und Plan bedingen sich gegenseitig, und eine effektive Planung ist wie ein Wechselspiel zwischen den verschiedenen zur Verfügung stehenden Medien. Die zu lösende Aufgabe muss präzise definiert werden, um entscheiden zu können, welches Medium den schnellsten Weg der Bearbeitung unterstützt. Das Ändern der Geometrie kann vielleicht wesentlich langsamer sein als der Eingriff über eine tabellarische Darstellung. Der Plan und somit die grafischen Konventionen der Vermittlung bleiben also weiterhin bestehen, die Datenbasis des Planes ist jedoch eine andere. Nicht Pläne werden gezeichnet, sondern Objekte werden erstellt und bearbeitet. Detaillierungsgrade werden verändert anstatt Pläne neu zu zeichnen. Jedoch hat die Modellierung auch Grenzen und qualitative Beschreibungen erfolgen noch immer über eine Vielzahl meist rein zweidimensionaler Detailpläne. So liegt das Potenzial nicht im Ablösen des Mediums Plan, sondern in dessen Einbettung in die digitale Landschaft. Der Plan ist nun verknüpft, und seine Elemente sind die Hyperlinks in das informierte Modell.

Macht der Abstraktion

Betrachtet man das BIM-Modell als einen großen digitalen Datensatz, so stellt sich die Frage, ob die zweidimensionale Darstellung nur eine notwendige Übergangslösung ist. Wir bewegen uns zwar nicht ganz in den Dimensionen der Big Data, aber in dieser Methodik können wir interessante Parallelen finden. In der Business Intelligence werden automatisierte, visuell ansprechende Dashboards generiert, um konsolidierte Aussagen treffen zu können. Die Masse der Daten wird durch gezielte Fragestellungen an eine Suchmaschine in Informationen übersetzt. Dadurch werden diese nachvollziehbar und können einer Prüfung unterzogen werden. Diese Nachvoll-

Big Data
ist eine Bezeichnung für große Volumen und komplexe Datensätze.

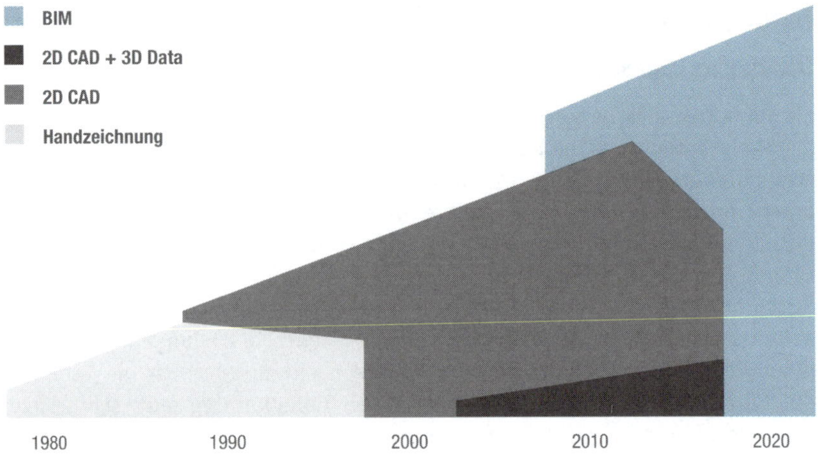

Quelle: Herzog & de Meuron

Abbildung 17: Entwicklung der Werkzeuge bei Herzog & de Meuron-Projekten

ziehbarkeit ist essentiell, um Vertrauen in die datenbasierte Arbeitsweise aufzubauen. Diesen Ansatz der Vermittlung durch Abstraktion finden wir in vielen Bereichen unseres Lebens. Auch Navigationssysteme nutzen reduzierte Darstellungen, um in kürzester Zeit verständlich zu sein. Diese Strategie lässt sich auf die Funktion unserer Pläne im Modell übertragen. Mit den grafischen Mitteln des Hervorhebens, Einfärbens und Ausblendens auf einem zweidimensionalen Plan werden gezielt Inhalte der Modellelemente reduziert und vermittelt. So wird, analog einer Handskizze, nur das Notwendigste dargestellt. Selbstverständlich ist der Einsatz von Werkzeugen wie einem Model-Checker sinnvoll und notwendig, um die Inhalte zu prüfen. Die Anwendung ist jedoch in der Regel auf die Spezialisten im Team beschränkt. Der gewöhnliche User und somit Verantwortliche der Daten muss in der Lage sein, seine Leistung selbst zu prüfen.

Model-Checking ist eine BIM-Anwendung zur Prüfung der Qualität eines Modells – von der Kollisionserkennung bis hin zu komplexeren Überprüfungen im Hinblick auf die Einhaltung von Bauvorschriften oder anderer Anforderungen.

Transformation

Die Einführung einer neuen Technologie löst zwangsläufig einen Wandel der gewohnten Arbeitsweisen aus. Umso wichtiger sind die kritische Auseinandersetzung und Integration in die Landschaft der bisher eingesetzten Werkzeuge. Meist existiert die Vorgängertechnologie eine Zeitlang noch parallel. Einige Aufgaben im Planungsprozess werden nun vollkommen neuartig gelöst, andere lassen sich einfach übertragen, sind obsolet oder sogar schwieriger und komplexer in der Umsetzung geworden. Um die Risiken dieses Transformationsprozesses zu minimieren, steht intensive Kommunikation im Mittelpunkt der Arbeit. Investment in Schulungen und Wissen sind essentiell, da der Erfolg einer Digitalisierungsstrategie abhängig ist von den handwerklichen Fähigkeiten der Softwareanwender. Dabei spielt der Wissenstransfer innerhalb der Projektteams eine entscheidende Rolle.

Die BIM-Manager bei Herzog & de Meuron entwickeln stetig neue Formate, um diese Aufgabe zu erfüllen. So dienen unter anderem ein internes Wiki, regelmäßige Präsentationen oder ein interner Abwicklungsplan dem Aufbau einer stabilen Wissensbasis. Für die tägliche Entwicklung der Modelle kommen ähnliche Strategien wie bei einer agilen Softwareentwicklung, z.B. Scrum, zum Einsatz. Ziel dieses Prozesses ist es, gemeinsam zu klären, wer woran wie lange arbeitet und welche Hindernisse zu überwinden sind. Die Kommunikation über die Planung anhand der Entwicklung der BIM-Modelle und Daten hilft beim Verständnis, ob ein Problem der Technologie, des Wissens oder des Prozesses vorliegt. Dabei gilt es nicht zu klären, wie wir arbeiten müssen, sondern wie wir arbeiten wollen.

Die Zukunft wird zeigen, welche Strategien und Prozesse in der Branche wirklich Effizienz steigernd, pragmatisch, überinstrumentalisiert sind oder noch entwickelt werden müssen. Die Erwartungen an die neue Methodik sind groß. Sie bietet die Chance, alte Probleme zu lösen und Schnittstellen neu zu diskutieren.

Fallstudie: BayWa Hochhaus

Beitrag: Hild und K Architekten

Umbau und Sanierung BayWa Hochhaus

München, Deutschland

Bauherr:	BayWa Hochhaus GmbH & Co. KG
Architekt:	Hild und K Architekten
Projektgröße:	74.000 m² BGF
Status:	Fertiggestellt (November 2017)

Projektbeschreibung

Die Konzernzentrale am Münchner Arabellapark war zu klein geworden. Man wünschte sich eine Aufstockung des in den späten 1960er Jahren errichteten 18-stöckigen Bürogebäudes. Dies gab den Anlass für die auch energetisch notwendige Erneuerung aller Fassaden und die Neustrukturierung aller Büroetagen. Am Ausgangspunkt des Entwurfs stand die intensive Beschäftigung mit dem vorhandenen Gebäude. Die Lösung für dessen als unbefriedigend empfundene Proportionen lag in der optischen Auflösung des ehemals monolithischen Baukörpers in acht sternförmig und versetzt zueinander angeordnete Hochhausscheiben. Im Innern wird unter anderem die veraltete technische Infrastruktur des Gebäudes heutigen Standards angepasst und die kleinteilige Raumaufteilung durch weitere, offenere Strukturen ersetzt.

Quelle: Foto (links) Falk Hartmann, Catterfeld Welker GmbH; Bildmontage und Visualisierung (rechts) Hild und K Architekten

Abbildung 18: BayWa Hochhaus

Die BIM-Methodik

Das Projekt begann 2012 – etwa in einer Zeit, als BIM in Deutschland bereits etwas größere Kreise gezogen hatte. Erstmals wurde das Thema BIM auch bauherrenseitig an Hild und K herangetragen – während des laufenden Projekts. Die Architekten konzentrierten sich zunächst auf den unverzichtbaren Kern einer jeden BIM-Methodik: die konsequente 3D-Modellierung aller mengen- und damit kostenrelevanten Bauteile. Als Software kamen vor allem *Autodesk Revit* zur Modellierung, *Dynamo* zur beschleunigten Lösung von sich häufig wiederholenden Planungsaufgaben sowie *Solibri* für die Qualitätssicherung zum Einsatz. Die Arbeit an und mit dem 3D-Gebäudemodell forderte und förderte die zielorientierte Kommunikation im ganzen Projekt. Im Ergebnis konnten sowohl der Bauherr als auch die beteiligten Fachplaner sowie die Baustelle mit absolut konsistenten und damit zuverlässigen Planunterlagen termingerecht ausgestattet werden. Zudem wurden die Bauteilmengen konsequent aus dem Modell abgeleitet und sicher in Kostenpositionen überführt. Nicht zuletzt konnten die komplexen Abläufe auf der Baustelle anhand des Modells vorgedacht, strukturiert und in Abhängigkeit zum Gesamtterminplan gebracht werden. Das hat dazu beigetragen, das Gebäude ohne entscheidende terminliche Überraschungen und damit rechtzeitig an die Nutzer übergeben zu können.

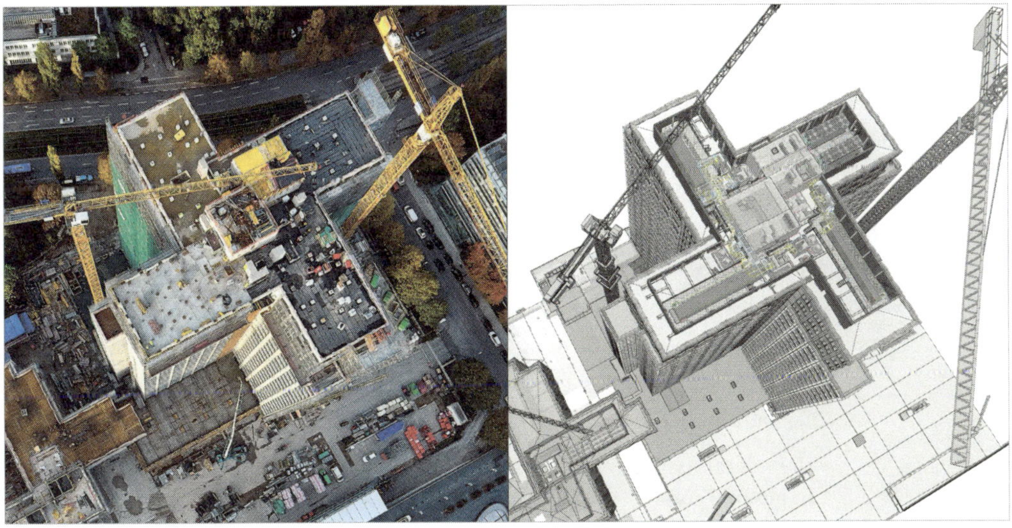

Quelle: Foto (links) Falk Hartmann, Catterfeld Welker GmbH; Bildmontage und Visualisierung (rechts) Hild und K Architekten

Abbildung 19: BayWa Hochhaus

2 Grundlegende Konzepte und Prinzipien

Das Ganze ist einfacher als die Summe seiner Teile.

Willard Gibbs

Wie bereits in der Einführung erläutert, sind die Bausteine von BIM die einzelnen Modellelemente, die BIM-Objekte. Ein Modellelement kann als geometrisches 3D-Element und / oder als Informationsgehalt (bezogen auf die Objekteigenschaften) dargestellt werden. In der BIM-Praxis ist es einer der zentralen Punkte zu bestimmen, wie diese Objekte zu verschiedenen Zeitpunkten im Projektablauf, nämlich dann, wenn ein Datenaustausch vorgesehen ist, repräsentiert und kommuniziert werden sollen. Ein Modell muss zweckmäßig angelegt sein, d. h. genau die Menge an Informationen enthalten, die seinem Verwendungszweck entspricht – und nicht mehr. Es kann ausgesprochen unpraktisch, ja kontraproduktiv sein, für eine frühe Machbarkeitsstudie ein hochdetailliertes Modell heranzuziehen.

Jederzeit müssen wir in der Lage sein, die angemessene geometrische Repräsentation und den Datengehalt jedes Modellelements darzustellen. Dazu sind folgende Fragen zu stellen:

- Wie detailliert sollte die Geometrie sein?
- Welche Informationen müssen tatsächlich enthalten sein?
- Wer stellt diese Informationen bereit, und wer nimmt sie entgegen?

Dies sind projektspezifische Fragen, wie sie in einem BIM-Projektabwicklungsplan (s. Kap. 5) detailliert beantwortet werden müssen. Sie lassen sich jedoch so abstrahieren, dass wir zu drei Kernfaktoren gelangen:

1. Modellnutzung (Anwendung[en]);
2. Projektphase(n);
3. beteiligte Stellen bzw. Akteure.

Diese drei Aspekte bilden die Grundlage für die Definition von BIM-Objekten in einem Projekt.

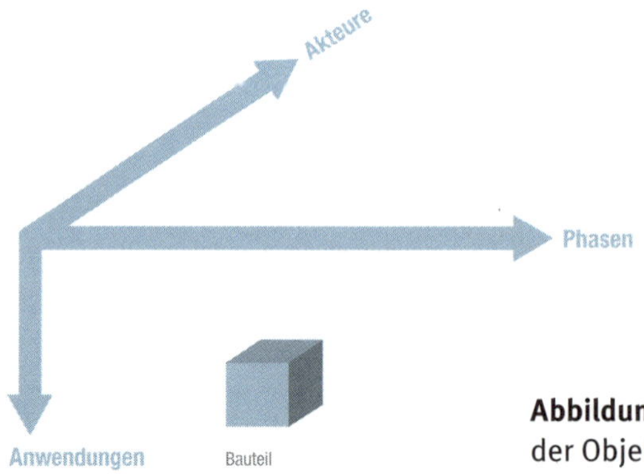

Abbildung 20: Die drei Dimensionen der Objektdefinition

Im folgenden Abschnitt beschreiben wir diese Aspekte im Einzelnen und stellen dar, wie sie in Form einer Objektdefinitionsmatrix zusammengefügt werden können.

2.1 BIM-Anwendungen

Der Umfang der BIM-Nutzung in einem Projekt hängt davon ab, welche BIM-Anwendungen bei Projektbeginn festgelegt werden. Diese Festlegung ist die Basis zur Abschätzung des erforderlichen Aufwands an Ressourcen, finanziellen Mitteln und Zeit, und sie ist grundlegend für die Planung der Anforderungen an Modellierung und Datenaustausch zu planen. Es existiert eine Anzahl von erprobten BIM-Anwendungskatalogen. Einen der frühesten legte die staatliche Universität von Pennsylvanien unter dem Titel „BIM Execution Planning Guide“ erstmals im Jahre 2009 vor. In der zweiten Version erschien dieses Dokument 2011; es sieht 21 separate BIM-Anwendungen vor.[8]

1. Modellierung der Ausgangslage (Terrain und bestehende Gebäude)
2. Ortsanalyse (Sonnen- und Schattenstudien, Verkehrsanalyse usw.)
3. Kostenplanung
4. Phasenplanung (Phasengerechte Terminplanung)
5. Entwurfsplanung (Gebäudegestaltung)
6. Planungsüberwachung und -kontrolle
7. Raumprogramm (Raum- und Flächenplanung)
8. Baugesetzkontrolle (Kontrolle der Planung im Sicht der Bauvorschriften)
9. Prüfung auf Nachhaltigkeit und Umweltgerechtigkeit
10. Ingenieurtechnische Untersuchungen
    a) Bauphysikalische Untersuchung
    b) Statische Untersuchung
11. Analyse von Gebäudesystemen
12. 3D-Koordination (z. B. ‚Clash Detection‘)
13. Baustelleneinrichtungsplanung (Baulogistik usw.)
14. Planung der Montierung (detaillierte Bauabläufe)
15. BIM-to-Field (BIM in der Ausführung)
16. Digitale Fertigung (z. B. Computer Aided Manufacturing)
17. Istzustandsmodellierung
18. Planung der Gebäude-Unterhaltung (auch BIM für FM)
19. Flächenmanagement
20. Notfallplanung
21. Asset-Management

BIM-Anwendungen oder -Anwendungsfälle sind die Nutzungsvarianten, die die Gebäudeinformationsmodellierung bietet. Dazu gehören z. B. Modellerstellung, energetische Analyse, Kollisionserkennung und Mengenermittlung.

Kollisionserkennung, auch als räumliche (3D-) Koordination bezeichnet, beschreibt automatisierte Prozesse, die zwei oder mehr Elemente aufzeigen, die nicht miteinander harmonieren. Hierbei handelt es sich um eine der meistverbreiteten Nutzanwendungen von 3D- oder BIM-Modellen, die üblicherweise bei der Koordinierung haustechnischer Installationsarbeiten zum Tragen kommt.

8 Computer Integrated Construction Research Program (2011) = BIM Project Execution Planning Guide, Version 1, Mai 2011, University Park, PA: The Pennsylvania State University.

primär	sammeln	erstellen	untersuchen	kommunizieren	realisieren
sekundär	qualifizieren	vorgeben	koordinieren	visualisieren	fertigen
	überwachen	bemessen	prognostizieren	zeichnen	zusammenstellen
	erfassen	anordnen	validieren	transformieren	prüfen
	quantifizieren			dokumentieren	regulieren

Quelle: Pennsylvania State University, 2013

Abbildung 21: Die BIM-Anwendungen: Klassifizierung und Auswahl von BIM-Anwendungen

2013 stellte die Pennsylvania-Universität ein gesondertes Dokument vor, das BIM-Anwendungen je nach Nutzungszweck kategorisiert. Damit haben wir eine recht nützliche, wenngleich abstrakte Struktur von BIM-Anwendungen, die sich in fünf Haupt- und zugehörige Unterkategorien (Primär- und Sekundäranwendungen) aufgliedern: Sammeln, Erstellen, Untersuchen, Kommunizieren und Umsetzen.[9]

Die von der Pennsylvania-Universität aufgestellten Kataloge der BIM-Anwendungsfälle sind wahrscheinlich die international meistbenutzten Listen, ohne dass sie eine bindende Norm darstellen. Es gibt mehrere Alternativen (wie die von *BIM Excellence* aufgestellte *Model Use List* mit mehr als 120 verschiedenen Anwendungsmöglichkeiten[10]). Anwendungen ändern oder erweitern sich, sobald sich neue Anforderungen ergeben oder neue Technologien entstehen.

Doch welches System man auch benutzt, es ist in einem Projekt unerlässlich, die Dinge mit den gleichen Augen zu sehen und mit denselben Begriffen zu benennen. Darauf ist besonders bei Bestellung, Auftragsvergabe und Abwicklungsplanung zu achten. Solange es keine nationalen Normen gibt, sollte man sich an anerkannte internationale Definitionsstandards halten. Ist das nicht möglich, müssen die BIM-Anwendungen im Rahmen der Ausschreibung bzw. Bestellung definiert werden.

Unter einer **Phase** verstehen wir hier eine vertraglich festgelegte Projektabwicklungsphase, wie sie z. B. die britischen *CIC Stages* oder die deutschen HOAI-Leistungsphasen vorsehen.

2.2 Phasen

Es liegt auf der Hand, dass die Definition eines Elements von der jeweiligen Projektphase abhängt. So sind z. B. an ein Wettbewerbsmodell völlig andere Anforderungen zu stellen als an ein Modell, das der Ausführungsplanung oder für die betriebliche Nutzung eines Bauwerks vorgesehen ist. In frühen Entwurfsphasen konstruiert man ein Modell üblicherweise mit generischen, d. h. symbolischen Modellobjekten, die nur grob definiert sind. Das verleiht dem Modell eine gewisse Flexibilität und erlaubt den Planern rasche Ände-

9 *Kreider*, Ralph G. / *Messner*, John I. (2013): The Uses of BIM: Classifying and Selecting BIM Uses, Version 0.9, September 2013, University Park, PA: The Pennsylvania State University. http://bim.psu.edu

10 http://bimexcellence.com/model-uses/

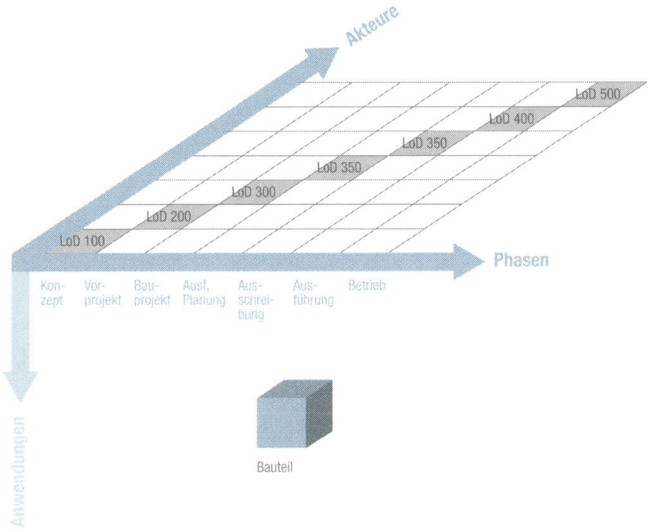

Abbildung 22: Phasenorientierte Objektdefinition

rungen, ohne ins Detail gehen zu müssen. Im Fortgang des Entwurfsprozesses erfolgen immer mehr Festlegungen; es können nunmehr ins Detail gehende Entscheidungen im Hinblick auf Kosten, Materialien, Dämmung, Oberflächengestaltung usw. getroffen werden.

LoD
(en: *Level of Development* oder Entwicklungsstand) beschreibt den Detaillierungsgrad eines Modellelements. Es bezieht sich auf die Geometrie sowie den Informationsinhalt des Objekts.

Diese Entscheidungen schlagen sich nicht allein in höherer geometrischer Detaillierung, sondern auch in der Spezifizierung der Eigenschaften jedes Modellelements nieder. In einer frühen Phase genügt es, einer Wand eine allgemeine (generische) Stärke zuzuordnen, z. B. 200 mm. In einer späteren Phase wird das spezifische Material festgelegt, aus dem die Wand errichtet wird, sei es Stahlbeton oder Backstein, wobei die wasserabweisenden Eigenschaften und die Oberflächenbeschaffenheit des Materials mit ins Modell eingepflegt werden.

Im BIM-Kontext wird die fortschreitende Modellverfeinerung mit dem Ausdruck *Level of Development*, oder LoD (Entwicklungsstand) bezeichnet. Damit ist der sich steigernde Detaillierungsgrad grafischer und / oder in Daten gefasster Inhalte gemeint. Weiter unten in diesem Kapitel wird näher auf den LoD eingegangen werden.

2.2.1 Phasengerechte BIM-Anwendungen

Die Phasenfestlegung berührt nicht nur den Detaillierungsgrad eines Objekts, sondern hat auch Einfluss darauf, wie individuelle Aktivitäten ausgeführt werden. So geht z. B. eine Kostenschätzung in einer frühen Entwurfsphase weit weniger ins Detail – und wird wahrscheinlich anders berechnet – als die Kalkulation der Realisierung. Folglich müssen auch die BIM-Anwendungen auf die jeweilige Projektphase abgestimmt werden.

Vorstudien	Projektierung	Realisierung	Bewirtschaftung
Modellierung des Ausgangszustands			
Kostenplanung	Kostenplanung	Kostenplanung	
Raumplanung			
Entwurfserstellung	Entwurfserstellung		
Planungsüberwachung	Planungsüberwachung		
	Energetische Untersuchung		
	Statische Untersuchung		
	Bauvorschriften Kontrolle		
		Baustelleneinrichtungsplanung	
		BIM-to-Field	
		Istzustandsmodellierung	Istzustandsmodellierung
			Planung der Gebäude-Unterhaltung
			Analyse von Gebäudesystemen
			Flächenmanagement
			Asset-Management

Quelle: Pennsylvania State University BIM Execution Planning Guide, Version 2, 2010

Abbildung 23: Beispiel für die Nutzung von BIM-Anwendungen über den Lebenszyklus eines Gebäudes hinweg

In der Vorplanung eines Projekts lässt sich festlegen, welche BIM-Anwendungen in welchen Projektphasen zum Einsatz kommen sollen. Daraus ergibt sich ein grober Projektablaufplan inkl. zeitlicher Abfolge der einzelnen Arbeiten bzw. Gewerke. So gewinnt man einen Überblick über sämtliche Aktivitäten, die im Lebenszyklus des Projekts anfallen werden. Zugleich kann das Projektteam auf diese Weise von vornherein planen, wann Modelle zwischen verschiedenen Projektbeteiligten ausgetauscht werden müssen. Es ist zu entscheiden, welche zusätzlichen Informationen einzubeziehen sind, wenn ein Modell von der Entwurfserstellung zur Kostenkalkulation übergeht.

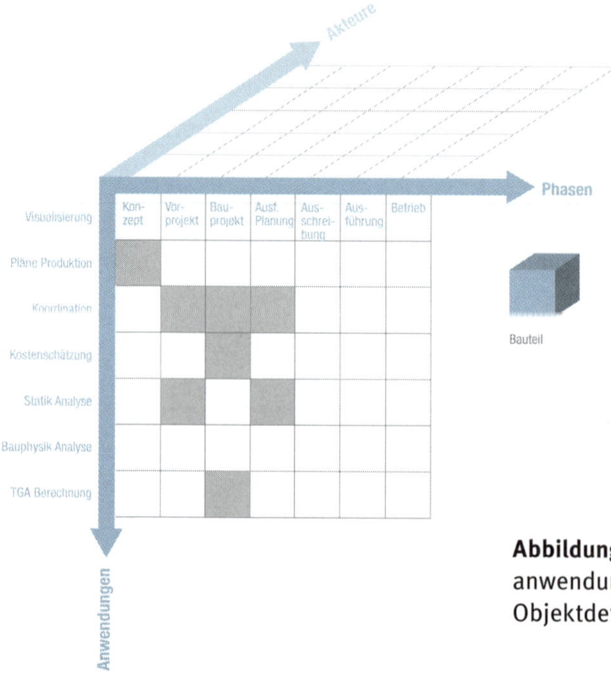

Abbildung 24: Phasen- und anwendungsorientierte Objektdefinition

Abbildung 24 zeigt, dass das Modell während der Konzeptionsphase ausschließlich zur Visualisierung herangezogen wird, d. h., es wird mit hoher Wahrscheinlichkeit in erster Linie um die geometrische Darstellung gehen. In der Vor- und Bauprojektierungsphase wird das Modell zur Erstellung von Plänen und Aufstellung einer Kostenkalkulation genutzt. Es muss so konstruiert sein, dass es den Modellaustausch-Vorgaben der Kostenkalkulation entspricht, also alles enthält, was diese für ihre Arbeit benötigt; so müssen z. B. Materialbeschaffenheit, Kostenfaktoren und andere Attribute eingepflegt sein.

2.3 Akteur

Akteure sind Personen oder Entitäten, die in bestimmten Funktionen (Rollen) bzw. Arbeitsbereichen am Projekt beteiligt sind, z. B. Architekten, Projektmanager, Bauherren, Kalkulatoren usw.

Der letzte Parameter, der in die Objektdefinition eingehen muss, betrifft die Rolle bzw. den beteiligten Akteur. Dieser hat einen subtileren Einfluss auf die Darstellung eines Objekts als Projektphasen oder Anwendungen, ist aber nichtsdestoweniger von großer Bedeutung. Jeder Arbeitsbereich, jedes Gewerk betrachtet ein Objekt mit spezifischen Anforderungen oder Bedürfnissen unter jeweils eigenem Blickwinkel.

Wird das Objekt „Wand“ vom Architekten modelliert, so liegt der Fokus wahrscheinlich auf den Materialeigenschaften oder der Oberflächengestaltung. Legt der Tragwerksplaner das Objekt im Modell an, so ist in den Objekteigenschaften neben weiteren für die Statik relevanten Informationen erfasst, ob es sich um eine tragende oder nichttragende Wand handelt. Dabei differieren nicht nur die Objekteigenschaften, sondern auch die Art und Weise der Modellierung und Darstellung des Objekts. So kann beispielsweise ein Architekt eine Außenwand für ein sechsstöckiges Gebäude als ein einziges Element modellieren, das vom Erdgeschoss bis zum Dach reicht. Der Tragwerksplaner dagegen unterteilt die Wand nach Geschossen in Segmente, um seine statischen Berechnungen durchführen zu können.

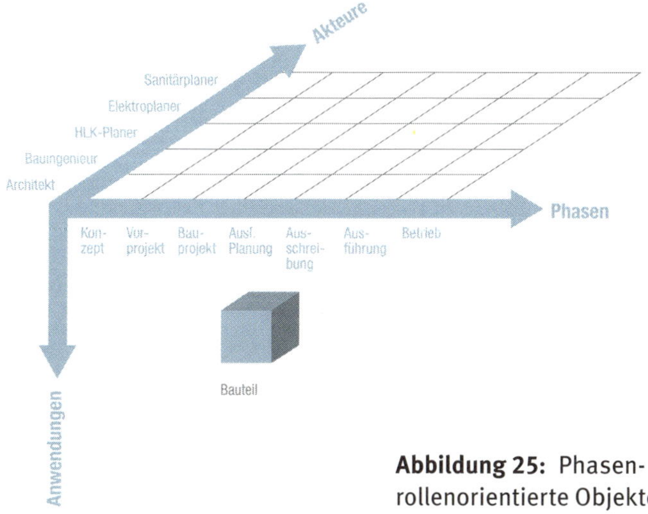

Abbildung 25: Phasen- und rollenorientierte Objektdefinition

Modellelement		Phase					
		Konzept	Vorprojekt	Bauprojekt	Ausführungs-planung	Ausführung	Betrieb
Wand	LoD	100	200	300	400	400	500
	Urheber	Architekt	Architekt	Bauingenieur	Bauingenieur	Hersteller	Betreiber
Geschoß	LoD	100	100	200	300	300	500
	Urheber	Architekt	Architekt	Architekt	Architekt	Hersteller	Betreiber

Abbildung 26: Exemplarische LoD- und Modellurheber-Übersicht für ein Objekt „Wand" in sämtlichen Projektphasen

Daraus folgt, dass man den Entwicklungsstand bzw. Detaillierungsgrad in einem BIM-Projekt unter Einbeziehung von Phasen und Rollen definiert. Jedem Objekttyp oder jeder Objektgruppe wird sowohl ein LoD als auch ein Modellurheber zugeordnet, und zwar, wie an nachstehendem Beispiel erkennbar, für jede Phase gesondert.

2.4 Definition der Objekteigenschaften

Legen wir die drei Dimensionen Anwendung, Phase und Akteur übereinander, so gewinnen wir ein vollständigeres Bild der Funktionen und Inhalte von BIM-Objekten. Dies ist keine festgelegte Definition. Jedes Projekt hat seinen individuellen Umfang. Die Eigenschaften jedes Objekts variieren je nach Phase, Anwendung und beteiligten Akteuren. Diese Dimensionen lassen sich als Matrix darstellen, die eine Momentaufnahme eines Objekts zu einem bestimmten Zeitpunkt abbildet.

Im Idealfall könnten wir sämtliche Modellobjekte innerhalb eines Projekts in einer spezifischen Phase aus dem Blickwinkel jedes Akteurs darstellen, z. B.: Welche Informationen muss ein Architekt (Akteur) über ein Fenster (Objekt) während der Vor- und Bauprojektierung (Phase) für die energetische Analyse (Anwendung) bereitstellen.

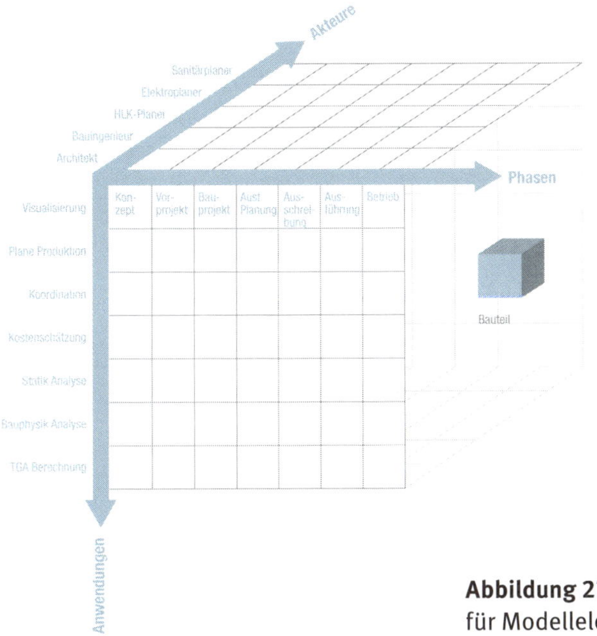

Abbildung 27: Definitionsmatrix für Modellelemente[11]

2.5 Detaillierungsgrad (LoD)

Mit dem Kürzel LoD beschreiben wir den Reifegrad eines Modellelements bezogen auf seinen geometrischen oder informationellen Gehalt. Der Begriff wird häufig benutzt, ist aber nicht ganz eindeutig, weil der Abkürzung verschiedene Bedeutungen zugeordnet werden: Er kann für *Level of Development* (Entwicklungsstand), aber auch für *Level of Detail* (Detaillierungsgrad) oder *Level of Definition* (Definitionsgrad) stehen.

Der Ursprung dieses Begriffs liegt in der Entwicklung der grafischen Datenverarbeitung Mitte der siebziger Jahre. Unter „Detaillierungsgrad" verstand man seinerzeit die Komplexität der Objektdarstellung in 3D.[12] 2005 wurde der Begriff durch den Software-Anbieter VICO in seiner *Model Progression Specification* mit virtuellen Gebäudemodellen bzw. BIM in Zusammenhang gebracht. Aufgegriffen und verfeinert wurde dieses Verständnis hernach durch das American Institute of Architects (AIA) in seiner Norm AIAE202-2008 *BIM Protocol Exhibit* als Bezeichnung des Entwicklungsstandes.[13]

11 Diese Darstellung ähnelt dem „Data Cube Concept", das von der britischen BIM Task Group entwickelt wurde, um die Anforderungen des ‚Digital Plan of Works' zu veranschaulichen. Im britischen Beispiel waren die drei Dimensionen des Würfels Workstage (Phase), Stakeholder (Rolle) sowie Daten und Informationen.

12 https://en.wikipedia.org/wiki/level_of_detail

13 Die Norm AIAE202-2008 *BIM Protocol Exhibit* ist inzwischen durch das Dokument G202™ – 2013 – *Building Information Modeling and Digital Data Exhibit* abgelöst worden.

Einfach ausgedrückt bezeichnet der LoD die Darstellung eines Objekts in einer bestimmten Phase bzw. einem bestimmten Stadium. In herkömmlichen ingenieurtechnischen Verfahren ließ sich der Gehalt einer Information, dargestellt in Form einer Zeichnung, anhand der Maßstabskonventionen ablesen. Fachleute aus der Baubranche in aller Welt sind sich mehr oder weniger einig darüber, was eine Zeichnung im Maßstab 1 : 100 im Unterschied zu einer im Maßstab 1 : 20 oder 1 : 5 ausgefertigten enthalten muss. Üblicherweise ist dieser Informationsgehalt in industriellen CAD-Vorschriften festgelegt.

In BIM gibt es jedoch keinen Maßstab, sondern es wird alles in 1 : 1 modelliert. Es wurde also eine neue Vorschrift aufgestellt, um diese grafischen und inhaltlichen Anforderungen festzulegen: der LoD.

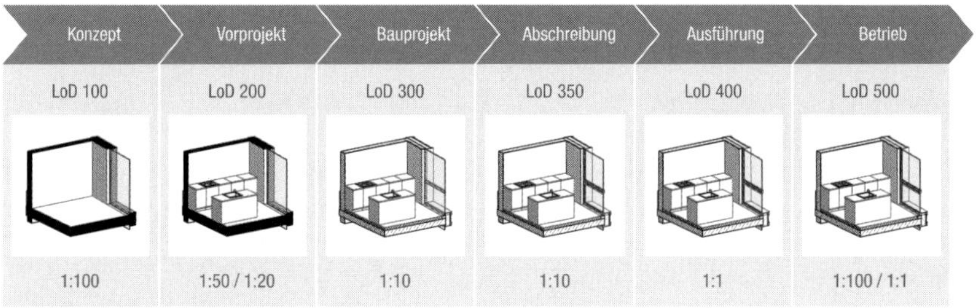

Abbildung 28: Objekt-LoD (nach AIA) in Relation zu Maßstabskonventionen

Die durch das AIA vorgegebene LoD-Definition orientiert sich an fünf Stadien (LoD 100-500), die den fünf Kernphasen eines Projekts entsprechen: konzeptionelle Planung, Vor- und Bauprojektierung, Konstruktionsdokumentation, Fertigungszeichnungen und Endzustandsdokumentation (As-Built). Das ist eine bewusst grob gehaltene Struktur zur Beschreibung sowohl des geometrischen als auch des informationellen Gehalts eines Objekts sowie potenzieller Anwendungen. Wichtig ist die Phasenkorrelation; man beachte, dass die Kategorien keine strikte Vorschrift für die Detaillierung eines Objekts an sich bilden, sondern immer auch auf praktische Anwendbarkeit im Hinblick auf die beabsichtigte Nutzung angelegt sind.

Beispielsweise bezieht sich LoD 500 mehr auf den Verwendungszweck oder Status eines Modellelements, das in diesem Stadium *as-built*, also im Fertigstellungszustand dargestellt wird, als dass er eine reine Detaillierungsvorgabe darstellte. Auch wenn LoD 500 die höchste Stufe bildet, ist ein LoD-500-Modellelement normalerweise weniger detailliert als ein gemäß LoD 400, d. h. als Fertigungsvorlage dargestelltes. So wird z. B. das Fertigungsmodell (LoD 400) einer Betonwand sowohl die stählernen Armierungsstäbe als auch die Schalung enthalten, während das Endzustandsmodell (LoD 500) derselben Wand nur eine durch Laserscan auf der Baustelle oder andere Methoden erzeugte reduzierte geometrische Darstellung zeigt.

2013 hat das US-amerikanische *BIM Forum* einen erweiterten Leitfaden zur LoD-Definition des AIA vorgelegt. Die letzte Überarbeitung dieses Leitfadens erschien 2016. Hier findet man ebenso eine schrittweise Anleitung zur Detaillierung von Modellelementen wie vorkonfigurierte Arbeitsblätter und Beispiele, die die geometrische Darstellung von Modellelementen in den einzelnen LoD-Stadien zeigen, wobei die Beispiele LoD 500 auslassen; denn „LoD 500 hat mit der Istzustandsdokumentation auf der Baustelle zu tun, nicht mit der zunehmenden Verfeinerung der geometrischen Modellelement-Darstellung oder der wachsenden Genauigkeit der zugehörigen nichtgrafischen Informationen“[14].

In manchen Fällen werden noch Zwischenstufen angelegt, beispielsweise LoD 350 für verfeinerte Ausführungsplanung.

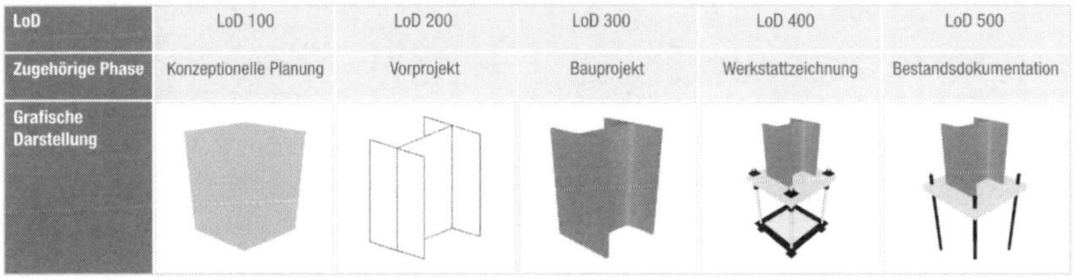

Abbildung 29: LoD-Vorgabe des US-amerikanischen AIA mit annähernder Darstellung der jeweiligen grafischen Detaillierung

2.6 Informationsgrad (LoI)

Es hatte sich eingebürgert, den Begriff LoD vornehmlich auf die Geometrie eines Objekts zu beziehen. Dies entsprach den Interessen von Planungsteams und rührte noch aus der Denkweise der 3D-Modellierung her. In den letzten Jahren hat man sich angewöhnt, BIM im Kontext des Lebenszyklus-Managements eines Projekts zu sehen. Je mehr sich diese Sichtweise durchgesetzt hat, umso wichtiger wurde der Informationsgehalt. Umfang und Fokus von BIM-Anwendungen haben sich ausgeweitet und umfassen heute Kostenkalkulation, energetische Simulationen, die Logistik der Bauausführung sowie das Management von Anlagenwartung und Liegenschaftsverwaltung. Daraus hat sich die Notwendigkeit ergeben, Informationsgehalte in höchster Präzision zu definieren, und zwar *unabhängig* von der geometrischen Darstellung.

Um dies an einem sehr einfachen Beispiel zu zeigen: In einer Wettbewerbsphase wird es dem Architekten darauf ankommen, das Gebäude mit einem hohen Maß geometrischer Detaillierung darzustellen, jedoch nur mit groben Angaben über Materialien und Produkteigenschaften. In einer späteren Vor- und Bauprojektierungsphase fallen jedoch die Objekteigenschaften

14 BIM Forum *Level of Development Specification*, 2016 (www.bimforum.org/lod).

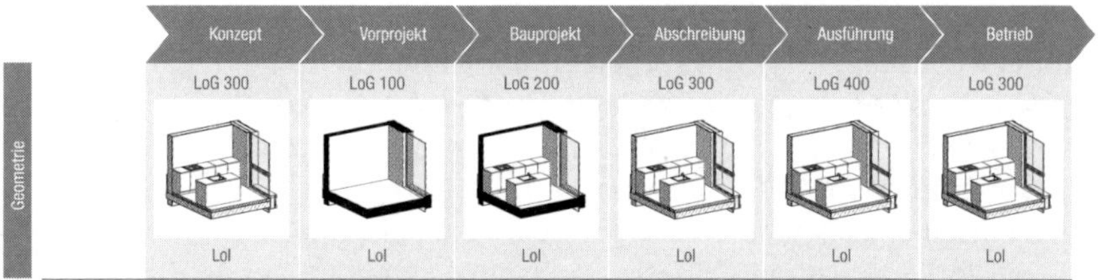

Information	Konzept	Vorprojekt	Bauprojekt	Abschreibung	Ausführung	Betrieb
Beschreibung	Außenwand	Außenwand	Außenwand	Außenwand	Außenwand	Außenwand
Dicke	–	26 cm	26 cm	26 cm	26 cm	26 cm
Länge	–	–	360 cm	360 cm	360 cm	360 cm
Höhe	–	–	280 cm	280 cm	280 cm	280 cm
Material	–	Backstein mit Außendämmung	Backstein mit Außendämmung	Backstein mit Außendämmung	Backstein mit Außendämmung	Backstein mit Außendämmung
Hersteller	–	–	–	Swisspor	Swisspor	Swisspor
Typ	–	–	–	–	LAMBDA Vento	LAMBDA Vento
Kosten / qm	–	CHF 80,00	CHF 80,00	CHF 85,50	CHF 88,75	CHF 88,75

Abbildung 30: Veränderung des geometrischen Detaillierungsgrads (LoG) und des Informationsgehalts (LoI) über den Projekt-Lebenszyklus hinweg

LoG
(en: *Level of Geometry*) beschreibt den geometrischen Genauigkeitsgrad eines Modellelements. Es ist ein Aspekt der übergreifenden LoD-Definition.

mehr ins Gewicht, während die geometrische Darstellung grob sein kann. LoD-Vorschriften müssen flexibel genug sein, um den spezifischen Anforderungen der jeweiligen Projektphasen gerecht zu werden und die fortschreitende Entwicklung des Projekts abzubilden.

In verschiedenen Ländern (u.a. Dänemark, den Niederlanden, Australien, Neuseeland) ist die Trennung zwischen geometrischer Darstellung und definiertem Daten-Informationsgehalt vorangetrieben worden. Die bedeutendsten Fortschritte in dieser Hinsicht wurden jedoch in Großbritannien erzielt, wo 2013 im Rahmen der nationalen BIM-Spezifikation PAS 1192-2 eine neue LoD-Vorschrift erlassen wurde. Diese Vorschrift verwendet den Oberbegriff *Level of Definition* (Definitionsgrad), der zum einen den geometrischen Entwicklungsstand als *Level of Detail* (Detaillierungsgrad), zum anderen den erforderlichen Daten-Informationsgehalt als *Level of Information* (Informationsgrad = LoI) umfasst. Die britische Vorschrift übernimmt nicht das amerikanische Schema (LoD 100-500), sondern legt sieben Stadien zugrunde, die den Gepflogenheiten der britischen Bauindustrie (*Construction Industry Council* = CIC) entsprechen. Nachstehende Tabelle zeigt, wie sich die britische Norm grob in Korrelation zur amerikanischen setzen lässt.[15]

LoI
(en: *Level of Information*) beschreibt den Genauigkeitsgrad der Informationsinhalte (Metadaten) eines Modellelements. LoI ist der zweite Aspekt der LoD-Definition.

2015 hat das amerikanische *BIM Forum* seine LoD-Vorgaben dahingehend erweitert, dass nunmehr neben geometrischen Definitionen auch Objekteigenschaften (LoI) erfasst werden.

15 Einen gerafften Überblick über die Entwicklung der LoD-Definitionen bietet Marzia Bolpagni, The Many Faces of „LOD“, http://www.bimthinkspace.com/2016/07/the-many-faces-of-lod.html.

Britische CIC-Stufe	UK LoD (PAS 1192-2)	US LoD (AIA)
Stufe 0: strategische Definition	LoD 0	LoD 0
Stufe 1: Vorbereitung und Grobplanung	LOD 1	LoD 0
Stufe 2: Vorplanung	LOD 2	LOD 100
Stufe 3: Bauplanung	LOD 3	LOD 200
Stufe 4: technische Planung	LOD 4	LOD 300
Stufe 5: Bauausführung	LOD 5	LOD 400
Stufe 6: Übergabe	LOD 6	LOD 500
Stufe 7: betriebliche Nutzung	LOD 7	LoD 500

Abbildung 31: LoD nach britischer Norm im Verhältnis zu den amerikanischen AIA-Vorgaben

2.6.1 Weitere Entwicklungen

Die LoD-Diskussion gleicht ein wenig der Büchse der Pandora. Wir sind Zeugen einer Fülle von Definitionsvorschlägen geworden, darunter Zweckentsprechungsgrad (*Level of Suitability*, der angeben soll, inwieweit ein Objekt seinem vorgegebenen Verwendungszweck entspricht), Koordinationsgrad (*Level of Coordination*: gibt an, inwieweit ein Objekt mit den Anforderungen anderer Gewerke abgeglichen ist) und Genauigkeitsgrad (*Level of Accuracy*: gibt Toleranzen an, vorrangig im Bereich der Istzustands-Datenaufnahme).

Gegenwärtig gibt es keine internationale Übereinkunft hinsichtlich der Definition des Entwicklungsstandes eines Objekts. 2017 ist eine CEN-Arbeitsgruppe zusammengetreten, um unter dem Arbeitstitel LOX einige der vorhandenen LoD-Vorschriften zu harmonisieren.[16]

2.6.2 Empfehlungen

Zu Beginn empfehlen wir, nur mit den grundlegenden Definitionen des geometrischen und informationellen Detaillierungsgrads zu arbeiten (d. h. LoG, für Geometrie, und LoI, für Information). Hat man sich mit diesen Vorgaben vertraut gemacht, können je nach Projekt weitere Spezifikationen (wie

16 LOX ist Teil der vom *CEN Technical Committee* herausgegebenen Norm TC 442 *Building information Modeling (BIM)*.

Genauigkeits- oder Koordinationsgrad) angewandt werden, aber nur dann, wenn es der höheren Detailgenauigkeit tatsächlich bedarf.

Nach wie vor wird die vom AIA herausgegebene US-amerikanische LoD-Definition der geometrischen Objekt-Darstellung (erweitert durch die Spezifikation des *BIM Forum*) international am meisten verwendet. Das 100-500-Schema ist hilfreich, wenn es darum geht, eine Projektaufgabe im raschen Überblick zu umreißen, vergleichbar mit dem, was in früheren Zeiten maßstabsspezifische Zeichnungen leisteten. Der Gehalt von Informationen jedoch ist ein komplexeres und anspruchsvolleres Thema, dem die LoD-Definition des AIA nicht gerecht wird.

Eher allgemein gehaltene Stufungen wie das amerikanische 100-500- oder das britische 0-7-Schema sind nützlich zur groben Festlegung von Informationsgehalten für Entwurfsskizzen oder die Ausschreibung von BIM-Leistungen; für die tatsächliche Projektabwicklung sind sie jedoch zu ungenau. In der Praxis müssen wir für Informationstransfers spezifische Objekteigenschaften festlegen; annähernde Angaben genügen nicht. Hier spricht man von bestimmten Austauschanforderungen (Exchange Requirements), die die einzelne Objekteigenschaften für bestimmte Anwendungen (bzw. Austausch) bezeichnen. Austauschanforderungen werden in den folgenden Kapiteln im Zusammenhang mit den buildingSMART-Standards IDM und MVD erklärt.

Im Weiteren werden in diesem Buch folgende Begriffe verwendet:

- LoD = *Level of Development* (Entwicklungsstand): Oberbegriff, der das Gesamtkonzept inkl. Geometrie und Datengehalt umfasst.
- LoG = *Level of Geometry* (geometrischer Detaillierungsgrad): bezeichnet ausschließlich die geometrische Objekt-Präsentation (mithilfe des 100-500-Schemas des AIA).
- LoI = *Level of Information* (Informationsgrad): bezeichnet den Inhalt der zu einem Objekt gehörigen Daten (mithilfe individueller Bezeichnungsstandards).

Dabei gilt:

LoD = LoG + LoI.

Es ist zu beachten, dass LoD, LoG und LoG immer nur auf bestimmte Objekte bezogen sind. Sie beschreiben niemals den Reifegrad eines Modells oder gar des ganzen Projekts.[17]

17 Der Begriff „Level of Information Need" (LOIN) ist in jüngerer Zeit entstanden, um das gesamte LoD-Konzept zu beschreiben. Er wird in einigen internationalen BIM-Standards verwendet, ist jedoch noch nicht verbreitet in Gebrauch.

Gastbeitrag: 4D- / 5D-BIM

Akos Hamar
arbeitet seit 2007 in der Building Information Modelling und verantwortet den Bereich ‚VDC-Implementierung' bei Saint-Gobain (Nordische und baltische Delegation). Er ist Fachmann für modellbasierte Zeit- und Kostenplanung, also das sogenannte 4D- bzw. 5D-BIM. Hier stellt Hamar das Konzept von „4D" und „5D" in Ergänzung zur geometriebasierten 3D-Modellierung vor.

Wir sind nicht mehr weit davon entfernt, dass die dreidimensionale geometriebasierte Modellierung bei mittleren und großen Projekten Standard wird. Diese BIM-Eingangsstufe bietet offensichtliche Vorteile in den Bereichen interdisziplinäre Koordination, Zeichnungserstellung, Kommunikation, Umsetzbarkeit und Zusammenarbeit. Indem wir die Funktionalität solcher Modelle durch das Hinzufügen durchdacht strukturierter Informationen zu dieser geometrischen Basis erweitern, führen wir erhebliche Verbesserungen sowohl in der Herstellung als auch in der betrieblichen Nutzung baulicher Anlagen herbei.

Oftmals ist die Rede von der Hinzufügung weiterer „Dimensionen" zum BIM-Modell, wobei „4D" für den zeitlichen Aspekt einer Projektabwicklung steht, „5D" für die Darstellung der Kostenseite. Der Ausdruck „Dimensionen" hat jedoch lediglich illustrativen Charakter. Wir sprechen schlicht von weiteren Parametern oder Informationen, die das Modell ergänzen. Diese sogenannten „4D"- und „5D"-Informationen bringen uns jedenfalls unserem Ziel deutlich näher, Bauten unter Einhaltung von Termin- und Kostenvorgaben – eine der größten Herausforderungen, vor denen die Bauindustrie heute steht – bei verbesserter Qualität herzustellen.

4D
ist eine BIM-Anwendung, in der man ein geometrisches Modell mit Termininformationen verbindet, um eine Ablaufsimulation zu erstellen.

5D
ist eine BIM-Anwendung, in der man ein geometrisches Modell mit Kostendaten verbindet, um einen Kostenplan aufzustellen.

4D-Terminplanung

Untersuchungen zeigen, dass die Umsetzung von Schlüsselphasen in Bauprojekten die planerischen Zeitvorgaben häufig um 20–50 % übersteigt[18] – ein deutlicher Hinweis darauf, dass die Wertschöpfung durch optimierte Terminplanung und verbessertes Bauausführungsmanagement erhöht werden kann. Selbstverständlich können Terminüberschreitungen vielfältige Ursachen haben, die jedoch zumeist beherrschbar sind. Typisch sind neben vielem anderen folgende Faktoren:

- unvollständige Zeichnungen bzw. Fehler oder Auslassungen in Bauplänen;

18 Fifth Annual FMI / CMAA Survey of Owners; FMI; Construction Management Association of America (CMAA); Construction Owners Association of America (COAA).

- suboptimale Planungsprozesse;
- zu spät getroffene Entscheidungen;
- ausufernde Änderungsaufträge bzw. Entwurfsänderungen;
- mangelnde Koordination zwischen verschiedenen Gewerken;
- Nichtverfügbarkeit von Baukolonnen;
- schlechte Wetterbedingungen.

Ein Blick auf diese Liste zeigt, dass sich einige der genannten Probleme bereits auf der BIM-Eingangsstufe, in der 3D-Modellierung, lösen lassen. Die Arbeit mit einem geometrischen Modell kann Entwurfsqualität und Umsetzbarkeit verbessern und fördert adäquate Entscheidungsprozesse. Die Probleme, die auf dieser Stufe ungelöst bleiben, können mithilfe der 4D-Gebäudeinformationsmodellierung angegangen werden. Ein Modell von hoher Qualität bildet nicht nur die Planungsabsicht ab, sondern enthält zugleich wertvolle Informationen über das Gebäude einschließlich der quantitativen Daten (Volumen, Fläche, Länge, Höhe etc.) der verschiedenen Bauelemente. Sind diese Quantitäten abrufbar, können weit genauere Zeitvorgaben aufgestellt werden als zuvor. Statt vager „Zeitfenster" lassen sich nunmehr mühelos die genauen Arbeitsstunden berechnen.

Fortgeschrittene BIM-basierte Zeitplanungstools generieren Konstruktionspläne, indem sie Material- und Objektquantitäten aus dem Modell extrahieren und diese mit den geschätzten Bauausführungs- oder Produktionsraten multiplizieren. So lassen sich z.B. die in einem Projekt benötigten Kubikmeter an Beton, wie sie ins Modell eingepflegt sind, mit der täglichen Produktionsrate multiplizieren, um zu ermitteln, wie viel Zeit die Betonierungsarbeiten insgesamt beanspruchen werden. Mengenänderungen (wie sie sich durch eine Modellrevision ergeben können) oder vom Konstruktionsmanager mitgeteilte Änderungen der Produktionsrate führen unmittelbar zur Anpassung der Terminplanung. Solche modellbasierten Berechnungen ersetzen „Pi-mal-Daumen"-Schätzungen und gewährleisten sowohl Genauigkeit als auch Flexibilität der Konstruktionsplanung.

Line of Balance (LOB), auch *Flowline* genannt, ist ein Kontrollprozess, der für die Planung von Wiederholungsaktivitäten auf einer Baustelle verwendet wird, insbesondere im Hinblick auf die Verwaltung von Ressourcen, Zeit und Kosten. (siehe Abb. 32 und 33)

Lokalisierungsbasierte Zeitplanung

Die Einführung der lokalisierungsbasierten *Flowline*-Terminplanung (auch als *Line of Balance* bezeichnet) stellt die berechneten Arbeitsstunden abweichend von der herkömmlichen CPM (*Critical Path Method*)-Terminplanungsmethodik in den Kontext von Zeit und Einbauort.

Diese Darstellung der Terminplanung bietet eine Fülle von Möglichkeiten, die durchweg darauf abzielen, Ressourcen und örtliche Gegebenheiten auf der Baustelle so effizient wie irgend möglich zu nutzen.

So kann man jederzeit mühelos sehen, wo die verschiedenen Kolonnen arbeiten, oder umgekehrt, welche Tätigkeiten in welchen Bereichen der Baustelle gerade auszuführen sind.

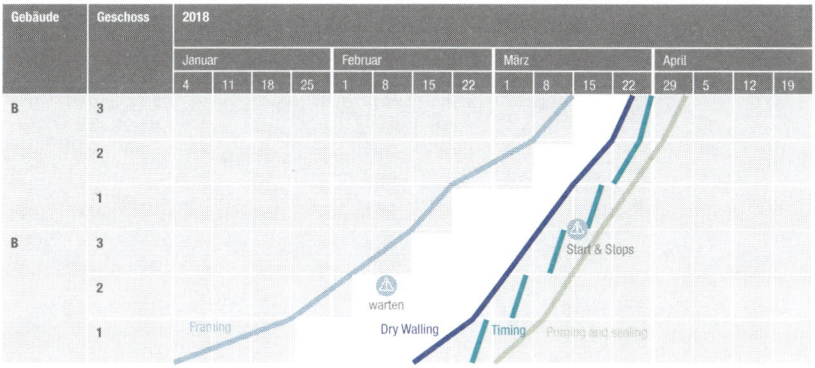

Quelle: Vico Office

Abbildung 32: Ausbalancierte Planung, die anzeigt, wann und wo auf der Baustelle welche Arbeiten durchgeführt werden

Indem dargestellt wird, wie sich die verschiedenen Kolonnen und Gewerkarbeiten von einem Teil des Bauwerks zum nächsten bewegen, lassen sich Diskontinuitäten oder Störungen der geplanten Aktivitäten, die zu riskanten und kostspieligen Mobilisierungs- und Demobilisierungsereignissen führen, leicht erkennen.

Ebenso wird deutlich sichtbar, wie effizient der Bauplatz genutzt wird. Der Steigwinkel der – die einzelnen Aufgaben darstellenden – Kurven zeigt den Fortschritt der Tätigkeiten an einem Einbauort an. Ziel ist, die Zeitplanung durch Angleichung (Ausbalancierung) von Steigwinkeln, Fortschrittsraten und letztlich Produktivität der einzelnen Kolonnen zu optimieren. Dies sorgt dafür, dass nirgendwo auf der Baustelle Kräfte und Ressourcen verschwendet werden.

Die Anwendung der o.g. Techniken führt zu einer optimierten, unmittelbar umsetzbaren Zeitplanung bei reduziertem Risiko. Natürlich gibt es Faktoren, die wir nicht kontrollieren können, wie z.B. unvorhergesehene Wetterbedingungen, doch lassen sich solche Ereignisse mittels einer entsprechenden Risikoanalyse berücksichtigen. Es ist nicht nötig, dass sämtliche Arbeitsgruppen im Projekt *Flowline*- oder CPM-Terminpläne lesen können. Haben wir jedoch Terminplanung und Projektmodell zur Hand, können wir leicht ein Simulationsvideo erstellen, das die Bauausführungsplanung allgemeinverständlich visualisiert.

Erfahrungen zeigen, dass quantitätsbasierte, ressourcenspezifische und lokalisierungsgerechte Terminplanung die Gesamtdauer der Projektabwicklung um bis zu 17 % verkürzen kann.

Während der Bauausführungsphase kann der Zeitplan herangezogen werden, um sowohl den Konstruktionsprozess zu managen als auch Statusmeldungen von der Baustelle zu erhalten. Aktuelle Produktionsinformationen ermöglichen es, geplante und tatsächliche Fortschritte (Soll / Ist) abzugleichen und den Abschluss von Produktionsprozessen genauer abzuschätzen.

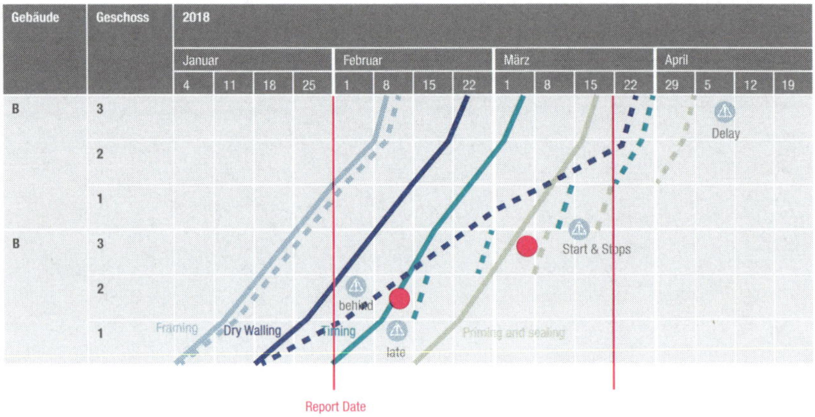

Quelle: Vico Office

Abbildung 33: „Line of Balance", das geplante und tatsächliche Baufortschritte zeigt

Die *Flowline* ist zuallererst ein Bauausführungsplan zur proaktiven Analyse und Optimierung des Personaleinsatzes auf der Baustelle. Sie hilft, Konflikte sowohl zwischen Bauelementen als auch beteiligten Gruppen zu vermeiden. Zugleich kann sie reaktiv genutzt werden, um die Projektgeschichte darzustellen. Falls in einem bestimmten Bereich Zeitvorgaben überschritten werden, lässt sich zurückverfolgen, welche Ereignisse die Abweichung verursacht und ausgelöst haben. Dann kann die *Flowline* herangezogen werden, um Verzögerungen anzuzeigen und das Projekt wieder auf die geplante Zeitschiene zurückzubringen.

Kostenplanung ist eine proaktive Herangehensweise, bei der die Projektkosten zusammen mit anderen Aspekten des Projekts von den allerersten Entwurfsphasen an geplant werden (auch als *design-to-cost*-Methode bezeichnet).

5D-Kostenplanung

Kostenplanung ist eine proaktive Herangehensweise, die die *design-to-cost*-Methodik unterstützt. Die Genauigkeit der Kostenplanung hängt von der Projektphase ab. Kostenplanung stellt einen Verfeinerungsvorgang dar, in dem jede Entscheidung und Hinzufügung von Projektinformationen zu vermehrter Genauigkeit führen und der in die finale Kostenkalkulation mündet.

Kostenschätzung ist eine reaktive Kostenkalkulationsmethodik, die nicht in den Planungsfortschritt integriert ist, sondern sich eher an die Planungsphasen anschließt.

Die frühe Kostenschätzung ist eine deduktive (*top-down*) Kalkulationsmethode. Unter Heranziehung der realen Kosten spezifischer Konstruktionsweisen und Systeme früherer Projekte wird ein grobes Budget aufgestellt. Spätere Kostenvoranschläge arbeiten induktiv (*bottom-up*), d.h., individuelle Komponenten- und Systemkosten werden addiert, um die Gesamtkosten des Projekts zu ermitteln.

Der Vergleich deduktiv und induktiv ermittelter Kosten zeigt innerhalb der vertikalen Projektstruktur Kostenfaktoren auf, die das Budget überschreiten, was weitere Recherchen und Maßnahmen erforderlich macht.

Kostenplanung muss rasche und häufige Kosten-Rückmeldungen im Projekt unterstützen, die mit der fortschreitenden Projektplanung Schritt halten. Modellbasierte Mengen- bzw. Massenkalkulation ist die einzige Methode,

Quelle: Trimble

Abbildung 34: Iterative Projektsteuerungs- und Wertschöpfungstechnik

die eine genaue, fortschreitende Kostenermittlung unter Berücksichtigung laufender Planungsänderungen und damit verbundener Entscheidungsfindungsprozesse ermöglicht.

In der modellbasierten Kostenplanung spielt das Projektbudget im Unterschied zur herkömmlichen Kostenschätzung die zentrale Rolle. BIM ist für proaktives Arbeiten gedacht. Sobald das Projektbudget aufgestellt ist, lassen sich die verschiedenen Entwurfsalternativen im Hinblick auf die budgetierten Gesamtkosten vergleichen, womit sichergestellt ist, dass der projektierte Kostenrahmen eingehalten wird.

Die zugrunde liegenden Kalkulationen sind einfach. Das 3D-Modell enthält alle Mengen bzw. Massen, die wir zur adäquaten Kostenkalkulation benötigen, so dass der Computer die Hauptarbeit leistet, und wir diese Mengen nicht manuell ermitteln müssen, da dies in der heute üblichen Praxis viel Zeit verschlingt. Sobald die Mengen / Massen – seien es in einer frühen Planungsphase festgelegte Komponenten wie Räume oder Gebäudeteile oder detailliertere Bauelemente wie Wände oder Fenster – berechnet sind, können wir diesen Daten aktuelle Preise hinzufügen. Dies geschieht auf Komponenten- oder Systemebene und wird auf der Projektebene zusammengefasst, um die Projekt-Gesamtkosten zu ermitteln.

Diese Mengen- und Kostenkalkulation kann weitgehend automatisiert werden. Jederzeit lassen sich die Kosten des gültigen Entwurfs mit dem Budget abgleichen, um zu sehen, ob es unter- bzw. überschritten oder exakt eingehalten wird. Um Kostenberechnungen zu kommunizieren, können wir Gebäudekomponenten mit Bezug zu ihren Kosten oder die Kostenentwicklung bestimmter Eigenschaften des Gebäudes visuell darstellen.

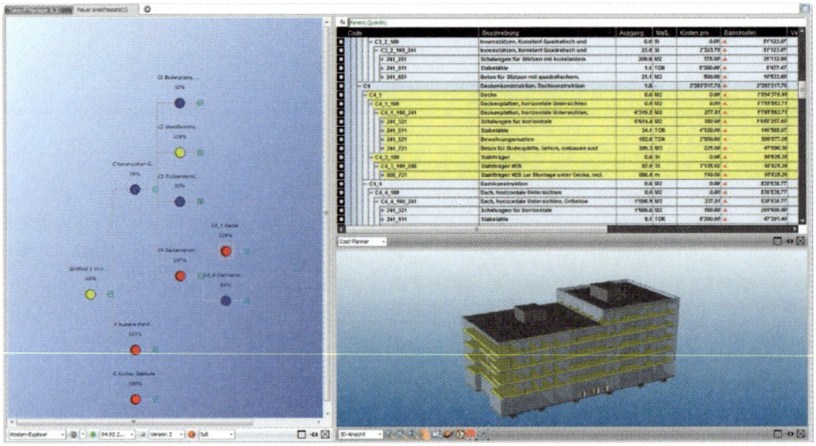

Quelle: Vico Office

Abbildung 35: Visualisierung der Kostenschätzung mit einem integrierten BIM-Zeitplan und -Modell

Praktische Schritte

Im vorigen Abschnitt wurde die Theorie modellbasierter Termin- und Kostenplanung skizziert. In der Praxis sind diese Ziele möglicherweise nicht ganz leicht zu erreichen, sei es infolge mangelnder BIM-Erfahrung oder -Kompetenzen innerhalb einer Organisation oder weil zunächst einmal Regeln zum Austausch von Modelldaten zwischen Projektbeteiligten aufgestellt werden müssen. Im folgenden Abschnitt werden wir einige praktische Ratschläge zur Umsetzung dieser Ziele durchgehen.

1. Selbst modellieren oder von Planern modellieren lassen?

Sowohl in der Termin- als auch in der Kostenplanung gehört die Qualität der Ausgangsmodelle zu den allerersten Herausforderungen. Jemand muss die Modelle erzeugen, aus denen wir Termin- und Kostenpläne erstellen. Üblicherweise fallen Kosten- und Terminplanung in die Zuständigkeit von Bauleitern, Generalunternehmern sowie Kosten- und Massencontrollern, während die Ausgangsmodelle im Allgemeinen von Planungsteams erzeugt werden. Damit stellt sich die Frage, wer Urheber und verantwortlicher Editor der Modelle ist.

Modelle werden entweder von der Planungsfirma bereitgestellt oder je nach individuellem Zweck durch das Unternehmen erzeugt, das mit dem Projekt- oder Baumanagement beauftragt ist.

In einer vollkommenen Welt wäre Option Nr. 2 noch nicht einmal diskussionswürdig, weil sie doppelte Arbeit impliziert und die Wahrscheinlichkeit von Diskrepanzen zwischen Entwurfs- und Kalkulationsmodellen und daraus resultierenden Fehlern erhöht. Die Gebäudeinformationsmodellierung zielt darauf ab, Vergeudung und doppelte Arbeit zu eliminieren. Da wir uns aber im großen Ganzen noch in der Einführungsphase von BIM befinden, müssen noch einige zusätzliche Anstrengungen unternommen werden. Betrachten wir deshalb einige Vor- und Nachteile der beiden o. g. Herangehensweisen.

4D- / 5D-BIM erfordert die Zusammenarbeit von Fachplaner, Kostenplaner und Baumanagern. Damit diese gelingt, müssen wir sicherstellen, dass die Weiterleitung von Arbeitsergebnissen zwischen diesen Stellen reibungslos verläuft. Der Kalkulator muss genau wissen, welche Daten das Modell enthalten muss, damit er seinen Job machen kann, und wer plant, muss begriffen haben, wie er das Modell zu komponieren hat, damit es für Massenermittlungen herangezogen werden kann. Soll das funktionieren, müssen die Beteiligten eng zusammenarbeiten und ihre Daten abgestuft weiterleiten. Sie müssen Modellierungsmethoden, Projekteigenschaften und Bezeichnungsvorschriften für Bauelemente und Dateien durchsprechen, eine technische Plattform für den Datenaustausch festlegen und fixieren, wann was zu liefern ist. Dies mag als enormer Zeit- und Kraftaufwand noch vor Beginn der eigentlich produktiven Arbeit erscheinen, doch diese Besprechungen zur „Planung der Planung“ sind für den Prozess von unermesslichem Wert. Ein Überspringen dieser Planungsphase kann zu unzureichenden Modellen führen, die Mehrarbeit oder Kalkulationsfehler nach sich ziehen.

Im zweiten Szenario, bei dem möglicherweise vorab keine Modelle zur Verfügung stehen, erzeugt der Kalkulator aus den ihm vorliegenden Plänen sein eigenes Modell. Er kann das Projekt je nach der Methode und in dem Detaillierungsgrad modellieren, wie sie für seine 4D- / 5D-Zwecke erforderlich sind. Ein „Kosten-BIM“ aufzustellen, kostet Geld, doch angesichts der vielfältigen Nutzanwendungen – bauliche Umsetzbarkeit, 4D / 5D u. v. a. m. – ist davon auszugehen, dass sich dieser Aufwand allemal rentiert.

2. Modellinhalte

Wie oben bereits erwähnt, müssen Modellinhalte festgelegt werden, bevor das Modellieren beginnt. Es wäre unrealistisch zu erwarten, dass man mithilfe eines nicht projektspezifischen Modells Massen ermitteln oder sonst irgendetwas anfangen kann. BIM ist nicht eine einmalige Modellierungsübung während der Projektplanungs- oder -umsetzungsphase, sondern ein bis zum Projektabschluss fortschreitender Prozess, in dem jede Phase ihren eigenen Fokus hat.

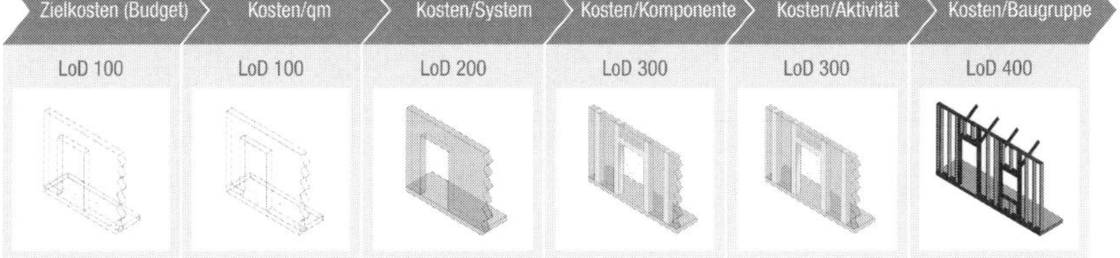

Quelle: basiert auf Grafiken von Trimble & BIM Forum

Abbildung 36: Kostenseitige Anforderungen nach Projektphasen

In BIM-Planungssitzungen müssen sowohl Modellanforderungen als auch -leistungen für jede Projektphase erörtert werden, und zwar bis hin zu der Entscheidung, welche Eigenschaften das Modell in einer spezifischen Projektphase aufweisen muss. So kann es bspw. in einer konzeptionellen Planungsphase für die Raumplanung entbehrlich sein, sämtliche Materialien festzulegen; im Planungsfortschritt jedoch wird über Material, Art, Maße, strukturelle Funktion usw. von Komponenten zu entscheiden sein. Diese Eigenschaften müssen in den Entwurfsmodellen als Objektattribute erfasst und den anderen Projektbeteiligten kommuniziert werden.

3. Lokalisierung von Konstruktionselementen

Die Lokalisierung eines Bauelements beeinflusst Kosten und zeitliche Umsetzung des Elements erheblich. Wie bereits mit Blick auf *Flowline* erläutert, kann lokalisierungsbasierte Zeitplanung aufzeigen, wie Aktivitäten möglichst effizient auszuführen sind, indem sie vorgibt, welche Baukolonne wann und in welcher Abfolge welche Arbeiten an welchem Einbauort so zu erledigen hat, dass der Arbeitsfluss allenfalls minimal unterbrochen wird. Dieses lokalisierungsgerechte Denken ist auch in der Kostenplanung anzuwenden. Im Falle eines vielgeschossigen Bauwerks sind die Betonierungskosten am Boden anders zu kalkulieren als in den höheren Stockwerken. Deshalb müssen Massen entsprechend ihrer Lokalisierung berechnet werden.

Von einer solchen lokalisierungsbasierten Struktur profitiert jedoch der Bauleiter, nicht der Planer. Deshalb müssen Entwurfsmodelle nicht alle sonst benötigten Lokalisierungsdetails enthalten. Damit ein Bauleiter oder Kalkulator mit einem Entwurfsmodell arbeiten kann, muss dieses so flexibel gestaltet sein, dass er zwecks detaillierterer Planung einzelne Modellelemente in Unterkomponenten aufgliedern kann. So kann man z. B. eine einzelne Deckenplatte in mehrere separat zu schüttende Segmente aufteilen.

Hierzu eignet sich die BIM-Bauleitungstechnologie *BIM tools* (z. B. *Vico Office* und *Tekla Construction Manager*), ein Arbeitsinstrument für fortgeschrittene BIM-Anwender. Nimmt man eine solche Aufgliederung in Einzelelemente vor, erfolgt die Massenermittlung für diese Elemente je separat. Die ermittelten Massen bilden die Basis für die Kosten- und Terminplanung. Auf diese Weise können sich Planer auf ihre ureigensten Verantwortungsbereiche konzentrieren, um exakt das Gebäude zu planen, um das es dem Auftraggeber geht, und die einzelnen Bauelemente freier zu gestalten.

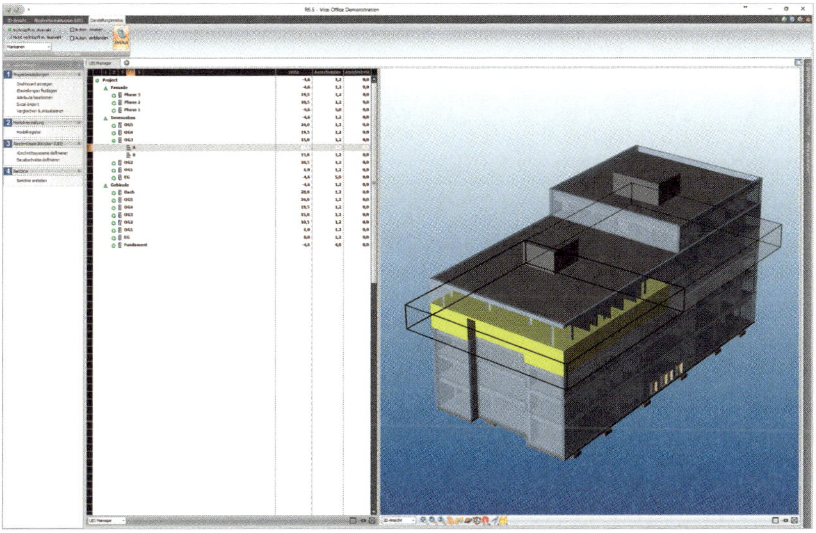

Quelle: Vico Office

Abbildung 37: Editierung eines importierten IFC-Deckenelements, um Betonguss-Fugen sichtbar zu machen

Schluss

Building Information Modelling ist viel mehr als nur ein an eine bestimmte Software gebundenes 3D-Modell. Diese Technologie gewährleistet Transparenz, proaktives und kollaboratives Arbeiten in der Planung, Herstellung und betrieblichen Nutzung von Liegenschaften. Herkömmlichen Verfahrensweisen fehlt es an Transparenz und Zugänglichkeit von Informationen. Ihre Anwendung macht es weniger wahrscheinlich, ein Bauvorhaben budget-, termin- und qualitätsgerecht abschließen zu können.

Es muss unser Ziel sein, Planung und Bauausführung mittels „virtueller" Konstruktionstechnologien zu hinterfragen und zu verbessern. Dies merzt Fehler aus, optimiert Arbeitsabläufe und Materiallogistik auf der Baustelle, fördert die Projektkommunikation und führt am Ende des Tages zu besseren Ergebnissen für alle Beteiligten.

2.7 Der BIM-Projektabwicklungsprozess

Es ist nicht leicht, den BIM-Prozess mit einfachen, allgemeinen Begriffen zu definieren. Es existieren zahlreiche beachtenswerte Leitlinien und Normen aus aller Welt, darunter die US-amerikanischen *National BIM Standards*, die *Common BIM Requirements* (COBIM) aus Finnland, der in Singapur entstandene *BIM Guide* oder der australische *NATSPEC National BIM Guide*.[19]

Zu den prägnanteren Definitionen gehört die in der Dokumentenreihe BS / PAS 1192 enthaltene Norm der britischen Normenagentur (*British Standards*).[20] 2018 wurden zwei ISO-Normen (ISO 19650-1 und -2) herausgegeben, die die Kernprinzipien der PAS-1192-Reihe in einen internationalen Kontext einbinden. ISO 19650-1 beschreibt allgemeine Begriffe und Konzepte zur Informationslieferung. ISO 19650-2 beschreibt den Prozess zur Planung und Ausführung eines Gebäudes in der BIM-Methodik.

PAS 1192 (en: *Publicly Available Specification* = öffentlich zugängliche Vorschrift) ist die Bezeichnung einer britischen Normenreihe, die verschiedene Aspekte der BIM-Methodik regelt, darunter Informationsbereitstellung, Sicherheit und die Übergabe eines Projekts an die betriebliche Liegenschaftsverwaltung. PAS ist die Vorläufer-Bezeichnung von *British Standard* (Britische Norm).

ISO 19650 ist eine Serie von Normen (2018 zur Veröffentlichung anstehend), die die BIM-Methodik bestimmen. ISO 19650 beruht weitgehend auf dem bekannten britischen Normenwerk PAS 1192.

2.8 PAS 1192 / ISO 19650

Zu den Vorläufern der Definition des BIM-Projektabwicklungsprozesses, wie sie die Normen PAS 1192-2 und -3 vorgeben, gehört die Bezeichnung verschiedener Entwicklungsstadien. Das entsprechende Modell, auch Stufenplan (*maturity model*) genannt und ursprünglich nach seinen beiden Urhebern, Mark Bew und Mervyn Richards, als „Bew-Richards-Keil" bezeichnet, ist in verschiedene nationale Richtlinien übernommen worden und wurde auch in die ISO-19650-Normen eingearbeitet.

Das Reifungsmodell bildet von Stufe 0 bis Stufe 3 einen sukzessiven Kompetenzzuwachs ab. Ursprünglich als nationaler gewerblicher Standard der britischen Bauindustrie gedacht, wird es in angepasster Form immer wieder auch auf Unternehmens- oder sogar Projektebene angewandt, um Entwicklungsgrade bzw. Reifestufen zu definieren.

Auf **Stufe 0** sind basale digitale Verfahrensweisen angesiedelt, die im Wesentlichen 2D-CAD- und unstrukturierte Projektdaten umfassen. Auf **Stufe 1** kommt eine multiple CAD-Umgebung mit 2D- oder 3D-Modellen zum Einsatz; dabei werden vorwiegend strukturierte Daten verarbeitet.[21]

19 Das *buildingSMART BIM Guides Wiki Project* (http://buildingsmart.org/bim-guides-wiki-project) bietet eine ausführliche Liste von BIM-Anleitungen aus aller Welt.

20 Diese Reihe enthält folgende Normen: BS 1192:2007 (kollaborative Produktion), PAS 1192-2:2013 (Informationsvorgaben zur Projektabwicklung), PAS 1192-3:2014 (Informationsvorgaben zur betrieblichen Nutzung von Liegenschaften), BS 1192-4:2014 (Vorgaben zum Informationsaustausch gemäß COBie) und PAS 1192-5:2015 (Datensicherheit).

21 Die ursprüngliche britische Definition schrieb für den BIM-Einsatz auf Stufe 1 die Bereitstellung von Projektdaten gemäß einer strukturierten Datenspezifikation namens COBie vor (s. dazu Kap. 3).

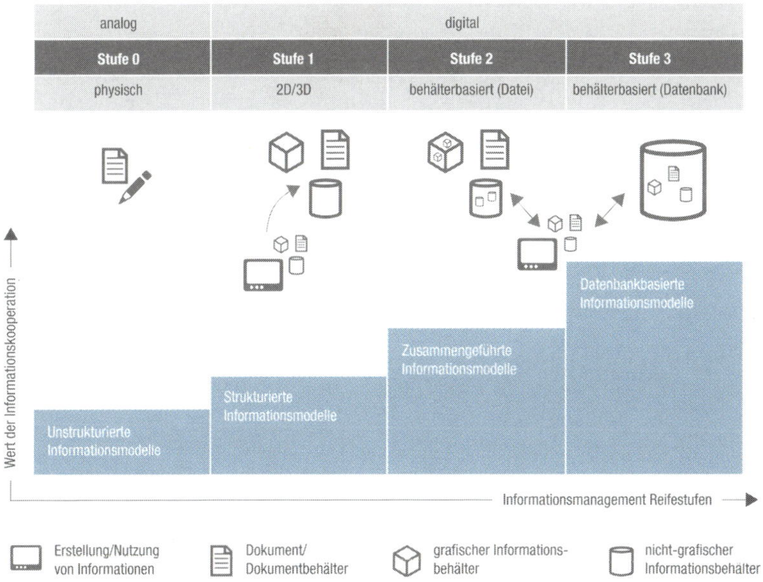

Quelle: Basiert auf Grafik von ISO 19650-1

Abbildung 38: Reifestufen beim analogen und digitalen Informationsmanagement

Auf **Stufe 2** geht es um die Nutzung von BIM im heute landläufigen Sinn: 3D-Modelle mit zugehörigen Daten.[22]

Für **Stufe 3** existiert noch keine endgültige Definition, erwartet wird jedoch die Beschreibung eines offenen BIM-Prozesses (*openBIM*), der integrierte Modelle und Datenbanken unterstützt, welche auf offene Standards zurückgreifen.

2.8.1 Die Norm im Überblick

ISO 19650-1 und -2 unterscheiden drei Bereiche des Informationsmanagements:

1. die *Spezifizierung* von Informationsanforderungen (sowohl seitens des Liegenschaftseigners / Bauherrn als auch des Betreibers);
2. die *Planung* der Bereitstellung von Informationen (durch den BIM-Projektkoordinator sowie das Planungs- und / oder Bauausführungsteam);
3. die *Lieferung* (Bereitstellung) von Informationen (durch das Planungs- und / oder Bauausführungsteam).

22 Seit Juli 2016 ist im Vereinigten Königreich bei allen Projekten der öffentlichen Hand, deren Wert zwei Millionen Pfund übersteigt, die Verwendung von BIM auf Ebene 2 vorgeschrieben; die BS- / PAS-1192-Dokumentenreihe wurde eigens zum Zweck der Definition von Stufe 2 entwickelt.

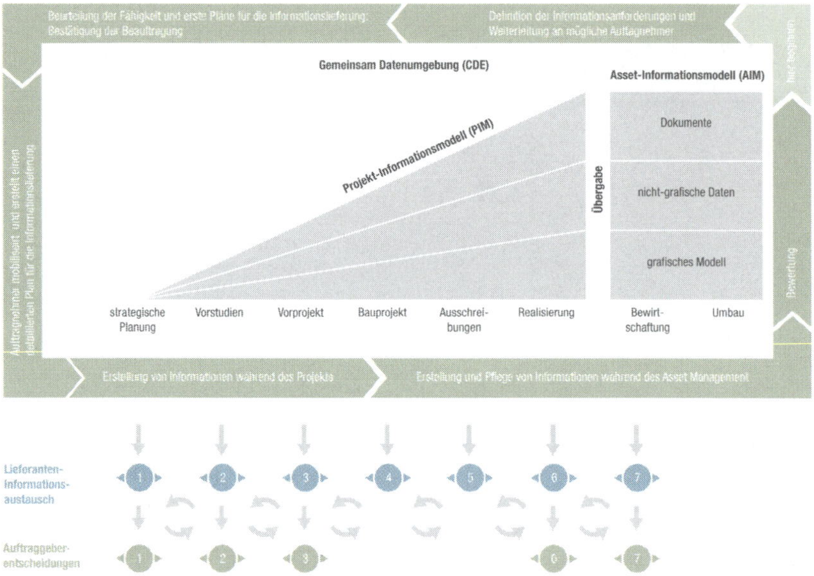

Quelle: Basiert auf Grafik von ISO 19650-1

Abbildung 39: Der Informationslieferungszyklus

Obenstehende Grafik aus ISO 19650-1 zeigt die Kernprinzipien, auf die sich der Lebenszyklus von Informationen reduziert. Der Spezifizierungsprozess wird hier durch die das Diagramm gegen den Uhrzeigersinn umlaufenden grünen Pfeile dargestellt. In blauer Farbe sind Planungstätigkeiten und Austauschvorgänge dargestellt, in Grün die Informationsabgabe zum Bauherrn (in Englisch als *Data Drops* erkannt). Im vorliegenden Kapitel interessieren uns aus dieser relativ komplexen Grafik nur einzelne Aspekte des dargestellten Informationskreislaufs.

ISO 19650 kennt drei Formen der projektbezogenen Informationsbereitstellung:

- geometrische Modelle;
- Informationsinhalte;
- allgemeine Dokumente (Pläne, Berichte usw.).

Damit ist eine wichtige Grundlage gegeben, die erstens zwischen geometrischer Repräsentation und Informationsinhalten unterscheidet und zweitens dem fortlaufenden Bedarf an weiterer Dokumentation Rechnung trägt. Auch da, wo ein digitales Modell als zentraler Träger aller Projektinformationen dient, werden weiterhin Zeichnungen, Berichte und andere Dokumente verwendet – idealerweise mit kontinuierlich abnehmender Bedeutung.

Weiter wird der Projekt-Lebenszyklus in zwei Abschnitte unterteilt, zu denen jeweils ein Modell gehört:

- das Projektinformationsmodell (PIM), das während der Planungs- und Bauausführungsphase zum Einsatz kommt, sowie
- das Asset-Informationsmodell (AIM), genutzt während der Betriebsphase.

Ein **Asset-Informationsmodell,** oder AIM, (auch Liegenschafts-Informationsmodell) wird für den modellbasierten Betrieb und die Wartung verwendet.

Ein **Projekt-Informationsmodell** (PIM) wird für die modellbasierten Aktivitäten in den Planungs- und Bauphasen eines Projekts verwendet.

Während der Planungs- und Ausführungsphase fallen fortlaufend Projektinformationen (in Form von Modellen, Daten und Dokumenten) an. Für die betriebliche Nutzung sind viele während der Planung und Bauausführung benötigte Modellinhalte nicht erforderlich. Dies betrifft detaillierte geometrische Darstellungen, z. B. Fertigungspläne, ebenso wie Projekteigenschaften, die beispielsweise mit bestimmten Planungsphasen oder Fragen der Baulogistik zu tun haben. In der Regel stellt das AIM, das Bestandteil der Projektübergabe ist, eine reduzierte Form des PIM dar. Nichtsdestoweniger muss das AIM die Informationen enthalten, die zur digital gestützten Beschreibung und betrieblichen Nutzung einer Liegenschaft gebraucht werden. Während der betrieblichen Nutzung reichert sich das AIM selbst im Ergebnis baulicher Veränderungen sowie infolge sich ansammelnder allgemeiner Daten mit weiteren Informationen an.

Aus Bauherrensicht hat das AIM den größten Wert. Das PIM ist Mittel zum Zweck (der mit der Baufertigstellung erfüllt ist) und für den Eigentümer oder Betreiber einer Liegenschaft nur von sekundärer Bedeutung.

Sämtliche kollaborativen Tätigkeiten (Erstellung, Austausch, Prüfung und Kommunikation von Daten) zur Erstellung sowohl des PIM als auch des AIM finden innerhalb der sog. Gemeinsamen Datenumgebung (*Common Data Environment* = CDE) statt. Das CDE ist ein virtueller gemeinsamer Projektraum, vergleichbar mit dem, was man in einem traditionellen Projekt als Dokumentenmanagementsystem bezeichnen würde. Es stellt den Mechanismus für Austausch und Speicherung sämtlicher Projektinformationen in Form von Modellen, Dokumenten und anderen Datenquellen dar. Näher erläutert wird das CDE in Kapitel 9.

Die Gemeinsame Datenumgebung (Common Data Environment, oder CDE) ist ein gemeinsamer Projektraum für die Speicherung und den Austausch aller Projektinformationen, also Modelle, Pläne, Dokumente und andere Daten.

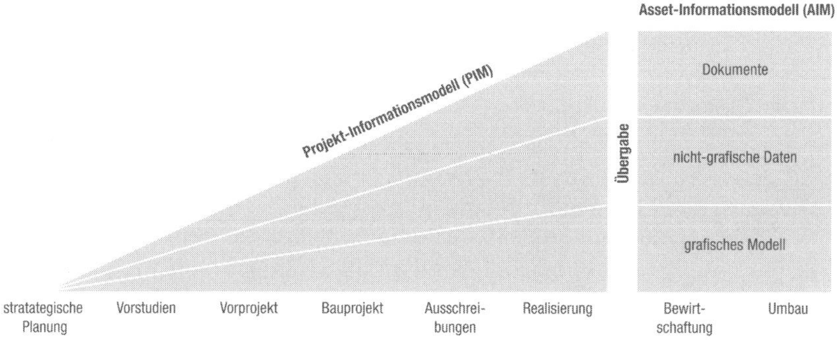

Quelle: Basiert auf Grafik von ISO 19650-1

Abbildung 40: Auszug aus dem Informationslieferungszyklus

Der Informations-Lebenszyklus gemäß ISO 19650 beschreibt weitere Aktivitäten rund um den BIM-Prozess. Bei näherer Betrachtung des Diagramms sehen wir, dass über den gesamten Lebenszyklus des Projekts hinweg regelmäßige Informationsaustausch-Vorgänge stattfinden, dargestellt als kreisförmige blaue Pfeile. Hinzu kommen festgelegte Datenvorlage-Termine. Diese sind gleichbedeutend mit Schlüsselmomenten der Projektabwicklung, in denen dem Bauherrn bestimmte Projektdaten zur Genehmigung zugeleitet werden, weshalb diese Termine auch als Auftraggeber-Entscheidungen bezeichnet werden. Im nachstehenden Diagramm erkennt man mehrere solcher – in grüner Farbe dargestellter – Datenvorlage-Termine: einen bei Abschluss jeder Projektphase), einen bei der Projekt-Übergabe und einen weiteren innerhalb der betrieblichen Nutzungsphase.

Datenauszüge (en: *data drops*) sind festgesetzte Abgabetermine für die Zulieferung von projektbezogenen Informationen an den Bauherrn.

Zu beachten ist, dass die ISO-19650-Normen ebenso wie die PAS-Dokumente, auf denen sie aufbauen, Prozesse auf Flughöhe definieren und weitestgehend aus dem Blickwinkel von Auftraggebern bzw. Eigentümern entwickelt wurden. Sie erfassen sowohl die Informationsanforderungen, die bei Abschluss des Projekts zu erfüllen sind (in Form des AIM), als auch die Informationslieferungen an den Betreiber (Datenabgabetermine), die während der Planungs- und Bauausführungsphase erfolgen müssen (in Form des PIM). Die grundlegenden Aktivitäten, die zur Erstellung, zum Austausch und zur Validierung der Planungs- und Ausführungsprozesse erforderlich sind, werden nur nebenher angesprochen; in den Normierungsdokumenten ist lediglich erwähnt, dass Planungs- und Bauausführungsteams untereinander Daten austauschen und diese Transfers ebenso wie die übrige Projektkommunikation über eine gemeinsame Projekt-Plattform, das CDE, erfolgen müssen.

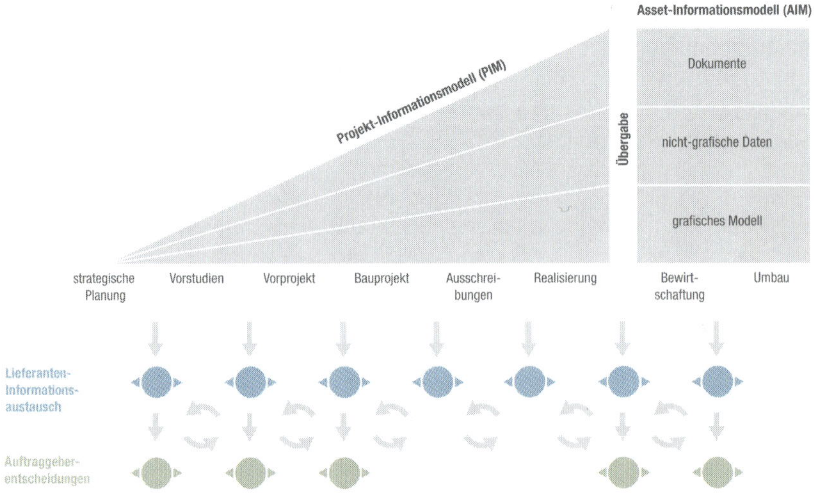

Quelle: Basiert auf Grafik von ISO 19650-1

Abbildung 41: Auszug aus dem Informationslieferungszyklus

Keinerlei Einzelheiten bieten die Normierungsdokumente zur Festlegung von BIM-Anwendungen (energetische Analyse, Kostenkalkulation, Kollisionserkennung), zu den Datenaustausch-Anforderungen und zu den Vorgaben für Kollaboration und Koordination. Dennoch sind die ISO-19650-Normen eine ausgezeichnete Ressource, wenn es darum geht, eine gemeinsame Sicht bzw. Definition des BIM-gestützten Lebenszyklus von Informationen zu etablieren und eine Gesamtübersicht über die dazu gehörenden Prozesse zu gewinnen.

Wir empfehlen sehr, die Normenreihe ISO 19650 als generellen Bezugsrahmen zu nutzen, innerhalb dessen sich projektrelevante BIM-Spezifikationen sowie der Projektabwicklungsplan entwickeln lassen, die die im Projekt erforderlichen Detaillierungsgrade gewährleisten.

2.9 Mythen und unerfüllte Versprechen

Um es geradeheraus zu sagen: Wir stehen im Building Information Modelling keineswegs dort, wo wir stehen möchten oder müssten. Dies gilt es unter dem Vorbehalt festzustellen, dass wir bereits auf enorme Entwicklungen zurückschauen können und auch die Implementierung von BIM, wie es sich gegenwärtig präsentiert, hohen Nutzen verspricht.

Man muss schlicht anerkennen, dass BIM sich in der Entwicklung befindet und es noch vieles zu verbessern gibt. Diese Tatsache wird häufig durch Marketing und Werbung für das verschleiert, was einmal sein *könnte*, aber keineswegs bereits ist. So entstehen falsche Erwartungen und schließlich eine skeptische Einstellung zu BIM.

2.9.1 Der Ein-Modell-Mythos

Eine der größten falschen Versprechungen im Zusammenhang mit BIM betrifft das eine zentrale Modell, das sämtliche für den gesamten Lebenszyklus des Projekts relevanten Informationen für jedermann zugänglich bereitstellt. Das ist bestenfalls eine Halbwahrheit. Außer Frage steht, dass BIM aus einer zentralen Quelle sämtlichen Beteiligten Projektinformationen zu liefern hat. Diese zentrale Quelle ist jedoch in der Praxis nicht ein einziges Modell, sondern ein Netzwerk von Modellen und Datenbanken. Die zentrale Quelle ist das CDE gemäß ISO 19650, eine zentrale gemeinsame Plattform für Speicherung und Austausch von Modellen, Plänen, Berichten und anderen Projektinformationen. In diesem Szenario sind die ausgetauschten Modelle nicht die Originale, sondern Versionskopien von diesen.

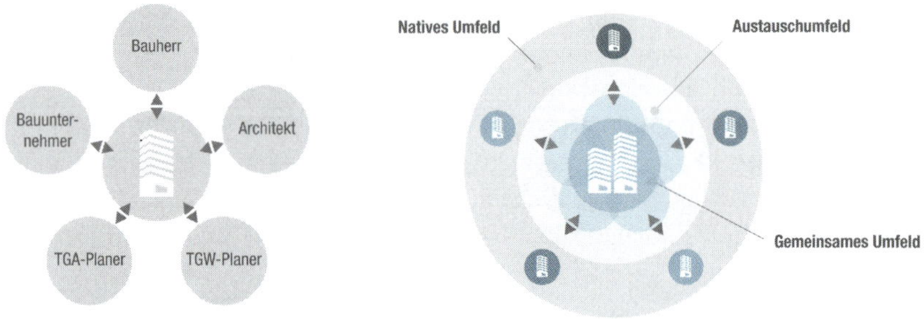

Abbildung 42: Zentralmodell (links) und vereinigtes Modell (rechts)

Ein **Vereinigtes Modell** ist ein Projektmodell, das aus mehreren einzelnen Fachmodellen zusammengesetzt ist.

Als Modellurheber stellen wir in Echtzeit ein Fachmodell her. Was wir jedoch in vereinbarten Zeitabständen zwecks Koordination usw. innerhalb des größeren Projektteams austauschen, sind Versionen dieses Fachmodells (also Nativ-Modelle). Im typischen Projektgeschehen bewegen wir uns kontinuierlich von der Urheberschaft in eine kollaborative Arbeitsumgebung hinein. Kollaborative BIM-Arbeit basiert nicht auf Fachmodellen, sondern auf Modellversionen, also Kopien der Originalmodelle. Später in diesem Buch wird gezeigt werden, wie diese Modellversionen mit Original-Projektdaten ange reichert bzw. verknüpft werden können. Dies setzt allerdings weitere Vorkenntnisse voraus.

Ein **Fachmodell** ist ein von einem bestimmten Gewerk oder Arbeitsbereich (z. B. Installateur, Fassadenbauer) erstelltes Modell, das ausschließlich für dieses Gewerk/diesen Bereich relevante Informationen enthält.

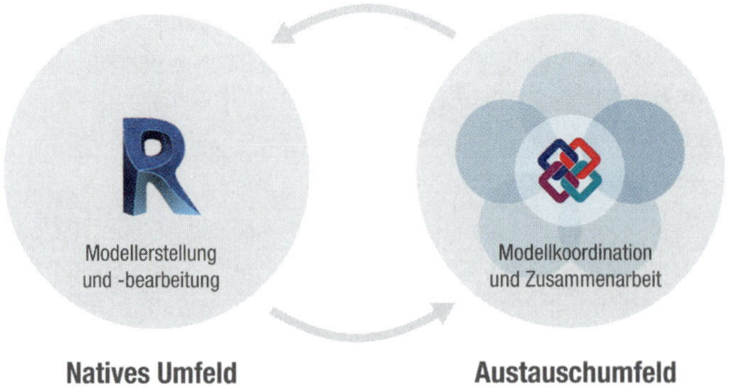

Abbildung 43: Individuelle Modellerstellung und kollaborative Modell-Zusammenstellung

Nur in sehr speziellen Fällen lässt sich ein einziges zentrales Modell realisieren, etwa in einem sehr kleinen Projekt mit äußerst begrenzten BIM-Anwendungen, in dem alle Beteiligten auf dieselbe Software zurückgreifen. Auch dieses Szenario jedoch unterliegt drei Einschränkungen:

1. Es ist kein einzelnes Software-Produkt verfügbar, das alle Arbeitsbereiche bzw. Gewerke über alle Phasen und für alle Nutzanwendungen abdeckt.[23]
2. Die Technologie ist noch nicht so weit entwickelt, dass sich sämtliche Projektdaten mit einem einzigen Modellierungswerkzeug verarbeiten ließen.[24]

Ein **Natives Umfeld** ist eine Umgebung, in der Modelldaten in ihr **Natives Format** erstellt und modifiziert werden.

Auf jeden Fall ist das Konzept, mit einem einzigen Modell zu arbeiten, reichlich unpraktisch. Wer möchte schon die ständigen Änderungen sehen, die andere in derselben Modellumgebung arbeitende Projektbeteiligte vornehmen? Bringt es dem Statiker irgendetwas, wenn er mitverfolgt, wie der Architekt ein ums andere Mal den Aufzugsschacht verändert, während er selbst an einer statischen Berechnung sitzt? Oder hat der Projekt-Koordinator bei seiner Planung der Gewerkabfolge etwas davon zu beobachten, wie der Sanitärtechniker seine Leitungsdurchbrüche anders anordnet?

Das **Austauschumfeld** ist eine Umgebung, in die Modelle exportiert und für das Projektteam zur Verfügung gestellt werden.

Natürlich nicht. Das Management von BIM-Projekten gleicht dem von traditionellen Projekten in der Hinsicht, dass es für alle Arbeitsbereiche bzw. Gewerke sowohl interne, sozusagen hinter verschlossenen BIM-Türen ablaufende Arbeitsabschnitte als auch zu vorher festgelegten Zeitpunkten stattfindende Informationstransfers oder Datenabgabe-Termine gibt. Auf diese Weise lässt es sich viel besser arbeiten als in einem ideologiegesättigten Projektnebel, in dem nicht eindeutig definiert ist, welche Bereiche / Gewerke für welche Inhalte verantwortlich sind.

Das **Kollaborative Umfeld** ist eine Umgebung, in der Modelle herausgegeben, koordiniert und geprüft werden. Die kollaborative Umgebung kann eine CDE sein, aber auch eine informelle digitale Plattform für gemeinsame Arbeit.

Der Modellexport zwecks Datenvorlage oder Informationsaustausch ist für sich genommen ein wichtiger, in mehrfacher Hinsicht nutzbarer Prozess: Er kann sowohl der Qualitätssicherung als auch der Überprüfung der Modellintegrität dienen und dazu beitragen, dass das Modell von überflüssigen Referenz-Informationen gereinigt wird.

Zusammengefasst lässt sich sagen, dass es von enormem Vorteil sein kann, nicht mit einem einzigen Projektmodell, sondern mit einem Netzwerk von Projektinformationen zu arbeiten. Es klärt, wer für welche Inhalte und Informationstransfers verantwortlich zeichnet, gibt einen besseren Überblick

23 Ein paar Software-Hersteller haben in der Bereitstellung einer Einheits-Planungssoftware für Architektur, Statik und Haustechnik bereits gute Fortschritte erzielt (nämlich Autodesk und Bentley), doch auch deren Produkte beziehen nicht alle Gewerke ein und fokussieren sich häufig auf die Planungsphase, nicht aber auf Fertigung, Konstruktion und betriebliche Nutzung. Jedenfalls decken diese Planungswerkzeuge nicht alle Anwendungsfelder des Modells ab.

24 Bei mittleren und größeren Projekten ist es sogar üblich, ein einzelnes Fachmodell in kleinere Teilmodelle aufzuteilen.

über den Arbeitsumfang und grenzt die Zuständigkeitsbereiche aller Projektbeteiligten ab.

Auf der anderen Seite bringt es ganz eigene Probleme mit sich – dies gilt vor allem für den Austausch von Projektdaten zwischen verschiedenen Software-Paketen, was in den folgenden Kapiteln erläutert wird.

Gastbeitrag: Kostenermittlung im nativen Umfeld

Hubert Schreiner
ist Senior BIM Consultant und Trainer bei der Mensch und Maschine Deutschland GmbH. Zu den Schwerpunkten des BIM-Experten gehört die Mengen- und Kostenermittlung. Hubert Schreiner hat viele Jahre Projekterfahrung und in den vergangenen Jahren als Senior BIM Consultant bei Mensch und Maschine das Seminar-Konzept BIM Ready mitentwickelt. Seit 2009 schult und begleitet er zahlreiche Unternehmen bei der Einführung von BIM.

Mit BIM eröffnet sich die Möglichkeit, die Mengen- und Kostenermittlung wesentlich effizienter durchzuführen als in den bisherigen manuellen Prozessen.

Für Bauherren, Planer, Baufirmen und Produkthersteller ist es nun möglich, die Mengen- und Kostenermittlung auf eine ganz neue Art und Weise und unter neuen Aspekten zu nutzen. So unterstützt sie während des gesamten Projektverlaufs die Entscheidungsfindung und hilft, die Projektkosten über alle Phasen abzusichern.

Apps
sind webbasierte Softwareapplikationen, in der die Rechnung über die ‚cloud' bzw. Rechenzentren verarbeitet wird, statt über die Leistung von Desktop-Computern. Apps sind vor allem für Mobilgeräte (wie Smartphones und Tablets) geeignet.

In jedem openBIM-Umfeld gibt es auch native Arbeitsumgebungen. Das bedeutet, dass jedes Planungsteam in einer nativen Software arbeitet, bevor die Daten in einem kollaborativen Umfeld zur Verfügung gestellt werden.

Bereits in der nativen Umgebung ist es wichtig, verlässliche Mengenaussagen treffen zu können. Diese sollten vor allem schnell und problemlos aus den nativen Planungsdaten zu ermitteln sein.

Im privaten Bereich werden neue Technologien täglich genutzt, um z. B. ein Restaurant zu suchen oder ein Hotelzimmer zu buchen. Mit Apps auf dem Smartphone hat man sofort Zugriff auf extrem hohe Datenmengen. Mit wenigen Einstellungen werden diese Daten nach den jeweiligen Bedürfnissen und Anforderungen gefiltert.

Ähnlich verhält es sich bei der Mengenermittlung. In einer frühen Planungsphase wird nach groben Elementdaten, gleichen Typen oder Materialien gefiltert und gesucht. Je weiter die Planung fortschreitet, desto detaillierter werden die Filter, bis hin zum eigentlichen Bauteil oder Produkt.

Im Prinzip wird das Gebäude bei der Mengenermittlung in nativer Umgebung mit einer alphanumerischen Brille betrachtet. Sämtliche Eigenschaften, Werte und Berechnungsergebnisse des Gebäudemodells werden untersucht und berücksichtigt. Dabei ist es wichtig, diese Daten je nach Bedarf schnell und unkompliziert zu filtern und zu sortieren, um sie dann entweder als Report auszugeben oder an andere Software zu übergeben.

Neben der klassischen Kosten- und Mengenrechnung und der Ausgabe über Reporte, können auch AVA-Systeme, Kostenberechnungs- und Abrechnungssysteme, ERP-Systeme und andere Datenbanksysteme an die native Software angedockt werden.

AVA-Systeme (Ausschreibung, Vergabe und Abrechnung) sind Softwarelösungen, die vor allem die Bereiche Kostenschätzung, Ausschreibung und Abrechnung von Bauleistungen abdecken.

Der große Vorteil der nativen Mengenermittlung ist die Aktualität. Bei jeder grafischen Änderung am Modell werden auch die Mengen sofort aktualisiert. Weil grafische Daten nicht über eine Schnittstelle ausgetauscht werden müssen, gibt es an dieser Stelle auch keine Datenverluste.

Für Qualitätskontrollen in den verschiedenen Phasen ist es ebenfalls wichtig, die Modellinformationen leicht ermitteln und schnell überblicken zu können. So erkennt man durch eine Plausibilitätsprüfung in nativer Umgebung Fehler rasch und gewährleistet eine sichere Übergabe in ein kollaboratives Umfeld. Auch für die Mengen- und Kostenberechnung im openBIM-Umfeld ist es empfehlenswert, Kennzahlen und Stichproben aus dem nativen Umfeld als Kontrolle heranzuziehen.

Meine Empfehlung für das Erstellen des Modells ist es, vorab die Anwendungsfälle zu analysieren und den Zweck des Modells zu definieren. Dadurch ergeben sich Modellierungsregeln und Strukturen, nach denen das Modell für diesen bestimmten Zweck aufgebaut sein sollte.

Sowohl im openBIM- als auch im nativen BIM-Umfeld wird die Aufgabe der Mengenermittlung aus dem BIM-Modell heraus nicht vollständig gelöst. Die Erfahrung und die professionellen Fähigkeiten eines Mengenermittlers werden auch weiterhin benötigt, um die Qualität der vorhandenen Daten zu beurteilen und die Richtigkeit der Mengen sicherzustellen.

ERP-Systeme (en: *Enterprise Resource Planning*) sind Softwarelösungen für die Verwaltung von Kern-Geschäftsprozessen; vor allem in den Bereichen Finanz-, Logistik- und Personalplanung.

Werkzeuge und Tools für die Mengenermittlung im nativen Umfeld sollten schnell, dynamisch, effektiv und einfach zu bedienen sein.

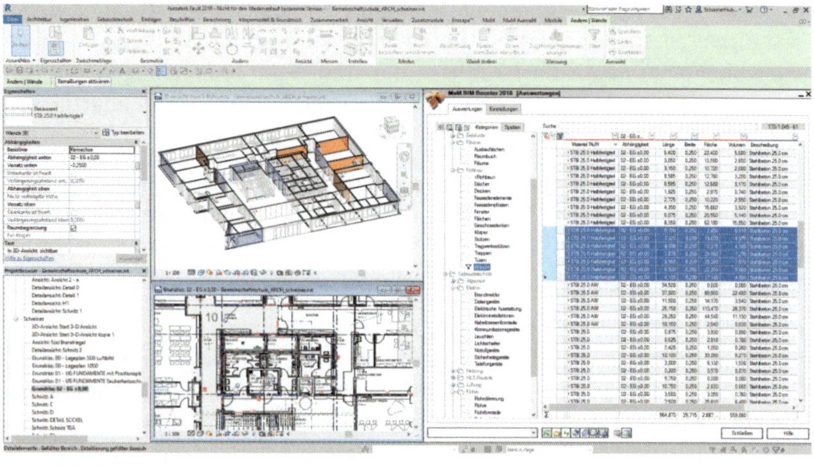

Abbildung 44: Kostenkalkulation direkt im nativen Umfeld (Anwendung von Revit mit dem Mensch und Maschine BIM Booster inkl. GAEB-, eBKP- und Ö-Norm-Schnittstelle)

Fallstudie: Krankenhaus Al Ain

Beitrag: OBERMEYER

Al Ain Hospital

Abu Dhabi, Vereinigte Arabische Emirate

Preisträger: Autodesk BIM Award 2010

Bauherr:	SEHA (Abu Dhabi Health Services Company)
Generalplaner:	OBERMEYER
Projektgröße:	327.000 m^2 BGF
Status:	in der Ausführung
Fertigstellungsdatum:	2018

Projektbeschreibung

In der Oasenstadt Al Ain wird das bestehende Allgemeinkrankenhaus bei laufendem Betrieb durch einen neuen weitläufigen Klinik-Campus mit 700 Betten ersetzt. Das Entwurfskonzept der „Healing Oasis" orientiert sich an den ortstypischen Baustrukturen und Anforderungen. Der Komplex besteht aus einem zweigeschossigen Sockelbau und mehreren Bettenhäusern sowie einem integrierten Rehabilitationszentrum und diversen Privatstationen. Diese werden unter einem Klimadach mit einem durchgrünten Atrium zusammengefasst.

Quelle: vize

Abbildung 45: Blick auf das 700-Betten-Krankenhaus bei Nacht

Quelle: SEHA

Abbildung 46: Das Krankenhaus im Bau

Die BIM-Methodik

Das Krankenhaus in Al Ain wurde von OBERMEYER 2008 als eines der ersten Großprojekte unter Einsatz der innovativen BIM-Methodik geplant, bei der alle Gebäudedaten kontinuierlich zu einem virtuellen Gebäudemodell verknüpft werden. Frühzeitig im Entwurfsprozess wurden Fachplaner aus der Medizin- und Haustechnik eingebunden, und es wurde eine 3D-Visualisierung erstellt, die insbesondere dem Dialog mit dem Bauherrn diente. Neben der dreidimensionalen Ausstattung der Räume konnten auch thermisch-energetische Simulationen des Gebäudes unter Berücksichtigung des Wüstenklimas durchgeführt werden. Und nicht zuletzt ermöglichte das Datenmodell eine kontinuierliche Kostenüberwachung und -kontrolle.

Das Krankenhaus in Al Ain haben rund 50 Architekten komplett mittels BIM geplant. Ungefähr 100 Fachplaner galt es dabei zu koordinieren. In nur eineinhalb Jahren wurde das 800-Millionen-Euro-Projekt mit sieben Gebäuden auf einem Campus bis zur Ausschreibungsreife geplant.

Für die Planung dieses Großprojekts mittels BIM-Methodik wurde OBERMEYER 2010 mit dem Autodesk BIM Award ausgezeichnet.

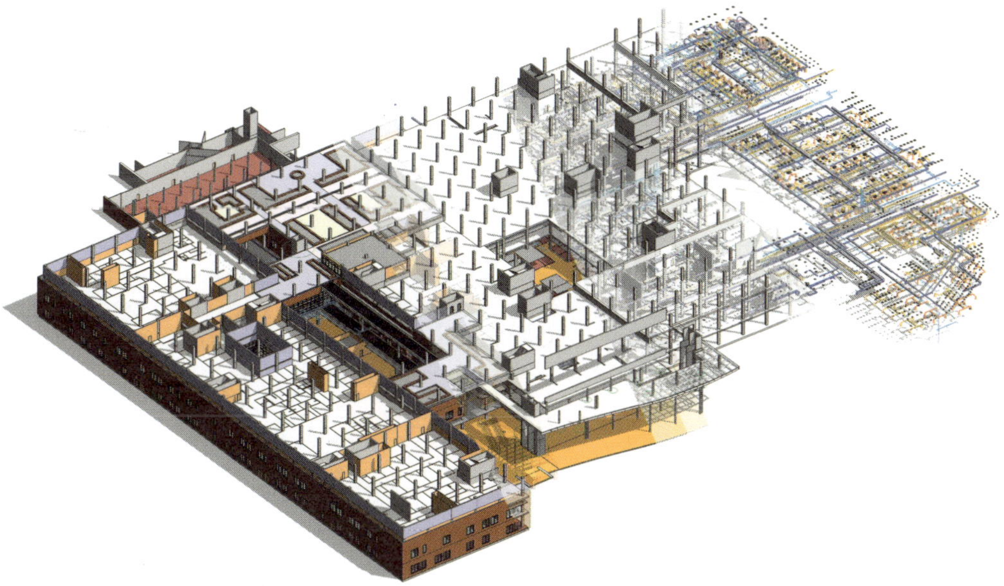

Quelle: Obermeyer

Abbildung 47: Das Gesamtmodell setzt sich zusammen aus den Disziplinen Architektur, Tragwerk und Technische Ausrüstung (von links nach rechts)

3 openBIM und die buildingSMART-Standards

Building Information Modelling lässt sich mit dem Verfassen und Publizieren eines Dokuments vergleichen. Wir können das Dokument in jeder beliebigen Software erstellen, sei es *Microsoft Word, Apple Pages* oder was auch immer. Die Publikation des Textes erfolgt üblicherweise als PDF, was ein offenes Format ist. Dieses Vorgehen wählen wir, damit jedermann den Text einsehen kann, ohne dazu der Software zu bedürfen, in der er erstellt wurde. Ein weiterer Grund der Entscheidung für das PDF-Format ist die Sicherung des Inhalts gegen unbefugte Bearbeitung. Der Inhalt eines PDF-Dokuments kann von dessen Empfänger nicht verändert werden. Sind Änderungen erwünscht, muss der Leser eine Rückmeldung an den Urheber geben, der dann die Möglichkeit hat, die Änderungen in der Originaldatei vorzunehmen und die Datei erneut als PDF herauszugeben.

Gibt man ein Dokument in seiner Ursprungsform, bzw. in seinem nativen Format heraus, so ist dies gewissermaßen ein „geschlossener" Kommunikationsvorgang bzw. Datenaustausch. Nur die mit der gleichen oder kompatiblen Software können die Dokumente einsehen. Außerdem kann jeder Empfänger, der die entsprechende Software besitzt, das Dokument in diesem Format verändern. Die Herausgabe eines Dokuments als PDF-Datei (PDF ist ein offenes Format) kann man als „offenen" Kommunikationsvorgang bezeichnen.

Der Datenaustausch im BIM-Kontext geschieht ganz ähnlich. Zu Beginn erstellen wir ein Modell in einer spezifischen Software, z. B. *Autodesk Revit*. Senden wir das Modell als native *Revit*-Datei (.rvt) an unsere Projektkollegen, so ist dies ein geschlossener Datentransfer. Der Empfänger muss dieselbe Software haben, um die Datei einsehen zu können. Zugleich kann er freizügig Änderungen am nativen Modell vornehmen.

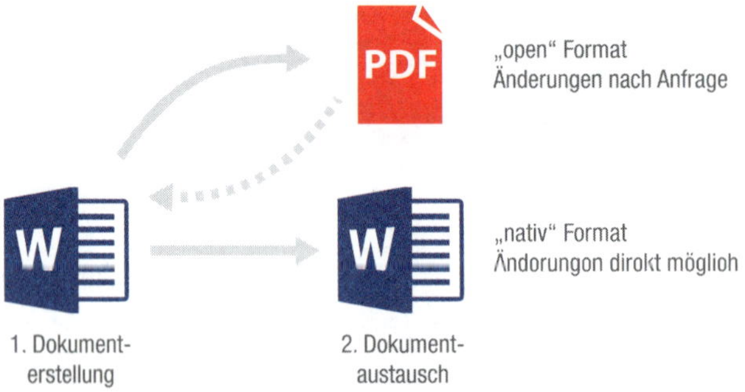

Quelle: Basiert auf einer Grafik von Thomas Liebich

Abbildung 48: Dokument-Workflow von Erstellung zum Austausch

Exportieren wir die Datei zunächst in ein nichtproprietäres Format, so handelt es sich um einen *openBIM*-Datenaustausch. Der Empfänger kann die Datei ungehindert einsehen, ohne dafür die Ursprungssoftware zu brauchen.

Ein **proprietäres Format** ist eine von einem kommerziellen Unternehmen entwickelte Datenstruktur, die im Eigentum dieses Unternehmens verbleibt. Den Datenaustausch in einem proprietären Format nennt man *nativeBIM* oder *closedBIM*.

In der Welt von BIM heißt das gebräuchlichste offene Datenaustauschformat IFC (*Industry Foundation Classes*). IFC ist im Grunde das PDF von BIM. Ein IFC stellt eine Replik des ursprünglichen Modells dar, allerdings mit ein paar Einschränkungen. Das IFC-Schema umfasst Geometrie und Eigenschaften des Objekts, lässt aber keine Editierung zu. Es dient vorrangig der Ansicht, Analyse und Koordination. Ein Empfänger kann selbst in der IFC-Datei keine Änderungen an der Modellgeometrie vornehmen, sondern diese nur beim Modellurheber in Auftrag geben. Genau wie bei der oben dargestellten Bearbeitung eines Dokuments nimmt der Modellurheber die verlangte Änderung im Ursprungsmodell vor und gibt dieses dann erneut als IFC heraus.

Der Begriff *openBIM* wurde zur Abgrenzung von proprietären, kommerziellen, also *closedBIM*-Lösungen eingeführt. Diese Unterscheidung ist wichtig, führt aber manchmal zu Missverständnissen, denn Tatsache ist, dass man unmöglich in einer völlig „offenen" Umgebung arbeiten kann. So gut wie immer werden Modelldaten unter Benutzung einer proprietären Modellierungssoftware (wie *Autodesk Revit*, *Graphisoft ArchiCAD* oder *Bentley Microstation*) erstellt und dann in einem offenen Standardformat ausgetauscht.

openBIM bezeichnet kollaborative Prozesse, insbesondere Datenaustausch-Vorgänge, die sich neutraler, offen zugänglicher Standards wie IFC (*Industry Foundation Classes*) oder BCF (*BIM Collaboration Format*) bedienen.

Es ist zumeist irreführend und missverständlich zu sagen, die Modellerstellung sei ein *closedBIM*-Prozess. In jeder Phase eines Projekts ist es möglich, eine IFC-Datei zu exportieren und auszutauschen, womit man einen *openBIM*-Prozess einleitet. Es ist deshalb sinnvoller, die Arbeit mit einer proprietären Software als *nativeBIM*-Prozess zu bezeichnen. Findet ein IFC-Transfer (oder ein Datenaustausch in einem anderen *openBIM*-Format) statt, dann ist die Modellerstellung eine *nativeBIM*-Aktivität im größeren Rahmen eines *openBIM*-Arbeitsablaufs. Nur da, wo man bewusst nicht auf *openBIM*-Standards zurückgreifen möchte, sollte man von einem *closedBIM*-Arbeitsablauf sprechen.

closedBIM, *auch nativeBIM*, bezeichnet kollaborative Prozesse, insbesondere Datenaustausch-Vorgänge, die ausschließlich auf proprietären Systemen und kommerziellen Dateiformaten wie .rvt, .dgn oder .pln basieren.

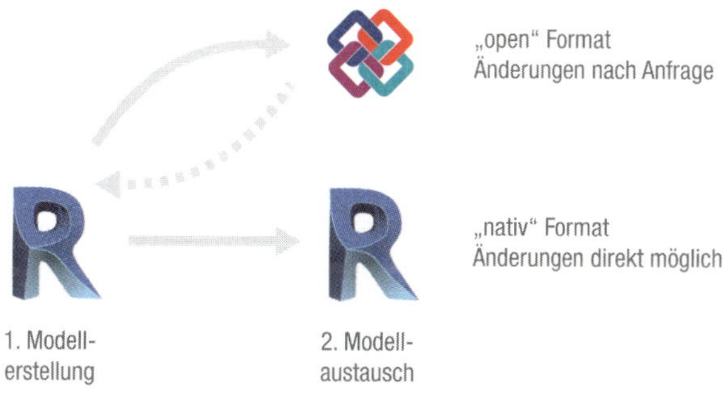

Abbildung 49: BIM-Workflow von Erstellung zum Austausch. (Die „R" steht für die proprietäre Software Format von Autodesk Revit – als Beispiel)

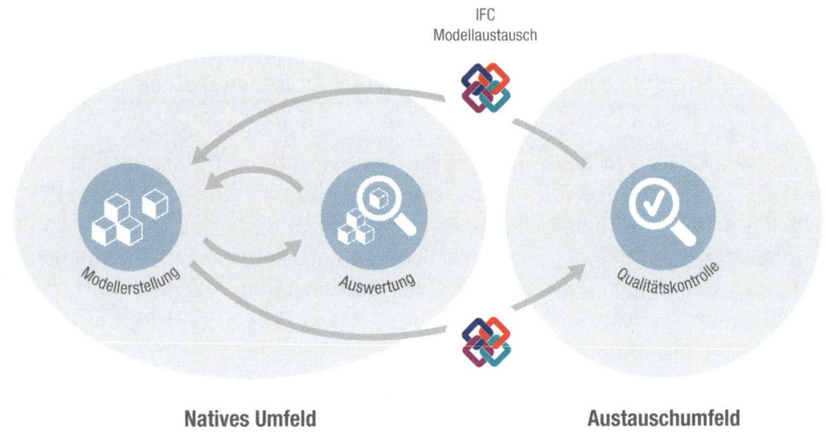

Abbildung 50: Native BIM-Arbeitsabläufe (links) und openBIM-Arbeitsabläufe (rechts)

Das vorliegende Buch benutzt im Folgenden den allgemeinen Begriff BIM für alle Modellerstellungsaktivitäten im Rahmen der Gebäudeinformationsmodellierung, unabhängig davon, ob sie in einer nativen oder offenen Austausch-Umgebung angesiedelt sind. Nur da, wo wir uns spezifisch auf offene Austauschformate beziehen, sprechen wir von *openBIM*, ebenso wie wir den Begriff *closedBIM* nur dort verwenden werden, wo es um Arbeitsabläufe geht, die sich ausschließlich proprietärer Formate bedienen.

openBIM ist mehr als nur der Transfer von Daten nach dem IFC-Schema. Es umfasst eine Serie von Normen, die Terminologien, Prozesse und Datenaustausch-Anforderungen festlegen. Diese Normen gelten sowohl für Urheber-, d.h. native als auch für Austausch-, d.h. offene Szenarien; sie werden im folgenden Abschnitt vorgestellt.

3.1 openBIM-Standards im Überblick

openBIM-Normen wurden aufgestellt, um auf konsistente und transparente Weise den Austausch von Informationen unter Projektbeteiligten und Software-Anwendungen zu unterstützen.

Kern all unserer geschäftlichen Aktivitäten ist der Transfer von Informationen oder, allgemeiner gesagt, „Kommunikation". Kommunizieren können wir durch verbale Anweisungen, Zeichnungssätze, technische Vorgaben oder Verträge. BIM ist darauf angelegt, die Projektkommunikation im weitesten Sinne zu unterstützen.

Weiter oben haben wir über *openBIM*, speziell IFC, als *Medium* des Transfers von Projektinformationen gesprochen. Freilich ist IFC nur eine Komponente des Kommunikationskreislaufs. Es sind noch viele weitere Aspekte zu beachten, die für eine effektive Kommunikation gebraucht werden.

Um diesem Bedarf gerecht zu werden, hat *buildingSMART*, also die Organisation, die für die Entwicklung des IFC-Schemas verantwortlich zeichnet, eine Reihe von Normen geschaffen, die den Kommunikationszyklus unterstützen. Verschiedene dieser Normen sind mittlerweile in ISO- und europäische Regelwerke eingegangen, bei den übrigen wird dies noch geschehen.

Die buildingSMART-Standards

Name	Beschreibung	Standard
IFC Industry Foundation Classes	Transportiert Informationen/Daten	ISO 16739
MVD Model View Definition	Übersetzt Prozesse in technische Anforderungen	buildingSMART MVD
IDM Information Delivery Manual	Methode zur Prozessbeschreibung	ISO 29481-1 ISO 29481-2
IFD International Framework for Dictionaries (implemented in the bSDD)	Zuordnung der Begriffe	ISO 12006-3
BCF BIM Collaboration Format	Datenschnittstelle zum Koordinationsaustausch	buildingSMART BCF

Abbildung 51: Die buildingSMART-openBIM-Standards

IFC

Unter IFC versteht man allgemein ein Dateiformat zum Transfer von 3D-Geometrie und Informationen über ein Gebäude. Im vorigen Abschnitt haben wir IFC als das „PDF von BIM" bezeichnet. Dieser Vergleich erklärt, was das Format ist und wie man es einsetzen kann.

Nimmt man jedoch einen eher technischen oder funktionalen Blickwinkel ein, so erscheint es angemessener, IFC als Container oder Dateisystem zur Organisation und Speicherung von Projektinformationen zu verstehen. So gesehen ist es sowohl eine Struktur, die beschreibt, wie diese Informationen zu organisieren sind, als auch Träger der Informationen selbst.[25]

Aufgrund seiner standardisierten Struktur erlaubt IFC den weitgehend nahtlosen Transfer von Projektdaten aus einem System ins nächste – jedenfalls gilt dies, solange exportierende wie importierende Software die korrekten IFC-Bezeichnungen verwenden. Freilich wird IFC für sich allein nicht allen Anforderungen des Kommunikationskreislaufs gerecht. Ohne Kontext oder Inhalt ist IFC bloß ein leerer Container. Andere Faktoren kommen hinzu, die erforderlich sind, damit dieser Prozess funktioniert.

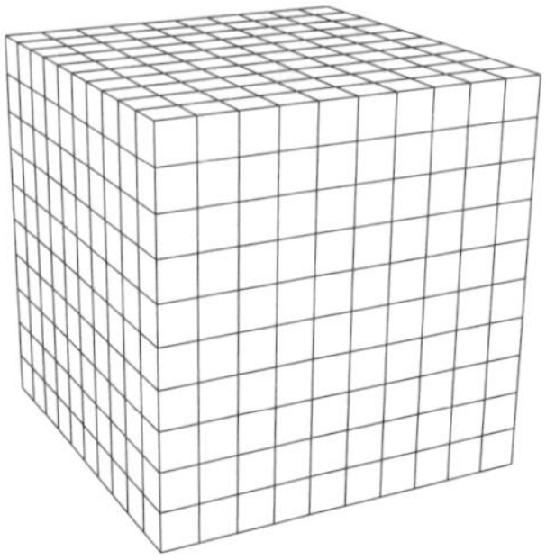

Abbildung 52: Das IFC-Schema kann als Container zur Übertragung von Projektinformationen (wie Objektdefinitionen, Geometrie und Eigenschaften) verstanden werden

25 Die Anregung, IFC als Dateisystem zu verstehen, verdankt sich Thomas Liebich.

MVD

Ein IFC-Export wird vorgenommen, um Informationen zu einem bestimmten Zweck bzw. zur spezifischen Weiterverarbeitung auszutauschen (z. B. zwecks Koordination, energetischer Analyse, Kostenkalkulation). Jeder dieser Verwendungszwecke ist anders und erfordert eine je eigene Zusammenstellung von Informationen.

Ein **MVD** (en: *Model View Definition* = Modellansichtsdefinition) ist ein reduzierter IFC-Export bzw. eine gefilterte IFC-Ansicht für spezielle Verwendungszwecke (wie z. B. energetische Analysen).

So wichtig es ist zu bedenken, welche Informationen ein Modell zwecks effektiven Transfers enthalten muss, so sehr kommt es darauf an, sich darüber im Klaren zu sein, welche Informationen es *nicht* enthalten sollte. Es ist primitiv und überflutet den Datenempfänger mit für ihn nutzlosen Informationen, alles zu exportieren, was das Modell umfasst – man sollte IFC nicht als „Daten-Müllkippe" verwenden. Es gilt, sehr genau zu überlegen, welche Informationen man in einem IFC-Export weitergeben möchte. Dazu muss man spezifische Objekte und Objekteigenschaften auswählen und sogar entscheiden, welche Art der Darstellung man exportieren will: die komplette Geometrie, räumlich begrenzte Segmente oder nur analytische Elemente?

Diese Auswahl trifft man mithilfe eines IFC-Filters namens *Model View Definition* (Modellansichtsdefinition), kurz MVD. Eine Modellansichtsdefinition ist eine standardisierte IFC-„Ansicht", wie sie für einen spezifischen Verwendungszweck benötigt wird. Möchten wir also ein IFC-Modell zur Mengenermittlung (*Quantity Take-off* = QTO) exportieren, so benutzen wir die voreingestellte QTO-MVD. Zwecks Koordination greifen wir auf die Koordinationsansicht (*Coordination View* oder *Reference View*) zurück, für statische Untersuchungen auf die *Structural Analysis*-MVD. In jedem Fall können wir sicher sein, genau die Informationen zu exportieren, die für den jeweiligen Verwendungszweck erforderlich sind, und den Empfänger nicht mit Projektdaten zu überschütten, die er nicht will oder braucht. Jeder Empfänger bekommt genau das IFC-Modell, das er für seinen speziellen Verwendungszweck benötigt.

Coordination View ist eine der verbreitetsten Modellansichtsdefinitionen für IFC2X3. Coordination View ist sowohl für generelle Koordinierungszwecke als auch beim Austausch von Modellen einsetzbar.

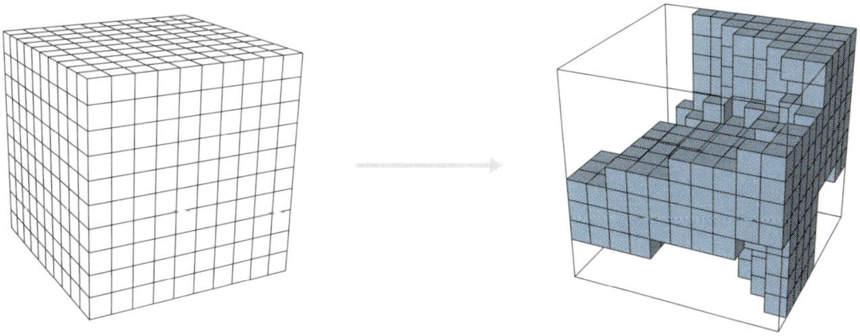

Abbildung 53: Bei Modellexporten nutzt man nie das gesamte IFC-Schema (dargestellt in Form des Würfels zur Linken). Vielmehr generiert man eine spezifische Ansicht des Modells (dargestellt anhand des Würfelelements zur Rechten), die dem jeweiligen Verwendungszweck des Modellempfängers angepasst ist.

Das **IDM** (en: *Information Delivery Manual* = Handbuch zur Informationsbereitstellung) beschreibt standardmäßige BIM-Aktivitäten. Es richtet sich vorwiegend an technische Anwender und Software-Entwickler.

IDM

Um eine Modellansichtsdefinition zu erstellen, muss der relevante Datenaustausch-Prozess analysiert und dokumentiert werden. Zu dieser Analyse gehört es festzulegen, welche Modellinformationen für den jeweiligen Verwendungszweck gebraucht werden, was zu modellieren ist, welche zusätzlichen Inputs benötigt werden könnten und welche Daten vom Urheber an den Empfänger zu übertragen sind. Um diese Definition zu erstellen, hat *buildingSMART* eine Methodik entwickelt, die als *Information Delivery Manual* (Handbuch der Informationsbereitstellung), kurz IDM, bezeichnet wird. Vielfach wird ein IDM als Schema eines Arbeitsablaufs (*workflow diagram*) verstanden, in dem die Aufgaben dargestellt sind, die ein anstehender Prozess umfasst. Doch IDM leistet mehr als das: Es verhilft zur Definition der Modellaustausch-Anforderungen, die zur Erstellung der Modellansichtsdefinition heranzuziehen sind.

Die Erstellung eines IDM ist eine ziemlich technische Angelegenheit, mit der sich der durchschnittliche Endnutzer nicht abgeben muss. Zumeist geht es uns nur um die Exportvorgaben für einen spezifischen Datenaustausch, also die MVD, und wir wollen uns nicht mit dem IDM befassen. Bei komplexen Projekten kann es jedoch nützlich sein, Modellierungs- und Austauschprozesse exakt vorzugeben. Dabei kann ein IDM als Muster oder Anleitung für die Planung dieser Aktivitäten dienen. Darauf werden wir in Kapitel 6 („Projektplanung und -durchführung“) zurückkommen.

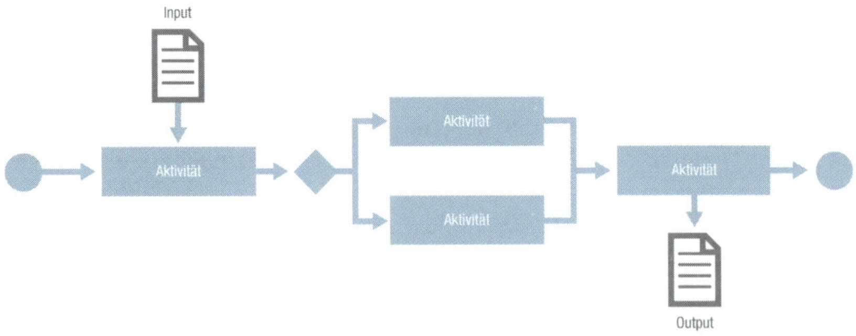

Abbildung 54: Vereinfachtes Schema eines Arbeitsablaufs gemäß IDM

bSDD / IFD

Das **bSDD** (en: buildingSMART *Data Dictionary*) ist eine Applikation von buildingSMART, mit der sich BIM-Inhalte in multiple Sprachen und Klassifizierungssysteme übersetzen lassen.

Wir wissen: IFC ermöglicht den standardisierten Transfer von Daten aus einer Anwendung in die nächste. Da IFC strukturiert und statisch ist, macht es die Sortierung (Speicherung) und das Auffinden von Daten sehr einfach. Bestimmte Typen von Informationen werden stets im richtigen Ordner gespeichert, egal, welche Anwendung man benutzt. Was IFC nicht macht, ist die Überprüfung des Ordnerinhalts. Es überträgt die Informationen unabhängig davon, ob sie korrekt eingegeben wurden oder nicht.

In multidisziplinären Projektteams werden häufig verschiedene Bezeichnungsregeln angewandt, so dass für dieselben Projekteigenschaften abweichende Benennungen im Umlauf sein können. So kann ein Architekt von „Isolierungsfaktor" sprechen, während ein Bauphysiker für dieselbe Objekteigenschaft den Ausdruck „U-Wert" verwendet. Beide Begriffe sind innerhalb ihres fachmännischen Kontextes etabliert, werden jedoch möglicherweise fachübergreifend nicht richtig zugeordnet.

Ebenso verhält es sich bei multinationalen Projektteams, in denen man abweichende Objektklassifikationen oder verschiedene Sprachen benutzt. Zur Lösung dieses Problems müssen entweder alle Projektbeteiligten dieselben Bezeichnungsvorschriften anwenden – also die gleiche Sprache und übereinstimmende Klassifikationssysteme –, oder es muss ein Verzeichnis synonymer Begriffe geben.

Diesem Bedarf entsprechend, hat *buildingSMART* die Anwendung *buildingSMART Data Dictionary* (*buildingSMART*-Datenwörterbuch = bSDD) entwickelt. Das bSDD unterstützt die terminologische Vereinheitlichung innerhalb multidisziplinärer und mehrsprachiger Projektteams. Das Datenwörterbuch ist keine Norm, sondern eine *buildingSMART*-Applikation, die auf dem ISO-Standard *International Framework for Dictionaries* (Internationaler Rahmen für Wörterbücher = IFD) basiert.

Das Datenwörterbuch ist eine cloudbasierte Ressource, die für die Nutzung von BIM relevante Objektlisten, -eigenschaften und -konzepte enthält. Jeder bSDD-Eintrag ist mit allen denkbaren Ableitungen des jeweiligen Konzepts in verschiedenen Kontexten und Sprachen aufgeführt. Das buildingSMART-Data-Dictionary ist eine Art *Google Translate* für BIM.

Wie das IDM ist das bSDD nicht für den durchschnittlichen Nutzer gedacht, sondern vorrangig für Software-Entwickler und fortgeschrittene Anwender.

Abbildung 55: Das buildingSMART-Datenwörterbuch: Google Translate für BIM

Das **BCF** (en: *BIM Collaboration Format*) ist ein Format zur Übermittlung von Problemen und Mitteilungen zwischen verschiedenen Softwarelösungen.

BCF

Herkömmlicherweise ist die Arbeit mit IFC eine Einbahnstraße. IFC taugt bestens zum *Export* eines Modells zwecks Koordination oder Kollaboration. Es ist nützlich für kollaborative Aktivitäten wie Kollisionserkennung, Mengenermittlung usw. Aber es hilft nicht wirklich, wenn es darum geht, in der kollaborativen Umgebung getroffene Entscheidungen oder festgestellte Probleme in die native Software rückzutransferieren. Entweder schickt man das föderierte IFC-Modell, das sämtliche Fachmodelle einschließlich Kollisionen enthält, an alle Beteiligten zurück oder generiert einen PDF-Bericht. In beiden Fällen sind die Planer auf einen weitgehend manuellen Prozess angewiesen, um die Probleme in ihren nativen Modellen aufzufinden, bevor diese behoben werden können.

Auch aus Sicht des Projektmanagements ist IFC alles andere als ideal. Es ist mühselig, große IFC-Dateien zu versenden oder PDF-Berichte zusammenzustellen. Es ist schlicht eine sehr unstrukturierte, arbeitsaufwändige Weise, Aufgaben zu verteilen und zu überwachen, welche Probleme tatsächlich gelöst wurden.

Um den Kommunikationskreislauf zu schließen, wurde das *BIM Collaboration Format* (BIM-Kollaborationsformat = BCF) entwickelt. BCF ist ein Kommunikationskanal zwischen den vereinigten IFC- und den nativen Modellen. Einfach ausgedrückt, lässt es sich als Mitteilungswerkzeug, eine Art *WhatsAPP* für BIM, verstehen.[26]

Für jeden Kommunikationsvorgang wird eine BCF-Datei angelegt. Sie enthält einen Schnappschuss des Modells, identifiziert die enthaltenen Objekte und kann sowohl zusätzliche Anmerkungen als auch die Angabe verantwortlicher Stellen und den Bearbeitungsstand von Problemen einschließen. BCF-Dateien können leicht zwischen Koordinations- und Modellierungssoftware verschoben werden, und es ist möglich, die Datei zu aktualisieren, wenn ein Problem gelöst wurde, oder sie zwecks Kommentierung an andere Stellen weiterzugeben.

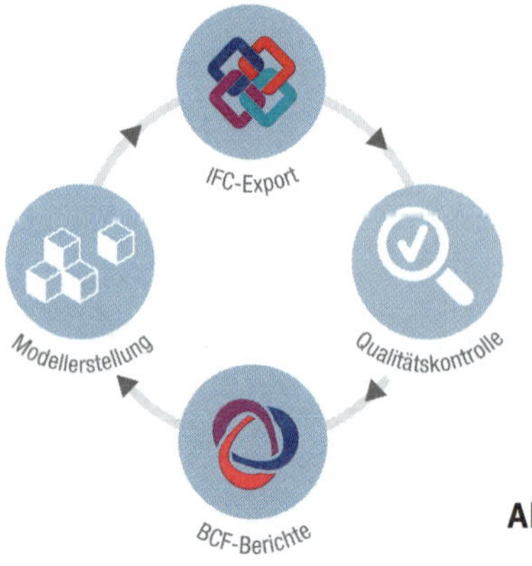

Abbildung 56: Workflow mit BCF

26 Die Entwicklung des BCF begann 2009 als Initiative von Tekla, Solibri. 2010 wurde es von *buildingSMART* übernommen und seither progressiv weiterentwickelt.

3.2 BIM im Kontext der Kommunikationstheorie

Die *buildingSMART*-Normen geben Regeln für die Kommunikation in der BIM-Umgebung vor. Damit Kommunikation effektiv ist, bedarf es bestimmter Elemente. Betrachten wir etwas genauer, woraus sich Kommunikation zusammensetzt, so verstehen wir den Kontext dieser Normen und ihr Verhältnis zueinander besser und erkennen zugleich, inwiefern sie die Projekt-Zusammenarbeit im weitesten Sinne unterstützen.

In der Kommunikationstheorie[27] geht man von sechs Kernbestandteilen von Kommunikation aus:

1. Wir haben es mit einem *Kontext* zu tun, aus dem sich ergibt, warum ein Informationstransfer nötig ist und welche handelnden Personen daran beteiligt sind.
2. Es gibt einen *Sender*, der als *Codierer* der Botschaft fungiert, indem er sie in verständlicher Form weitergibt, beispielsweise als geschriebenes oder gesprochenes Wort.
3. und 4. Im Mittelpunkt stehen die *Botschaft* (der Informationsgehalt) und das *Medium*, durch das sie weitergegeben wird, z. B. ein Brief.
5. Auf der Nehmerseite *dekodiert* der *Empfänger* die Botschaft. Er versteht sie in einer Weise, die für ihn in seinem Umfeld relevant ist.
6. Abschließende Komponente eines Kommunikationsvorgangs ist die *Rückmeldung* (*Feedback*) bzw. die Beantwortung der Botschaft.

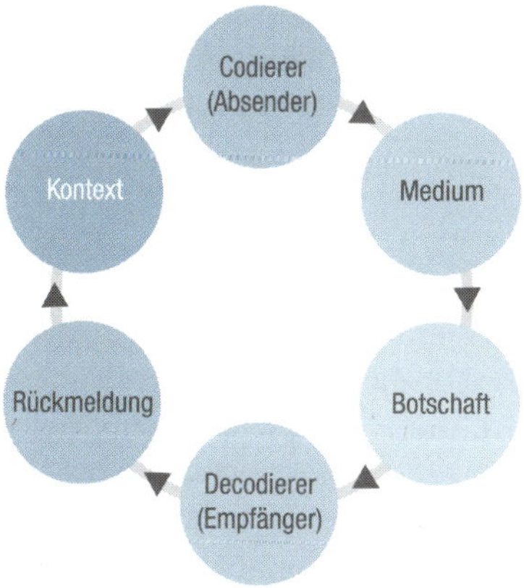

Abbildung 57: Der Kommunikationskreislauf

27 Ich beziehe mich hier auf die Aussagen von Claude Shannon, Wilbur Lang Schramm, Robert Craig u. a. Mancherorts geht man abweichend von acht Elementen aus, was darauf beruht, dass Sender und Codierer ebenso wie Empfänger und Decodierer jeweils als separate Einheiten gesehen werden.

Wie bereits angedeutet, ist IFC das *Medium* einer *openBIM*-Transaktion. Es bildet den Container für die Information, beschreibt aber für sich allein nicht Kontext, Codierung, Decodierung oder Rückmeldung, die zu der Transaktion gehören.

Planung, Realisierung und betriebliche Nutzung eines Projekts verlangen einen konstanten, vielschichtigen und reziproken Austausch von Informationen unter den Projektbeteiligten. Jede Transaktion findet in einem Kontext statt, der ihre Bedingungen, Notwendigkeiten und individuellen Parameter definiert.

Im Hinblick auf BIM legt die Anleitung der Informationsbereitstellung (*Information Delivery Manual*) fest, welche handelnden Personen beteiligt sind, welcher Prozess stattfindet und – am wichtigsten – welche Informationen auszutauschen sind. Output des IDM sind die Informationsaustausch-Anforderungen, die beachtet werden müssen, um die jeweilige Aufgabe zu erfüllen. Diese allgemeinen Anforderungen kann man als Element oder Teilstruktur des IFC-Schemas auffassen, genauer als Modellansichtsdefinition (MVD). D.h., IDM und MVD stellen den *Kontext* eines Datenaustauschs dar. Aus ihnen ergibt sich die Notwendigkeit einer spezifischen Transaktion; zugleich definieren sie in der Sprache von IFC, welchen Inhalt diese haben sollte.

Medium dieser Botschaft ist das IFC-Modell selbst, unser Container. *Botschaft* ist der Inhalt des Modells, d.h. die geometrischen Definitionen und Objekteigenschaften, die für eine spezifische Funktion erforderlich sind.

Damit haben wir Kontext (IDM und MVD), Medium (das IFC-Schema) und Botschaft (Modellgeometrie und Objekteigenschaften). Bleiben also zwei zentrale Funktionen übrig, die noch nicht abgedeckt sind: die Codierung der Botschaft durch den Sender und ihre Decodierung durch den Empfänger.

Bei jedem Kommunikationsvorgang findet irgendeine Form von Codierung und Decodierung statt. Unser verbreitetster Mechanismus für die Codierung einer Botschaft ist die Sprache selbst.

Kommunizieren zwei Projektbeteiligte in derselben Sprache und innerhalb einer Disziplin, so sind Codierung und Decodierung implizite Bestandteile ihrer Arbeit, an die sie keinen Gedanken verschwenden müssen. Freilich ist die Kommunikation mit anderen Disziplinen, die abweichende industrielle Normen anwenden und womöglich verschiedene Sprachen benutzen, in aller Regel komplexer und birgt ein erhöhtes Risiko von Missverständnissen.

Das *buildingSMART*-Datenwörterbuch ist unser BIM-Übersetzer, der für die Behebung sprachlicher, disziplinärer und kontextueller Verständnisprobleme zwischen den Softwarelösungen verschiedener Arbeitsbereiche im Projekt sorgt. Im Rahmen der Kommunikationstheorie lässt sich sagen, bSDD unterstützt die *Codierung* und *Decodierung* unserer Botschaften.

Damit ist der Kommunikationszyklus nahezu geschlossen; es fehlt nur noch die letzte Komponente, die Rückmeldung. Das Format einer Antwort hängt sehr stark vom Wesen des Informationsaustauschs ab. Sie kann in einer

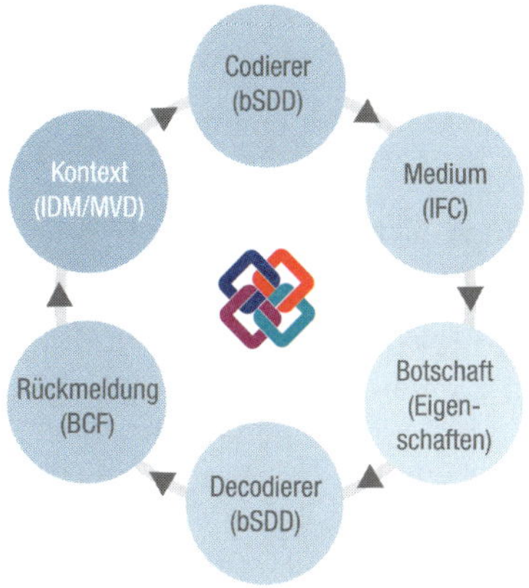

Abbildung 58: openBIM-Normen im Kommunikationskreislauf gemäß buildingSMART-Vorgaben

Freigabe, einer Ergänzung, der Beauftragung mit einer Folgetätigkeit (z.B. der Durchführung einer energieanalytischen Simulation) oder einer weiteren Informationsanforderung bestehen. Der *buildingSMART*-Standard BCF (BIM-Kollaborationsformat) ist ein Mechanismus, der entworfen wurde, um einige dieser Rückmeldungsformen zu unterstützen und zu überwachen.

Diese *buildingSMART*-Standards bilden die Grundlage von BIM-Kommunikation im weitesten Sinne. Wer versteht, wie diese Normen funktionieren und in welchem Verhältnis sie zueinander stehen, wird BIM als Kommunikationsverfahren im digitalen Kontext begrüßen.

In den folgenden Kapiteln werden die *buildingSMART*-Standards im Detail dargestellt.

3.3 buildingSMART: das Zuhause von openBIM

buildingSMART ist die Organisation, die weltweit die Transformation der gebauten Umgebung durch die Entwicklung von *openBIM*-Normen vorantreibt. Heute eine internationale *Non-profit*-Organisation, begann *buildingSMART* 1995 als kleine Initiative zur Verbesserung der Interoperabilität zwischen CAD-BIM-Software-Anwendungen.[28] Im Kern ging es der Initiative darum, das IFC-Datenaustausch-Schema zu entwickeln.

Mit seinen gegenwärtig 18 regionalen und nationalen Gliederungen, den sog. *Chapters*, hat *buildingSMART* eine Reihe wichtiger *openBIM*-Normen entwickelt und verfügt über ein internationales Netzwerk, das industrielle Führer aus aller Welt einbindet. Die Organisation agiert auf mehreren bemerkenswerten Ebenen:

- strategisch in der Beratung von Regierungen und gesetzgebenden Körperschaften;
- normierend in der Entwicklung und Implementierung von Standards über den gesamten Lebenszyklus von Bauwerken hinweg;

28 1996 gab sich die Initiative den Namen *International Alliance for Interoperability* (IAI); seit 2008 kennt man sie als *buildingSMART* (Quelle: www.buildingsmart.org).

- prozessual durch die Definition strukturierter Arbeitsabläufe und künftiger Arbeitsweisen;
- technologisch durch das Vorantreiben von Innovationen und die Zertifizierung von Software-Standards;
- nutzerorientiert durch die Unterstützung von Endnutzern mittels Anleitung und Empfehlung bestmöglicher Verfahrensweisen.

Als internationale Organisation hat *buildingSMART* seine Zentrale in Großbritannien, wo ein kleines operatives und administratives Team arbeitet. Unter der Führung eines Internationalen Rates – zusammengesetzt aus den Leitern sämtlicher regionaler und nationaler Chapters – und eines geschäftsführenden Managements hat sich *buildingSMART International* die Aufgabe gestellt, geschäftliche und strategische Ziele abzustecken sowie internationale Projekte und Aktivitäten zu koordinieren. Diese Aufgaben werden weitgehend durch die Mitarbeitenden in den einzelnen Chapters umgesetzt.

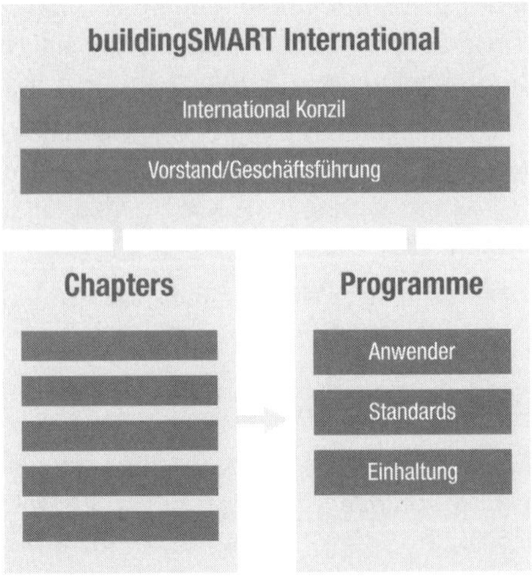

Abbildung 59:
Der organisatorische Aufbau von buildingSMART International

3.3.1 Chapters (Die Gliederungen)

Herzstück der *buildingSMART*-Organisation sind die regionalen bzw. nationalen Chapters. Diese genießen eine gewisse Freiheit im Hinblick auf ihre internen Strukturen und ihre Vernetzung mit der örtlichen Bauindustrie. Sie unterliegen allerdings bestimmten mit *buildingSMART International* vereinbarten Verpflichtungen, darunter die authentische Repräsentation der Werte von *buildingSMART International* (offen, neutral, nichtkommerziell), die Förderung der *buildingSMART*-Normen, die korrekte Vertretung industrieller Interessen und die Vernetzung mit allen branchenrelevanten Kräften von politischen Entscheidungsträgern bis hin zu Produktherstellern.

Die Chapters sollen sich zu den Normenbildungsprozessen äußern und sich an der Entwicklung der drei Kernprogramme beteiligen.

3.3.2 Die internationalen Programme von *buildingSMART*

Mit drei Kernprogrammen dient *buildingSMART International* der Industrie:

Das **Anwenderprogramm** (*User Program*) ist dazu gedacht, in Interaktion mit der Wirtschaft gegenwärtige und künftige digitale Arbeitsweisen in der Bauindustrie zu ermitteln. Es ist eine Ressource für die Betriebe, indem es öffentlichen Zugang zu Informationen über die Normen und Aktivitäten von *buildingSMART* gewährt. Das basale Netzwerk bilden die regionalen / nationalen Gliederungen, doch stellt auch die Internationale Anwendergruppe (International User Group) branchenspezifische Knotenpunkte, die sog. *rooms*, bereit, an denen für bestimmte Marktsegmente relevante Informationen abrufbar sind – es gibt z. B. einen *Airport Room*, einen *Construction Room* und einen *Hospital Room*.

Das **Anwenderprogramm** ist eine Initiative von *buildingSMART* für die Kommunikation und Einbindung der Anwender von openBIM-Standards.

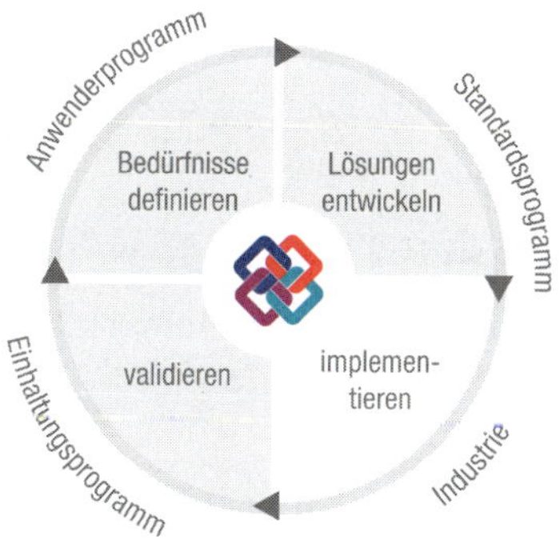

Abbildung 60: Die drei Kernprogramme von buildingSMART

Das **Standardprogramm** (*Standards Program*) stellt die Kernaktivität von *buildingSMART* dar. Im historischen Verlauf war das Normenprogramm ausschlaggebend für die Entwicklung von IFC, die sowohl die Erarbeitung des Schemas selbst (durch die *Model Support Group*) als auch die IFC-Implementierung in kommerzielle Softwares (durch die *Implementation Support Group*) umfasste. Im Bereich des Normenprogramms sind heute sämtliche *buildingSMART*-Normen und -Produkte (zu diesen s. unten in diesem Kapitel) angesiedelt, außerdem technische Vorgaben und Richtlinien.

Das **Standards Program** ist eine Initiative von *buildingSMART* zur Förderung der Entwicklung von *openBIM*-Normen.

Das **Einhaltungsprogramm** (*Compliance Program*) unterstützt und zertifiziert die Implementierung von *buildingSMART*-Standards. Die am weitesten zurückreichende Initiative im Rahmen dieses Programms betrifft die Zertifizierung von Software. Dabei geht es vorrangig um die Zertifizierung von Software im Hinblick auf die IFC-Implementierung für den Datenimport und -export. Gegenwärtig sind offiziell etwa vierzig Software-Produkte für die Nutzung von IFC zertifiziert.[29] Mitte 2017 begann die Zertifizierung für die aktuelle Version IFC4.

Das **Einhaltungsprogramm (compliance program)** ist eine Initiative von *buildingSMART* für die Einhaltung und Zertifizierung in spezifischen Bereichen (aktuell für Softwares und Personen).

29 Produkte mit einer vor 2017 erteilten Vorab-Zertifizierung durch *buildingSMART* basieren auf IFC2x3 Coordination View V2.0. Die aktuelle *buildingSMART*-Zertifizierung für IFC4

Eine kürzlich neu gestartete Initiative des *buildingSMART*-Einhaltungsprogramms ist die professionelle Zertifizierung, d.h. die Akkreditierung von Einzelpersonen im Hinblick auf deren BIM-Kompetenz. Zukünftig wird sich das Programm mit der Zertifizierung von Daten, Prozessen und Unternehmen befassen.

Diese drei *buildingSMART*-Programme sollen der gesamten Bauwirtschaft dienen. Ohne Verknüpfung mit der Industrie wäre die Arbeit von *buildingSMART* rein akademisch. Insofern kann man die Industrie als vierte Komponente von *buildingSMART* betrachten. Der Wert der drei Programme bemisst sich an ihrer industriellen Nutzbarkeit.

Das Anwenderprogramm steht im Dialog mit der Wirtschaft, um Bedürfnisse zu ermitteln, an denen sich die Entwicklung von Normen orientiert. Die Lösungen, die sodann im Rahmen eines Programms für Standards entwickelt werden, werden wiederum der Industrie zu Test- und Implementierungszwecken zur Verfügung gestellt. Abschließend erfolgt die konkrete Umsetzung und Validierung der *buildingSMART*-Normen durch das Einhaltungsprogramm.

3.4 Die professionelle Zertifizierung durch *buildingSMART*

Professionelle Zertifizierung ist ein von *buildingSMART International* aufgelegtes Programm zur Förderung von BIM-Schulungen und individuellen Zertifizierungen.

In jüngerer Zeit hat *buildingSMART* im Rahmen des Einhaltungsprogramms die Initiative zur professionellen Zertifizierung gestartet. Sie zielt auf die Etablierung eines weltweiten Standards für *openBIM*-Kompetenz und wird synchron in Europa, Asien sowie Nord- und Südamerika entwickelt und umgesetzt.

Auch wenn BIM weltweit immer mehr genutzt wird, herrscht nach wie vor allzuviel Verwirrung und ein anhaltender Mangel an Konsistenz hinsichtlich der Definition von Prozessen und der Einmütigkeit bei grundlegenden Begriffen und Konzepten. Ferner besitzen Fachleute aus der Industrie, die BIM-Projekte managen und abschließen, sehr unterschiedliche Kompetenzen. Dabei sind zwei Faktoren ausschlaggebend für eine erfolgreiche Adaption von BIM:

- der übereinstimmende Gebrauch von standardisierten Begriffen und Prozessen
- ein anerkannter Maßstab, an dem die individuelle Kompetenz von Mitarbeitenden abgelesen werden kann.

Um diese essentiellen Komponenten der BIM-Adaption voranzubringen, hat sich das *buildingSMART*-Programm zur professionellen Zertifizierung folgende Ziele gesetzt:

1. Standardisierung und Verbreitung der Inhalte von *openBIM*-Schulungen
2. Unterstützung und Akkreditierung von Schulungsanbietern
3. Prüfung und Zertifizierung von Einzelpersonen.

basiert auf der *Reference View* MVD.

3.4.1 Programm-Umfang

Um die Umsetzung von BIM in der Bauindustrie zu fördern, bedarf es verschiedener Ausbildungsebenen – von formellen Hochschulabschlüssen bis hin zu wirtschaftsinternen kommerziellen Schulungen. Das von *building-SMART* aufgelegte Programm zur individuellen Zertifizierung fokussiert sich auf die wirtschaftsinterne Schulung; tertiäre Studiengänge bleiben unberührt.

buildingSMART International wird selbst keine Ausbildungsgänge anbieten, sondern Schulungsanbieter durch sein globales Lernnetzwerk, eine digitale Zertifizierungsplattform und die Bereitstellung von Lernmaterialien unterstützen.

Das Programm ist zweistufig aufgebaut:

- individuelle Qualifizierung: wissensbasiertes Lernen (Phase 1, 2017 gestartet)
- professionelle Zertifizierung: angewandtes Lernen (Phase 2, ab 2018 geplant).

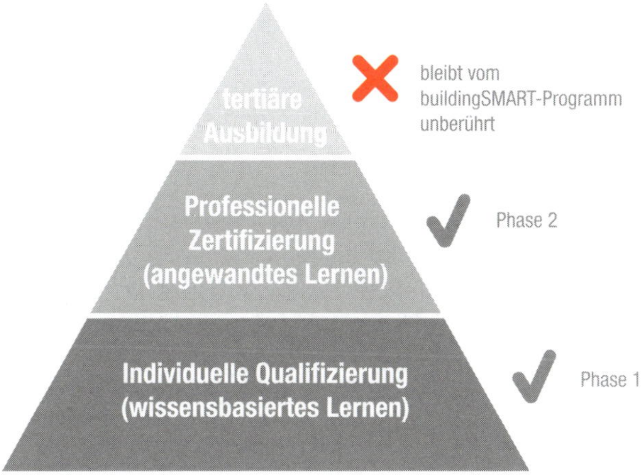

Quelle: buildingSMART.org

Abbildung 61: Das buildingSMART-Programm zur professionellen Zertifizierung

Lernstruktur

Die professionelle Zertifizierungs-Lernstruktur stützt sich auf die Blooms-Taxonomie für das pädagogische Lernen. Dieses hierarchische System identifiziert sechs Lernstufen vom Wissen (Erinnern) bis hin zur Evaluation. Phase 1 des buildingSMART professionelle Zertifizierung, individuelle Qualifikation, betrifft nur die ersten zwei Stufen der Bloom-Taxonomie: Wissen und Verständnis. Die umfassendere Phase 2 ist das Studium der gesamten Lern-Taxonomie.

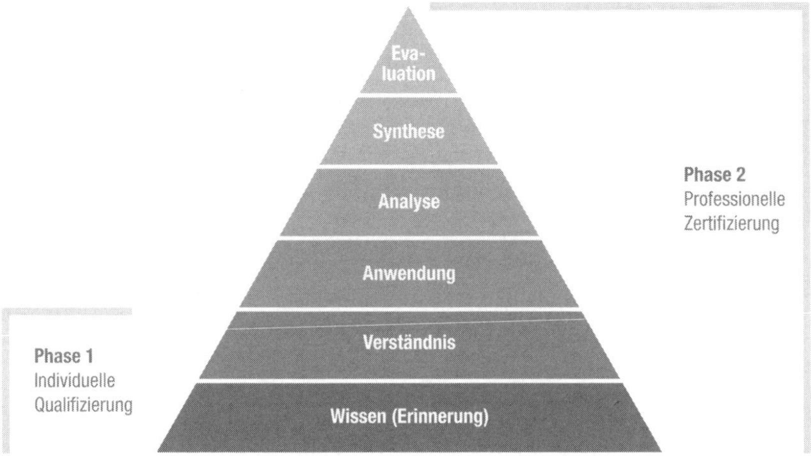

Quelle: Dr. Benjamin Bloom

Abbildung 62: Die Blooms-Taxonomie

3.4.2 Die individuelle Qualifizierung

Individuelle Qualifizierung ist die erste Phase des *buildingSMART*-Programms zur professionellen Zertifizierung.

Die individuelle Qualifizierung (Phase 1 des Programms) gibt es seit 2017; sie bezieht sich auf Einstiegsschulungen, die die grundlegenden Konzepte und Prinzipien von *openBIM* abdecken. Dabei geht es um allgemeines, wissensbasiertes Lernen ohne Software-Training und praktische Einarbeitung in die Projektumgebung. Nichtsdestoweniger werden Projektbeispiele und Praxisübungen einbezogen, um die Kernprinzipien zu verdeutlichen. Der Ausbildungsgang *Individual Qualification* setzt sich aus acht Modulen zusammen, von denen jedes als ein- bis dreitägige Schulung angelegt ist. Auf das Basismodul bauen bereichsspezifische Module auf.

- Basismodul
  - Manager
  - Koordinator
  - Berater
  - Auftragnehmer
  - Bauherr / Eigentümer
  - Liegenschaftsverwalter
  - Hersteller

Das Basismodul ist Voraussetzung für alle weiteren Module. Veranschlagt wird, dass die meisten Teilnehmer neben dem Basismodul noch ein weiteres disziplinbezogenes Modul belegen, wobei es jedem freisteht, an einer beliebigen Anzahl von Modulen teilzunehmen.

3.4.3 Die professionelle Zertifizierung

Die professionelle Zertifizierung (Phase 2 des Programms, die 2018 anlaufen soll) zielt auf die reale Anwendung von BIM in der Projektumgebung. Es handelt sich um eine kompakte, praxisbezogene Ausbildung mit spezifischen, rollenbasierten Modulen (für BIM-Manager, BIM-Koordinatoren, Informationsmanager usw.). Jede Rolle beinhaltet eine Reihe von Aufgaben, die innerhalb spezifischer Kontexte zu lösen sind. Gegenwärtig ist *buildingSMART* damit befasst, Rollen- und Aufgabendefinitionen festzuschreiben. Man geht davon aus, dass pro Modul in Ergänzung zur realen Projektarbeit ca. 200 Schulungsstunden absolviert werden müssen.

3.4.4 Programm-Management und -Anbieter

Das Programm wird durch *buildingSMART International* entwickelt und wird auf nationaler Ebene durch die jeweiligen *buildingSMART*-Chapters verwaltet und durchgeführt. Diese setzen sich mit den Branchenverbänden ihres Bereichs ins Benehmen, um das Lernziele (das sogenannte „*Learning Outcome Frame*work“, LOF) an die jeweiligen nationalen Erfordernisse anzupassen.

Über die für sie zuständige *buildingSMART*-Chapters können unabhängige Schulungsanbieter in das Programm einsteigen. Die Übernahme der von *buildingSMART* vorgegebenen Lernziele gewährleistet das Qualitätssiegel *„buildingSMART Approved“*. Teilnehmer an von *buildingSMART* anerkannten Kursen können sich online akkreditieren lassen und erhalten so die Berechtigung, sich als *„buildingSMART Qualified“* zu bezeichnen.[30]

30 Weitere Informationen dazu finden sich unter www.education.buildingsmart.org

Fallstudie: Kantonsspital Baden

Beitrag: Nickl & Partner Architekten AG

Kantonsspital Baden, KSB Neubau

Baden, Schweiz

Bauherr:	Kantonsspital Baden AG
Generalplaner:	Nickl & Partner Architekten AG
Projektgröße:	Gesamtkosten ca. CHF 450 Mio.
Status:	in der Planung
Fertigstellungsdatum:	2022

Projektbeschreibung

Der Spitalneubau bildet einen neuen Stadtbaustein innerhalb der bestehenden, feinkörnigen Bausubstanz. Der Topographie folgend wird das Bauvolumen als zwei ineinander verschränkte Rechtecke in die Landschaft modelliert, wobei der enge Bezug zur Natur und Umgebung auch im Inneren thematisiert wird. Patienten, Besucher und Personal spüren dies bereits beim Betreten des Gebäudes. Sie werden von einem grünen Innenhof empfangen, den sie durchlaufen.

Das Bauvolumen wird in einen dreigeschossigen öffentlichen und semiöffentlichen Sockel, der sämtliche Untersuchungs- sowie Arzträume umfasst, sowie in ein eher privates, ebenfalls dreigeschossiges Patientenhaus definiert. Während der Sockel durch strenge Kompaktheit geprägt ist, zeichnet sich das Patientenhaus nach innen durch weiche fließende Formen aus.

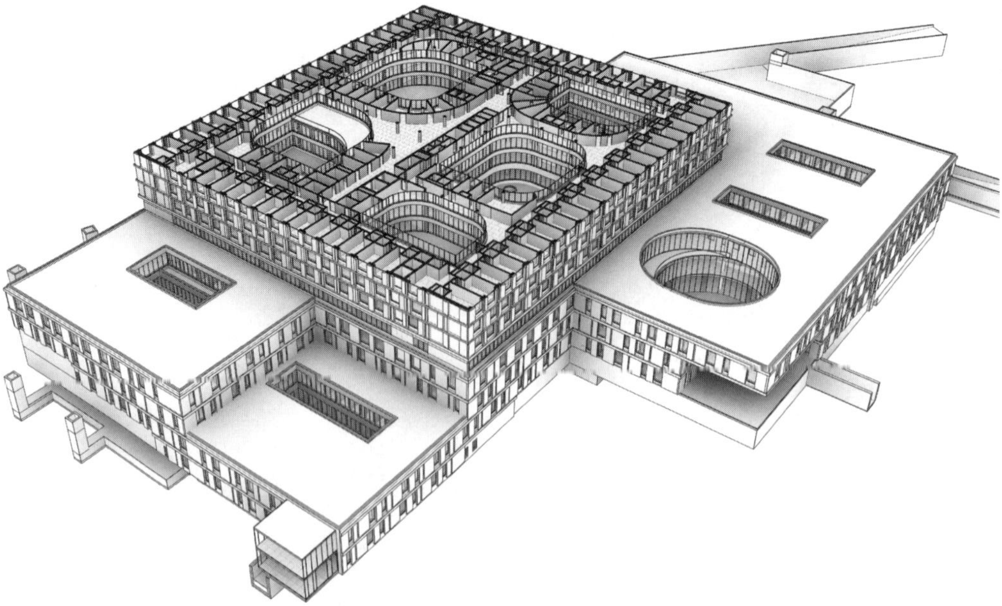

Quelle: Nickl & Partner Architekten AG & BIM Facility AG

Abbildung 63: KSB Neubau Gesamtmodell

Quelle: Nickl & Partner Architekten AG

Abbildung 64: KSB Neubau Innenhof

Die BIM-Methodik

Spitalbauten sind hochkomplexe, hochinstallierte Gebäude. Ein wesentlicher Fokus liegt daher auf der Koordination der Architekturmodelle mit den Fachgewerken unterschiedlichster Disziplinen. Durch die Möglichkeiten der Modellprüfung sowie der Kollisionsprüfungen erreichen wir höhere Genauigkeit und Qualität der Planung sowie eine wesentliche Verbesserung und Optimierung des Gesamtprozesses der Planung.

Auf Seiten des Auftraggebers stehen neben einem optimierten Planungsprozess vor allem die Themen Raumbuch und Übergabe von BIM zu FM im Fokus. Das Digitale Raumbuch dient als Anforderungskatalog der Betreiber für Raum- und Ausstattungsdefinitionen, sowie als Kommunikations- und Koordinationsplattform zwischen allen Fachplanern. Da diese Plattform direkt mit der Modellierungssoftware der Fachplaner synchronisiert ist, werden alle Entscheidungen und Änderungen (egal, ob vom Bauherrn oder vom Planungsteam) durchgängig aktualisiert und dokumentiert.

Schon in den frühen Planungsphasen werden Planungsentscheidungen getroffen, die Auswirkungen auf den späteren Betrieb haben. Eine Zielvorstellung ist die Erstellung eines „digitalen Zwillings“ des Gebäudes mit Anbindung an eine Raumbuch- bzw. FM-Software während der Planungs- und Realisierungsphase, mit direktem Übergang zum laufenden Betrieb des Gebäudes.

Die Einführung der BIM-Methode erfordert eine konsequente Definition und Strukturierung der Planungs- und Kommunikationsprozesse. Ein höherer Detaillierungsgrad in frühen Projektphasen erzeugt eine höhere Genauigkeit in Bezug auf Planungsinhalte und Kosten.

4 Die Anwendung der openBIM-Standards

4.1 IFC – Industry Foundation Classes

Der Kernstandard von *buildingSMART* ist IFC (*Industry Foundation Classes*). Strenggenommen ist IFC kein Austauschformat, sondern ein Schema, d. h. eine spezifizierte Datenstruktur. Wie bereits erwähnt, kann man sich das IFC-Schema als Dateisystem zur Organisation und zum Transport digitaler Daten vorstellen. Das IFC-Schema selbst lässt sich mittels verschiedener Dateiformate wiedergeben. Meistens geschieht dies in STEP als IFC-SPF, es ist aber ebensogut als XML oder ZIP-Datei darstellbar.

IFC-SPF ist das meistgenutzte IFC-*Format*, ein Textformat in der Modelliersprache *EXPRESS data*.

IFC-XML ist ein jüngeres IFC-*Format*, das auf die weiter verbreitete *Extensible Markup Language* = XML zurückgreift.

IFC-ZIP ist ein komprimiertes *Format* von IFC-SPF.

- .ifc (auch IFC-SPF für Step Physical File) ist ein Textformat in der Datenmodelliersprache EXPRESS. Es hat eine kompakte Größe und ist das meistgenutzte IFC-Format.
- .ifcXML ist ein Format in der Sprache *Extensible Markup* (XML). Obwohl XML zu den verbreiteteren Computersprachen gehört, verlangt IFC-XML mehr Speicherplatz als IFC-SPF und wird seltener benutzt als dieses.
- .ifcZIP ist ein ZIP-komprimiertes Format einer IFC-Datei. Normalerweise komprimiert eine .ifcZIP-Datei ein .ifc um 60–80 %, eine .ifcXML-Datei um 90–95 %.[31]

4.1.1 Das IFC-Schema

IFC ist eine objektorientierte Spezifizierung. Im Kern gibt sie *Objektdefinitionen* wieder. Diese Definitionen können sich auf Objekte in der realen Welt, wie einzelne Bauelemente (Wände, Türen usw.), beziehen, ebenso aber auch auf abstrakte Objekte wie Akteure / Rollen, Prozesse oder Regeln.

Über die Definition von Objekten hinaus bestimmt IFC auch *Beziehungen* zwischen Objekten: So ist z. B. eine Tür in eine Wand eingebaut und auf einem Boden platziert. Schließlich definiert es *Eigenschaften*, also Projektattribute (Höhe, Länge, Breite, Material, Hersteller usw.).

Die Definition von *Objekt*, *Beziehung* und *Eigenschaft* steht im Mittelpunkt von IFC bzw. bildet dessen Wurzel. Objekt-, Beziehungs- und Eigenschaftsdefinitionen sind folglich die Wurzelfunktionen von IFC.

Die Wurzelfunktionen gliedern sich weiter auf in Unterfunktionen. So beinhaltet beispielsweise ifcObjectDefinition folgende Komponenten:

- ifcProduct (reale / materielle Bauobjekte)
- ifcActor (handelnde Person oder Organisation)
- ifcControl (begrenzende Regeln für Zeit-, Kosten- oder Umfangsvorgaben)
- ifcGroup (zusammengefasste Objekte)
- ifcProcess (Aufgaben oder Verfahrensweisen)
- ifcResource (Material, Personal, Ausrüstung)

31 http://www.buildingsmart-tech.org/specifications/ifc-overview/ifc-overview-summary.

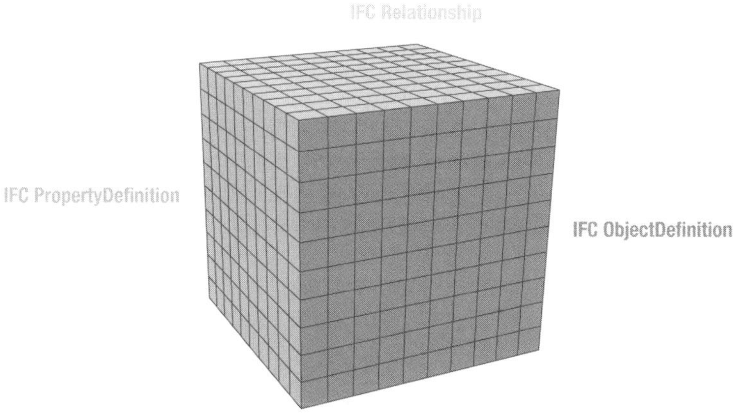

Abbildung 65: Vereinfachte Darstellung des IFC-Schemas bzw. der IFC-Wurzelfunktionen

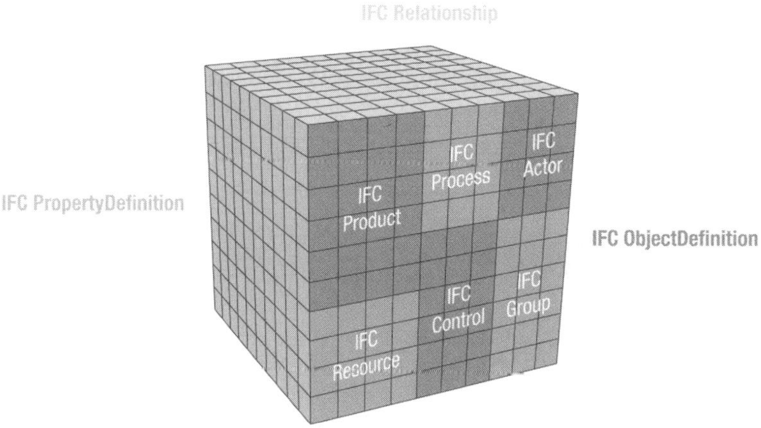

Abbildung 66: Vereinfachte Darstellung des IFC-Schemas bzw. der IFC-Wurzelfunktionen mit Unterfunktionen

Obwohl IFC eine feste Struktur hat, ist es erweiterbar, d.h., es kann je nach Nutzeranforderungen kontinuierlich weiterentwickelt und ausgebaut werden.

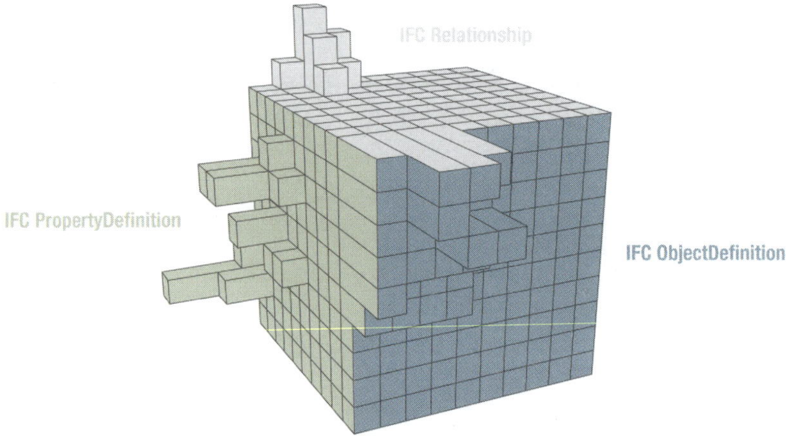

Abbildung 67: Vereinfachte Darstellung einer Erweiterung des IFC-Schemas

IFC bietet eine hierarchische Struktur zur Anlage von Projektinformationen. Eine IFC-Datei definiert eine Projekt-Site (*ifcSite*), auf der ein oder mehrere Gebäude (*ifcBuilding*) dargestellt werden können. Jedes Gebäude besteht aus mehreren Stockwerken (*ifcBuildingStorey*), die sich weiterhin in Zonen (*ifcZone*) und Flächen / Räume (*ifcSpace*) aufteilen lassen. Einzelne Bauelemente werden üblicherweise einem Stockwerk zugeordnet und können darüber hinaus mit Zonen oder Flächen / Räumen assoziiert werden.

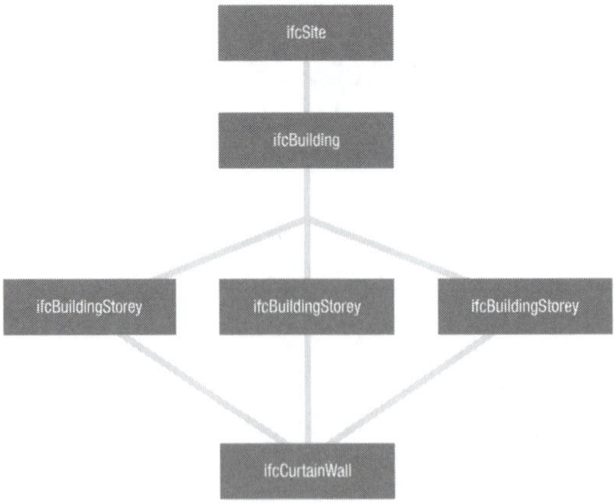

Quelle: www.buildingsmart-tech.org

Abbildung 68: Die hierarchische Struktur des IFC-Schemas

4.1.2 IFC für Infrastruktur-Projekte

IFC wurde ursprünglich für den Hochbau entwickelt, in den letzten Jahren wächst aber die Nachfrage nach Einsatzmöglichkeiten von IFC bei Infrastruktur-Projekten. Daraufhin hat sich innerhalb der *buildingSMART*-Organisation unter der Rubrik *IFCInfra* eine Reihe von Arbeitsgruppen etabliert, die sich darum bemühen, IFC an die Bedürfnisse des Straßen-, Gleis- und Brückenbaus sowie anderer Infrastruktur-Bereiche anzupassen. In diesem Buch geht es jedoch um den klassischen Hochbau, weshalb wir nicht näher auf Infrastruktur-Projekte eingehen werden.

4.1.3 IFC-Versionen (und Software-Zertifizierungen)

Seit die Entwicklung von IFC 1995 begann, haben die IFC-Vorgaben etliche Entwicklungszyklen durchlaufen. Zwischen IFC1 und dem aktuellen IFC4 liegen einschließlich der Herausgabe von ifcXML und IFCzip mehr als ein Dutzend Versionen.

IFC4 wurde im März 2013 offiziell als ISO Norm *ISO 16739:2013* veröffentlicht. Es hat jedoch ein paar Jahre gedauert, bis diese aktuelle Version in die im industriellen Alltag benutzten Softwarelösungen implementiert war. Seit Mitte 2017 ist *buildingSMART* damit befasst, Software für die Implementierung von IFC4 zu zertifizieren, indem Import- und Exportleistungen getestet und bescheinigt werden.

IFC2X3
ist eine frühere Version des IFC-*Schemas*, die schon von der Mehrzahl der Anwender genutzt wird.

Solange die Software-Zertifizierung für IFC4 nicht abgeschlossen ist, ist IFC2x3, offiziell veröffentlicht im Jahre 2006, die meistbenutzte IFC-Version. Da derzeit beide Versionen nebeneinander existieren, geht das vorliegende Buch sowohl auf IFC2x3 als auch auf IFC4 ein.

IFC4
ist die aktuelle Version des IFC-*Schemas* und die erste, die ISO-genormt ist (ISO 16739:2013).

Wichtig ist, dass die IFC-Zertifizierung grundsätzlich auf einer bestimmten Modellansichtsdefinition beruht. Für IFC2x3 ist das *Coordination View*. IFC4 wird auf den MVDs *Reference View* und *Design Transfer View* aufbauen. Gemeinsam mit Partnerorganisationen und -instituten zertifiziert *building-SMART*-Software hinsichtlich ihrer Import- / Export-Kapazität ausgehend von der jeweiligen MVD.

buildingSMART verantwortet die **IFC-Software-Zertifizierung**. Eine Liste zertifizierter Softwarelösungen steht unter www.buildingsmart-tech.org/certification zur Verfügung. An gleicher Stelle gibt *buildingSMART* auch Auskunft zu technischen Einzelheiten des Zertifizierungsprozesses.

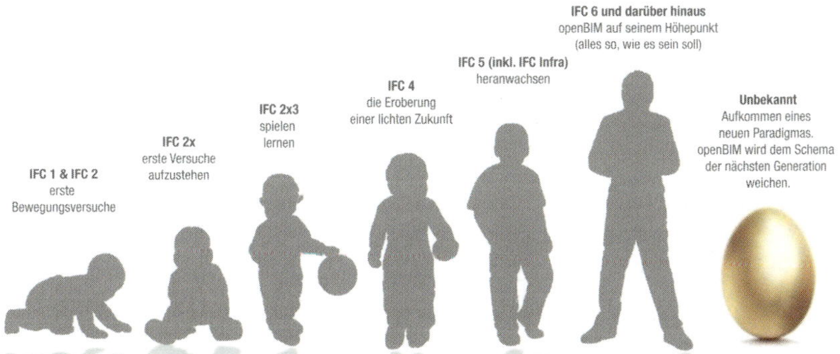

Quelle: Keenliside / Liebich / Grobler

Abbildung 69: Entwicklung und Reifeschritte des IFC-Schemas

4.1.4 IFC: Funktionalität, Begrenzungen und bestmögliche Verfahrensweisen. Das Format kennenlernen

Die meisten Bauprojekte erfordern neben einem Gebäudeinformationsmodell nach wie vor das Anfertigen von Zeichnungen, Zeitplänen und anderen Dokumenten. Zur Befriedigung dieses Bedarfs zielen Modellierungswerkzeuge stark darauf ab, wie eh und je die Erstellung von Zeichnungen und 2D-Dokumentationen zu ermöglichen.

Im Gegensatz dazu ist IFC ein rein modellbasiertes Schema. Es umfasst die Beschreibung von Geometrie und Daten gegebener Objekte, nicht aber Zeichnungen oder Präsentationsvorgaben wie Schraffuren, Linien- oder Beschriftungsvorschriften.[32]

Viele sehen in einem IFC-Modell ein geometrisches 3D-Modell. Es gibt zahlreiche kommerzielle wie auch kostenlose IFC-Ansichtswerkzeuge (also *IFC-Viewers*), die es ermöglichen, das Modell grafisch zu betrachten, ein Objekt nach seiner inhärenten Struktur zu kategorisieren (z. B. Objekte nach Stockwerkszugehörigkeit oder nach Objekttyp zu betrachten) oder nach spezifischen Objekt-Parametern zu suchen. Die meisten Ansichtswerkzeuge verfügen über Zusatzfunktionen wie Modellkoordinierung (Kollisionserkennung), Datenvalidierung oder Qualitätsprüfung.

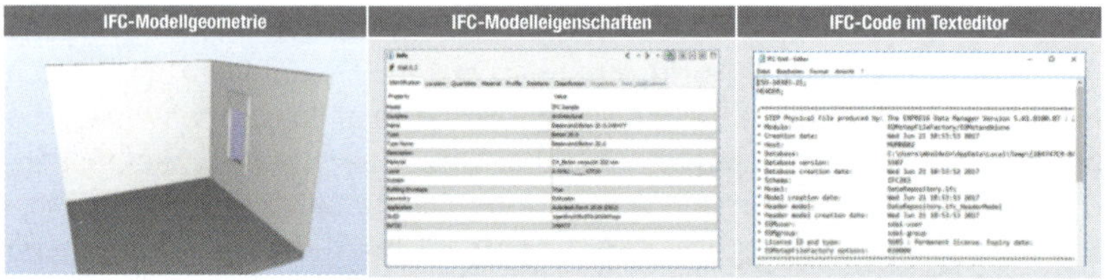

Abbildung 70: Darstellungen des IFC-Schemas

IFC ermöglicht jedoch nicht nur die grafische, sondern auch die nichtgrafische Darstellung von Daten bzw. Modellinhalten, z. B. wo es praktischer erscheint, eine Liste von IFC-Modellobjekten oder -Räumen in Tabellenform, ohne geometrische Repräsentation, vorzuhalten. Als offener Standard lässt sich das IFC-Schema mühelos als Quellcode anzeigen, der in einem normalen Texteditor geöffnet werden kann.

4.1.5 Was es leistet – und was nicht

Beim Stichwort Software-Interoperabilität ging es IFC anfangs darum, den Transfer von Geometrie und Daten zwischen verschiedenen Softwarelösungen ohne Beeinträchtigung oder Datenverlust zu ermöglichen. Damit wäre

32 Es gibt allerdings eine Erweiterung, die in IFC 2D-Annotationen ermöglicht und auf die im nachfolgenden Abschnitt kurz eingegangen werden wird.

es z.B. machbar, mit dem Modellieren in *Revit* zu beginnen, das Modell sodann in *ArchiCAD* zu exportieren und in dieser Software weiterzubearbeiten. So weit sind wir bis heute noch nicht.

Aus technischen und strategischen Gründen hat die IFC-Entwicklung einen anderen Weg eingeschlagen. Das hat weniger mit den Begrenzungen des Schemas als mit den Import- und Exportmöglichkeiten zu tun, die die verschiedenen Softwares bieten.

An dieser Stelle gilt es sorgfältig zwischen geometrischer Repräsentation und Objekteigenschaften zu unterscheiden. Das IFC-Schema leistet es sehr gut, die Projektdatenstruktur und die individuellen Element-Eigenschaften zu transferieren. Verschiedene IFC-Tools bieten sogar die Möglichkeit, die Objekteigenschaften eines IFC-Elements zu verändern oder zu erweitern. In Sachen Geometrie sieht es ganz anders aus.

Ganz wie der Nutzer es wünscht, können in einer Modellierungssoftware Höhe, Breite und jede beliebige geometrische Eigenschaft eines Objekts „Fenster" parametrisch geändert werden. Wird dieses Objekt „Fenster" als IFC exportiert, so enthält das IFC normalerweise eine eingefrorene Version des nativen Objekts, an der der Empfänger nur sehr begrenzt Änderungen vornehmen kann. Die Geometrie ist nicht mehr parametrisch, und Objekteigenschaften dürfen nicht ohne Genehmigung des Urhebers geändert werden.[33]

Verschiedene BIM-Modellierungssoftwares bieten verschiedene Methoden, Geometrie zu konstruieren und parametrisch modifizierbar zu machen. Soll ein IFC-Objekt in seiner Geometrie parametrisch, d.h. veränderbar sein, so muss es mit einem Modellierungstool als natives Objekt neu konstruiert werden. Unabhängige Entwickler haben Plug-in-Werkzeuge geschaffen, um das Editieren von IFC-Objekten in der Modellierungssoftware zu erleichtern.[34]

4.1.6 Anwendung von IFC in der Praxis

Doch abgesehen von den technischen Schwierigkeiten, die mit der parametrischen Editierbarkeit von IFC-Objekten zusammenhängen, ist diese durchaus nicht immer wünschenswert. In einem typischen Projektgefüge sollte das Urheberrecht an Modellinhalten beim tatsächlichen Urheber des

33 Es gibt verschiedene Softwarelösungen mit IFC-Bearbeitungsfunktionen auf dem Markt. Diese dienen meist zum Bearbeiten oder Hinzufügen neuer IFC-Eigenschaften (siehe bimsync® von Catenda – www.bimync.com), können aber auch das Entfernen von Geometrie ermöglichen (siehe SimpleBIM von Datacubist – www.datacubist.com). Dies ist etwas umstritten, da Benutzer Modelle bearbeiten dürfen, von denen sie nicht der Autor oder Besitzer sind. Wenn eine externe Bearbeitung stattfinden soll, muss dies klar definiert und kommuniziert werden.

34 Um zu sehen, welche Möglichkeiten es in diesem Bereich gibt, verweisen wir auf die Entwicklungen von John Mirtschin und *GeometryGym* (www.geometrygym.com).

Modells verbleiben. Exportiert ein Architekt ein IFC-Modell seines Entwurfs zu Projekt-Koordinierungszwecken, sollte er sichergehen können, dass das Modell nicht geändert wird und weiterhin seinen Entwurf authentisch wiedergibt. Verlangt jemand eine Ergänzung des Architekturmodells (indem z. B. der Heizungs- und Lüftungsbauer einen breiteren Durchbruch braucht), so muss er mit diesem Anliegen an den Architekten herantreten; nur dieser als Modellurheber kann es umsetzen.

Dies ermöglicht den notwendigen Dialog und Entscheidungsfindungsprozess und stellt sicher, dass alle Stellen die Verantwortung für ihre jeweiligen Modellinhalte behalten. Wäre das IFC-Modell editierbar, so dass jeder nach Belieben Änderungen vornehmen könnte, gerieten Arbeitsabläufe im Projekt durcheinander, und wir bräuchten neue Mechanismen, um die Zugangsrechte zu einzelnen Objekten zu überwachen. Deshalb unterstützt die Arbeit mit IFC in seiner gegenwärtigen statischen Beschaffenheit die Projektstrukturen, die uns geläufig sind.

In Hinblick auf diese Einschränkungen könnte man IFC besser als Archivierungs- oder Referenzformat bezeichnen, statt als ausführliches Austauschformat.

Innerhalb bestimmter Anwendungsfälle kann es wünschenswert sein, IFC-Objekte parametrisch modifizierbar zu machen, z. B., wenn ein Planungsbüro anstelle eines anderen neu einsteigt und die Modellierungsarbeiten des vorigen fortführen soll oder wenn IFC zum Dateiaustausch innerhalb ein und desselben Planungsteams – etwa zwischen verschiedenen Anwendungen – genutzt wird. Geht es jedoch um den typischen multidisziplinären Modellaustausch bzw. bereichs- und gewerkübergreifende Zusammenarbeit, so erfüllt IFC seinen Zweck am besten als statisches Referenzformat. In diesem Kontext dient IFC als effektives Werkzeug für den Informationstransfer, ohne dass Urheberrechte und -vorbehalte beeinträchtigt werden.

4.2 Die IDM-Methodik

Das IDM (en: *Information Delivery Manual*; de: *Anleitung zur Informationsbereitstellung*) ist eine Methodik zur standardisierten Dokumentation spezifischer BIM-Anwendungen. Es ist keine für den durchschnittlichen Nutzer gedachte Norm, sondern richtet sich an Fachleute und Software-Entwickler, die Prozesse definieren und Modellansichtsdefinitionen entwickeln. Diese werden in Softwarelösungen implementiert und Nutzern für den Modellexport zur Verfügung gestellt.

Endziel dieses Prozesses ist, Software-Entwickler bei der Implementierung von MVD in ihre Planungstools zu unterstützen. *buildingSMART* zertifiziert Softwarelösungen spezifisch für die MVD-Implementierung, womit sichergestellt ist, dass ein Planungstool in der Lage ist, die benötigte Modellansichtsdefinition korrekt zu exportieren.

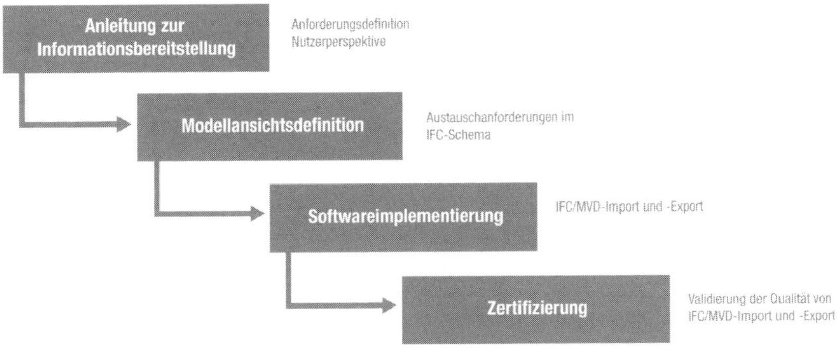

Abbildung 71: Der IDM-MVD-Prozess

Die IDM-Methodik besteht aus drei Teilen.

4.2.1 Die Prozessübersicht

Die **Prozessübersicht** ist ein Teil der IDM-Methodik, die feste Verfahrensvorschriften für standardmäßige projektbezogene Aktivitäten beschreibt.

Als erstes wird eine Übersicht der zur jeweiligen Nutzanwendung gehörenden Aktivitäten erstellt. Dazu gehört die Aufstellung schematisierter Arbeitsabläufe, die ersichtlich machen, welche Aufgaben in welcher Abfolge von den verschiedenen beteiligten Personen ausgeführt werden müssen. Diese Arbeitsablauf-Schemata heißen in der IDM-Methodik Prozessübersichten.

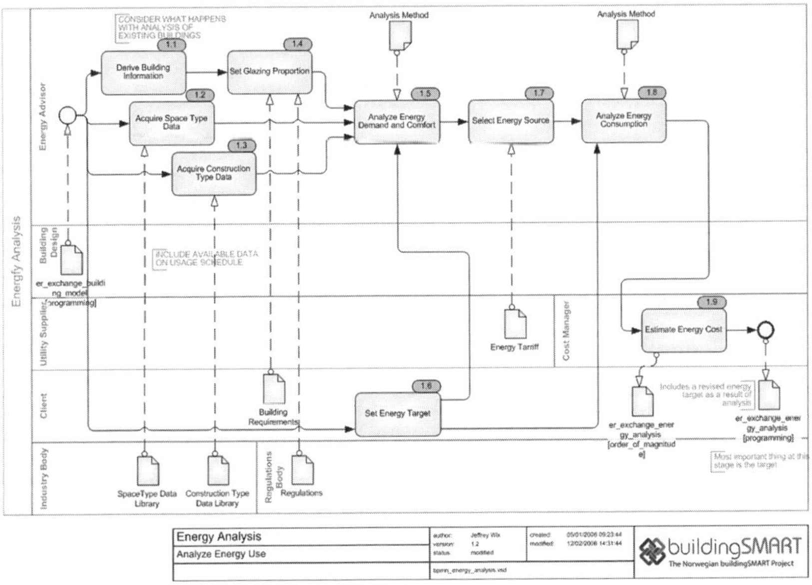

Quelle: www.buildingsmart.org

Abbildung 72: Beispiel eines IDM für eine energetische Analyse

Austauschanforderungen (en: *Exchange Requirements, ER*) definieren, welche Datensätze innerhalb spezifischer BIM-Anwendungen auszutauschen sind.

4.2.2 Austauschanforderungen (Exchange Requirements)

Auf Grundlage der vorgesehenen Arbeitsabläufe kann man die anstehenden Informationstransfers definieren, die zwischen Projektbeteiligten oder bestimmten Aufgaben stattfinden müssen. Was muss z. B. ein Architektenmodell enthalten, damit es für eine energetische Analyse geeignet ist? Jede Transaktion ist als singuläre „Austauschanforderung" definiert.

4.2.3 Die technische Umsetzung (Technical Implementation)

Die letzte Komponente der IDM-Methodik besteht in der Umsetzung der Austauschanforderungen in die Sprache des IFC-Schemas. Als technische Umsetzung bezeichnen wir die IFC-Bestandteile, die für den jeweils anstehenden Austausch gebraucht werden und aus denen eine MVD entsteht.

Seit 2010 ist die IDM-Methodik eine offizielle ISO-Norm.[35] Zurzeit gibt es nahezu fünfzig individuelle IDMs, die entwickelt wurden oder in Entwicklung sind.[36]

4.3 Die Anwendung von MVDs

Eine Modellansichtsdefinition (MVD) ist ein Teil oder „Filter" des IFC-Schemas, der einem bestimmten Zweck dient. Modellansichtsdefinitionen werden in Anpassung an spezifische IFC-Versionen generiert. Obwohl IFC4 als aktuelle Version vorliegt, wird nach wie vor meist IFC2x3 benutzt, so dass die Mehrzahl der aktiv genutzten MVDs an diese Version angepasst ist. Deshalb wird im vorliegenden Kapitel auf beide IFC-Versionen Bezug genommen.

4.3.1 Modellansichtsdefinitionen für IFC2x3

Die derzeit am meisten genutzte MVD ist *Coordination View 2.0* für die IFC-Version 2x3. *Coordination View* ist eine vielfältig einsetzbare MVD, gedacht für Austausch und Koordination von Modellen unter Architekten, Tragwerksplanern, Haustechnikern und ausführenden Unternehmen. *Coordination View* ist die offizielle MVD, auf der die IFC2x3-Software-Zertifizierung von *buildingSMART* aufbaut.

IFC2x3 bietet noch weitere MVDs, darunter die Modellansicht für statische Untersuchungen (*Structural Analysis View*) für den Export eines Modells zwecks Durchführung statischer Simulationen und die Übergabe-Ansicht (*Basic FM HandOver View*), die bei Projektabschluss für Betriebs- und Liegenschaftsverwaltungszwecke bereitgestellt wird. Nachstehendes Bild zeigt ein exportiertes Statikmodell zum einen im *Coordination View*, zum anderen im *Structural Analysis View*.

35 ISO 29481-1:2010, „Building information Modeling – Information delivery manual – Part 1: Methodology and format". 2016 überarbeitet.

36 http://iug.buildingsmart.org/idms/overview.

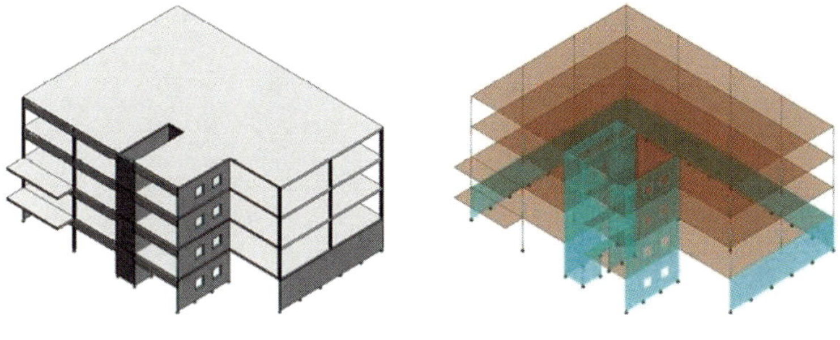

IFC Coordination View IFC Structural Analysis View

Quelle: AEC3

Abbildung 73: Beispiele für Modellansichtsdefinitionen in IFC2x3: links Coordination View, rechts Structural Analysis View

4.3.2 Modellansichtsdefinitionen (MVDs) für IFC4

Es existieren zwei offizielle MVDs als finale *buildingSMART*-Normen; sie gelten als Nachfolger von *Coordination View 2.0* für IFC2x3:

- *IFC4 Reference View;*
- *IFC4 Design Transfer View.*

Reference View ist die in IFC4 vorwiegend benutzte Modellansichtsdefinition (MVD) für den allgemeinen Modellaustausch und -koordination.

Design Transfer View ist eine detaillierte Modellansichtsdefinition (MVD) für IFC4, die komplexe Geometrie und hochwertige Informationsinhalte bietet.

Vorrangige MVD für den Austausch und die Koordination von Modellen ist *Reference View*, angelegt als ausschließliches Referenzmodell, das im Import nur gelesen, nicht bearbeitet werden kann und dessen Urheberrechte beim Ersteller (Sender) verbleiben. *Reference View* wird eingesetzt, z. B., um ein bestimmtes Fachmodell in einer Koordinationssoftware zu referenzieren, die zur Kollisionserkennung und zu sämtlichen Koordinationszwecken genutzt werden kann. Die reduzierte geometrische Darstellung (anhand von tessellierten Oberflächen) ermöglicht schnellen Im- und Export, so dass häufige Modelltransfers vorgenommen werden können.

Design Transfer View ist für detailliertere Modelltransfers gedacht, bei denen die Übergabe von Elementen deren weiterer Bearbeitung durch eine zweite Stelle dient. Solche Transfers finden sehr viel seltener statt als *Reference View* Transfers. Sie erfolgen, wenn Modellelemente von einem Planer an einen anderen zur weiteren Bearbeitung übergeben werden müssen: z. B. wenn architektonische Elemente vom Tragwerksplaner übernommen und weiterentwickelt werden. Der Design Transfer View ist auch für die Übergabe ans Facility Management gedacht. *Design Transfer View* bietet eine komplexere geometrische Darstellung als *Reference View*; diese basiert auf Begrenzungsflächenmodellen (sog. *breps*). Das bringt größere Dateiumfänge und längere Import- und Exportzeiten mit sich.

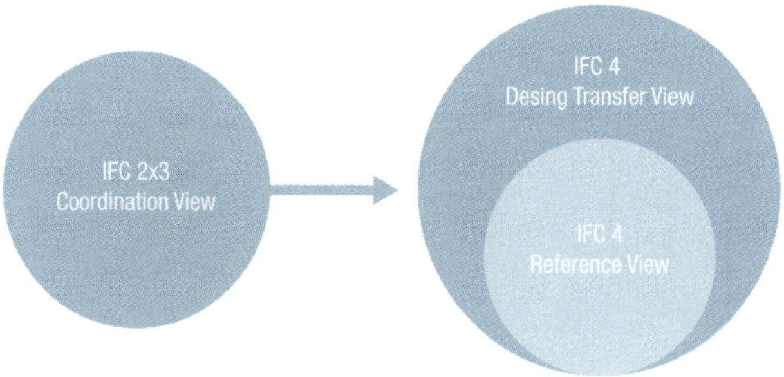

Quelle: Basiert auf Grafik von AEC3

Abbildung 74: Umfang von Design Transfer View und Reference View im Vergleich zu Coordination View

In Entwicklung befindet sich eine Reihe weiterer MVDs für IFC4, darunter:

- *Model Setup*
- *FM Handover* (Übergabe Liegenschaftsverwaltung, aufbauend auf COBie)
- *Quantity Take-Off* (Mengenermittlung)
- *Scheduling* (Terminplanung)
- *Energy Analysis* (*Energetische Untersuchung*).

Als Nutzer müssen wir nichts weiter tun, als die korrekte MVD für unseren Exportzweck wählen, wenn wir aus unserer Modellierungsumgebung in IFC exportieren. Bei den führenden BIM-Modellierungstools sind die *building-SMART*-MVDs unter den IFC-Export-Optionen bereits vorhanden. Manche bieten darüber hinaus die Option eines benutzerangepassten MVD-Exports, bei dem bestimmte Parameter ausgelassen oder hinzugefügt werden können.

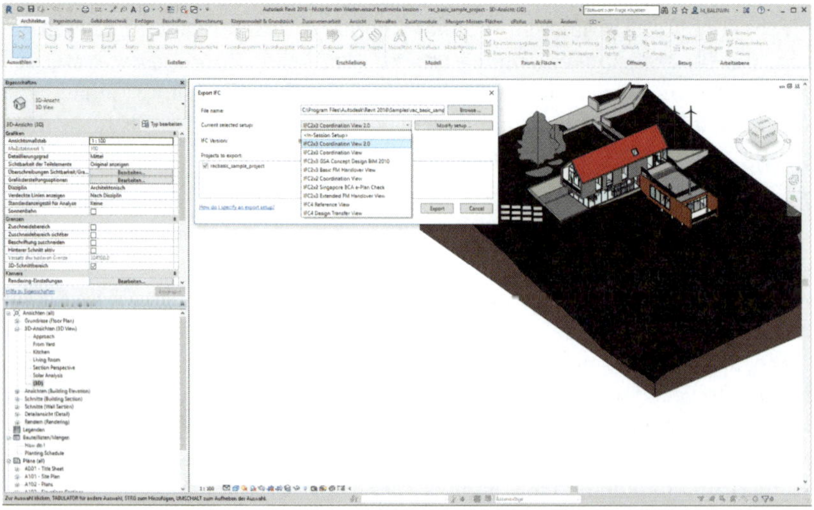

Quelle: Autodesk Revit

Abbildung 75: Screenshot des Autodesk-Revit-2018-Dialogfensters, in dem verfügbare MVDs angezeigt werden

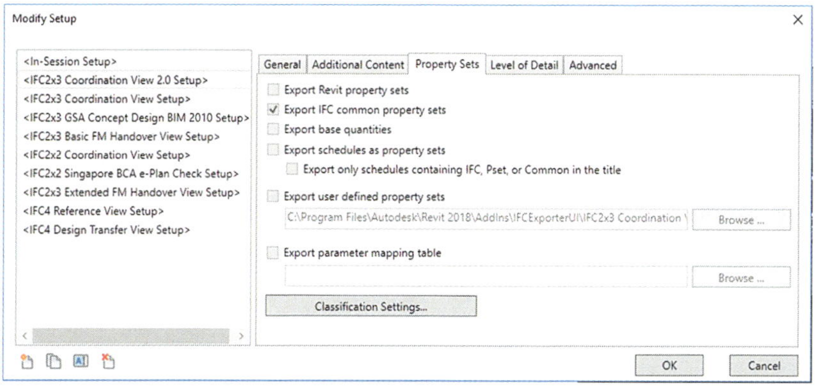

Quelle: Autodesk Revit

Abbildung 76: Screenshot MVD-Konfigurationsoptionen für den IFC-Export in Autodesk Revit 2018

Zusätzlich zu den offiziellen *buildingSMART*-MVDs können individuelle MVDs erstellt werden, um spezifische Bedürfnisse von Projekten und Organisationen zu erfüllen. In der Vergangenheit haben Behörden und große Unternehmen maßgeschneiderte MVDs für ihre spezifischen Zwecke geschaffen, darunter:

- *Concept Design BIM* (der *US General Services Administration*)
- *e-Plan Check* (der *Singapore Building Construction Authority*)
- *Space Planning* (der *Danish Building Authorities*)

4.4 mvdXML

Viele Modellierungssoftwarelösungen bieten in ihrer IFC-Export-Funktion voreingestellte MVDs. Darüber hinaus ist es möglich, MVD-Anforderungen an eine Modellierungssoftware zu kommunizieren. Dazu dient ein Format namens mvdXML. Dabei handelt es sich um einen Satz digitaler Anweisungen, mit denen einer Software gesagt wird, wie sie eine spezifische MVD zu konstruieren hat. mvdXML beschreibt die Inhalte eines Modells (seine Objekte und Eigenschaften), die zu exportieren sind.

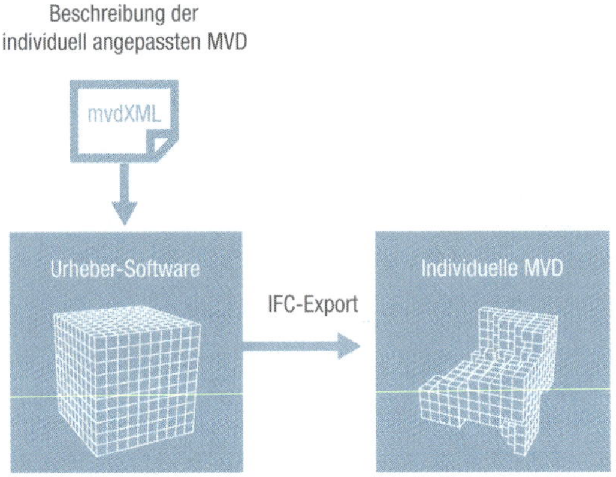

Abbildung 77: Die Verwendung von mvdXML zur Definition eines IFC-MVD-Exports innerhalb einer Entwurfssoftware

mvdXML ist ein Format, das zur Kommunikation zwischen Softwarelösungen eingesetzt wird, um den Inhalt einer Modellansichtsdefinition anzugeben.

Mittels mvdXML kann eine MVD zugleich auf Vollständigkeit geprüft werden. Als Validierungshilfsmittel kann mvdXML IFC-Modelle unter folgenden Aspekten überprüfen:

- Absicherung, dass erforderliche Informationen enthalten sind
- Nutzer veranlassen, fehlende Informationen bereitzustellen
- Anlage eines weiteren Filters (spezifizierte Unteransicht) des Modells (z. B. für bestimmte Dämmungsarbeiten).[37]

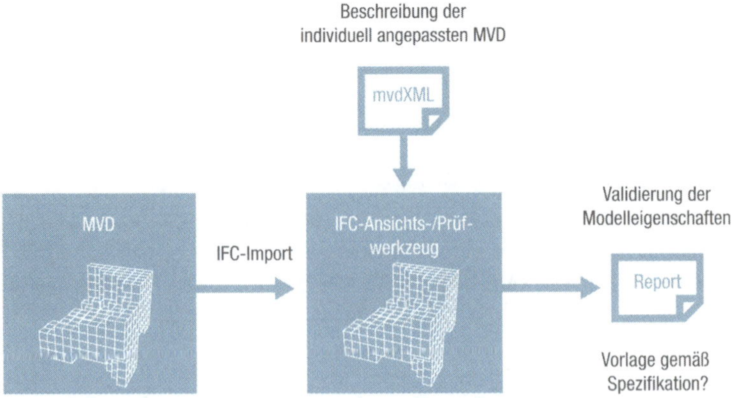

Abbildung 78: Die Verwendung von mvdXML zur Validierung eines IFC-MVD-Imports innerhalb einer Modellprüfungssoftware

37 http://www.buildingsmart-tech.org/specifications/mvd-overview/mvdxml-releases/mvdxml-1.1.

4.5 Information Exchanges (ie)

Information Exchanges ist eine Initiative des staatlichen amerikanischen Instituts für Bauwissenschaften (*National Institute of Building Sciences* = NIBS) und der amerikanischen *buildingSMART Alliance*. Die *Information Exchanges* des NIBS beschreiben einen vollständigen Prozess zur Definition der BIM-Anforderungen für bestimmte Nutzungsanwendungen unter Rückgriff auf die *buildingSMART*-Normen. Es handelt sich bei den US-ies jedoch nicht um offizielle *buildingSMART*-Normen.

Zu Beginn werden die Anforderungen in einer *Anleitung zur Informationsbereitstellung* (IDM) festgelegt. Daraus ergibt sich der Umfang des zu lösenden Problems; zugleich wird angegeben, wer beteiligt ist, welche Informationen benötigt werden und wann sie bereitzustellen sind. Diese Anforderungen werden in eine *Modellansichtsdefinition* (MVD) übersetzt, eine technische Beschreibung, welche Teile des IFC-Modells benötigt werden, um den Informationsaustausch zu unterstützen.[38]

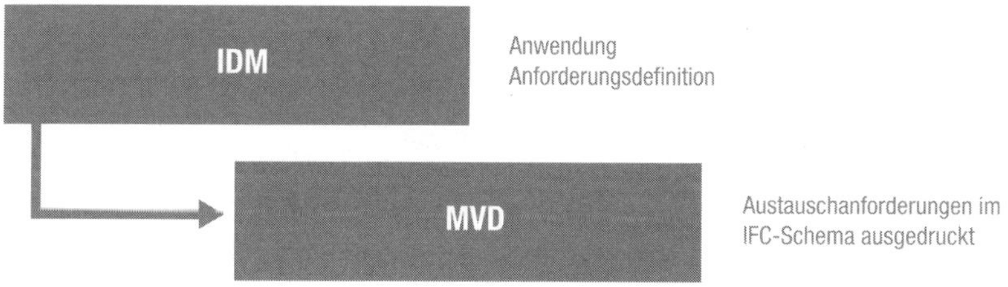

Abbildung 79: Der NIBS-Informationsaustausch-Prozess

Das NIBS hat eine Reihe von Informationstransfers definiert, die jeweils auf bestimmte Nutzungsanforderungen abgestellt sind und eine eigene „Ansicht" des IFC-Schemas erfordern:

- COBie *Construction-Operations Building information exchange* (Austausch baulich-betrieblicher Gebäude-Informationen)
- BIMSie *BIM Service Interface exchange* (Web-Service Informationsaustausch)
- BAMie *Building Automation Modeling information exchange* (Modellinformationsaustausch zur Gebäudeautomatisierung)
- BPie *Building Programming information exchange* (Informationsaustausch zur Raumplanung / Raumprogramm)
- Sparkie *Electrical System information exchange* (Informationsaustausch zu Elektrosystemen)
- HVACie *HVAC information exchange* (Informationsaustausch zu Heizung-Lüftung-Klima)

38 https://www.nibs.org/?page=bsa_infoexchange.

- LCie *Life Cycle information exchange* (Informationsaustausch zu Lebenszyklen)
- QTie *Quantity Takeoff information exchange* (Informationsaustausch zur Mengenermittlung)
- SPie *Specifier's Properties information exchange* (Informationsaustausch für Attributbeschreibungen)
- WALLie *Wall information exchange* (Informationsaustausch zu Wänden)
- WSie *Water System information exchange* (Informationsaustausch zur Wasserver- und -entsorgung)

Üblicherweise sind für Informationstransfers nur Informationsgehalte definiert, die Geometrie ist nicht einbezogen. buildingSMART ist dabei, die US-amerikanischen Informationsaustausch-Vorgaben so zu adaptieren, dass das IFC-Schema auch die geometrische Darstellung einschließt. Daraus werden in vielen Fällen offizielle buildingSMART-MVDs erwachsen.

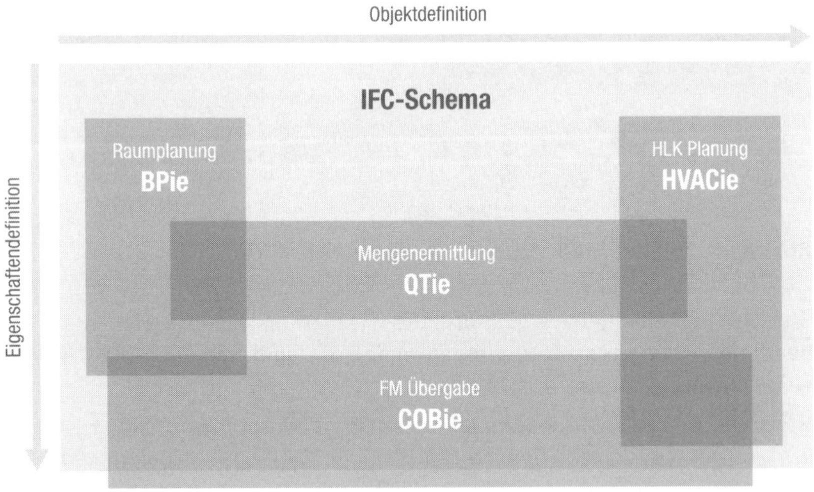

Abbildung 80: Vereinfachte Darstellung der verschiedenen Bereichen des Informationsaustauschs (ie) für bestimmte Anwendungen, gesehen als Teil der IFC-Schemas (d. h. als Modellansichten oder MVDs). Die HLK-Planung betrifft z. B. nur bestimmte Bauelemente (nämlich die der Haustechnik), aber darin fast alle Eigenschaften, Mengenermittlung hingegen betrifft fast alle Objekte, aber benötigt nur wenig Eigenschaften.

4.6 COBie (Construction-to-Operation Building information exchange)

COBie, der Informationsaustausch im Übergang von der Bauausführung zur betrieblichen Nutzung, ist der meistverwendete Informationsaustausch aus dem Arsenal des US-Instituts für Bauwissenschaften. COBie ist ein Werkzeug für Bauherren und Immobilienbetreiber, mit dem sie festlegen können, welche Informationen sie für die betriebliche Nutzung eines Gebäudes benötigen, genauer: welche Informationen vom Bauunternehmer bei Projektabgabe zum Zweck der betrieblichen Nutzung übergeben werden sollen. (Möglicherweise benötigen Liegenschaftsverwaltung darüber hinaus Informationen, die nicht von Planern und Bauausführenden generiert werden und deshalb nicht in COBie angelegt sind.)

COBie
(en: *Construction Operation Building information exchange*) ist ein Standard für die Übermittlung von Informationen über ein Bauwerk im Übergang von der Bauausführung zur Liegenschaftsverwaltung während der betrieblichen Nutzung. COBie ist sowohl in Form einer IFC-Modellansichtsdefinition als auch in einer Excel-Tabellenkalkulation darstellbar.

Einfach ausgedrückt ist COBie eine Liste sämtlicher Nutzflächen / Räume und Ausstattungen in einem Gebäude mitsamt ihren Eigenschaften wie Art der Ausstattung / des Ausstattungsgegenstands, Lokalisierung, Raumnummer, Zone, ggf. System, Hersteller, Einbauer (mit Kontaktdaten) sowie Informationen zu Instandsetzung, Wartung und Austausch. COBie enthält alle Informationen, die ein Bauherr bei Übergabe eines fertiggestellten Baus beanspruchen kann, nur werden diese nicht kartonweise als Zeichnungssätze, gedruckte Benutzer-Handbücher und Ausstattungslisten, sondern in digitaler Form übergeben.

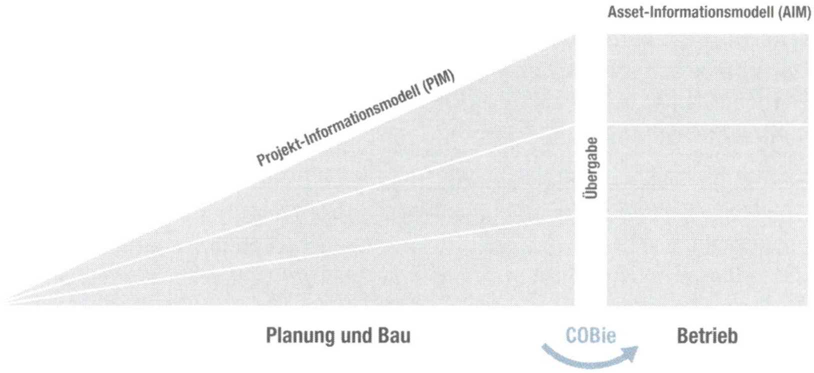

Abbildung 81: COBie definiert die Übergabe von Informationen aus der Bauausführungsphase (enthalten im Projektinformationsmodell = PIM) in die betriebliche Nutzungsphase (für die das Anlageninformationsmodell = AIM vorgesehen ist)

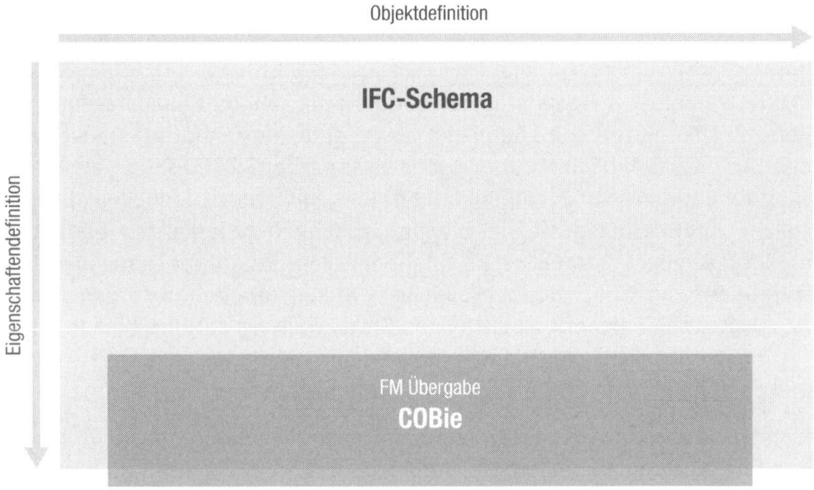

Abbildung 82: Vereinfachte Darstellung von COBie in Relation zum gesamten IFC-Schema

COBie kann als IFC-Schema ausgedrückt werden. In diesen Sinne ist es eine Ansicht der IFC, eine *Model View Definition.*[39] Freilich ist COBie rein informationsbasiert und enthält keinerlei geometrische Darstellung. Viele BIM-Modellierungssoftwarelösungen können einen COBie-Export generieren, sei es als ifcSPF (*Step physical format*) oder XML. Genauso kann COBie als schlichtes *Excel*-Arbeitsblatt (.xlsx) exportiert werden, d. h., eine COBie-Datenbank kann auch ohne Modellerstellungssoftware manuell bestückt werden. Schließlich erleichtert COBie enorm den Datentransfer in CAFM und andere Anwendungen.

Seit 2005 wurde COBie von verschiedenen US-Behörden, darunter dem *Army Corps of Engineers*, der ingenieurtechnischen Abteilung der US-Armee, adaptiert und weiterentwickelt und ist heute international anerkannt. In der offiziellen britischen BIM-Strategie von 2011 ist COBie als grundlegendes Austauschformat für BIM *Stufe-1* und *Stufe-2* vorgesehen. Die britische Bauindustrie hat COBie seither bedarfsorientiert weiterentwickelt, so dass es in Großbritannien nicht nur für Projektübergabezwecke genutzt wird, sondern auch bei Datenspeicherungen an Projekt-Knotenpunkten (*key data drops*) zum Einsatz kommt.

39 Die Korrelation zwischen IFC und COBie beträgt nicht 100 %. In der Tat hat COBie einige Parameter mehr als derzeit im IFC-Schema enthalten ist.

4.7 Das bSDD im Einsatz

Wie erwähnt, ist das *buildingSMART*-Datenwörterbuch (*buildingSMART Data Dictionary* = bSDD) ein cloudbasiertes Begriffsverzeichnis, das verschiedene Softwarelösungen, Sprachen und andere Kontexte berücksichtigt. Man kann es als *Google Translate* für BIM bezeichnen.

Es gilt zu betonen, dass das Datenwörterbuch keine Norm ist, sondern ein Produkt im Eigentum von *buildingSMART.* Allerdings beruht es auf einem offenen Standard, den Internationalen Wörterbuch-Vorgaben (*International Framework for Dictionaries* = IFD). IFD ist seit 2007 eine ISO-Norm.[40]

Das Datenwörterbuch wird fortlaufend mit BIM-bezogenen Schlagworten und relevanten Einträgen von Synonymen und Begriffsübersetzungen bestückt. Das bSDD enthält u. a. Einträge zu folgenden Konzepten:

- Objekte (z. B. Wand, Tür, Boden)
- Attribute (z. B. Feuersicherheit, Kosten)
- Akteure (z. B. Architekt, Klempner, BIM-Manager)
- Phasen (z. B. Entwurfsentwicklung, Ausschreibung, Bauausführung)
- BIM-Anwendungen (z. B. Kollisionserkennung, Kostenkalkulation)
- Klassifizierung (z. B. *Omniclass*, *Uniclass*, eBKP).

Jeder konzeptionelle Eintrag bzw. jede Schlagwortgruppe wird mit einem singulären Terminus (*Global Unique Identifier* = GUID) und mit einer Kurzbeschreibung versehen. Dazu werden verwandte Begriffe und bekannte Synonyme in verschiedenen Sprachen gesetzt. Ferner gibt es Verknüpfungen zu ähnlichen konzeptionellen Einträgen, beispielsweise findet man bei einem Bauelement eine Liste zugehöriger Eigenschaften und Komponenten.

Quelle: http://bSDD.buildingsmart.org

Abbildung 83: Screenshot eines bSDD-Eintrags unter dem Stichwort „door" („Tür")

40 ISO 12006-3:2007, „Building Construction – Organization of Information about construction works – Part 3: Framework for object-oriented information".

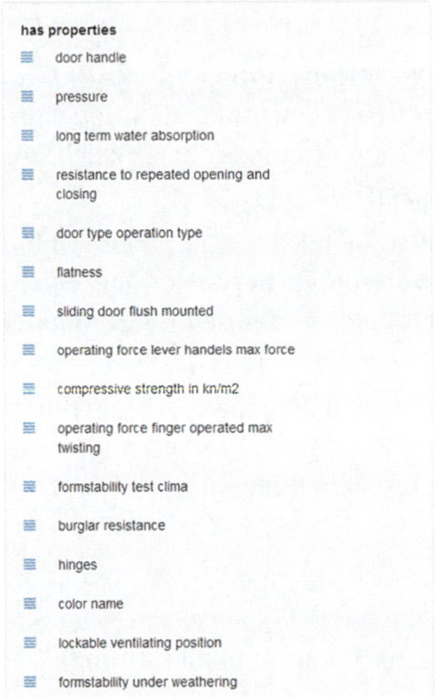

Quelle: http://bSDD.buildingsmart.org

Abbildung 84: Screenshot der bSDD-Eigenschaften zum konzeptionellen Eintrag „door“

Das bSDD befindet sich noch im Aufbau. Es ist eine wachsende Datenbank, in die fortwährend neue Konzepte und Übersetzungen eingepflegt werden. Es gibt bereits eine Reihe innovativer Softwarelösungen, die mit dem bSDD verlinkt sind und in Echtzeit Objekte in vielen Sprachen und definierten Kontexten aufrufen können.

Gastbeitrag: Arbeiten mit dem Datenwörterbuch von *buildingSMART*

Håvard Bell
ist leitender Technischer Berater für das *building-SMART*-Datenwörterbuch und CEO des norwegischen Technologie-Unternehmens Catenda. Nach Promotion im Bauingenieurwesen (Statik) in Tokio und beruflichen Stationen in Japan und Norwegen wurde Håvard Bell in die Entwicklung und Implementierung von *buildingSMART*-Normen eingebunden. Catenda, 2009 gegründet, ist seit 2013 der primäre Entwicklungspartner für das *buildingSMART*-Datenwörterbuch.

In den letzten fünf Jahren haben wir gemeinsam mit Fachleuten aus aller Welt daran gearbeitet, der Bauindustrie ein wirklich wertvolles Arbeitsinstrument zu verschaffen. Unserer Auffassung nach ist das *buildingSMART*-Data-Dictionary der einzig sichere Weg zu einer echten Digitalisierung der Bauwirtschaft. Es nützt der gesamten Industrie in all ihren Informationsprozessen.

Wie sonst sollten wir sicherstellen, dass verschiedene Gewerke und Kulturen digital zusammenarbeiten, und zwar mit einem gemeinsamen Verständnis sämtlicher geteilter Daten? Übersetzt ein norwegischer Handwerker „Tür" ins Englische und erteilt einen entsprechenden Auftrag, ohne auf das bSDD zurückzugreifen, so kommen auf der Baustelle völlig andere Türen an als die, die benötigt werden. Es herrschen nämlich unterschiedliche Gepflogenheiten im Hinblick darauf, ob zur „Tür" auch der Rahmen gehört oder nicht. Ähnliche Beispiele gibt es in großer Zahl, und je globaler das Geschäft wird, umso mehr kommt es auf solche Unterschiede an.

Jedes Gewerk, jedes Land, jede Organisation und jede Einzelperson betrachtet das Baugeschäft aus etwas anderer Perspektive. Ist eine schalldichte Tür ein Spezialfall der Gattung „Tür" oder eine andere Art von Tür, die unter dem generischen Begriff „Schalldichte" kategorisiert ist? Solche Elemente kann man auf vielfältige Weise organisieren, und die Bauindustrie muss alle diese Organisationsweisen integrieren können. Das bSDD lässt die Koexistenz verschiedener Sichtweisen zu und setzt sie zueinander ins Verhältnis. Das verbessert die Kommunikation und stellt sicher, dass geteilte Daten richtig gelesen werden, damit kostspielige Missverständnisse gar nicht erst auftreten.

Wir zielen darauf ab, dass jeder Beteiligte in jeder Phase des Lebenszyklus eines Gebäudes (selbst noch nach dem Rückbau, wenn die Daten wichtige archivarische Zwecke erfüllen) Daten auf seine eigene Weise teilen und lesen kann. Projektpartner sollten Daten auf eine Weise lesen können und präsentiert bekommen, die ihnen vertraut ist und die sie verstehen. Das ist ein riesiges Vorhaben, aber wir sind entschlossen, optimale datengestützte Kollaborationsprozesse zu ermöglichen. Das geht nicht ohne das bSDD.

Beispielsweise sollte es Ihnen möglich sein, Baudaten aus vereinigten Modellen, die auf IFC-Dateien basieren, in jeder Ihnen genehmen Form zu lesen, z. B. indem Sie die Daten nach einem der geläufigen Klassifikationssysteme strukturieren. Wenn Sie einen Knotenpunkt im Baumdiagramm der *Uniclass*-Klassifikation anklicken, könnten alle einschlägigen Daten in Ihren 3D-Modellen aufleuchten. Klicken Sie dann einen anderen Knotenpunkt im *OmniClass*-Baumdiagramm an, so sehen Sie in denselben 3D-Modellen wiederum alle relevanten Komponenten aufleuchten.

Das IFC-Schema ist für Ihre konkreten Ansprüche zu begrenzt? Kein Problem – anhand des bSDD fügen wir einfach ein paar Eigenschaften hinzu, und das IFC-Schema wird dynamisch, jedoch standardmäßig erweitert, d. h. so, dass weltweit jeder Computer damit umgehen kann.

Vergeuden Sie nicht ganze Arbeitswochen damit, Daten in Ihr – womöglich mit einer individuellen Klassifikation arbeitendes – Liegenschaftsverwaltungssystem zu pressen! Fangen Sie lieber mit IFC an, reichern Sie die Daten mithilfe des bSDD an und veranlassen Sie ihren automatischen Transfer in die Systematik Ihrer Liegenschaftsverwaltung.

Das bSDD muss für den Endnutzer nicht sichtbar sein. Kollaboration und Datenaustausch sollten im Prinzip genauso funktionieren wie das Versenden einer E-Mail, bei dem der Durchschnittsnutzer auch nichts von den mehr als 5.000 Normen weiß, die bei dieser scheinbar simplen Transaktion zur Anwendung kommen. Das ist der eigentliche Grund dafür, dass Catenda so viel Arbeit in den Ausbau des *buildingSMART*-Datenwörterbuchs gesteckt hat.

Damit der normale Nutzer den Wert des bSDD im Alltagsgeschäft ausschöpfen kann, hat Catenda *bimsync®* entwickelt, eine kollaborative Plattform neuer Generation, auf der Bauinformationen lebendig werden. *bimsync®* unterstützt IFC, BCF und natürlich das *buildingSMART*-Datenwörterbuch, so dass alle Projektbeteiligten föderierte Modelle teilen und sehen, Daten austauschen und in der Cloud zusammenarbeiten und kommunizieren können.

Weitere Informationen zum Datenwörterbuch finden Sie auf http://bsdd.buildingsmart.org/

Quelle: www.bimsync.com

Abbildung 85: bimsync® von Catenda

4.8 BCF im Einsatz

Das *BIM Collaboration Format* (BCF) schließt den Kommunikationszyklus, indem es ein IFC-Modell direkt in die Urheber-Software rücküberträgt, dem Urheber also ein Feedback zukommen lässt. Diese Funktion bewährt sich vor allem in der Kommunikation von Kollisionen, Preiserhöhungen oder anderen Problemen, die im kombinierten IFC-Modell aufgetreten sind, jedoch innerhalb der einzelnen Fachmodelle bearbeitet werden müssen.

Das BCF identifiziert Modellobjekte mithilfe ihres Einheitsterminus (*Global Unique Identifier* = GUID). Dieser unverwechselbare Code wird jedem Modellobjekt in der Modellierungssoftware zugeordnet und ist sowohl in seiner nativen als auch in seiner IFC-Form sichtbar. Umfasst ein Problem mehrere Objekte, so werden die jeweiligen GUIDs in Zuordnung zu ein und derselben BCF-Datei gruppiert.

Eine **GUID** (en: *Global Unique Identifier*) ist eine einmalig vergebene Nummer, die in Datenverarbeitungssystemen Elemente identifiziert. Im Kontext von BIM haben wir es für gewöhnlich mit einem **IFC-GUID** zu tun, einer komprimierten Kennung (bestehend aus maximal 22 Zeichen), die im Normalfall zum Zeitpunkt eines IFC-Exports generiert wird.

BCF wird üblicherweise zu Berichtszwecken in Modellprüfungs- und Koordinierungssoftware verwendet. Werden Probleme erkannt, können sie als BCF exportiert und bestimmten Projektbeteiligten zur Bearbeitung überlassen werden. Ein BCF kann als visueller Bericht mit einem Schnappschuss des Problembereichs zuzüglich Beschreibung, Datums- und Urheber-Angabe sowie weiteren Anmerkungen dargestellt werden.

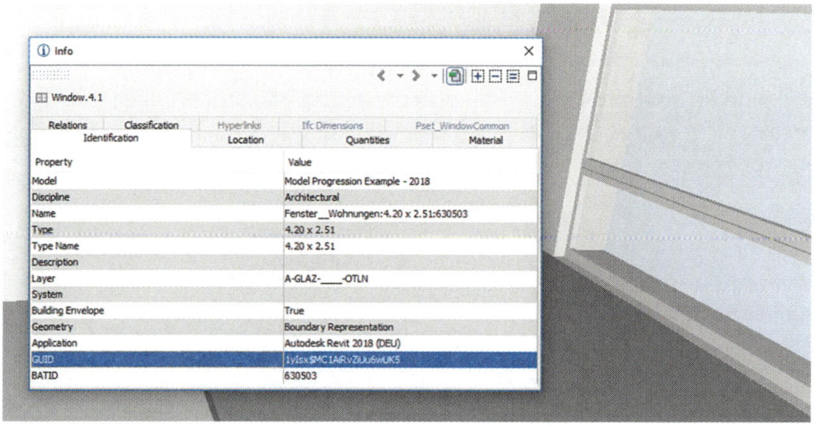

Quelle: Solibri Model Checker

Abbildung 86: Screenshot Solibri; Model checker. Der Global Unique Identifier (GUID) kann für jedes Modellobjekt in der IFC-Datei betrachtet werden

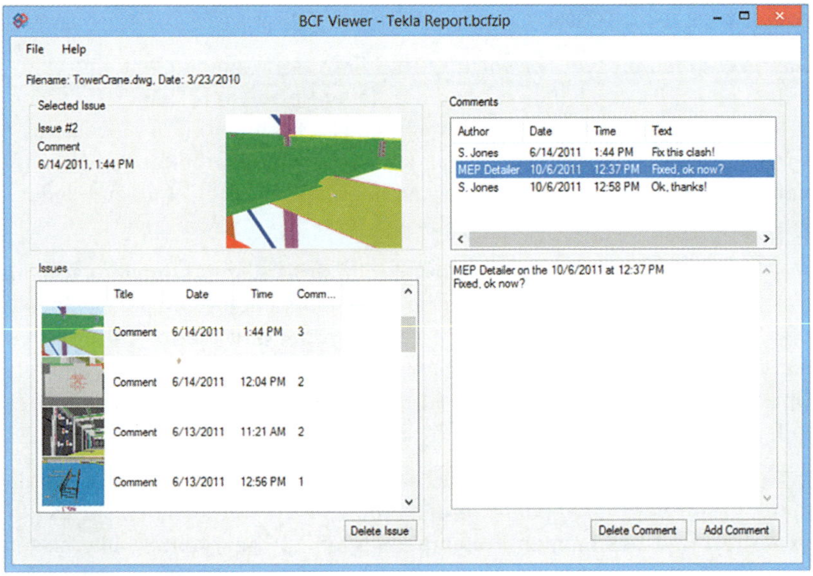

Quelle: Tekla BIMsight

Abbildung 87: Probleme, die in einem vereinigten IFC-Modell identifiziert und als BCF-Dateien exportiert werden

Dieser Bericht wird sodann an die betroffenen Projektbeteiligten geschickt, die den BCF-Bericht in der Entwurfssoftware öffnen können und in jedem Fall eine Präsentation des Problems mit sichtbaren Markierungen und Kommentaren erhalten. Daraufhin kann der Planer das Modell je nach Erfordernis korrigieren, womit sich das BCF erledigt.

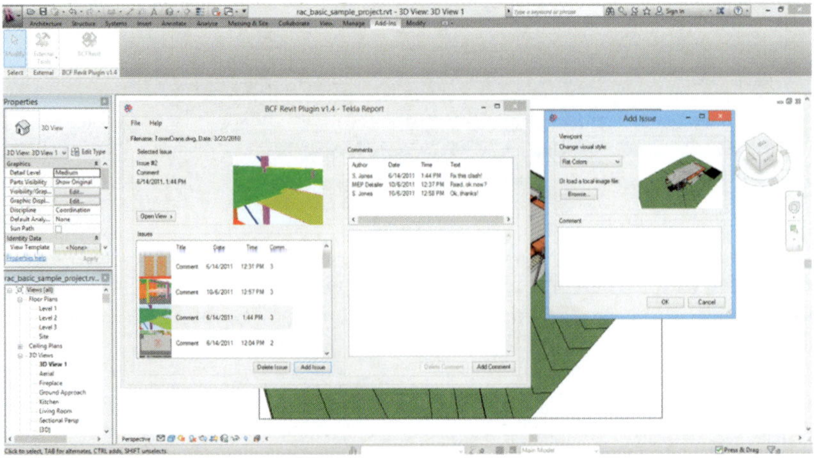

Quelle: BIMcollab von Kubus

Abbildung 88: Mit einem BCF-Plugin können die BCF-Themen in der Modellierungssoftware eingesehen und adressiert werden

Anfangs war BCF auf einzelne, per E-Mail zu versendende Dateien ausgerichtet (bcfXML). Allerdings wird BCF heute meist mit einem BCF-Server eingesetzt, der unmittelbar mit den Prüf- und Urheber-Werkzeugen verlinkt ist. So lassen sich Problembereiche automatisch synchronisieren und aktualisieren, ohne dass irgendwelche weiteren Dateien versendet werden müssen.

Der BCF-Server kommt auch Projektmanagern zugute, indem er ihnen alle Problembereiche im Überblick präsentiert. So kann ein Projektmanager statistisch aufbereiten, wie viele Probleme durchschnittlich in einer Woche auftreten und gelöst werden. Er kann erfassen, wie viele Problemfälle noch zur Lösung anstehen, ausmachen, welche davon überfällig sind und welche Projektbeteiligten die einschlägigen Prozesse verzögern.

Ein **BCF-Server** kann jede Online-Applikation sein, die das BCF-REST-API nutzt, um direkt zwischen verschiedenen BCF-kompatiblen Softwares zu kommunizieren, ohne dass individuelle BCF-Dateien transferiert werden müssen.

Das BCF-Format ist rasch in die führenden Modellierungs- und Koordinationslösungen implementiert worden und kommt weltweit in zahlreichen Projekten zur Anwendung. Es ist auch bereits viel Entwicklungsarbeit geleistet worden, um die Funktionen von BCF über das Berichts- und Überwachungswesen hinaus zu erweitern. Die jüngste BCF-Version (BCF v2.1) kann Objekteigenschaften übertragen. Fehlt z. B. eine Materialeigenschaft zu einer Wand, so kann der Trockenbauer diese per BCF an den Planer übermitteln.

Per BCF lassen sich aber nicht nur Problemanzeigen protokollieren, sondern man kann auch Vorschläge für die Relokalisierung oder Reorientierung von Objekten machen. Dazu schickt man eine Relokalisierungsanfrage, und sobald der Planer diese akzeptiert, wird das betreffende Objekt umplatziert. Eine weitere Möglichkeit sind digitale Inspektionen. Dabei werden vor Ort identifizierte Probleme via BCF Modellobjekten zugeordnet.

Wenngleich als Kommunikationskanal zwischen IFC und Urheber-Modellen konzipiert, kann BCF auch herangezogen werden, um Probleme zwischen Modellen innerhalb der Urheber-Software zu kommunizieren, noch ehe ein IFC-Export stattfindet. So setzen große Planungsbüros BCF ein, um intern Problemlösungen herbeizuführen und zu überwachen.

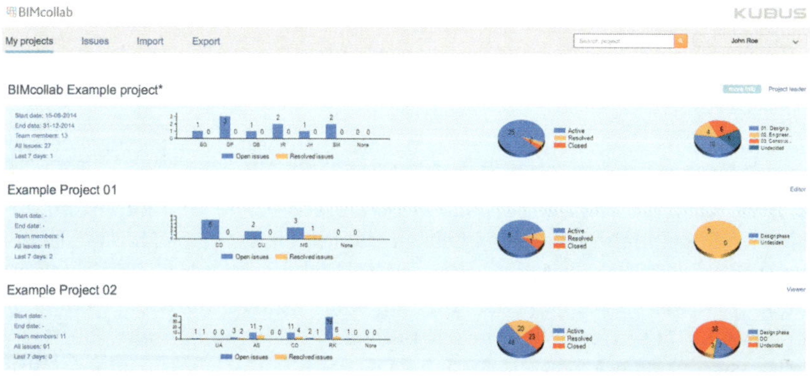

Quelle: BIMcollab von Kubus

Abbildung 89: Ein BCF-Manager gibt einen Überblick über alle Projekt-BCF-Themen

4.9 Über IFC hinaus

openBIM ist viel mehr als IFC. Es hat im weitesten Sinne mit der Anwendung von Normen zu tun, die den offenen Austausch zwischen verschiedenen Anwendungen unterstützen. Wie wir bei BCF und bSDD gesehen haben, können *openBIM*-Verfahrensweisen auch innerhalb der nativen Ursprungsumgebung eingesetzt werden, um zwischen verschiedenen Softwareprogrammen zu kommunizieren, noch ehe es überhaupt zu einem IFC-Austausch kommt.

Insofern unterstützen *openBIM*-Normen sowohl IFC- als auch Urheber-Arbeitsabläufe.

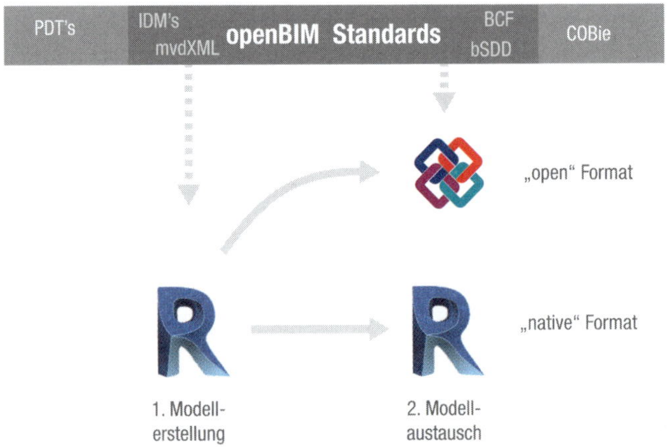

Abbildung 90: openBIM-Normen (von buildingSMART und anderen aufgestellt) unterstützen sowohl IFC-basierte Prozesse als auch Prozesse innerhalb der nativen Ursprungsumgebung

4.10 Der Technische Ablaufplan von buildingSMART

Die Frage ist jedoch: Werden diese Normen in der Praxis angewandt? Wie weit sind wir tatsächlich schon gekommen?

Weltweit existieren viele Projekte, bei denen erfolgreich gezeigt werden konnte, wie IFC-basierte Datenaustauschvorgänge funktionieren. Dennoch gibt es nach wie vor viel Skepsis und Widerstand, die zum guten Teil aus einem mangelnden Verständnis dessen resultieren, was eine MVD ist. Leider herrscht allgemein die Auffassung vor, IFC sei ein standardisierter Export in der Art, wie man eine Zeichnung aus einer Urheber-Software heraus im PDF-Format publiziert. Viele in der Bauindustrie verstehen nur oberflächlich, was der Zweck einer Modellansichtsdefinition ist. Vorhandene MVDs werden häufig nicht genutzt; und viele müssen erst noch entwickelt werden.

IDM ist bis dato ein weithin akademischer Standard, wie ihn Forschungsinstitute und Entwickler anwenden, um Prozesse zu definieren. Vermutlich wird der durchschnittliche BIM-Nutzer IDM nie auf dem Schirm haben; freilich sollte das Produkt von IDM, die einzelnen MVDs, eine tragende Säule der Normierung von BIM-Leistungen werden.

Ebensowenig ist das bSDD zum allgemeinen Gebrauch gedacht. Allerdings wird es gegenwärtig in eine Reihe kommerzieller Software-Anwendungen eingebaut. Immer mehr professionelle BIM-Nutzer werden auf das bSDD zurückgreifen, ohne dass ihnen dies notwendigerweise bewusst sein muss. Eine wichtige Entwicklung stellt die Entscheidung des europäischen Normenausschusses CEN dar, die IFD-Norm zur Grundlage der BIM-Terminologie sowie der Definition von Objekteigenschaften zu machen, wie es die Arbeitsgruppe 4 zur CEN TC 442 vorsieht.

Neben IFC gibt es zwei weitere *openBIM*-Normen, die die Durchführung von BIM-Projekten zunehmend prägen: als erstes COBie, seit vielen Jahren bei Projekten der öffentlichen Hand in den USA und seit Mitte 2016 – der Herausgabe von *BIM Level 2* – auch bei staatlichen Vorhaben in Großbritannien vorgeschrieben.

COBie ist bei Immobilieneignern beliebt, weil es unmittelbar die Bereitstellung von Informationen unterstützt, die man für die betriebliche Nutzung einer Liegenschaft braucht. Auch hinsichtlich der Software-Interoperabilität ist es relativ einfach zu implementieren. In ihrer einfachsten Form lassen sich COBie-Daten als *Excel*-Datenblatt darstellen. Als größtes COBie-Hemmnis hat sich erwiesen, dass viele Planer, Auftragnehmer und Zulieferer sich schwertun, ihre Projektdaten korrekt einzugeben. Diesem Problem kann man mit COBie-gerechter Software (und Plug-ins für geläufige Modellierungssoftware) entgegenwirken; wo dies jedoch nicht geschieht, bedarf es häufig aufwändiger Handarbeit, um den Prozess ins Laufen zu bringen.

Die zweite Norm, die der Markt rasch aufgenommen hat, ist BCF. Das *BIM Collaboration Format* ist ein einfaches, elegantes und sehr nützliches Kommunikationswerkzeug. Software-Entwickler haben es mehr oder weniger im Handumdrehen implementiert, und innovative Anwender haben es nur zu bereitwillig in Gebrauch genommen, in erster Linie zur Problemerfassung und -überwachung in der Kommunikation zwischen Planungsbüros. Eine Reihe größerer Planungsfirmen nutzt BCF in der internen Kommunikation, während Generalunternehmer es einsetzen, um mit den Planungs- und Bauausführungsteams zu kommunizieren.

buildingSMART hat erkannt, dass es eine riesige, herausfordernde Aufgabe ist, Normen für digitale Arbeitsweisen zu schaffen und zu implementieren. Soll das effektiv gelingen, muss die Bauindustrie das Ihre dazu beitragen. Weil man bei *buildingSMART* verstanden hat, dass diese Entwicklungs- und Implementierungsprozesse Schritt für Schritt erfolgen müssen, hält man sich bei den Vorgaben für die Schlüsselstadien ihrer Umsetzung an das ursprünglich britische, heute ISO-normierte Reifungsmodell.

Der Ablaufplan zeigt auf, auf welche Weise die zugrunde liegenden Normen entwickelt werden müssen, um netzbasierte Datenaustausch-Vorgänge zu ermöglichen.[41]

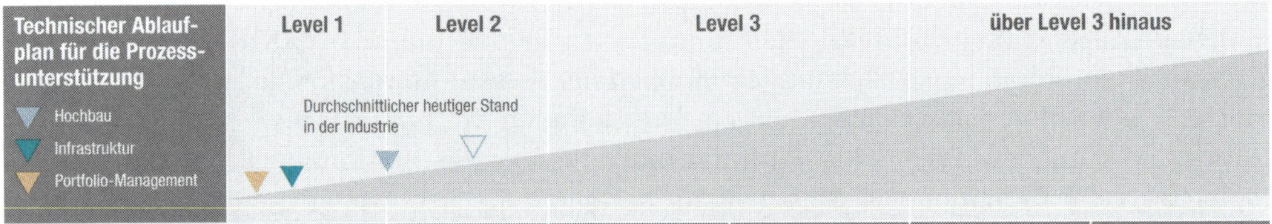

	Level 1	Level 2	Level 3		über Level 3 hinaus	
Hauptthema	**Dokumente**	**BIM-Nutzung im Ganzen**	**BIM-Nutzung im Detail BIM-Datenspeicherung**	**BIM-Arbeitsabläufe**	**Cloudbasiertes BIM**	...
Arbeitsmittel	2D/3D Zeichnungen	Bereichsspezifische 3D-BIM-Dateien			Weitergabe von BIM-Daten über das Netz	
Normen, Formate	dxf, dwg, pdf	ifc (CV, COBie)	ifc's mvdXML	ifc's BCF		
Kommunikation durch	dokumentenbasiertes Arbeiten	Austausch kompletter Modelle	Austausch zweckspezifischer Modelle	Workflow-gesteuerte Modell-Aktualisierung		
Technologische Mittel		Dateiserver, referenzielle Gesamtmodelle	BIM-Knotenpunkte, referenzielle Teilmodelle	netzbasierte Referenzmodelle		
Aufgabenliste		Infra-IFC starten, LoDs (IDM5+) entwickeln	zweckorientierte MVDs (25+), erstes Infra-IFC umsetzen	IFC modularisieren, Netzverlinkung, Austauschanforderungen		
Künftige Entwicklungen			operative Verbesserung	Portfolio-Management vorbereiten		

Quelle: www.buildingsmart.org

Abbildung 91: Technischer Ablaufplan von buildingSMART für die Prozessunterstützung

41 http://buildingsmart.org/standards/technical-vision/technical-roadmaps/.

Fallstudie: Büro- und Gewerbehaus Orion

Beitrag: EM2N Architekten AG & b+p baurealisation AG

Neubau Büro- und Gewerbehaus Orion

Zürich-West, Schweiz

Preisträger: Silberpreis Kollaboration, der Schweizer Arc-Award BIM

Bauherr:	PSP Real Estate AG
Architekt:	EM2N Architekten AG
Baumanagement:	b+p baurealisation AG
Projektgröße:	41.000 m² BGF
Status:	in der Planung
Fertigstellungsdatum:	2021

Projektbeschreibung

Das Projekt nimmt Bezug auf die industrielle Vergangenheit des Quartiers. Hierfür wurden das Erd- und 1. Obergeschoss als überhohe Geschosse ausgebildet um eine Nutzungsdurchmischung des Gebäudes zu ermöglichen. Die übrigen Flächen wurden als klassische Büroflächen behandelt. Eine hohe Nutzungsflexibilität soll unterschiedliche Nutzergruppen ansprechen, so stehen kleinere Einheiten ab ca. 200 m² aber auch zusammenhängende Großflächen zur Verfügung.

Der skulpturale Gebäudekörper lässt drei Gebäudeteile ablesen. An der Förrlibuckstrasse wird als Hauptadresse ein Hochhaus mit knapp 70 m Höhe etabliert. Die Stapelung der Geschosse ermöglicht das Freihalten eines vorgelagerten ‚Pocket-Parks', welcher mit einem (Gastro-)Pavillon einen Mehrwert für das gesamte Quartier leistet. An der Hardturmstrasse wird ein Kopfbau mit 6 Obergeschossen gesetzt, der die Straßenflucht der wichtigen Einfahrtsstraße aufnimmt. Die beiden adressbildenden Gebäudekörper werden durch den Flachbau miteinander verbunden. Auf dessen Dach ist ein gemeinsam genutzter Dachgarten als hochwertiger Außenraum für alle Gebäudenutzer vorgesehen.

Quelle: nightnurse images, Zürich / EM2N

Abbildung 92: Projekt Modellansicht

Die BIM-Methodik

Die Initiative, BIM-basierte Arbeitsmethoden im Projekt anzuwenden, kam von den Planern. Es bestanden keine Anforderungen seitens der Bauherrschaft. Der Generalplaner, bestehend aus EM2N Architekten AG und b+p baurealisation ag, haben bei der Submission der Fachingenieure bereits die Methode BIM vorgeschrieben. Der Projektabwicklungsplan wurde in iterativen Schritten ab Start des Bauprojektes erstellt, hierbei fungierte das Architekturbüro EM2N als BIM-Manager und treibende Kraft. Der Austausch im Planungsteam war intensiv. Die Herausforderung bestand darin, das Verständnis aller Beteiligten zu schärfen und die Konventionen für das Arbeiten mit BIM, insbesondere den Austausch der Formate und den Workflow innerhalb der Projektbearbeitung zu definieren.

Die Anwendungsfälle umfassten zunächst die erhöhte Planungs- und Koordinationsqualität, wie auch die Ermittlung von Mengen für die Kostenberechnungen in der Planungsphase. Des Weiteren waren die BIM-gestützte Terminplanung und Ausschreibung als optionale Anwendungsfälle festgelegt. Das Architekturmodell wurde mit Autodesk Revit erstellt. Erhöhte Anforderungen an die Detaillierung führten zur intensiven Nutzung von Dynamo, hauptsächlich zur Erstellung von Wandoberflächen.

In der Planungsphase wurde das Architekturmodell über IFC innerhalb des Planerteams (Architekt und Haustechnikplaner HLKKSE) und mit dem Baumanager b+p baurealisation ausgetauscht. Die Detaillierung und das IFC-Format erlaubten die Mengenermittlung für die Kostenberechnung sowie eine modellgestützte Projektbearbeitung. Unterstützt wurde dies durch kostenspezifische Parameter (eBKP-h) im Architekturmodell. Die Ausschreibungsphase wird jedoch erhöhte Anforderungen an die Detaillierung und an die Flexibilität des Austauschformats stellen. Der Austausch von nativen Revitdateien zwischen Architekt und Baumanager erlaubt eine durchgängige Anreicherung mit Parametern, welche letztendlich Informationen für die Leistungsverzeichnisse zur Verfügung stellen. Dies wäre mittels Austausch von IFC-Dateien nur begrenzt möglich.

Der Datenaustausch mit den Haustechnikplanern funktioniert über IFC. Die Koordinationssitzungen werden mit Hilfe der IFC-Aggregate durchgeführt, der Austausch von BCF zur technischen und räumlichen Koordination wurde im Bauprojekt etabliert.

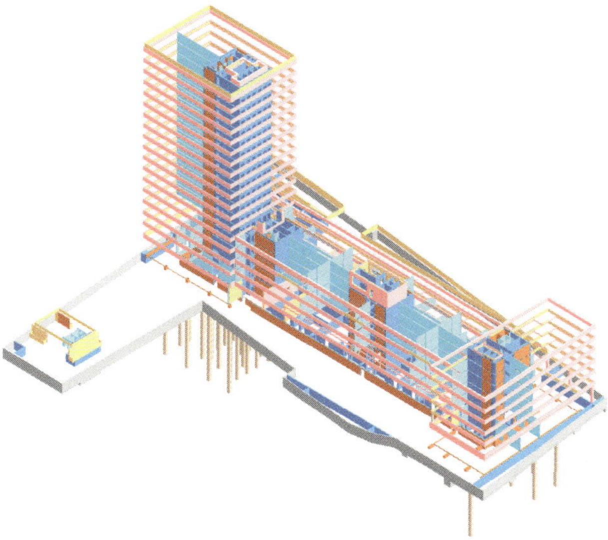

Quelle: EM2N

Abbildung 93: Kostenmodelle mit isolierten Wandobjekten mit Farbfilter nach eBKP-H – Schweizer Kostenpositionen

5 BIM implementieren: Strategie und Anleitung

Technologie ist die Antwort,
aber was ist die Frage?
Cedric Price

Ist es der Mühe wert?

Der Übergang zu BIM kann harte Arbeit bedeuten und erhebliche Investitionen erfordern. Dabei geht es nicht nur um die offensichtlichen Kosten für neue Software und entsprechende Schulungen, sondern es fallen auch versteckte Kosten an, z. B. für vorübergehende Einbußen an Ressourcen (personeller Art, wenn Mitarbeiter mit Schulungen oder Implementierungsarbeiten beschäftigt sind) oder mögliche Verzögerungen laufender Projekte, wie sie in jeder Übergangsphase entstehen.

Die Implementierung von BIM stößt auf Hindernisse, sowohl tatsächliche als auch vermeintliche. Die häufigsten Schwierigkeiten ergeben sich in folgenden Bereichen:

- Produktivitätsabfall während der Einführungsphase
- hohe Investitionskosten bei geringer Kapitalrendite
- unterbrochene Arbeitsabläufe.

Produktivität

Der Übergang zu einer neuen Technologie oder veränderten Prozessen führt oft zu einem vorübergehenden Produktivitätsabfall. In einer US-Studie aus dem Jahr 2004, als BIM noch in den Kinderschuhen steckte, wurde die BIM-Implementierung unter diesem Aspekt untersucht. Im Ergebnis zeigte sich bei den befragten Organisationen ein Produktivitätsabfall von 25–50 % während der Einführung neuer BIM-Werkzeuge.[42]

Im Idealfall gleicht sich ein anfänglicher Produktivitätsverlust auf lange Sicht durch Produktivitätswachstum wieder aus. Die angeführte Studie zeigt, dass die untersuchten Organisationen im Schnitt drei bis vier Monate benötigten, um das Produktivitätsniveau wiederzuerlangen, auf dem sie sich vor der Einführung BIM-gemäßer Technologien befunden hatten. Und mehr als das: Infolge zunehmender BIM-Kompetenzen konnte über die Hälfte der Befragten einen Produktivitätszuwachs von mehr als 50 % vermelden; bei 17 % der Befragten belief sich dieser Zuwachs gar auf bis zu 100 %.

42 *Khemlani*, Lachmi, Autodesk Revit: Implementation in Practice. Unveröffentlichtes Typoskript, 2004.

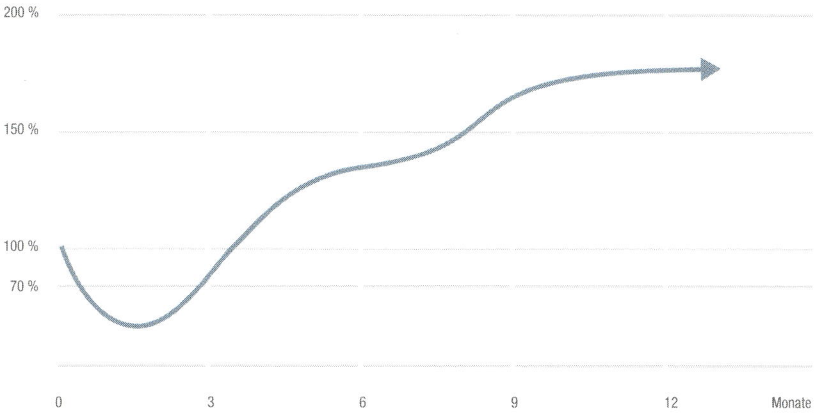

Abbildung 94: Produktivität während der Umsetzung der neuen Technologie

Kapitalrendite

Die Kapitalrendite ist ein essentieller Faktor, wenn es darum geht, die Effekte der Einführung neuer Geschäftspraktiken zu bemessen; ihre Überwachung kann jedoch schwierig sein. McGraw-Hill Construction veröffentlichte 2008 in der Reihe *SmartMarket Report* unter dem Titel „Building Information Modeling: Transforming Design and Construction to Achieve Greater Industry Productivity" („Gebäudeinformationsmodellierung. Erhöhte Produktivität in der Bauindustrie durch transformierte Planung und Bauausführung") einen Überblick über den Einsatz von BIM in der US-Bauindustrie. Dieser Bericht zeigt, dass Unternehmen, die die durch den Einsatz von BIM generierte Kapitalrendite aktiv überwachten, in diesem Bereich Zuwächse in Höhe von 300–500 % zu verzeichnen hatten.

Diese Zuwächse entstanden – um nur einige der wichtigsten Aspekte zu nennen – durch

- verbesserte Projektabwicklung infolge einer geringeren Zahl von Informationsanforderungen und verminderter Koordinationsprobleme auf Baustellen (79 %)
- verbesserte Kommunikation durch 3D-Visualisierung (79 %)
- Wettbewerbsvorteile durch erhöhte Kompetenzen (66 %).

Unterbrechung von Arbeitsabläufen

Angst vor Veränderungen, vor allem im Hinblick auf die Unterbrechung eingespielter Arbeitsabläufe, sorgt häufig dafür, dass man den Übergang zu Building Information Modelling scheut. Es ist praktisch unvermeidlich, dass BIM Arbeitsabläufe beeinflusst. Die o. a. Studie über die Einführung von BIM auf dem US-Markt zeigt, dass 83 % der Befragten angaben, die Nutzung von BIM habe ihre Planungsprozesse verändert.

Anfänglich werden diese Veränderungen in der Regel als negativ empfunden. Ist eine Organisation erst im Einstieg zur BIM-Implementierung begriffen, so erleidet sie mit höherer Wahrscheinlichkeit Stockungen in den Arbeitsabläufen, als wenn sie in der Nutzung von BIM bereits fortgeschritten ist und damit weit größere Vorteile erzielt. Der erwähnte Bericht von McGraw-Hill Construction hebt hervor, dass die Mehrzahl der *erfahrenen Nutzer* (82 %) die Auswirkungen von BIM auf die Verfahrensabläufe innerhalb einer Organisation positiv bewertete, während das nur 20 % der *Anfänger* so sahen. Zum Teil sind diese Erfahrungen dem normalen anfänglichen Produktivitätseinbruch zuzuschreiben, den ein Lernzyklus mit sich bringt. Allerdings wird häufig übersehen, dass BIM sowohl Prozesse als auch den Technologie-Einsatz beeinflusst.

Je besser man Übergänge vorbereitet, umso weniger Stockungen verursachen sie. Eine umfassende Implementierungsstrategie und ein effektives Schulungsprogramm gewährleisten, dass die richtigen Prozesse aufgesetzt, die passenden Werkzeuge samt unterstützender Infrastruktur ausgewählt und die Auswirkungen sinkender Produktivität und unterbrochener Arbeitsabläufe minimiert werden, während man eine Maximierung der Produktivität erzielt. Dabei ist es erforderlich, dass sich eine Organisation auf Veränderungen in sämtlichen Bereichen einlässt, die von der BIM-Implementierung berührt werden: operativ, prozessual, technologisch und personell. Wer versucht, neue Technologien innerhalb althergebrachter Prozesse anzuwenden, kämpft gegen Windmühlenflügel.

Gastbeitrag: Change Management

Thomas Schaper
ist Leiter der Abteilung Architektur, Bau- und Medienplanung sowie Lean Project Management bei der EDAG Production Solutions mit Hauptsitz in Fulda und zahlreichen Niederlassungen weltweit. Seit 1989 setzt er CAD- und ERP-Systeme erfolgreich als integralen Bestandteil in innovativen Planungsprozessen und Technologien ein. Er ist Mitverfasser einer VDI-Richtlinie zum Thema Lean Construction und ist Mitglied im LCI, GLCI , VDA und anderen Gremien.

Change Management

Neues und Unbekanntes muss man lernen! Das gilt auch für BIM. „Alle machen BIM, was machen wir denn da?“, fragte ein Abteilungsleiter eines Großunternehmens seinen Abteilungsleiter Bauplanung.

BIM ist in aller Munde, ein Hype. Abgesehen von der Tatsache, dass es keine einheitliche Definition in Deutschland gibt, denken viele Entscheider, man müsse nur das „richtige“ Tool einkaufen ... und schon geht es los, mit BIM.

Seit Jahren implementiere ich neue Prozesse, Methoden und Tools in Unternehmen und unterschiedlichen Kulturräumen. Die Fehler, die ich selbst bei der Einführung gemacht habe, und das, was ich daraus gelernt habe, treiben mich seither um.

Neues bedeutet Veränderung! Was bedeutet dies im Kern und was ist dabei zu beachten?

Kommunikation

Heute scheitern Projekte aufgrund mangelnder Kommunikation. Hierzu gibt es Untersuchungen aus den verschiedensten Bereichen. ... Und das im Zeitalter fast unbegrenzter Kommunikationsmittel und Möglichkeiten. Genau das scheint das Problem zu sein. Das Zusenden von Daten und die Verfügbarkeit von Daten machen es zumindest im Planen und Bauen nicht erfolgreicher als in der Vergangenheit. Wir kommunizieren, aber wir reden nicht mehr miteinander. Wir haben kein direktes Feedback mehr oder lediglich ein eingeschränktes, weil nicht alle Sinne angesprochen werden.

BIM bedeutet eben auch integrale Planung durch Kommunikation mit allen gleichzeitig und nicht tayloristisch, sondern kollaborativ. Im besten Fall sogar, in erster Linie zu 100 % rein am Mehrwert für den Kunden orientiert. Lean Prinzip Nr. 1 nach James P. Womack (identify customer benefit).

Vision	Wissen	Vorteil	Kapazität	Aktionsplan	Ergebnis
–	√	√	√	√	Verwirrung
√	–	√	√	√	Unsicherheit
√	√	–	√	√	langsame Veränderung
√	√	√	–	√	Frustation
√	√	√	√	–	falscher Beginn
√	√	√	√	√	Veränderung

Quelle: T. Knoster, R. Villa & J. Thousand

Abbildung 95: Die 5 Voraussetzungen für einen erfolgreichen Veränderungsprozess und die Auswirkung des Fehlens einer Voraussetzung

Was benötige ich jedoch, um die Implementierung dieses neuen Themas erfolgreich in das Team zu kommunizieren? Hier verwende ich gern die obige Darstellung, um zu verdeutlichen, was passiert, wenn eine der fünf aus unserer Erfahrung wichtigsten Voraussetzungen fehlt.

Zur erfolgreichen Einführung sind zwingend fünf Voraussetzungen zu erfüllen:

- Vision (warum, Zieldefinition)
- Wissen (wie, womit)
- Vorteil (was bringt mir das)
- Kapazität (Zeit)
- Aktionsplan (richtig beginnen)

Wenn die Vision fehlt, führt das zu Verwirrung (warum sollen wir das wollen?) .

Wenn das Wissen fehlt, führt dies zu Unsicherheit (was ist das, kann ich das, was ist das Besondere?). Und so weiter ...

Einfluss auf die Organisation

Der Einfluss von Veränderungen auf eine Organisation ist vielfältig, bedarf einer Unzahl von Aktivitäten und hat direkte Auswirkungen auf die in der Grafik dargestellten Themen und deren Inhalte. Dies ist wichtig, um die möglichen Auswirkungen und notwendigen Aktionen rechtzeitig zu erkennen und abschätzen zu können.

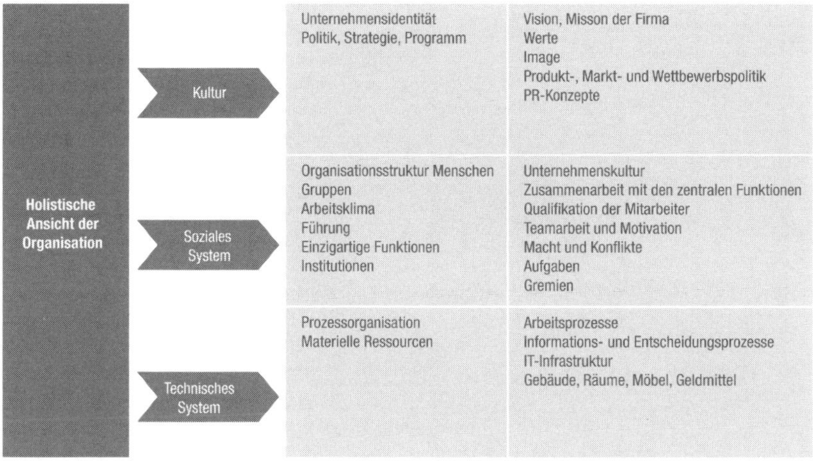

Abbildung 96: Ganzheitliche Betrachtung einer Organisation nach Friedrich Glasl

Veränderungen haben Einfluss auf verschiedene Untersysteme in einem Unternehmen.

Nach Friedrich Glasl:
- Unternehmen – Kultur
- Unternehmer – Sozialsystem
- Unternehmen – Technisches System

Das muss den Entscheidern in Unternehmen bewusst sein.

Persönlichkeiten

In mehreren Veranstaltungen mit Vertretern der Industrie und Ingenieuren wurde mir gesagt: „Wir haben sehr gute Prozesse, innovative Methoden und fortschrittliche Werkzeuge! Aber wie bekommen Sie das hin, dass die Menschen das auch umsetzen?“ Da haben wir eine weitere, wichtige Herausforderung. Der Mensch!

Innerhalb einer Normalverteilungskurve in Anlehnung an Karl-Friedrich Gauß haben wir es in den verschiedenen Phasen von Veränderung in der Regel mit sechs Persönlichkeitstypen zu tun.
- Visionär
- Aktive Promoter
- Positive Teilnehmer
- Skeptiker
- Verzögerer
- Aktiver Behinderer

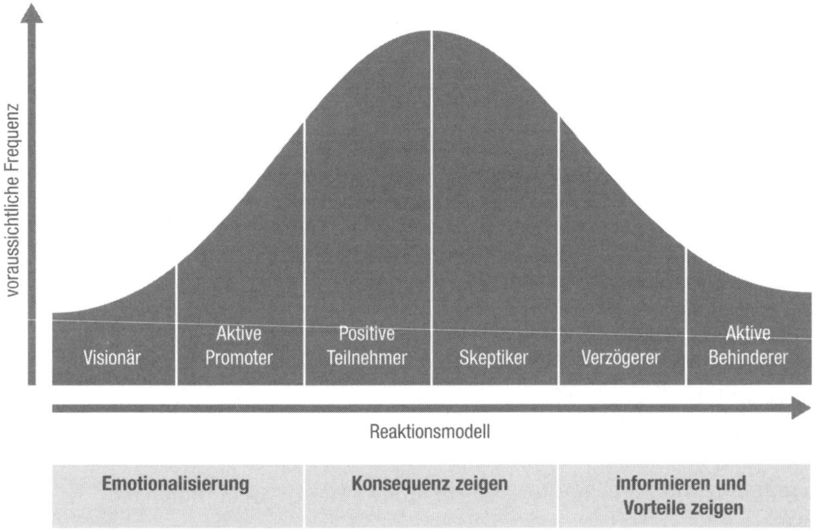

Quelle: in Anlehnung an Karl-Friedrich Gauß

Abbildung 97: Sechs verschiedene Persönlichkeitstypen in einer Normalverteilungskurve

Um die am Veränderungsprozess beteiligten Persönlichkeitstypen und deren Einfluss auf den Veränderungsprozess zu erkennen und Möglichkeiten zur ungefährdeten positiven Umsetzung zu finden, ist es erforderlich, sich mit dieser Thematik zu beschäftigen. Welche Personen habe ich an Bord, wie erkenne ich diese rechtzeitig? Wie muss ich mit allen sechs Persönlichkeitstypen umgehen und wie begegne ich dem unangenehmsten der sechs Persönlichkeitstypen, dem aktiven Behinderer? Bei Identifizierung dieses Typs: Konsequent aus dem Projekt entfernen. Veränderung ist eine große Herausforderung für alle. Ohne die Veränderungsbereitschaft aller Beteiligten wird Veränderung, wenn überhaupt, nur sehr langsam gelingen.

In vielen Fällen führt eine unsachgerechte Herangehensweise und Unwissen über die vielfältigen Beziehungen und Emotionen zum Scheitern von Veränderungsaktivitäten.

5.1 Die Implementierungsmatrix

Die erfolgreiche Einführung von Building Information Modelling kann in den Verfahrensweisen einer Organisation Veränderungen auslösen, die die Leistungsparameter zukünftiger Aktivitäten dauerhaft beeinflussen. Eine effektive und umfassende Implementierung ist in der Lage, neue operative Modelle zu erschließen sowie die Restrukturierung von Abläufen in der Projektabwicklung, der operativen Fertigkeiten und des Werkzeugeinsatzes zu initiieren. So gesehen betreffen die Langzeitauswirkungen von BIM den innersten Kern der Geschäftspraktiken einer Organisation.

Die Implementierung von Veränderungen innerhalb einer Organisation muss auf drei Ebenen erfolgen: strategisch, taktisch und operativ. Auf strategischer Ebene definiert man eine Vision und setzt Ziele. Auf taktischer Ebene werden diese Ziele in einen Aktionsplan überführt und durch Richtlinien und definierte Vorgehensweisen untermauert. Operativ werden diese Prinzipien umgesetzt, d.h. in der Projektarbeit angewandt. Alle drei Ebenen müssen im „Gespräch" miteinander bleiben und kontinuierlich weiterentwickelt werden.

Abbildung 98: Umsetzungsebenen

Sich BIM zu eigen zu machen, ist nicht allein eine Frage der Technologie. BIM bringt unweigerlich das Arbeiten mit neuen Werkzeugen mit sich, aber diese Werkzeuge allein machen noch nicht das ganze Bild aus. Die Gebäudeinformationsmodellierung berührt Geschäftspraktiken, interne Abläufe, Rollen und Kompetenzen, also den Personaleinsatz innerhalb einer Organisation ebenso wie deren technologische Verfahrensweisen. Bei der Implementierung von BIM müssen diese vier Aspekte allesamt berücksichtigt werden, beinhalten sie doch sowohl Herausforderungen als auch Wachstumschancen.

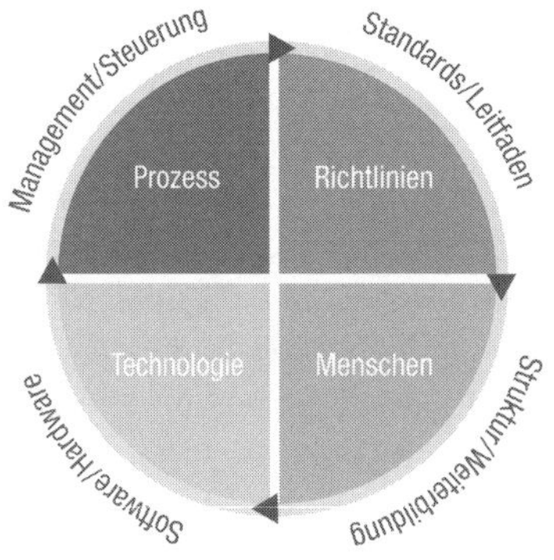

Abbildung 99: Die vier Eckpfeiler der BIM-Umsetzung

5.1.1 Geschäftsprozesse

BIM verändert die Funktionsweise einer Organisation, indem es eingeführte Arbeitsabläufe optimiert und die Organisation in die Lage versetzt, neue Aktivitäten aufzunehmen und Entwicklungschancen zu ergreifen. Die ersten Schritte zur BIM-Implementierung bestehen in einer Neubewertung der gegenwärtigen Geschäftsmodelle und der Identifizierung von zu entwickelnden Bereichen.

5.1.2 Anleitung

BIM-Prozesse müssen durch Richtlinien unterstützt werden, um die operative Methodik einer Organisation zu definieren und einen Rahmen und eine Struktur, innerhalb derer die Beschäftigten arbeiten, einzusetzen. Organisationseigene Richtlinien sollten sich an anerkannte Normen halten und sich an den bestmöglichen Verfahrensweisen orientieren.

5.1.3 Menschen

BIM hat substantielle Auswirkungen auf die Beschäftigten. Umso mehr sollten alle Mitarbeiter die Möglichkeit haben, die BIM-Implementierung aktiv mitzugestalten. Vorgesetzte sind folglich gehalten, der Unternehmenskultur, den Gepflogenheiten des technischen Managements und den Sozialkompetenzen ihrer Mitarbeiter Rechnung zu tragen.

5.1.4 Technologie

Technologie ist ein Hauptaspekt der Implementierung von BIM. Häufig fallen die Investitionen in diesem Bereich als erstes ins Auge, zumal es wahrscheinlich ist, dass sie die künftige Bereitstellung von Ressourcen ebenso beeinflussen wie die Personalschulung und die Software-Interoperabilität. Wichtiger als alles andere ist, dass die Software-Auswahl unter Berücksichtigung der Geschäftsprozesse als auch der individuellen Kompetenzen einer Organisation geschieht.

Diese vier Aspekte hängen eng zusammen. Geschäftspraktiken bestimmen die Richtlinien und widerspiegeln die personellen Ressourcen. Die Technologie muss das Geschäft fördern und an die unternehmenseigenen Richtlinien angepasst sein. Ihre Implementierungsstrategie hängt im Kern davon ab, wie man in der Organisation mit diesen Aspekten umgeht.

In Kombination zweier Systeme (Implementierungsaspekte und -ebenen) hat Mensch und Maschine eine Implementierungsmatrix entwickelt, die es ermöglicht, die Komponenten zu identifizieren, die für eine BIM-Übernahme gebraucht werden. Auf der horizontalen Achse sind die vier BIM-Aspekte (Geschäftsprozess, Anleitung, Menschen und Technologie) angeordnet, auf der vertikalen die Ebenen strategisch, taktisch und operativ. Diese Matrix bildet einen Leitfaden für die Implementierung. Die Festlegung der Komponenten kann in einer gewissen unternehmensspezifischen Flexibilität erfolgen, im großen Ganzen jedoch wird man alle Komponenten in der einen oder anderen Gewichtung brauchen.

In Ermangelung eines strategischen Leitfadens verwickeln sich viele Organisationen zu schnell in technische Debatten. Häufig wird BIM als Software oder technische Lösung missverstanden. Herrscht dieses Verständnis in einem Unternehmen vor, fragt man rasch: „Also, welche Software brauche ich jetzt, um BIM zu praktizieren?“ An diese Frage schließen sich oft weitere an, die die Schulung betreffen, sowie möglicherweise solche nach Anleitungen oder Prozessdefinitionen.

Es gibt Unternehmen, die sich die BIM-Matrix zu erschließen versuchen, indem sie rechts unten, bei der operativen Technologie, ansetzen und den Weg rückwärts in Richtung Vision (strategischer Prozess) gehen wollen. Dieser Ansatz ist vollkommen falsch. Die Software-Frage ist tatsächlich eine der letzten, die man stellen muss. Die Durchführung der Implementierung muss oben links in der Matrix beginnen, beim strategischen Prozess, und sich in Richtung operative Technologie nach unten rechts bewegen.

	Business-Prozess	Anleitung	Menschen	Technologie
strategisch	**Vision**	Leitfaden	informieren motivieren	entdecken
taktisch	**Roadmap**	**Richtlinien**	**ausbilden**	testen bewerten
operativ	Unternehmer- handbuch	**BIM-Abwicklungs- plan**	unterstützen	**umsetzen**

Abbildung 100: Die Mensch-und-Maschine-Umsetzungsmatrix

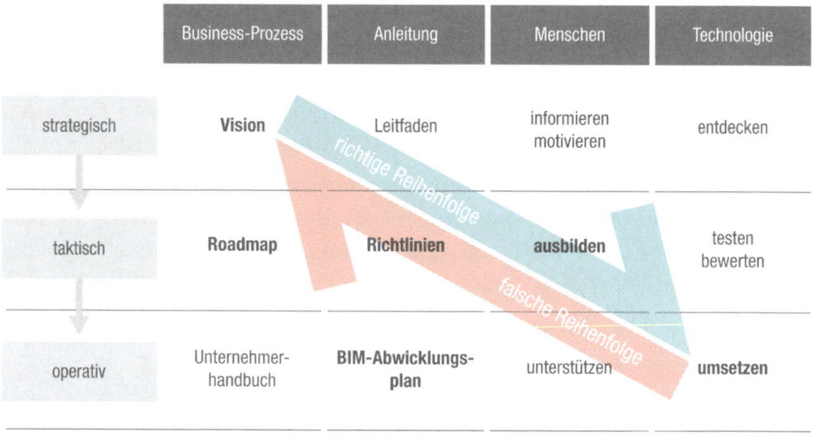

Abbildung 101: BIM umsetzen – von links oben nach rechts unten

Nehmen wir einen strategischen Blickwinkel ein, so geht es zuerst darum, laufende und künftige geschäftliche Vorgänge z. B. in einem BIM-Visionsdokument zu definieren. Auf taktischer Ebene kann daraus ein BIM-Leitfaden erwachsen, auf operativer Ebene schließlich ein Handbuch, das die unternehmensspezifischen Vorgehensweisen erfasst. In Ergänzung zur Festlegung der unternehmenseigenen Geschäftsprozesse kommt es auch auf die eindeutige Definition von Richtlinien und Protokollen an. Dazu kann man den Geschäftsprozess in einem BIM-Leitfaden aktualisieren, der sich schließlich in einem Projektabwicklungsplan niederschlägt.

In der dritten Spalte der Matrix sind die personellen Ressourcen erfasst – das wertvollste Kapital eines Unternehmens. Auch dieser Bereich ist auf allen drei Ebenen zu durchdenken. Strategisch kann es darum gehen, Mitarbeiter darüber zu informieren, was das Unternehmen von BIM erwartet. Taktisch schult man sie sowohl im Umgang mit der BIM-spezifischen Software als auch im Management von BIM. Operativ erfährt der Mitarbeiterstab Unterstützung durch fortlaufende Schulungen, interne Workshops und optional die Einbindung eines externen Beratungsbüros.

Über technologische Fragen – Software und zugehörige Hardware – sollte man erst nachzudenken beginnen, wenn Strategie und Richtlinien festgelegt sind. Es gibt keine Software, die zu allen BIM-Prozessen passt. Jede Organisation muss umsichtig und kenntnisreich entscheiden, welche Software sie verwenden will. Dazu gehören die Reflexion der internen Geschäftsprozesse und die umfassende Information über verfügbare Software, die für die spezifischen Anforderungen der Organisation geeignet ist. Auf taktischer Ebene ergibt sich daraus eine Testphase, in der in Frage kommende Softwarelösungen geprüft und ungeeignete ausgeschieden werden. Final wählt man die optimale Software aus und implementiert sie.

5.1.5 Die strategische Planung

Es gibt verschiedene Anlässe für Organisationen, BIM zu implementieren. Das kann Druck von außen sein, z.B. durch öffentliche und private Auftraggeber oder die Wettbewerbssituation am Markt. Der Anstoß kann aber ebenso gut von internen Überlegungen ausgehen, etwa dem Wunsch nach Innovation oder schlicht dem Bedürfnis, ineffektive gegenwärtige Verfahrensweisen hinter sich zu lassen.

Worin auch immer der Impetus liegt, jedes Unternehmen sollte darüber nachdenken, wie sich BIM auf sein Geschäft auswirken wird. Als erstes bedeutet das, sich den potenziellen Wert klarzumachen, genauso aber auch die Brüche, die BIM mit sich bringen wird. Zweitens erfordert es strategische Planung, zum einen konkrete Ziele zu setzen, an denen sich die Organisation orientieren kann, zum anderen praktische Schritte festzulegen, mit denen sich diese Ziele erreichen lassen. Diese Planung bezeichnen wir als BIM-Strategie oder -Leitfaden. Das kann ein sehr kompaktes Dokument sein, vielleicht nur aus ein paar Seiten bestehend, aber es bildet die unerlässliche Grundlage aller künftigen BIM-Aktivitäten.

Eine **BIM-Strategie** beinhaltet die Vision, Ziele und Motivation des Einsatzes von BIM in einem Unternehmen. Sie beschreibt auch die Herangehensweise, mit der die Organisation die gesetzten Ziele erreichen möchte.

Ohne Strategie können alle Schritte, die man geht, in die Irre führen und unkoordiniert sein. So kann es beispielsweise innerhalb ein und derselben Organisation verschiedene BIM-Definitionen und an BIM gestellte Erwartungen geben. Ein Strategiedokument setzt gemeinsame Ziele und legt den Maßstab fest, anhand dessen der Erfolg künftiger Aktivitäten zu messen sein wird.

Höchste Priorität hat eine Strategie, die die Struktur und Ziele einer Organisation widerspiegelt, wie sie sich aus ihrer Vision und ihren praktischen Bedürfnissen ableiten.

5.1.6 Die BIM-Strategie und Roadmap

Die BIM-Strategie bildet die übergreifende Motivation und die Gesamtziele aller künftigen BIM-Aktivitäten ab. Dieses Dokument ist eine Absichtserklärung, die nachfolgenden Dokumenten und Aktivitäten zugrunde liegt. Der Leitfaden ist ein internes Referenzdokument, das die geschäftlichen Szenarien eines Unternehmens sowie die Rolle definiert, die BIM darin spielt.

Ein Strategiedokument ist ein Kommunikations- und Marketing-Werkzeug. Es orientiert Mitarbeiter darüber, welche Richtung das Unternehmen einschlägt, und ermutigt sie, sich in den Prozess einzuschalten. Eine BIM-Strategie ist recht geradlinig strukturiert: Sie fragt schlicht nach dem Was, Warum und Wie.

- Was sind unsere Ziele?
- Warum setzen wir uns diese Ziele – worin besteht unsere Motivation?
- Wie werden wir diese Ziele erreichen?

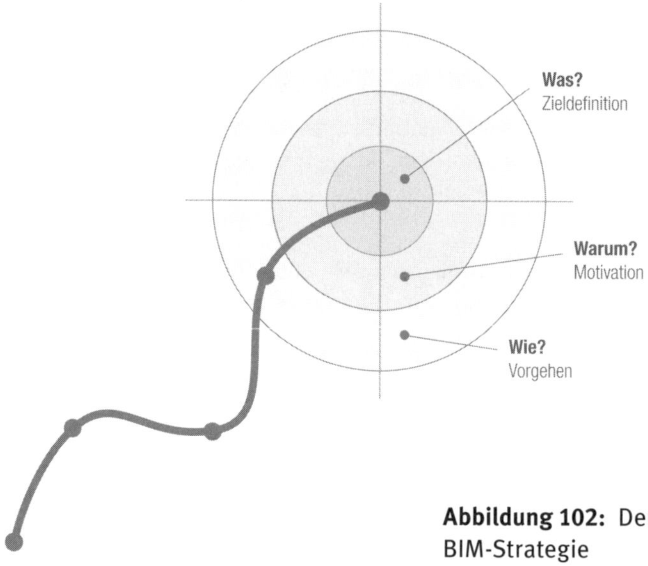

Abbildung 102: Der Weg zu einer BIM-Strategie

Im Folgenden stellen wir einen exemplarischen Prozess vor; dabei nennen wir ein paar einfache Werkzeuge, die man einsetzen kann, um die Aufgabe / den Bedarf zu bestimmen, Ziele zu setzen und einen Ausführungsplan zu definieren.

5.2 Die Strategie der BIM-Implementierung

Eine BIM-Strategie fokussiert sich primär auf die geschäftlichen Vorgänge innerhalb eines Unternehmens. Es kann hilfreich sein, die anderen drei Aspekte der BIM-Implementierung (Prozesse, Menschen und Technologie) einzubeziehen, und zwar auf einer hohen Ebene, doch werden diese Aspekte im Rahmen einer unternehmenseigenen BIM-Richtlinie konkreter behandelt.

Im vorliegenden Abschnitt skizzieren wir die Herangehensweise, die wir bei Mensch und Maschine praktizieren, um mit unseren Kunden BIM-Strategien und -Implementierungsanleitungen zu entwickeln. Wir greifen dabei auf vorhandene Ressourcen zurück und haben selbst einige Werkzeuge erarbeitet, um ein leicht umsetzbares Muster für die Strategie-Entwicklung zu schaffen.[43]

In der Praxis bedient sich diese Vorgehensweise einer Reihe von Workshops, Fragebögen und anderen Hilfsmitteln, die den Kunden herausfordern, sich

43 Daneben möchten wir auf zwei vergleichbare Dokumente aus den USA hinweisen:
- BIM Planning Guide for Facility Owners, hg. von der *Computer Integrated Construction (CIC) Research Group* an der Staatlichen Universität von Pennsylvania (2013);
- National Building Information Modeling Guide for Owners, hg. vom *US National Institute for Building Sciences* (2017).

über Wert und Auswirkungen von BIM innerhalb seiner Organisation Gedanken zu machen. Die Workshops erfordern zwei bis drei Sitzungen, und innerhalb von zehn bis zwanzig Arbeitstagen – je nach Größe und Komplexität einer Organisation – lässt sich ein Bericht erstellen.

Wie oben erwähnt, umfasst eine BIM-Strategie drei Komponenten:

1. **Warum? – Bedarfsanalyse:** Dabei geht es um die Bewertung laufender organisatorischer und operativer Prozesse. Es werden Stärken, Schwächen und verbesserungswürdige Bereiche benannt
2. **Was? – Zielsetzung:** Hier werden neue Bereiche der Entwicklung, Innovation oder Verbesserung vorhandener suboptimaler Bereiche ins Auge gefasst
3. **Wie? – Vorgehensweise:** Es wird analysiert, inwieweit die Organisation darauf eingestellt ist, diese Ziele zu erreichen. Das mündet in die Beschreibung neuer Rollen, Prozesse und unterstützender Technologien (gleichbedeutend mit dem Implementierungsleitfaden).

Diese drei Bereiche untergliedern sich in bestimmte Schritte:

1. Warum? (Bedarfsanalyse)

Hier geht es sowohl darum zu sehen, welche organisationseigenen Prozesse und Kompetenzen vorhanden sind, als auch darum, künftige Ziele festzulegen.

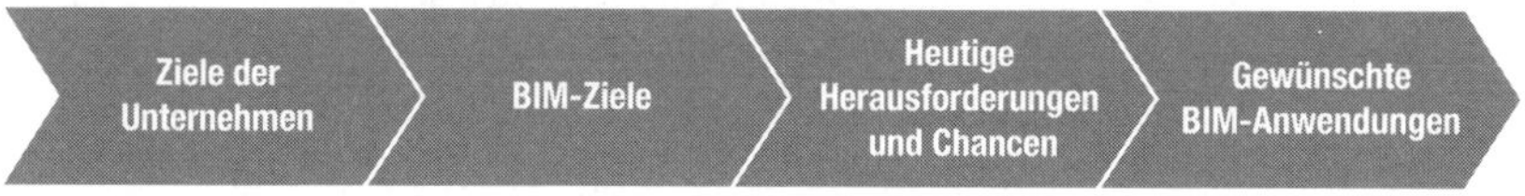

Abbildung 103: Vier Schritte für die Bedarfsdefinition (IST-Stand)

1.1 Ziele der Organisation

Das erste Teilstück des Weges in die BIM-Welt besteht darin, sich die operativen Prozesse, Bedürfnisse und Erwartungen des Unternehmens anzuschauen, also wahrzunehmen, was gut läuft, Problemzonen auszumachen und zu erkennen, was man künftig anders machen könnte.

Um den Prozess in Gang zu setzen, bietet es sich an, eine Reihe einfacher Fragen zum gegenwärtigen Handeln und zu den Zukunftserwartungen einer Organisation zu stellen. Das ruft eine Diskussion darüber hervor, wo sich ein Unternehmen in fünf, zehn oder zwanzig Jahren sieht, worin seine Kernkompetenzen bestehen, womit es am meisten verdient oder welche Dienstleistungen es künftig anbieten möchte. Diese Fragen und die sich daraus entspinnenden Debatten sind wichtig, um unausgesprochene Vorannahmen hinsichtlich der Kultur eines Unternehmens und seiner zukünftigen Ausrichtung aufzudecken.

Zweck dieses Schritts ist es zu verhindern, dass sich eine Organisation allzu schnell durch externe Einflüsse (welche Erwartungen man von außen an sich herangetragen wähnt) dazu verleiten lässt, eine BIM-Zielsetzung zu projektieren, die der Unternehmenskultur sowie den unternehmensspezifischen Erwartungen und Kompetenzen nicht wirklich entspricht.

1.2 BIM-Ziele

Ausgehend von den übergeordneten Zielen der Organisation kann man damit beginnen, spezifische BIM-Zielsetzungen ins Auge zu fassen und diese mit den Organisationszielen zu korrelieren. BIM-Zielsetzungen müssen sowohl ehrlich als auch realistisch getroffen werden. BIM kann Teil der Marketing-Strategie eines Unternehmens sein und dazu beitragen, Aufträge zu gewinnen und sich als innovativ und technologisch führend zu profilieren.

Man kann aber auch sehr pragmatische Ziele setzen, wie z. B. die Reduktion der Planungskosten oder die Produktivitätssteigerung mithilfe digitalisierter, automatisierter Prozesse.

1.3 Herausforderungen und Wünsche

In einem dritten Schritt kann man sich die laufenden operativen Prozesse detaillierter ansehen. Dabei kann man z. B. einen typischen Arbeitsablauf dokumentieren, um sichtbar zu machen, was gut läuft, wo es Engpässe gibt und was zu verbessern wäre. Es ist hilfreich, verschiedene Abteilungen eines Unternehmens in solche Workshops einzubeziehen, um besser analysieren zu können, wie interne Informationsflüsse verlaufen. So kommt man darüber ins Gespräch, welche Probleme oder Schwierigkeiten in der Projektabwicklung wiederholt auftreten. Wir stellen zunächst eine Liste von Problemzonen auf und entwickeln daraus eine Liste erwünschter Veränderungen. Erstrebenswert ist, für jedes Problem die ideale Lösung zu finden. Dabei sprechen wir noch nicht von irgendwelchen spezifischen BIM-Aktivitäten.

- **Thema Nr. 1: Planungsqualität verbessern**

  Problem: langsame (ineffiziente), unstrukturierte (jeder arbeitet auf seine eigene Art) Prozesse. Es wird zu viel Unnötiges modelliert.

  Lösung: Strukturierung und Integration von Richtlinien. Unterstützung und Überwachung des Managements.

- **Thema Nr. 2: Information und Kommunikation**

  Problem: Informationen werden mehrfach generiert und gehen verloren. Problemzonen sind die Schaltstellen zwischen Planung und Ausführung sowie zu externen Partnern.

  Lösung: zentrale, konsistente (gleichbleibende) und greifbare Daten.

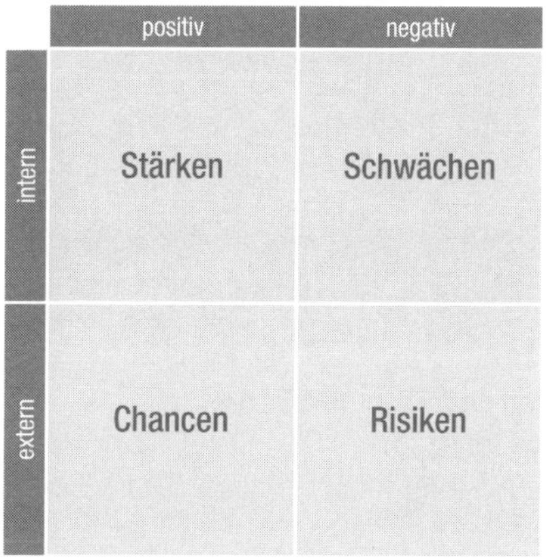

Abbildung 104: Die SWOT-Analyse

Die *SWOT*-Analyse

Manchen Organisationen hilft auch eine *SWOT*-Analyse weiter. Dabei geht es um das Erkennen von Stärken (***s**trengths*), Schwächen (***w**eaknesses*), Chancen (***o**pportunities*) und Risiken (***t**hreats*). Diese Analyse zeigt das Für und Wider einer Einführung von BIM innerhalb der Organisation auf, sie richtet den Blick auf Chancen im Markt und Gefahren, die von Wettbewerbern oder anderen externen Faktoren ausgehen. Auf diese Weise gewinnt man einen objektiveren Blick dafür, welche Effekte durch die Implementierung von BIM im Unternehmen möglich sind. Zugleich wirkt man interner Skepsis entgegen und fördert eine einheitliche Sichtweise innerhalb des Managements.

1.4 BIM-Einsatz

Der letzte analytische Schritt ist die Auflistung der ausgemachten Ziele und Erwartungen, wobei man diese spezifischen Themen zuordnet. Dabei geht es darum zu erkennen, welchen Bedürfnissen allenfalls mittels BIM-Anwendungen gedient werden kann. Erkennt man in BIM einen hilfreichen Prozess, kann eine Liste wünschenswerter BIM-Anwendungen aufgestellt werden.

Ziel	Thema	BIM-Anwendung
Raschere Umsetzung von Entwurfsänderungen	Planungskontrolle	Modell Check
Planungskoordination zwischen allen Projektteams		
Reduktion von Fehlern in Zeichnungen		
Verbesserungen bei Kommunikation und Informationsaustausch	Koordination und Kommunikation	Gemeinsame Datenumgebung
Strukturierte Arbeitsabläufe		
Fortschrittsberichte		

Abbildung 105: Beispiel Definition der gewünschten BIM-Anwendung aus der allgemeinen Zeile

2. Was? (Zielsetzung)

Der zweite Schritt der BIM-Strategie-Entwicklung beinhaltet die gemeinsame Ausarbeitung von Zielen und die grobe Projektierung von Prozessen, Standards und Richtlinien, die notwendig sind, um diese Ziele zu erreichen.

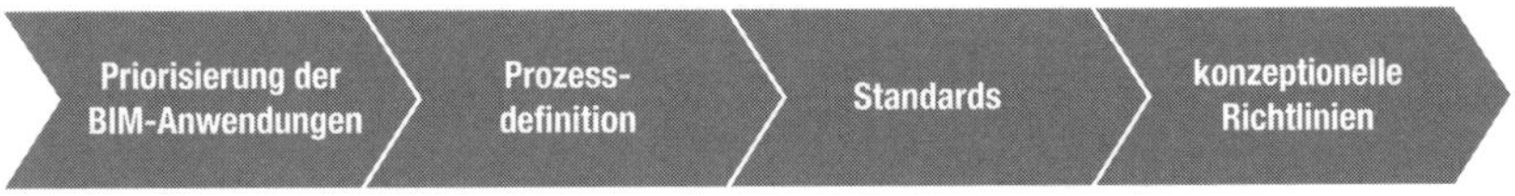

Abbildung 106: Vier Schritte, um den Soll-Stand zu definieren

2.1 Aufstellung der BIM-Anwendungen

In diesem Schritt können wir damit beginnen, die BIM-Anwendungen zu priorisieren. Ansetzen kann man bei dem, was für das Unternehmen am dringendsten oder am wertvollsten ist. Ebenso gut kann man sich fragen, welche BIM-Anwendungen die Organisation am ehesten einsetzen kann. Kontraproduktiv ist es, komplexe BIM-Prozesse aufzusetzen und auszuprobieren, ohne dass die dazu notwendigen Ressourcen zur Hand wären. Das Unternehmen sollte sich die tief hängenden Früchte vornehmen, die leicht zugänglichen BIM-Anwendungen, und sich dann, im Zuge wachsender Erfahrung und Befähigung, Schritt für Schritt weitere Anwendungen erschließen.

BIM-Anwendungen	2017	2018	2019	2020	2021
Modellierung des Ausgangszustands	–	–	√	√	√
Datenmodellierung (COBie)	–	–	√	√	√
Kostenkalkulation (QTO)	–	√	√	√	√
Phasen-/Bauablaufplanung (4D)	–	√	√	√	√
Programmierung	–	–	√	√	√
Baugrunduntersuchung	–	–	√	√	√
Entwurfskontrollen	√	√	√	√	√
Entwurfserstellung/-Modellierung (3D)	√	√	√	√	√
Entwurfserstellung (2D-Zeichnungserstellung)	√	√	√	√	√
Bauingenieurtechnische Untersuchung	–	–	√	√	√
Gebäudetechnische Untersuchung (Energie, Beleuchtung)	–	√	√	√	√
Umweltfreundlichkeits-/Nachhaltigkeitsuntersuchung (LEED)	–	–	–	√	√
Modellverifizierung (Qualitätssicherung/-kontrolle)	√	√	√	√	√
Kollisionserkennung und 3D-Koordination	√	√	√	√	√
Visualisierung	–	√	√	√	√
Baustelleneinrichtungsplanung	–	–	–	√	√
Entwurf Konstruktionssystem	–	–	√	√	√
Digitale Fertigung (Extrahierung von Konstruktionszeichnungen)	–	–	√	√	√
Fortschrittsberichte	–	–	–	√	√
Istzustandsmodellierung	–	–	–	√	√
BIM-Einsatz auf der Baustelle	–	–	–	√	√
BIM-Einsatz in Gebäudeunterhaltung und Anlagenverwaltung	–	–	–	√	√

Abbildung 107: Beispiel BIM-Anwendungsroadmap (Priorisierung)

2.2 Prozessdefinition

Nach Analyse der gegenwärtigen Arbeitsabläufe und Festlegung künftiger BIM-Anwendungen geht es um die grobe Konzeption der zielführenden Prozesse. Dabei können sowohl interne Qualitätssicherungsprozesse unter die Lupe genommen werden als auch – in größeren Projekten – *Workflows* der kollaborativen Arbeit, des Modelltransfers und der Koordination. Jedoch kann man sich im Strategiedokument darauf beschränken, die Prozesse relativ grob und allgemein gefasst zu definieren.

2.3 Standards

Wo immer möglich, sind vorhandene internationale und nationale Normen zu beachten. Wir wollen das Rad nicht neu erfinden. Normeinhaltung gewährleistet einheitliche Standards und erleichtert die Definition von Prozessen durch die Verwendung allgemein anerkannter Begriffe.

2.4 Konzeptionelle Richtlinien

Ein Strategiedokument lässt sich zu unternehmenseigenen BIM-Richtlinien weiterentwickeln, um den Nutzer spezifischer anzuleiten. Unternehmenseigene BIM-Richtlinien sind ein eigenständiges Dokument, das für gewöhnlich in einem späteren Stadium der BIM-Implementierung (vielleicht erst nach Durchführung eines ersten Pilotprojekts) aufgestellt wird. In der Phase der Strategie-Entwicklung, um die es hier geht, genügt es, „konzeptionelle" (Überblicks-)Richtlinien vorzugeben, um sichtbar zu machen, wie relevante Standards, Prozesse und Technologien zu implementieren sind.

3. Wie? (Vorgehensweise)

Abbildung 108: Vier Schritte, um das Vorgehen zu planen

3.1 Allgemeine Kompetenzbewertung (Ist / Soll)

Ein wichtiger nächster Schritt der Strategie-Entwicklung ist die Einschätzung der in der Organisation vorhandenen BIM-Kompetenzen. Sie hilft dabei, Stärken und Schwächen zu benennen, und zeigt Lücken auf, die geschlossen werden müssen.

Es gibt verschiedene frei verfügbare oder im Handel angebotene Ressourcen, die man nutzen kann, um die eigene BIM-Kompetenz einzuschätzen. Eines der ersten Werkzeuge, das auf den Markt kam, war das vom *US National Institute for Building Sciences* 2007 vorgestellte *Interactive Capability Maturity Model* (I-CMM). 2012 veröffentlichte die *CIC Research Group* an der

Staatlichen Universität von Pennsylvania zusammen mit der zweiten Version ihres *BIM Execution Planning Guide* die *BIM Maturity Matrix*.[44]

Die *BIM Maturity Matrix* benennt sechs Kompetenzbereiche:

- Strategie
- BIM-Anwendungen
- Prozess
- Information
- Infrastruktur
- Personal

Die **BIM-Kompetenzbewertung** ist ein Mittel zur Selbsteinschätzung der eigenen BIM-Befähigung. Dieses Werkzeug gibt es in vielen Varianten. Die meisten erstellen eine Ist-/Soll-Einschätzung der Voraussetzungen bzw. Befähigungen zum Umgang mit BIM, vergleichen also Zielstellung und aktuellen Stand. Diese Einschätzung kann auf individueller/ personenbezogener, projektorientierter oder unternehmensweiter Ebene erfolgen.

Ausgehend von einem einfachen Selbsteinschätzungsfragebogen ergibt die *Maturity Matrix* ein Spinnendiagramm, das das Ist- und Soll-Kompetenzprofil der Organisation grafisch darstellt.

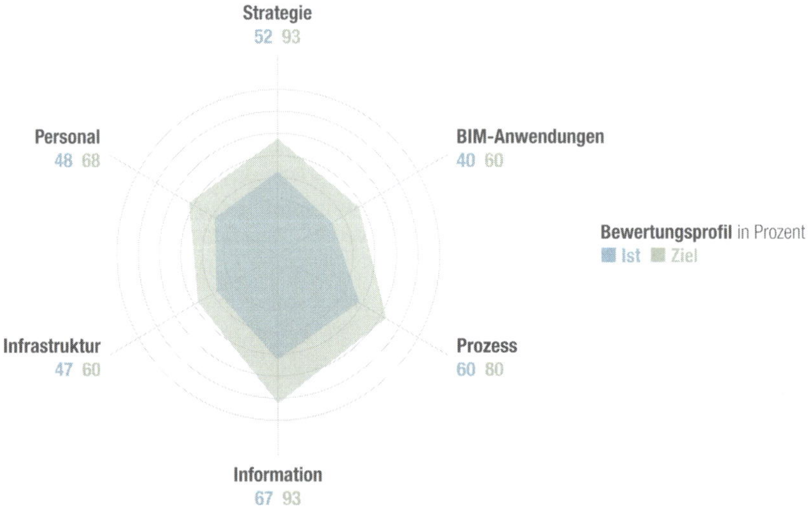

Abbildung 109: Kompetenzprofil

So gewinnt man eine visuelle Darstellung (Fußabdruck) des Kompetenzprofils des Unternehmens, mit deren Hilfe sich Schwachstellen ebenso identifizieren lassen wie Kernbereiche, auf die es ankommt, um die gesetzten Ziele zu erreichen.

Es kann sich als hilfreich erweisen, zusätzlich zur internen Einschätzung eine Partner-Organisation, mit der man regelmäßig zusammenarbeitet, um eine Kompetenz-Einschätzung zu bitten. Dieses Vorgehen versetzt Partner-Organisationen in die Lage, ihre Kompetenzen abzugleichen, um zu einer gemeinsamen Schwachstellen-Analyse zu gelangen, woraus sich die

44 Dieses Dokument ist unter http://bim.psu.edu/ frei verfügbar.

Chance ergibt, Defizite innerhalb der einen Organisation durch Stärken der anderen auszugleichen.

3.2 Soft- und Hardware (Infrastruktur)

Geht es darum, BIM-Anwendungen auszuwählen, so ergibt sich naturgemäß eine Diskussion über Kompetenzen sowie Soft- und Hardware-Anforderungen. Sobald man sich für bestimmte BIM-Anwendungen entschieden hat, ist zu fragen: Besitzen wir die nötige Soft- und Hardware, um diese Anwendungen nutzen zu können, und genügend einschlägig geschulte Mitarbeiter?

Die Auswahl der richtigen Software ist ein riesiges Thema für sich. Es ist wichtig, sich die Zeit für eine eingehende Analyse zu nehmen. Auf basalem Niveau kann dies ein schlichter Preis- / Leistungscheck sein, doch idealerweise schaut man sich die in Frage kommende Software gründlicher an und untersucht auch ihre Nutzbarkeit, die Verfügbarkeit von Anwendern auf dem Arbeitsmarkt, ihre Interoperabilität mit anderen Tools und ihre Kompatibilität mit Programmen, die im Haus bereits verwendet werden.

3.3 Personelle Ressourcen

Führt man neue Technologien und Prozesse ein, so braucht man auch neue Fähigkeiten, sei es in der Anwendung einer bestimmten Software oder im Management und der Koordination von BIM-Prozessen. Damit stellt sich die Frage, ob man vorhandenes Personal entsprechend schulen oder bereits ausgebildete Fachleute einstellen soll.

Es bringt klare Vorteile mit sich, Fachleute einzustellen, die Erfahrung in der Anwendung der erforderlichen Software mitbringen oder bereits eine Reihe von BIM-Projekten erfolgreich abgewickelt haben. Die Rekrutierung erfahrenen Personals kann Zeit und Geld für Schulungsmaßnahmen einsparen und dafür sorgen, dass die Organisation einen Blitzstart hinlegt. Erfahrene Leute können den Prozess innerhalb des Unternehmens anleiten (Lernfehler minimieren) und Mentoren für andere Teammitglieder sein. Es ist jedoch nicht immer leicht, BIM-kompetente und -erfahrene Mitarbeiter zu finden.

Über die Schulung vorhandenen Personals lässt sich viel sagen. Zunächst sichert die Ausbildung der eigenen personellen Ressourcen, die mit dem Unternehmen und seinen projektbezogenen Arbeitsabläufen vertraut sind, Kontinuität. Noch wertvoller als technische Befähigung ist die in Projekten und innerhalb der Firma gesammelte Erfahrung der Beschäftigten.

Geht es schließlich um die Frage, ob man einen neuen Mitarbeiter mit technischem Software-Wissen, aber wenig Projekterfahrung einstellen oder einen vorhandenen mit guter Projekterfahrung, aber wenig technologischem Know-how schulen soll, so würden wir in so gut wie jedem Fall Letzteres empfehlen. Bei BIM geht es zuallererst um Projektarbeit. Den Umgang mit einer neuen Software kann man jemandem beibringen, Projekterfahrung nicht.

Dies verdeutlicht ein Dialog, der zwischen dem Finanzchef und dem CEO einer großen Organisation stattgefunden haben soll:

- *Finanzchef:* Was passiert, wenn wir in die Weiterbildung unserer Leute investieren und sie uns hinterher den Rücken kehren?
- *CEO:* Was passiert, wenn wir es nicht tun und sie bleiben?[45]

3.4 Der Implementierungsroadmap

Ein Implementierungsroadmap ist der letzte Schritt und das logische Ergebnis der strategischen Überlegungen. Sie erfasst die strategischen Schlüsselziele an einer Zeitleiste angeordnet und muss konkrete Meilensteine für die Unternehmenspolitik (grundsätzliches Vorgehen), die Entwicklung von Leitlinien, den Personaleinsatz und die Personalschulung, die Technologie sowie die vorgesehenen BIM-Anwendungen und -Projekte setzen.

Aktivitäten	Terminplan (Monate)											
	1	2	3	4	5	6	7	8	9	10	11	12
Dokumentation												
Unternehmensspezifische Verfahrensweisen	■	■	■	■								
Projektleitlinien			■	■	■	■				■	■	
Richtlinien					■	■						
Personal												
Vorstellung der BIM-Strategie		■										
Management-Training			■									
Software-Schulung						■		■				
Technischer Workshop							■					
Technologie												
Bedarfseinschätzung		■										
Überprüfung von Soft- und Hardware			■	■	■							
Implementierung von Soft- und Hardware						■						
Anpassung von Soft- und Hardware									■			
Projekte												
Erste Projekte						■	■	■	■			
Zweites Pilotprojekt											■	■
Projekte (Planungsphase)												
Projekte (Bauausführungsphase)												

Abbildung 110: Vereinfachte Implementierungsroadmap

45 Quelle: www.peterbaeklund.com.

5.3 Von der Vision zur Implementierung

Die Implementierung von BIM verlangt sowohl ein Vorgehen von oben nach unten als auch eines von unten nach oben. Von oben nach unten verläuft die strategische Planung, wie sie im vorigen Abschnitt beschrieben wurde. Dagegen ist der Testlauf dieser Strategie in Form von Pilotprojekten zur Verbesserung und Verfeinerung der strategischen Vision ein von unten nach oben wirkender Prozess.

Die Reise beginnt mit der Erfassung einer strategischen Vision und der Entwicklung einer Roadmap zum Erreichen der gesetzten Ziele. Zu Beginn verfügen wir nicht über ein fertiges Bild dessen, was am Ende herauskommen wird. Wir haben zunächst nur eine eingeschränkte Sicht der Dinge, die uns perspektivisch lediglich erlaubt, als mehr oder weniger begründete Vermutungen anzustellen. Implementieren wir unsere Vision vorsichtig in ein Pilotprojekt, so können wir sie testen und erweitern. Das bestätigt uns, was wir richtig gemacht haben, und verhilft zur Korrektur von falschen Annahmen, denen wir womöglich aufgesessen sind.

Bei der Auswertung der Lektionen, die uns das Pilotprojekt gelehrt hat, können wir unsere BIM-Vision wieder aufgreifen und unternehmenseigene Richtlinien entwickeln, der sich mit gewachsener Erfahrung in einem zweiten Pilotprojekt umsetzen lässt. Auch aus dem zweiten Pilotprojekt werden wir Lehren ziehen, die wir wiederum in unsere Vision einarbeiten, woraus ein noch robusterer Leitfaden für das Unternehmen entsteht. Dies ist ein fortlaufender Prozess, der die Organisation in die Lage versetzt, ihre Leitlinien kontinuierlich weiterzuentwickeln und Projektkompetenz zu gewinnen.

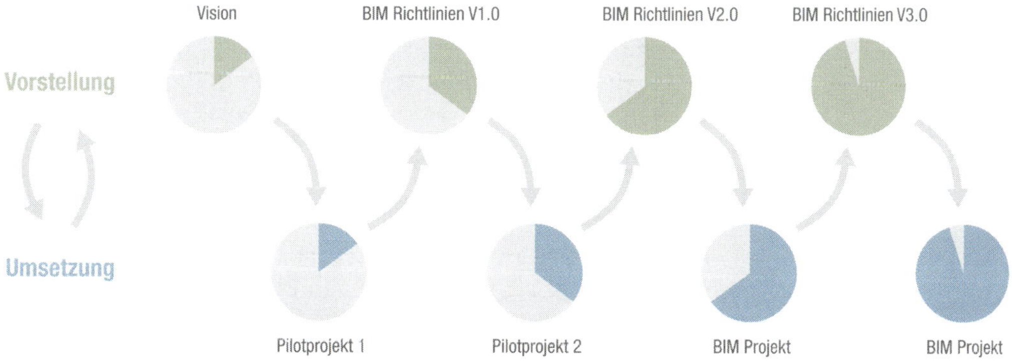

Abbildung 111: Die schrittweise BIM-Implementierung

5.3.1 Richtlinien

Das BIM-Strategiedokument benennt die Vision und gibt die grundsätzliche Richtung vor, während BIM-Richtlinien die Vision in gangbare Schritte umsetzen. Der Leitfaden gibt die tägliche Arbeit innerhalb einer Organisation vor: Er ordnet Rollen und Verantwortungsbereiche zu, definiert Arbeitsabläufe und beschreibt die technische Infrastruktur. Der Leitfaden ist sowohl „Benutzerhandbuch" als auch Plan für die Projektabwicklung. Näher eingehen werden wir auf den BIM-Leitfaden in Kapitel 7: „Arbeitsabläufe in BIM".

Beizeiten anfangen

Manche Unternehmen warten mit der Implementierung von BIM, bis sie ein erstes Projekt hereinnehmen, das den Einsatz von BIM erfordert. Das mag pragmatisch erscheinen: Man schont seine Ressourcen und kann die Implementierungskosten in die Projektkosten einpreisen. In Wirklichkeit jedoch kann dieses Vorgehen das Projektteam gefährlich ins Schlingern bringen und auf lange Sicht die Nutzung von BIM in der Organisation in Frage stellen.

Wie am Anfang dieses Kapitels dargestellt, bringt die Einführung neuer Technologien und Prozesse unweigerlich vorübergehende Produktivitätseinbußen mit sich. Es gibt kein „Fertig-BIM", und man muss für die fortlaufende Feinjustierung und das Lernen durch Versuch und Irrtum zusätzlichen Zeitaufwand einplanen, wenn man BIM an die Bedürfnisse der eigenen Organisation optimal anpassen möchte. Dies gilt zunächst im technologischen Bereich, wo es erforderlich ist, Software anzupassen, damit sie den unternehmenseigenen Prozessen und Vorgaben entspricht. (Objekt-Bibliotheken, die Art der Schichtendarstellung und Plot-Einstellungen, Textfelder und Beschriftungen, Ansichtsfilter, Zeitpläne und Farbvorschriften für Zeichnungen müssen samt und sonders geklärt sein, ehe man mit der Projektarbeit beginnt.) Erst recht braucht man zusätzliche Zeit für das Aufsetzen von Prozessen: Rollen, Verantwortungsbereiche und Vorgaben für innovative BIM-gesteuerte Arbeitsabläufe müssen neu bestimmt werden.

Wer auf ein BIM-Projekt wartet, um BIM erst dann zu implementieren, setzt sein Projektteam unangemessenem Druck aus. Die Mitarbeiter werden sich dann gerade so über Wasser halten können und schwer zu kämpfen haben, um auch nur minimale BIM-Anforderungen zu erfüllen. Darunter wird aller Wahrscheinlichkeit nach die Projektabwicklung leiden, und man wird es versäumen, die Früchte zu ernten, die BIM dem Geschäft eintragen könnte.

5.3.2 Pilotprojekte

Pilotprojekte sind in vielerlei Hinsicht nutzbringend. Plant man ein solches Projekt, kommt es darauf an, Funktion und Zweck zu definieren, sich über die erforderlichen Ressourcen klarzuwerden und abschließend Wert und Erfolg der Aktion zu bemessen.

Mit einem Pilotprojekt kann man u. a. folgende Ziele verfolgen:

- neue Software testen oder technische Fähigkeiten ausbauen
- neue interne Prozesse entwickeln
- eine unternehmenseigene Objekt-Bibliothek sowie Mustervorlagen, Leitlinien oder Nutzerhandbücher entwickeln
- den zusätzlichen Aufwand und / oder die möglichen Einsparungen durch den Einsatz von BIM quantifizieren
- die Planungsqualität eines laufenden / vorhandenen Projekts prüfen (Entwurfsprüfung bzw. -koordination).

Ein erstes Pilotprojekt sollte idealerweise keinem vertraglichen oder terminlichen Druck ausgesetzt sein. Es ist wichtig, sich klarzumachen, dass das Team *anfänglich* länger brauchen kann, um mit BIM dieselben Leistungen zu liefern wie unter Anwendung der herkömmlichen 2D-Methoden. Freilich wird die Effizienz zunehmen. In jedem Fall sollte das Pilotprojekt-Team Fehler machen und alternative Arbeitsweisen ausprobieren dürfen. Terminvorgaben und die Bürde, eine Dokumentation für die Verwendung im Projekt anlegen zu müssen, setzen das Pilotprojekt-Team unnötig unter Druck und belasten die Lern- und Entwicklungsphase.

Ein Pilotprojekt kann man auf verschiedene Art und Weise durchführen. Wir möchten drei mögliche Wege aufzeigen:

1. Abgeschlossenes Projekt

Bei dieser Herangehensweise modelliert man die Pläne eines bereits fertiggestellten Projekts retrospektiv. Ein großer Vorteil dabei ist, dass man Aufwand, Zeit und Kosten für die Herstellung der Projektdokumentation mittels herkömmlicher 2D-Methoden einerseits und BIM-Prozessen andererseits vergleichen kann. Dies funktioniert allerdings nur, wenn die Ressourcen, die für die Original-Dokumentation (2D) eingesetzt wurden, vollständig erfasst sind; hierauf ist also zu achten. Nebenbei kann man die fertiggestellte Dokumentation auf Planungsfehler überprüfen. Diese kann man sodann quantifizieren, um abzuschätzen, welches Einsparungspotenzial ein BIM-Einsatz im Projekt mit sich gebracht hätte.

2. Parallele Projektierung

In diesem Szenario beauftragt man ein kleines „BIM-Team“ damit, ein Projekt oder einen Teil eines Projekts zu modellieren und zu koordinieren, das sich gerade in der Planungsphase befindet. Das BIM-Team arbeitet im Gespann mit dem eigentlichen Projektteam, von dem es fertiggestellte 2D-Pläne übernimmt, um daraus ein Modell zu erstellen, das für Koordinierungs- und Entwurfsprüfungszwecke eingesetzt werden kann. Regelmäßige Koordinationsbesprechungen zwischen BIM- und konventionellem Projektteam dienen dazu, dieses parallele Vorgehen auszuwerten. Werden in BIM Korrekturen oder Verbesserungen vorgenommen, lassen sich aus dem Modell Übersichtszeichnungen generieren, die das Planungsteam seiner abschließenden Dokumentation beifügen kann.

Die parallele Projektierung ist eine gute Möglichkeit, sich zu geringen Kosten mit BIM vertraut zu machen. Ja, es werden dabei in gewissem Rahmen Aktivitäten doppelt durchgeführt, doch würden Arbeiten zur Entwurfskoordination so oder so anfallen. Und wenn kostspielige Fehler entdeckt und berichtigt werden, steigt die Kapitalrendite.

Ein Nachteil dieses Verfahrens ist, dass das BIM-Team dabei Terminvorgaben unterliegt. Dauert die Modellierung zu lange, hat das Planungsteam nichts davon. Dies begrenzt die Freiheit des BIM-Teams, mit der Software zu „spielen“, neue Funktionen zu erlernen und alternative Arbeitsweisen auszuprobieren.

3. Aktuelles Projekt

Manchmal muss ein reales Projekt als Pilotprojekt dienen. Dabei ist BIM die primäre Quelle der Projektdokumentation. Wie bereits erwähnt, empfiehlt sich dieses Verfahren nicht für ein erstes Pilotprojekt. In jedem Fall erfordert es eine Reihe von Vorsichtsmaßnahmen.

Zuerst sollte man das Projektteam personell erweitern, und zwar durch Mitarbeiter mit guter Modellierungskompetenz. Es gilt, für die Vorplanung des BIM-Prozesses genügend Zeit vorzusehen. Dazu gehört die Aufsetzung eines reduzierten BIM-Projektabwicklungsplans, in dem BIM-Anwendungen und Datenaustausch-Prozesse definiert werden (vgl. Kap. 7). BIM-Anwendungen sollten auf ein Minimum begrenzt und leicht umsetzbar sein. Wie ambitioniert die Erstellung von hochwertigen Plänen und 3D-Visualisierungen sowie die Koordinierung mit anderen Fach- oder Gewerkmodellen gerät, hängt davon ab, was man sich in einem ersten Projekt zutraut.

Man wird für jede Planungsphase mehr Zeit vorsehen müssen, als normalerweise erforderlich wäre. Die Grundlagen eines unternehmenseigenen BIM-Leitfadens sollten gelegt und greifbar sein, genau wie eine partielle Objekt-Bibliothek und erforderliche Mustervorlagen, Titulaturen usw. Ratsam ist es auch, eine Beraterfirma an der Hand zu haben, bei der man technische Unterstützung oder Nothilfe abrufen kann und die in die Modellierungsarbeiten einsteigt, falls das eigene Team in Zeitverzug zu geraten droht.

5.3.3 Schlusswort

BIM ist eine Investition, keine Geldverschwendung. Diese Investition generiert Rendite. Sofern man aber die Implementierung nicht vorab plant, sondern sich dabei von konkreten Projektanforderungen leiten lässt, läuft man Gefahr, in den falschen Bereichen zu investieren. Ein gut durchdachter strategischer Plan hilft, Kosten zu minimieren, BIM an die Kernprinzipien des Geschäfts anzupassen und für eine raschere Kapitalrendite zu sorgen.

Keine Organisation, die sich auf die Building Information Modelling einlässt, kommt umhin, als ersten Schritt eine BIM-Implementierungsstrategie zu entwickeln.

Gastbeitrag: BIM in der Tragwerksplanung

Hinrich Münzner
ist als geschäftsführender Gesellschafter bei Boll und Partner mit der Einführung und Entwicklung innovativer Planungsmethoden betraut. Zu seinen Tätigkeitsschwerpunkten gehören die Integration der Tragwerks- und Objektplanung von Ingenieurbauwerken in die kollaborative BIM-Planung. Als Referent und Autor ist er in Fachkreisen ein anerkannter und gefragter Ansprechpartner, der die BIM-Implementierung auf breiter nationaler und internationaler Ebene vorantreibt.

Building Information Modelling (BIM) hat sich im Bereich der Tragwerksplanung von der Piloteinführung hin zu einer verbreiteten Planungsmethode etabliert.

Im Bereich der öffentlichen Bauvorhaben fragen Bauherren bereits erste Projekte mit BIM-Planungsleistungen an. In Deutschland, mit der Veröffentlichung des „Stufenplan Digitales Planen und Bauen – BMVI" oder den „Vorgaben zur Anwendung der BIM-METHODIK V. 1.3" der Deutschen Bahn ist ein Definitionsprozess in der Projektabwicklung angelaufen. In den nächsten Jahren sind Planer gut beraten, an der Gestaltung der BIM-Planungsprozesse in Deutschland mitzuwirken, um Einflüsse aus dem Ausland auf den Wettbewerb und letztendlich unsere Planungskultur zu vermindern.

Viele Ingenieurbüros stehen vor der Frage, wie man sich der Thematik nähert.

Einstieg in BIM

Beim Einstieg in BIM wird von vielen Büros zunächst der massive Investitionsbedarf gesehen. Neue, leistungsstarke Computer, Programme oder Softwarepakete, Schulung der Mitarbeiter, Betreuung durch externe Dienstleister – und all das ohne derzeit absehbare Anpassungen in der Honorierung? Dennoch zeichnet sich ein radikaler Umschwung ab: wird es in zehn Jahren noch Büros geben, die klassisch per handschriftlicher Statik und 2D-CAD-System arbeiten? Beispiele zu solchen Umbrüchen in der Industrie gibt es viele, wie z. B. die Umstellung der Fotografie mit chemischer Entwicklung auf Digitalfotos oder von der Kassette zum MP3-Player.

Mit dem großen technologischen Gefälle zu anderen Planungsdisziplinen z. B. im Maschinenbau beschäftigt sich das Büro Boll und Partner bereits seit fast 20 Jahren. Der Einsatz von aufwändigen 3D-Programmen blieb aber zunächst Sonderprojekten vorbehalten. 2007 wurde man auf BIM aufmerksam, und im Jahr 2009 waren die BIM-Softwarewerkzeuge für die Bearbeitung von größeren Projekten schließlich so weit, dass erste Pilotprojekte angegangen werden konnten. Besondere Herausforderung war hier die komplexe

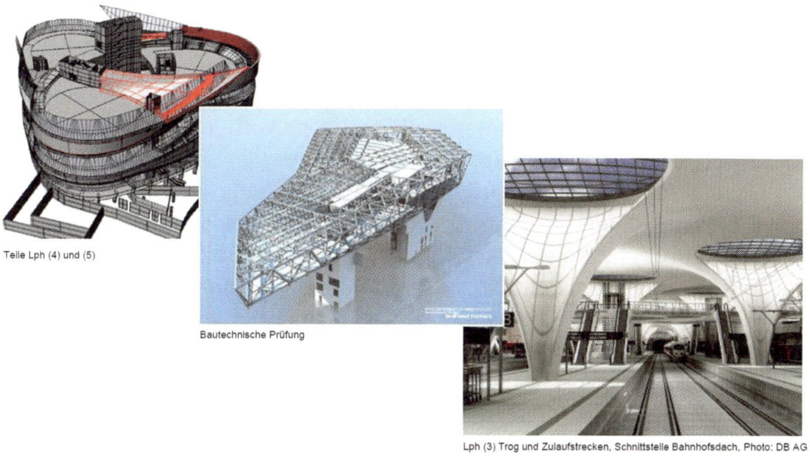

Quelle: Boll + Partner

Abbildung 112: Beispiele der 3D-Planung – keine durchgängige Datenhaltung

Gebäudegeometrie, die auch im konsistent abgeleiteten Berechnungsmodell 3D modelliert wurde – inklusive Freiformflächen. Die Softwarewerkzeuge der BIM-Planungsmethode in der Tragwerksplanung haben sich seitdem wesentlich weiterentwickelt, und stellen nun auch für „normale" Projekte ein starkes Planungswerkzeug dar.

Heute plant Boll und Partner ausnahmslos jedes Projekt mit BIM.

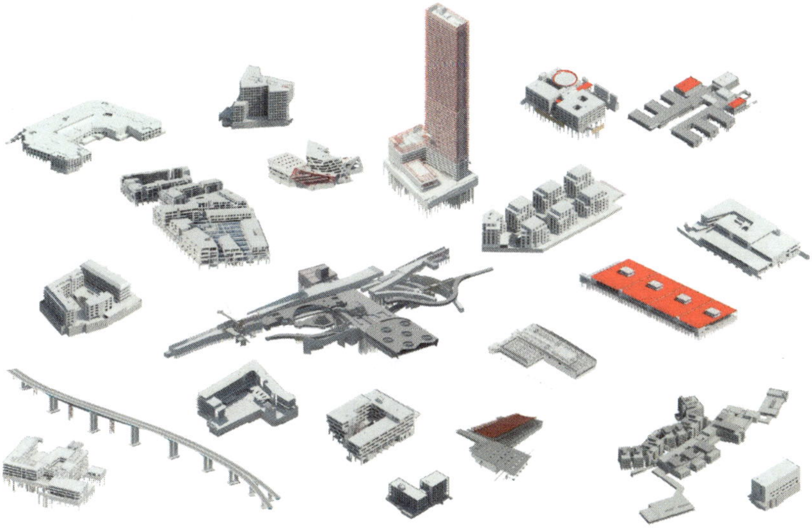

Quelle: Boll + Partner

Abbildung 113: Anwendungsbeispiele aus dem Hochbau

Die BIM-Methodik – Anpassung der Arbeitsprozesse

Beim Arbeiten im Sinne der BIM-Methodik steht eine konsistente Datenhaltung des Gebäudemodells im Mittelpunkt. Aus dem Gebäudedatenmodell werden die Planungsleistungen wie die statische Vorbemessung bis hin zur Ausführungsplanung entwickelt. Hierbei wird der Planungsfortschritt stets am Gebäudemodell fortgeschrieben, und gleichzeitig werden die enthaltenen Gebäudedaten mit Informationen, wie zum Beispiel den Nutzlasten oder Bewehrungsgehalten, ergänzt. Jeder Beteiligte hat über das Modell die Möglichkeit, konsistent die aktuellen Informationen abzurufen. Dies ist besonders von Vorteil für die Kapazitätsoptimierung bei der Bearbeitung. So können kleine, wie auch große Bauvorhaben jederzeit durch die Verwendung der „Multi-User-Bearbeitung“ durch Hinzunahme weiterer Bearbeiter beschleunigt werden. Die Methode erlaubt, auf kurzfristige Planungsanforderungen der Baustelle termingerecht reagieren zu können.

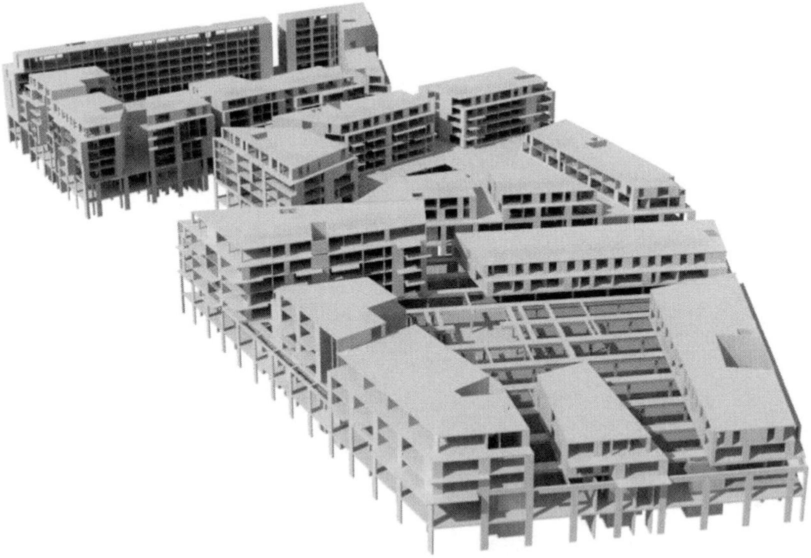

Quelle: Boll + Partner

Abbildung 114: Anwendungsbeispiel – Bearbeitung im Multi-User-Verfahren

Terminkontrolle und Planmanagement

Mit der wachsenden Komplexität und Größe der Bauvorhaben wird die transparente Abstimmung und Überprüfung der Terminsituation zunehmend relevant. Hier kann es schnell dazu kommen, dass die Kommunikation über den Stand der Planung einen wesentlichen Zeitanteil der Bearbeitung einnimmt. Der kritische Pfad in der Bearbeitung, Planfreigabe und Ausführung wird in der analogen Planlaufverfolgung zu Planpaketen vereinfacht, die zum Teil ganze Gebäudeteile umfassen. Durch die Verwendung des BIM-

Gebäudemodells kann der Planfreigabestand transparent kommuniziert und eine detaillierte Terminplanung bis hin zum Arbeitstakt der Baustelle aufgebaut werden. Dadurch kann stets nach der Anforderungspriorität der Baustelle gearbeitet und die Planfreigabe herbeigeführt werden. Gleichzeitig wird durch die Planverknüpfung der Bauteile die Qualitätssicherung des Planversandes um die visuelle Überprüfung der Vollständigkeit des Planversandes am Gebäudemodell ergänzt.

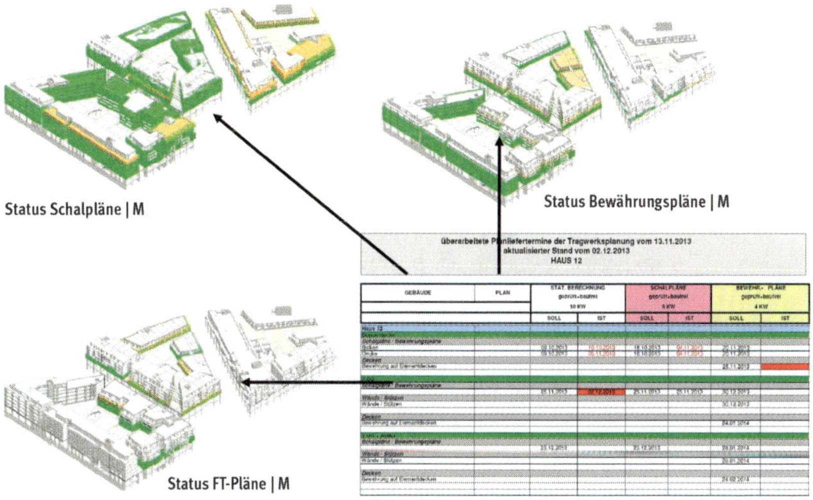

Quelle: Boll + Partner

Abbildung 115: Verknüpfung der Planfreigabe und Planliefertermine mit dem BIM-Modell

Schnittstellenproblematik – TGA-Planung in der konventionellen Arbeitsweise

Die Planungskoordination zwischen der TGA, Tragwerksplanung und Architektur läuft in der konventionellen Arbeitsweise nicht immer optimal ab. Dies zeigt das Beispiel der Schlitz- und Durchbruchsplanung und deren Koordination zwischen den einzelnen Gewerken. Diese erfolgt in den meisten Fällen währen der gesamten Planungsphase ausschließlich über die 2D-Werkplanung des Architekten. Eine Validierung der kollisionsfreien Planung erfolgt über eine Sichtprüfung von „einfachen“ Linien, ohne weiterführenden technischen Informationsgehalt – mit den bekannten Problemen. Diese Art der Prüfung und der Koordination ist unübersichtlich, umständlich und missverständlich. Fehler werden zu spät oder gar nicht erkannt. Diese Arbeitsweise führt auch bei der Tragwerksplanung immer wieder zu Problemen, beispielsweise wenn es um die termingerechte Erstellung der Nachweise für die Standsicherheit des Gebäudes oder die Schal- und Bewehrungsplanung geht. Statisch relevante Durchbrüche werden zu spät erkannt und kommu-

TGA (Technische Gebäudeausrüstung) ist ein deutscher Begriff für Gebäudetechnik (also Heizungs-, Lüftungs-, Elektro- und Sanitärsysteme).

niziert. Dies stellt vor allem unter dem Aspekt der baubegleitenden Planung ein großes Problem dar – Pläne können nicht freigegeben werden, es kommt zu Bauverzögerungen auf der Baustelle. Eine Schuldzuweisung an den Architekten, den TGA-Planer oder den Tragwerksplaner ist mit Sicherheit der falsche Ansatz. Das Problem liegt nicht am einzelnen Gewerk. Das Problem liegt schlichtweg an der veralteten Arbeitsweise und an den umständlichen Kommunikationswegen, die diese Arbeitsweise mit sich bringt.

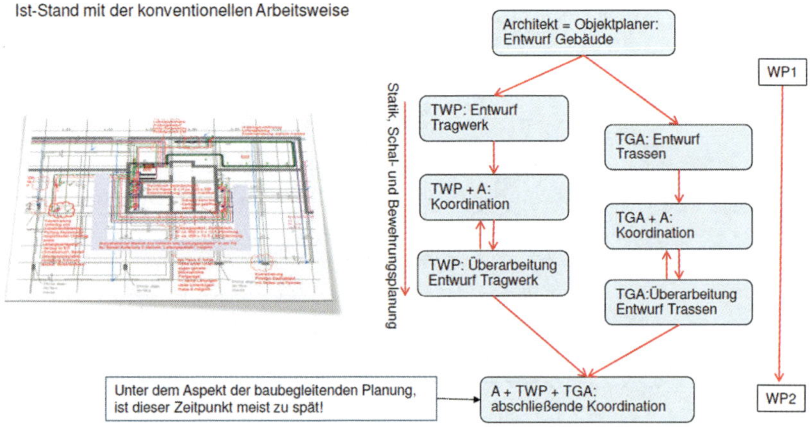

Quelle: Boll + Partner

Abbildung 116: Koordinationsplanung in der TGA – konventionelle Arbeitsweise

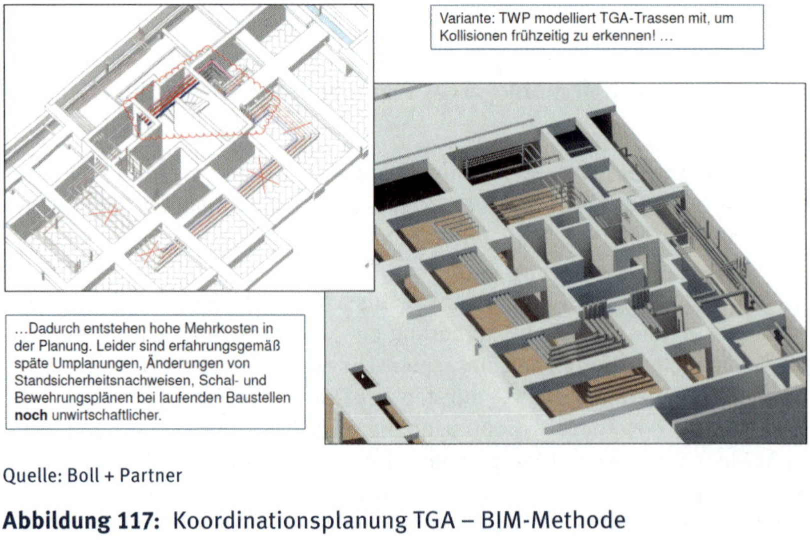

Quelle: Boll + Partner

Abbildung 117: Koordinationsplanung TGA – BIM-Methode

Integrale Planung und Planungskoordination anhand des BIM-Modells

Die Anforderungen an das Gebäude hinsichtlich Energieeffizienz, Klimatisierung und Brandschutz nehmen stetig zu. Die Vorhaltung von Installationsräumen für Trassen und Einbauten der Gebäudetechnik bedarf der intensiven Abstimmung zwischen den Fachgewerken.

Die Koordination der Fachgewerke kann unter Verwendung der BIM-Methode effektiv gestaltet und nachvollziehbar dokumentiert werden. Vorteilhaft ist eine zum Projekt-Kickoff vereinbarte Modellierungsrichtlinie zwischen den Planungspartnern, um eine in Teilen automatisierte Kollisionsprüfung zu ermöglichen. In den Planungsbesprechungen werden am Koordinationsmodell die an Kollisionspunkten erforderlichen Lösungen gemeinsam entwickelt. Die Bearbeitung ist insbesondere durch das gegenseitige vertiefte Verständnis für die Anforderungen geprägt, welche Lösungsansätze außerhalb der bislang abgestimmten Grenzen ermöglicht. Die Installationsräume in den Zwischendeckenbereichen können so hocheffizient ausgelegt werden. Ein gutes Beispiel dafür ist das Krankenhausprojekt Marienhospital Stuttgart. Bei der Aufstockung des Sockelbauwerks war die Deckenhöhe durch das aufgehende Bestandsgebäude aus dem Jahr 1976 vordefiniert. Mit der integralen Planung am digitalen Modell konnte die hohe Installationsdichte ohne Einschränkungen der Deckenhöhen in dem vordefinierten Deckenraum installiert werden.

Quelle: Boll + Partner

Abbildung 118: Gemeinsames Planen der Fachgewerke am Koordinationsmodell

Vom BIM-Modell zur Berechnung

In der konventionellen Bearbeitung werden die Berechnung und die Erstellung der Planunterlagen in getrennten Programmen und anhand unterschiedlicher Datensätze durchgeführt. Diese „Doppelbearbeitung" kann durch die BIM-Methode mit einem gemeinsamen, konsistenten digitalen Modell entfallen. Gleichzeitig trägt die Verwendung der gemeinsamen Datenbasis des Gebäudemodells zur Fehlervermeidung und verbesserten Qualitätssicherung der Planung bei. Die offene Softwarearchitektur der BIM-Programme erweist sich dabei von großem Vorzug. Alle Informationen und Berechnungsschritte können innerhalb der Datenbank transparent nachvollzogen und auch automatisiert werden.

Im Leistungsbild der Tragwerksplanung steht die Erstellung der statischen Berechnungen an zentraler Stelle. Die Berechnung und Bemessung der Bauteile für Standsicherheit und Gebrauchstauglichkeit ist Ausgangspunkt für die Erstellung der Schal- und Bewehrungspläne für die Bauausführung.

Dieser wesentliche Teil setzt sich aus folgenden Teilbereichen zusammen:

- prüfbarer Lastabtrag
- überschlägige Bauteildimensionierung (Festlegung der Hauptabmessungen)
- Überprüfung des Aussteifungskonzepts
- Gründung

Das Bauwerksinformationsmodell wird hierbei herangezogen, ein Berechnungsmodell abgeleitet und über direkte API-Schnittstellen an spezielle Statik-Software exportiert. In nur sehr wenigen Schritten steht dem Anwender ohne Eingabe redundanter Daten ein hochwertiges räumliches Finite-Elemente-Modell mit allen Möglichkeiten zur statischen Berechnung zur Verfügung. Bereits in einer frühen Phase der Planung ist dieses Vorgehen gängige Praxis und erzeugt einen erheblichen Mehrwert. In diesem Zuge können z.B. frühzeitig die Abtragslasten ermittelt und Aufschluss über die Gründungssituation gegeben werden. Dies stellt nicht nur für den Tragwerksplaner zur Abwägung von Entwurfsvarianten, sondern meist auch für den Bauherren und Architekten zu diesem Zeitpunkt der Planung einen erheblichen Mehrwert, auch in Bezug auf die Kostenschätzung, dar.

Die Entscheidungen von Bauherrn und Architekt können mit fundierten Plänen, Massen, gesicherten statischen Berechnungen und fotorealistischen Detailansichten z.B. zu Stützenstellungen, Parkgassen etc. unterstützt und beschleunigt werden. Gerade eng aufeinander abgestimmte Softwareprodukte wie z.B. Autodesk Revit und Sofistik Berechnungssoftware ermöglichen es, nahezu ohne Nacharbeiten aus dem digitalen Modell ein Berechnungsmodell zu erstellen. Über einen Zwischenschritt mit Excel oder die grafische Programmierschnittstelle Dynamo können die errechneten Lasten wieder in das Modell eingelesen und für den weiteren Prozess hinterlegt werden.

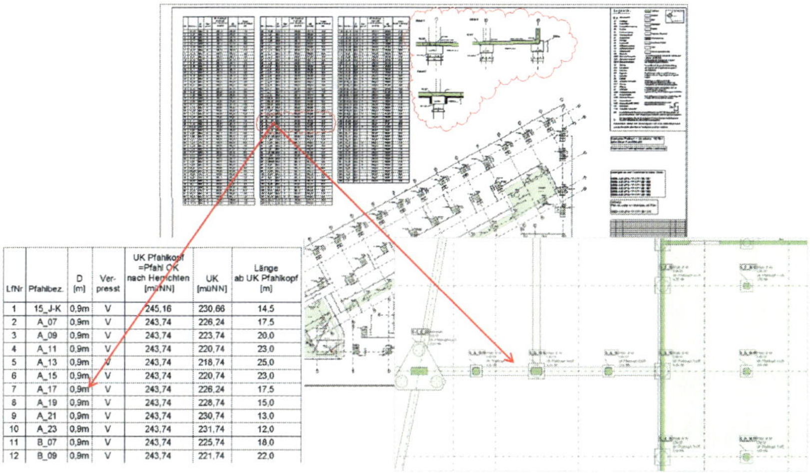

LfNr	Pfahlbez.	D [m]	Ver-presst	UK Pfahlkopf =Pfahl OK nach Herrichten [müNN]	UK [müNN]	Länge ab UK Pfahlkopf [m]
1	15_J-K	0,9m	V	245,16	230,66	14,5
2	A_07	0,9m	V	243,74	226,24	17,5
3	A_09	0,9m	V	243,74	223,74	20,0
4	A_11	0,9m	V	243,74	220,74	23,0
5	A_13	0,9m	V	243,74	218,74	25,0
6	A_15	0,9m	V	243,74	220,74	23,0
7	A_17	0,9m	V	243,74	226,24	17,5
8	A_19	0,9m	V	243,74	228,74	15,0
9	A_21	0,9m	V	243,74	230,74	13,0
10	A_23	0,9m	V	243,74	231,74	12,0
11	B_07	0,9m	V	243,74	225,74	18,0
12	B_09	0,9m	V	243,74	221,74	22,0

Quelle: Boll + Partner

Abbildung 119: Modell zur Berechnung: Zurückschreiben von Berechnungsergebnissen

Besondere Leistungen, wie die Sicherung gegen Erdbebenlasten, bisher oftmals Gegenstand eigenständiger paralleler Planungsprozesse, können so mit geringem Aufwand mit den genauesten Berechnungsansätzen – dem Antwortspektrumverfahren am räumlichen Gesamtmodell – erstellt werden.

In diesem Zusammenhang können Analysen bezüglich des Aussteifungskonzepts durch die Variation einzelner Bauteilabmessungen erfolgen. Durch die Parametrik der Bauteile im BIM können umfängliche Varianten verschiedener Modelle mit unterschiedlichen Bauteilabmessungen erstellt, exportiert, bemessen und gegenübergestellt werden.

Modell zur Berechnung des Lastabtrags: Workflow mit GebData

Ein wichtiger Ausgangspunkt für weitere Berechnungen ist die Ermittlung des vertikalen Lastabtrags eines Gebäudes. Räumliche Systeme beinhalten im Hinblick auf die Plausibilität und Prüfbarkeit von Lastabtragswerten ein gewisses Konfliktpotenzial. Der Lastpfad bei 3D-Systemen ist in hohem Maße von den Steifigkeiten der lastabtragenden Bauteile abhängig. Je nach Bandbreite dieser Steifigkeitsunterschiede weichen die Ergebnisse mehr oder weniger von den klassischen Ansätzen einer „Lasteinzugsfläche" oder dem Aufaddieren von Auflagerkräften einzelner Ebenen ab. Der räumliche Lastabtrag war bisher weitestgehend komplexen Systemen von z. B. Hochhäusern oder sehr unregelmäßigen Systemen in Erdbebengebieten vorbehalten, da hiermit auch die Aussteifungslasten errechnet wurden. Mit den überlegenen Möglichkeiten der Revit-Erweiterungen sind mittlerweile die Erzeugung, der Export und die Berechnung von Standardsystemen so effizient machbar, dass das Verfahren das Eingeben von Einzeldecken bei Boll und Partner bereits abgelöst hat

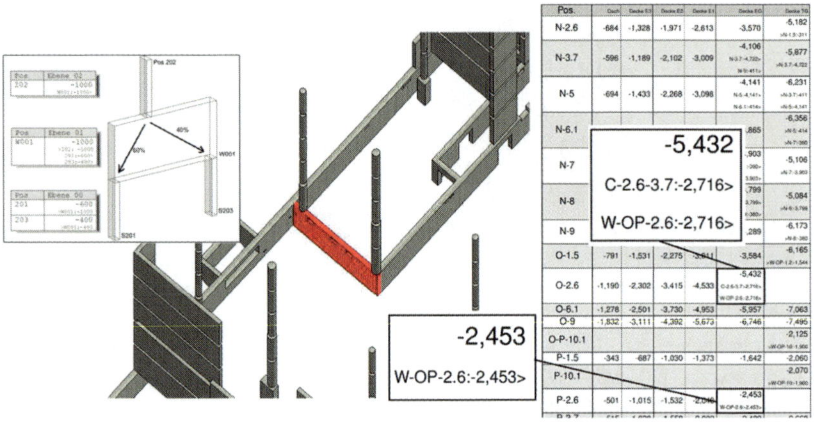

Quelle: Boll + Partner

Abbildung 120: Ebenenweise Positionsstatik – BIM-Modell

Die meisten Berechnungsverfahren für vertikale Lasten der vergangenen 200 Jahre beinhalten das lineare Aufsummieren der Lasten von Bauteilen aus den einzelnen Ebenen. Dieses Verfahren ist nach wie vor Standard für Vergleichsberechnungen und überschlägige Prüfungen und wird üblicherweise von Prüfingenieuren, Verbänden und Institutionen gefordert. Um dem Rechnung zu tragen und um den Lastabtrag auch aus einem 3D-System prüffähig zu machen, hat Boll und Partner die Funktionalität „GebData" programmiert. Ausgangspunkt ist das BIM mit einer konsequenten Bauteilbezeichnung. Diese zerlegt und berechnet ohne weitere Nutzerinteraktion das gesamte FE-Modell in Einzelebenen und fügt die Ergebnisse der Ebenen in einer separaten Datenbank zu einem neuen Lastabtrag zusammen. Durch die parallele Bearbeitung kann zwischen den Modellen ein Abgleich auf Plausibilität durchgeführt werden. So können die einzelnen Lastsummen je Ebene verglichen und z. B. mit den Geschossflächen verglichen werden. Die Ergebnisse der beiden Varianten differieren erfahrungsgemäß je nach Komplexität des Gebäudes.

Durch parallele Verfolgung zweier unterschiedlicher Lastabtragskonzepte ohne nennenswerten Mehraufwand in der Eingabe erhalten die Berechnungen zusätzliche Robustheit und Plausibilität bei gleichzeitiger Sicherstellung der Prüfbarkeit.

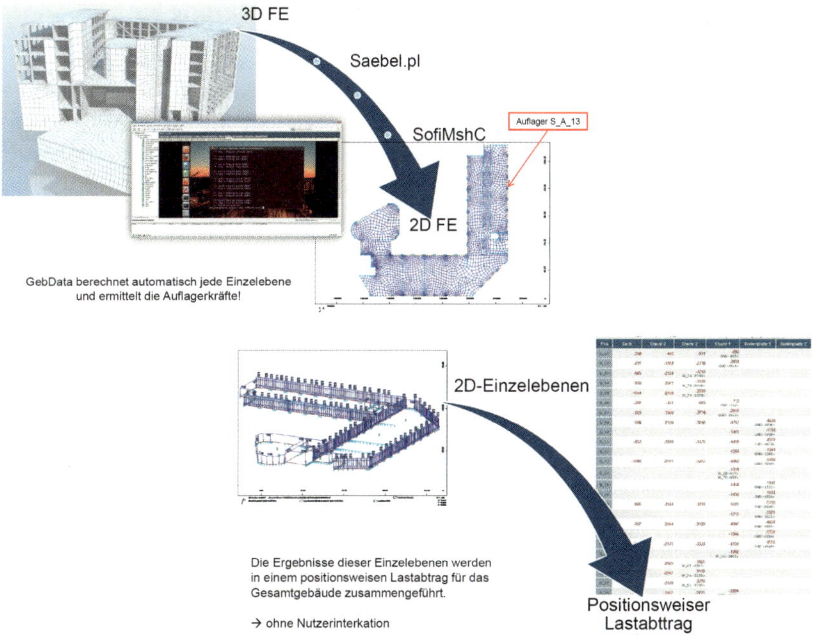

Quelle: Boll + Partner

Abbildung 121: Erstellung des „prüfbaren" Lastabtrags

2D-Berechnung	3D-Berechnung
• positionsweiser Lastabtrag • Deckenbemessung möglich • maßgebend für Stützenbemessung	• räumliche Stabilität • Abfangungen berücksichtigt • nichtlineare Effekte • Bauzustände • maßgebend für Wandbemessung
Nachteile	
• Änderungen müssen in jeder Ebene eingepflegt werden • Lastweiterleitung/Abfangungen müssen manuell berücksichtigt werden	• nur durch Vergleichsberechnungen prüfbar • hoher Modellier- und Rechenaufwand • Steifigkeitsunterschiede können zu unrealistischen Lastumlagerungen führen
Vorteile	
• Bewährtes ingenieurmäßiges Verfahren • prüfbare Ausgabe • gut skalierbar auf mehrere Mitarbeiter	• Lastsummen immer korrekt • Änderungen am System werden mit allen Auswirkungen berücksichtigt • in einem Rechenlauf wird alles bemessen

Quelle: Quelle: Boll + Partner

Abbildung 122: Gegenüberstellung des prüfbaren Lastabtrags 2D vs. 3D

BIM – durchgängig von der Idee bis zur Bauausführung

Für die Durchgängigkeit der Planung am Gesamtmodell sind die Fachgewerke Fassade, Metallbau und Stahlbau mit einzubeziehen. Bei Verwendung des BIM-Modells können frühzeitig die Schnittstellen und Leistungsgrenzen zwischen Fassade, Stahlbau und Massivbau abgestimmt und definiert werden. Einbauteile, welche im Leistungsumfang des Stahlbaus liegen, werden in das Gesamtmodell referenziert. So erscheint auf dem Schalplan lagegenau die Darstellung des Stahlbau-Einbauteils gemäß der Werkstattplanung des Stahlbauers. In der Arbeitsweise können ohne Mehraufwand Arbeitsräume für die Montage und Baustellenschweißarbeiten gemeinsam überprüft und optimiert werden.

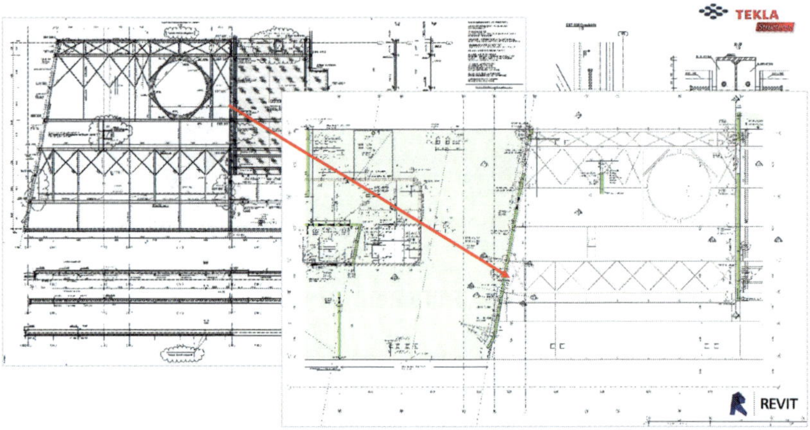

Quelle: Boll + Partner

Abbildung 123: Einbindung des Fachmodells Stahlbau – konsistente Datenbasis der Einbauteile

Fehlt das letzte und wichtigste Glied im Stahlbetonbau – die Bewehrungsplanung. Schnelle Änderungen in den Standsicherheitsnachweisen und den Schalplänen sind wertlos, wenn die Bewehrungspläne erst Wochen später geändert werden oder nicht stimmen. Die Gewichtung der Aufgabe, aussagekräftige und gewohnte Bewehrungspläne nebst Stahlauszügen zu erstellen, ist bei den einzelnen Herstellern unterschiedlich. Die komplette Bewehrungsplanung mit zigtausenden von Einzelpositionen in ein BIM-Modell zu integrieren und durchgängig hohe und fehlerfreie Qualität zu liefern – der letzte Schritt für innovative Büros.

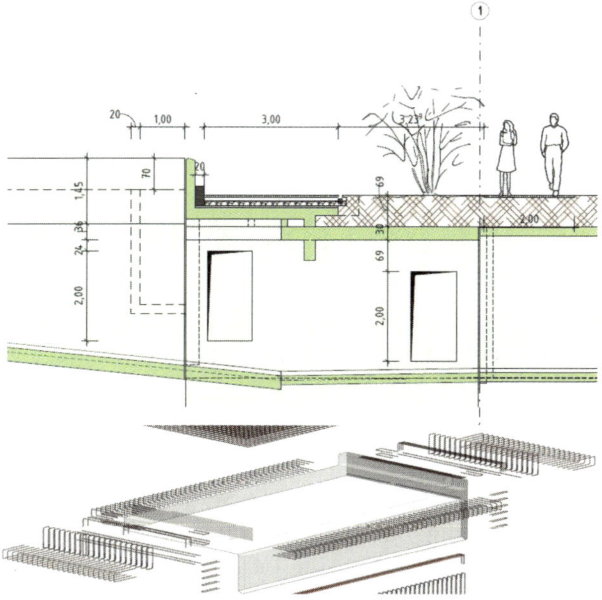

Quelle: Boll + Partner

Abbildung 124: Erstellen der Bewehrungspläne im Gesamtmodell

Digitales Planen bei Infrastrukturprojekten: the real „BIG BIM"

Bei Infrastrukturprojekten kommen häufig spezialisierte Programme, bspw. für die Verkehrswegeplanung, Entfluchtung oder Entrauchung, zur Anwendung. Diese Programme lassen sich nur sehr schwer in den BIM-Prozess integrieren, da sie häufig nicht objektbasiert arbeiten und sich dadurch nicht mit Attributen wie Kosten und Zeit verknüpfen lassen.

Dies erkannte auch das Planungsbüro Boll und Partner und wollte die bereits aus dem Hochbau bekannten Vorteile der BIM-Planungssoftware auf Infrastrukturprojekte übertragen. Hierbei entwickelten die Ingenieure und Konstrukteure verschiedene Workflows, um Modelle für Infrastrukturbauwerke in klassischer Modellierungssoftware zu erzeugen. Die ersten Projekte, u. a. auch die Tunnelmodelle des Knotenpunktes des Bauvorhabens Stuttgart21 (siehe Bild 125) wurden ausschließlich mit Bordmitteln über 3D-Profilkörper modelliert.

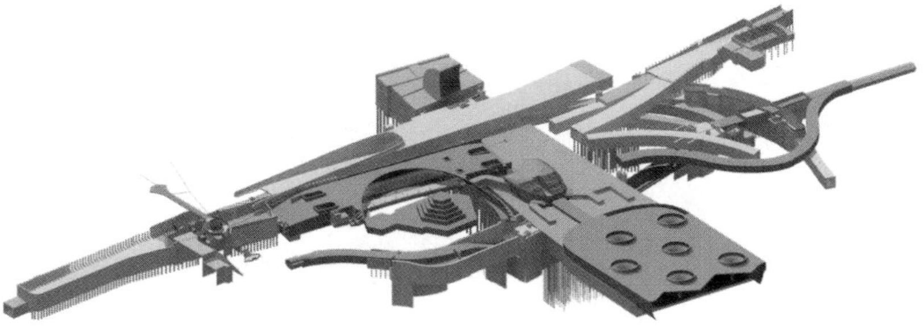

Quelle: Quelle: Boll + Partner

Abbildung 125: Das Koordinationsmodell des Knotenpunkts des Bauvorhabens Stuttgart21, modelliert mit Bordmitteln der BIM-Planungssoftware Autodesk Revit

Mit dieser Methode erwiesen sich die Planableitung sowie das Änderungsmanagement jedoch als aufwändig. Der Workflow wurde über die Integration von Civil Software deutlich verbessert. Die Tiefbau-Planungssoftware verfügt über vielfältige Modellierungswerkzeuge zur Erzeugung einer 3D-Volumengeometrie für Infrastrukturbauwerke. Somit lassen sich aus bestimmten Vorgaben, bspw. einer Klothoide und Gradiente, eine Tunnel- oder Brückengeometrie mit einer 100%igen numerischen Genauigkeit umsetzen (keine Annäherung mittels Splines oder Nurbs). Über den Import der Geometrie in die Hochbau-Modellierungssoftware und das Zuweisen der Bauteile an vorgesehene BIM-Objekte werden native Objekte erzeugt. In der Planungssoftware steht dem Anwender somit nicht mehr nur ein 3D-Körper zur Verfügung, sondern ein intelligentes Bauwerksinformationsmodell, welches nun um weitere planungsrelevante Attribute ergänzt werden kann.

Mit den Werkzeugen der BIM-Planungssoftware wird das Modell zu einem As-Planned-Modell weiterentwickelt. Bspw. werden mit MEP Rohre, Kabeltrassen oder Leitungsführungen modelliert. Eine der Herausforderungen dabei ist es, baustellentaugliche Schal- und Objektpläne aus dem Modell abzuleiten. Dabei kommen das über Jahre entwickelte BIM-Objekt und Beschriftungskonzept für den Hochbau zum Tragen. Dieses lässt sich nahezu nahtlos auf Infrastrukturprojekte übertragen. Durch das objektbasierte und bauteilorientierte Arbeiten am räumlichen Modell ist eine Berücksichtigung aller planungsrelevanten Randbedingungen bereits in einer frühen Phase gegeben. Die Vorteile sind dabei bedeutend. Beispielsweise kommt die automatische Erzeugung von Schnitten und Ansichten bei einem schief im Raum liegenden Modell, wie es bei einem Tunnelbauwerk der Fall ist, noch deutlicher zum Tragen als im Hochbau. Die Geometrie ist immer konsistent und muss nicht erst händisch aufwändig konstruiert werden, wie es in der konventionellen Arbeitsweise der Fall ist. Eine Änderung am Modell wirkt sich automatisch auf die gesamte Modell-Datenbank aus. Somit sind die

Quelle: Boll + Partner

Abbildung 126: Visualisierung der S2-Verlängerung Stuttgart–Filderstadt zur bürgernahen Aufbereitung der Projektinformationen

ausgegebenen Massen und Mengen sowie die abgeleiteten Schnitte und Ansichten zu jedem Zeitpunkt stimmig.

Vorteile der Hochbau-Modellierungssoftware bei der Planung von Infrastrukturvorhaben:

Alle Vorteile der Planungssoftware entsprechen dem Hochbau

- Ableiten von Schal- und Objektplänen für alle Planungsphasen sowie Baustelleneinrichtungs- und Baustellenlogistikplänen
- schnelle und exakte Ausarbeitung von Varianten und Bauphasen
- Integration von Leitungsdaten und -verlegungen
- Nutzung eines zentralen Datenmodells für Gelände, Bestandsbauwerke sowie neu zu erstellende Ingenieurbauwerke
- exakte Mengenermittlung z.B. von Konstruktionsbeton, Aushub und Verfüllmaterialien
- Planung und Visualisierung am räumlichen Modell
- Anbindung an das komplette Software-Produktportfolio z.B. für die Erstellung von 4D-Bauablaufsimulationen
- Schnittstellen zu Drittsoftware und offene API

Boll und Partner arbeitet gegenwärtig daran, den Workflow weiter zu verbessern. Über die visuelle Programmierschnittstelle Dynamo soll die Tunnelgeometrie aus bestimmten Vorgaben automatisch direkt in der Modellierungssoftware erzeugt werden können. Damit wäre ein durchgängiger BIM-Workflow auch im Hinblick auf Änderungen gegeben. Eine Änderung z. B. der Gradiente würde sich automatisch auf die gesamte Tunnelgeometrie auswirken. Das ist mit Sicherheit ein Schritt in die richtige Richtung. Denn auch die Deutsche Bahn setzt zukünftig auf BIM mit Autodesk Revit als Plattform. Eine der Herausforderungen wird es dabei sein, die Arbeitsweise BIM flächendeckend in den Ingenieur- und Planungsbüros einzuführen. Dies erfordert neben einer funktionierenden, zielgerichteten Software-Technologie auch ein Umdenken, Umstellen und Dazulernen aller am Projekt beteiligten Personen.

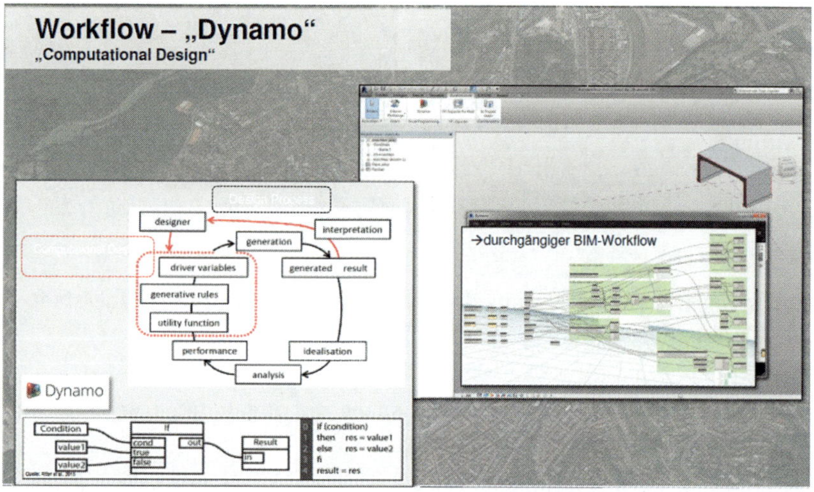

Quelle: Boll + Partner

Abbildung 127: Bei Boll und Partner wird in Zukunft die Geometrie von Tunnelbauwerken mit Autodesk Dynamo vollautomatisch erzeugt

Empfehlungen für Einsteiger

In vielen Ingenieurbüros stellt sich die Frage: Wie schaffen wir den Einstieg? Bei einem kleinen Projekt mit einer kleinen Gruppe versierter Mitarbeiter oder bei einem großen Projekt mit massiver Begleitung durch Schulungen und externe Dienstleister? Brauche ich eine Rückfallebene, „wenn es nicht klappt"? Hier sind Managemententscheidungen gefragt, keine Technologieentscheidungen – „ein bisschen BIM" bringt vielleicht vermeintlich mehr Sicherheit, aber keinerlei Vorteile. Zur Hilfe bei solchen Entscheidungen und zum Austausch von Erfahrungen gibt es mittlerweile bundesweit verschiedene BIM-Cluster, die mit Veranstaltungen und Gesprächsforen eine wichtige Plattform zum Austausch mit anderen bieten. So können die richtigen Entscheidungen für das eigene Büro getroffen werden.

Ein möglicher Ablauf lässt sich wie folgt skizzieren:

- Aufstellen einer bürointernen „Pilotgruppe" bestehend aus Projektleitern, zwei bis drei Ingenieuren und zwei bis drei Konstrukteuren. Schulung eines BIM-Managers.
- Bereitstellung von Hard- und Software, ggf. auch Anpassung der Serverstruktur.
- Strukturierung und Schulung der Gruppe u. a. an einem vorhandenen, nach klassischer Methodik fertiggestellten Projekt.
- Welche statischen Berechnungen sind möglich, wie leite ich diese aus dem Modell ab?
- Wie erstelle ich einen Schalplan, der den gleichen Informationsgehalt wie ein „2D-CAD"-Plan hat?
- Zeitnaher Einsatz der Gruppe an einem neuen, realen BIM-Projekt, begleitet durch einen externen Berater.
- Roll-Out der Erfahrungen für das gesamte Büro.

Wertvoll ist nicht die Energie, die man reinsteckt, sondern die Energie, die man rausholt.

Fallstudie: Vector Gebäude

Beitrag: Boll + Partner GmbH

Vector Informatik

Stuttgart-Weilimdorf, Deutschland

Bauherr:	Vector Informatik GmbH
Projektgröße:	21.100 m^2 BGF
Status:	fertiggestellt
Fertigstellungsdatum:	2016

Projektbeschreibung

Die Vector Informatik GmbH errichtet an der Holderäcker Straße in Stuttgart-Weilimdorf den Neubau eines Verwaltungsgebäudes mit Tiefgarage und Versammlungsräumen. Die maximalen Abmessungen des Neubaus betragen ca. 125 m × ca. 95 m mit einer Bauhöhe von bis drei Geschossen und einer Technikebene auf dem Dach.

Besondere Herausforderungen an die Tragwerksplanung stellt die minimierte Stützenanzahl. Mit einer Spannweite bis 16,4 m sind die Bürogeschosse stützenfrei ausgebildet, um eine freie Umnutzung zu ermöglichen. Die Stahlbetondecken der weitgespannten Büroflügel sind mit dem hohen Anspruch an nachhaltiges Bauen (DGNB Zertifizierung Gold) als Cobiax-Decke gewählt. Die Decke des Innenhofes über dem Erdgeschoss und die Decke über dem Atrium sind als Stahlverbundkonstruktion geplant.

Die Bauteile über der Tiefgarage werden durch eine Unterzugskonstruktion mit Spannweiten bis zu 19,5 m abgefangen, um eine großzügige Stellplatzeinteilung der Tiefgarage zu ermöglichen. Das Gebäude ist mit einer Tiefergründung ausgeführt, welche auf die Geothermiebohrung abgestimmt ist.

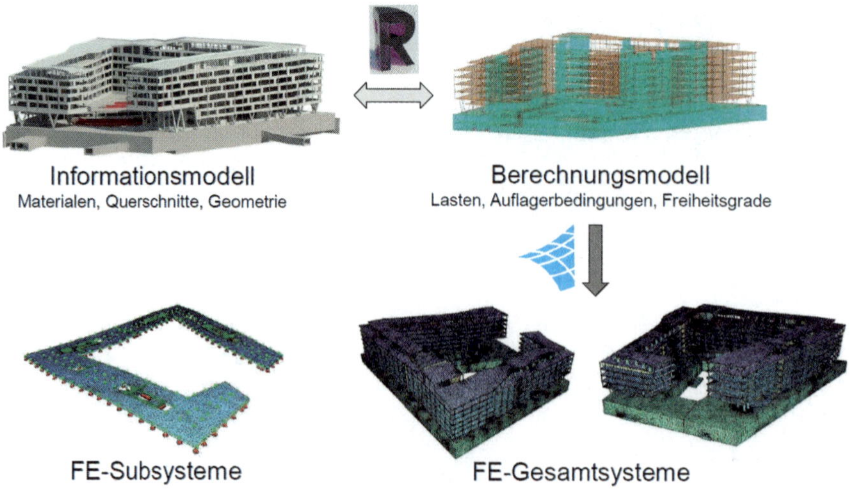

Quelle: Boll + Partner

Abbildung 128: Die verschieden Sichten und Anwendung der Vector Informatik Informationsmodell

Die BIM-Methodik

Für die Abwicklung wird das digitale Gebäudemodell bei Boll und Partner in allen Arbeitsprozessen der Tragwerksplanung herangezogen, vor allem bei Modellaustausch und -Koordination, bei Statikberechnung und für die Bauleitung.

IFC-Austausch und Koordination

Für den Austausch mit weiteren Planungsbeteiligten werden, soweit möglich, die Übergabedefinitionen für den Datenaustausch und zugehörige Formate abgestimmt. Für das Projekt kam insbesondere die Schnittstelle .ifc zum Stahlbau und Fassadenbau zum Einsatz. Dies gilt auch für den bürointernen Datentransfer, wie zum Beispiel zwischen dem als „Gebäudemaster“ gewählten Revit-Modell und den referenzierten Modellen der Baugrubenplanung und des Stahlbaus Tekla-Modell.

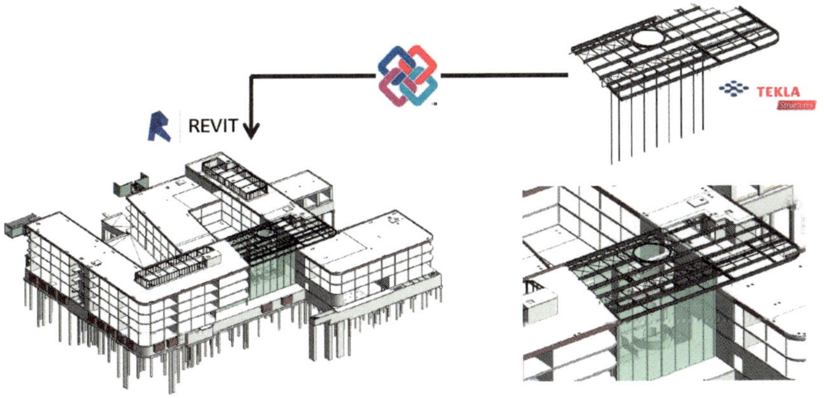

Quelle: Boll + Partner

Abbildung 129: Teilmodelle werden über die IFC-Schnittstelle ausgetauscht

Statikberechnung

Die statische Berechnung ist ein Kernprozess in der Tragwerksplanung mit großem Potenzial hinsichtlich Arbeitsersparnis bei Verwendung der Modellgeometrie und Tragwerksinformationen aus BIM. Die Übernahme der Geometrieänderungen in die Statik wird aus der Verknüpfung des Berechnungsmodells mit dem Geometriemodell sichergestellt, die Überarbeitungsdauer verkürzt und die Gesamtqualität gesteigert. Neben der Betrachtung von Gesamtsystemen steht stets das Herauslösen einzelner Berechnungseinheiten offen. So kann eine ebenenweise Positionsstatik erstellt werden, welche auch im vorliegenden Fall einen beschleunigten Freigabeprozess ermöglicht.

Bauleitung

In der Bauüberwachung und für die Abstimmungen vor Ort hat sich der Zugriff auf alle aktuellen Planungsinformationen bei Boll und Partner bewährt. Neben dem Abruf des aktuellen Plans auf dem Tablet können Schnittstellen aus unterschiedlichen Plänen zusammengeführt betrachtet werden. Mit dem Gesamtmodell hat man stets den Gesamtzusammenhang des Lastflusses aus anderen Ebenen zur Verfügung. Lösungen zur Optimierung des Bauablaufes werden so fundiert und zielorientiert vor Ort diskutiert.

6 Definition und Planung von Projekten

Wenn ich eine Stunde hätte, um einen Baum zu fällen, würde ich die ersten 45 Minuten damit zubringen, die Axt zu schärfen.

Anonymus

Vorbereitung ist der Schlüssel zum Erfolg. Das bedeutet: klare Definition des Projektumfangs, detaillierte Vorabplanung und gut gemanagte Projektabwicklung.

Im vorigen Kapitel ging es um Strategien für die Implementierung von BIM in einem Unternehmen. Die BIM-Strategie ist Grundlage und Rahmen für alle projektbezogenen Aktivitäten. Nichtsdestoweniger erfordert jedes Projekt seine eigene Planungs- und Durchführungsstrategie. Das fängt damit an, dass der Bauherr in einem BIM-Pflichtenheft seine Anforderungen definiert, woraufhin die Planungs- und / oder Bauausführungsteams den BIM-Projektabwicklungsplan entwerfen. Die BIM-gestützte Projektumsetzung kann erst beginnen, wenn die Projektanforderungen definiert sind und der Projektabwicklungsplan aufgestellt ist.

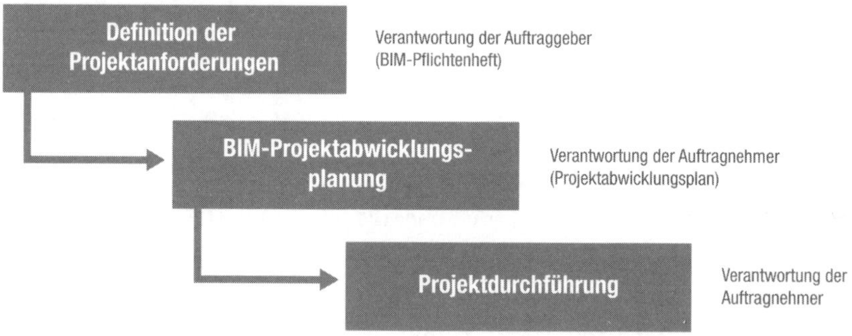

Abbildung 130: Der Prozess der Definition, Planung und Ausführung eines Projekts

Die Projektdurchführung wird in Kapitel 7 thematisiert werden. Im vorliegenden Kapitel geht es um die Anforderungsdefinition und die Projektabwicklungsplanung.

6.1 Vorgaben, Richtlinien und Anleitungsdokumente

Eine Kernaussage dieses Buches ist: BIM beruht auf einheitlichen Definitionen und standardisierten Arbeitsweisen. Es gibt viele Normvorgaben, sowohl auf internationaler als auch auf nationaler Ebene. Ebenso liegen wichtige Anleitungs- und Musterdokumente für die Definition, Planung und Ausführung von BIM-Projekten vor. Leider sind viele dieser Vorgaben und Richtlinien

Dokument	inter-national	national	firmen-bezogen	projekt-bezogen	Beschreibung
Normen (Tech. Richtlinien)	√	√			Anerkannte und verbindlich geltende Regeln
BIM Leitfaden		√			Anleitung und allgemeine Begriffs- und Prozessdefinition für die BIM-Methodik
BIM Strategie			√		Übergreifende Ziel-, Motivations- und Vorgehensweise, die die BIM-Aktivitäten eines Unternehmens führt und beschreibt
BIM Richtlinien			√	√	Regeln und Anleitung, mit denen man BIM in einer Firma oder einem Projekt steuern kann
BIM Vorgaben				√	Definierte Anforderungen, Bedarfe und erwartete Ergebnisse eines Projekts; Schwerpunkt auf Informationsanforderungen
BIM Projekt Abwicklungsplan				√	Plan für die BIM-Umsetzung, um die BIM-Projekt-Spezifikationen zu erfüllen; Definition der Aufgaben, Rollen, Prozesse und Ergebnisse

Abbildung 131: Die Hierarchie der BIM-Normen und -Anleitungsdokumente

in der Bauwirtschaft weithin unbekannt oder werden ignoriert. Ohne richtige Anleitung fühlen sich Nutzer alleingelassen, überfordert und häufig frustriert. Die Verbreitung von „hausgemachten" Lösungen und Ad-hoc-„Normen" verschärft diese Problematik weiter und steigert die Unklarheit.

Normen sind anerkannte und verbindlich geltende Regeln oder Standards, normalerweise auf nationaler oder internationaler Ebene.

Es lassen sich sechs Gruppen von Dokumenten klassifizieren, die BIM-Prozesse unterstützen. Auf diese Dokumente müssen wir zurückgreifen; sie sind Grundlage und Rahmen unserer digitalen Arbeitsabläufe.

6.1.1 Internationale Normen

Internationale Normen bilden eine Referenz und Grundlage, aus der sich nationale lokale Initiativen entwickeln können. Zusätzlich zu den in den Kapiteln 3 und 4 besprochenen technischen Normen (IFC, MVD, BCF usw.) existieren Prozessvorgaben, die BIM-Leistungen definieren und ihre Erbringung unterstützen. Die vielleicht wichtigsten und jedenfalls gebräuchlichsten sind ISO 19650 Teil 1 & 2, die bereits in Kapitel 2 vorgestellt wurden. Weiter unten in diesem Kapitel kommen wir im Zusammenhang mit der BIM-Auftragsvergabe auf ISO 19650 zurück. Wir werden erörtern, wie man als Bauherr Projektanforderungen erarbeitet und definiert. Eine weitere prozessorientierte Norm von Bedeutung ist ISO 12911. Diese Norm setzt einen Rahmen für die Ausarbeitung von Dokumenten zum projektbezogenen BIM-Einsatz.[46]

BIM-Leitfäden geben eine Anleitung und Erklärung der allgemeinen Begriffs- und Prozessdefinition für die BIM-Methodik.

6.1.2 Nationale Leitfäden

BIM-Richtlinien geben praktische Anleitungen sowie eine technische Erklärung für die Anwendung von BIM. Richtlinien können auf nationaler, unternehmensweiter oder projektspezifischer Ebene erstellt werden.

Im nationalen Kontext existieren weitere Normen, Richtlinien und Leitfäden zur Arbeit mit BIM. Nationale Richtlinien und Leitfäden lehnen den BIM-Prozess in der Regel an die landesüblichen Leistungsphasen, eingeführte Rollen, Vertragsgepflogenheiten und gesetzliche Bestimmungen an. Sie stellen ihn in einen Zusammenhang mit nationalen Klassifizierungssystemen, Kostenrechnungsregularien und möglicherweise einer Definition der Detaillierungsgrade.

46 ISO / TS 12911:2012 – Framework for Building Information Modeling (BIM) guidance.

6.1.3 Die unternehmenseigene BIM-Strategie

Wie in Kapitel 5 erörtert, gibt eine unternehmenseigene Strategie den Weg für die Implementierung und Entwicklung digitaler Arbeitsweisen innerhalb eines Unternehmes vor. Kernelemente sind das Setzen von überprüfbaren Gesamt- und Etappenzielen, die Definition von Rollen und Verantwortungsbereichen und die Etablierung sowohl technischer (Soft- und Hardware) als auch unterstützender Mechanismen, wie Personalschulung und den Einkauf externen Know-hows. Die BIM-Strategie muss die Umsetzung der Gesamtziele der Organisation unter Berücksichtigung nationaler und internationaler Normen ermöglichen.

6.1.4 Unternehmenseigene oder projektbezogene Richtlinien

Eine **Unternehmens-BIM-Richtlinie** ist ein technisches oder operatives Handbuch, das vorgibt, auf welche Weise BIM in einer Organisation oder einem Projekt eingesetzt wird. Die BIM-Richtlinien umfassen z. B. Modellerstellungsregeln, Bezeichnungsvorschriften, Datensicherungsverfahren und Management-Vorgehensweisen.

Auf Grundlage einer BIM-Strategie lassen sich unternehmenseigene Richtlinien entwickeln, um die technischen Parameter dafür zu setzen, wie BIM innerhalb des Unternehmens zum Einsatz kommen soll. Diese Richtlinien sind eine Art Benutzerhandbuch für den Umgang mit BIM in einem Unternehmen. Im Allgemeinen sind die Richtlinien unternehmensspezifisch, bei größeren und komplexen Projekten kann es jedoch sinnvoll sein, projektbezogene Vorgaben zu entwickeln. In Kapitel 7 werden solche Richtlinien genauer dargestellt.

6.1.5 Das projektbezogene BIM-Pflichtenheft

Ein BIM-Pflichtenheft definiert die Anforderungen und Projektumsetzungsmethodik für ein BIM-Vorhaben. Das BIM-Pflichtenheft wird durch den Bauherrn oder in dessen Auftrag erstellt und hat vertragliche Relevanz. Häufig ist es Teil der Ausschreibungsunterlagen. Kerninhalt der BIM-Vorgaben sind die durch die Planungs- und Ausführungsteams zu generierenden und zu liefernden Daten (*Data-Drops*). Dabei geht es konkret um Modellinhalte und deren Verwendung, Detaillierungs- und Informationsgrad. Ferner kann das BIM-Pflichtenheft Regeln und Verfahrensweisen für den Modellaustausch und die Modellkoordination, die Daten-Qualitätssicherung, die Speicherung und den Austausch von Dateien sowie Kommunikationswege umfassen. Dabei sind nationale und internationale Normen zu beachten.

6.1.6 Der BIM-Projektabwicklungsplan

Der BIM-Projektabwicklungsplan wird von den Auftragnehmern (bzw. den planenden und ausführenden Unternehmen) aufgestellt, um vorzugeben, auf welche Weise ein BIM-Projekt durchgeführt werden soll. Er ist die formelle Antwort auf das BIM-Pflichtenheft des Auftraggebers. In der Regel wird der Projektabwicklungsplan durch den BIM-Projektkoordinator (beim Generalplaner oder Generalunternehmer angesiedelt) erarbeitet und benennt die an jeden Projektbeteiligten gestellten Aufgaben und Leistungsanforderungen ebenso wie kollaborative und qualitätssichernde Aktivitäten.

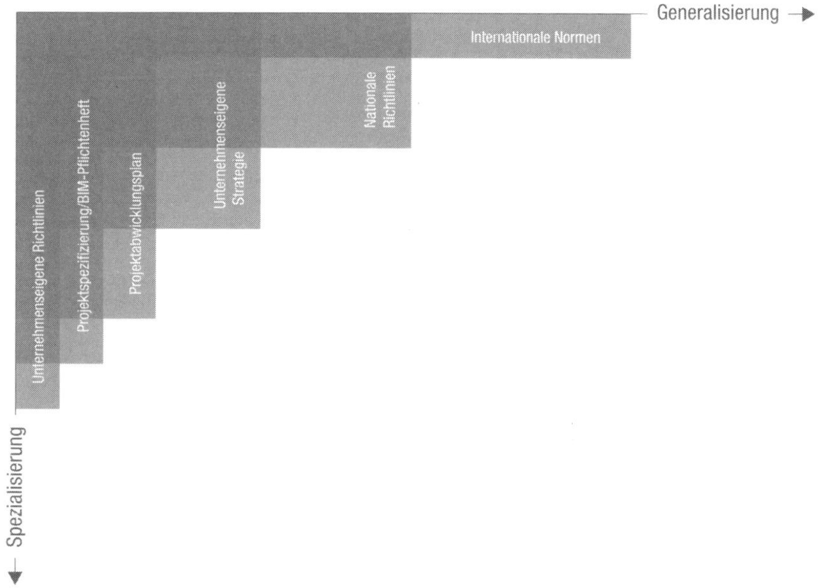

Abbildung 132: Die Hierarchie der BIM-Normen und Richtlinien

Diese hierarchische Struktur von Normen und Vorgaben gewährleistet die Übereinstimmung jedes einzelnen Projekts mit den internationalen Gepflogenheiten. Sie führt zu einheitlichen Sichtweisen und Sprachregelungen und verhindert die Einnistung mehrfacher oder widersprüchlicher Definitionen. Auf praktischer Ebene fördert sie die Prägnanz individueller Dokumente. Eine internationale Norm ist nicht dazu da, die Einzelheiten einer Projektdurchführung zu bestimmen; dies geschieht besser durch den Projektabwicklungsplan. Ebensowenig muss ein BIM-Pflichtenheft terminologische Festlegungen – etwa im Hinblick auf LoD-Standards – treffen; dies besorgen nationale Vorgaben.

6.2 Die Definition der Projektanforderungen

Building Information Modelling ist das digitale Rückgrat der Planung, Bauausführung und betrieblichen Nutzung einer Liegenschaft. Häufig wird von BIM als dem „digitalen Zwilling" der realen Liegenschaft gesprochen, weil es die aktuelle Entwicklung des Gebäudes in das digitale Umfeld widerspiegelt. Weiterhin, bei der Übergabe des abgeschlossenen Bauvorhabens erhält der Bauherr eine digitale Kopie des Projekts – also einen digitalen Zwilling – für Zwecke der Liegenschaftsverwaltung und künftiger Renovierungen.

Es gibt auch Prozesse, die der Unterstützung durch BIM nicht bedürfen. In den frühen Phasen eines Projekts sollte der Bauherr auflisten, welche Aktivitäten erforderlich sein werden, um das Projekt zu verwirklichen, und entscheiden, welche davon durch digitale Modelle zu unterstützen sind.

Anhand seiner Liste potenzieller BIM-Leistungen muss der Bauherr bzw. sein Berater definieren, welche Informationen bereitzustellen sind, um diese Aktivitäten zu unterstützen. Dies lässt sich auf einen schlichten dreiteiligen Prozess reduzieren:

1. Definition der Projektanforderungen
2. Definition der BIM-Prozesse, -Ziele und -Anwendungen
3. Definition der BIM-Informationsanforderungen

Schritt 1 dieses Prozesses gehört zur traditionellen bauherrenseitigen Projektplanung, ob es sich nun um ein BIM-Projekt handelt oder nicht.

In Schritt 2 wird eine Liste wünschenswerter projektbezogener BIM-Ziele und -Anwendungen erstellt. Damit wird ersichtlich, in welchem Umfang BIM im Projekt zum Einsatz kommen wird, woraus sich wiederum die Definition der erforderlichen Prozesse und die Einschätzung des Aufwands ergeben, den die beratend und bauausführend Beteiligten erbringen müssen.

Schritt 3 legt die spezifischen Informationen fest, die bereitzustellen sind. BIM-terminologisch gesprochen geht es dabei um die Definition der Objekteigenschaften (des Level of Information), die jedes Modellelement enthalten muss. Das Ergebnis dieses Einschätzungsprozesses bildet die Grundlage des BIM-Pflichtenhefts.

1. Projektanforderungen	2. Unterstützender BIM-Prozess	3. BIM-Leistungen
Welche Prozesse sind erforderlich, um die Projektabwicklung und die damit verbundenen Tätigkeiten zu bewerkstelligen?	Wie können diese Prozesse – wenn überhaupt – durch BIM unterstützt werden?	Welchen spezifischen Informationsanforderungen muss das Projektteam genügen, um diese Prozesse zu ermöglichen? Wie und in welcher Form sind diese Informationen bereitzustellen?
Beispiel 1		
Überprüfung der geschätzten Baukosten während der Entwurfsphase	Modellbasierte Kostenschätzung	Mengenermittlung und Stückpreise
Beispiel 2		
Terminplanung für Wartung und Austausch technischer Einrichtungen	Modellintegriertes computerunterstütztes Gebäudemanagement (CAFM)	Generierung ausstattungsspezifischer Daten (z. B. gemäß COBie)
Beispiel 3		
Verwaltung von Mietverträgen	für dieses Projekt nicht in BIM darstellbar	entfällt

Abbildung 133: Beispiel eines Prozesses zur Definition von Projektanforderungen

6.2.1 Anleitung für das Pflichtenheft: Definition der Projektanforderungen

Es gibt eine Anzahl wichtiger Normen und Richtlinien, die Bauherren bei der Aufstellung ihrer Anforderungen an ein BIM-Projekt unterstützen.[47] An dieser Stelle werden wir uns vorrangig auf ISO 19650-1 beziehen, die sich im Großen und Ganzen von der britischen PAS-1192-Serie ableitet. Im groben Umriss lassen sich BIM-Projektanforderungsdefinitionen nach ISO 19650-1 in einem ähnlichen dreischrittigen Prozess darstellen:

Schritt 1: Der Bauherr / Eigentümer muss sich darüber im Klaren sein, was sein Unternehmen im Hinblick auf sein gesamtes Immobilien-Portfolio braucht. Dies hängt eng damit zusammen, wie ein Unternehmen seine verschiedenen Liegenschaften verwaltet und betreibt: Welche Aktivitäten (z. B. Verwaltung von Mietverhältnissen, Unterhaltspflege, Reparaturen und technische Wartung) fallen an, welche Dienstleistungen sind fremdvergeben, und welche Informationen sind erforderlich, um sie zu erbringen?

Schritt 2: Welche operativen Anforderungen sind für eine bestimmte Liegenschaft zu erfüllen? Diese Frage stellt sich unabhängig davon, ob es um eine fertiggestellte, zu renovierende oder neu zu errichtende Liegenschaft geht. Sie bezieht sich auf die Gebäudenutzung, die damit verbundenen Dienstleistungen (was wird in den jeweiligen Räumen getan, und was muss gewährleistet sein, um sie instand zu halten?) und die Ausstattung. Dabei geht es im Kern um eine Inventur der in den Räumen vorhandenen Ausstattung samt Ausstattungseigenschaften: Typ, Platzierung, Wartungsvorschriften, Austauschturnus, Preise.

Schritt 3: Welche Informationen sind bei Projektübergabe an den Bauherrn / Betreiber weiterzugeben, damit dieser eine modellbasierte Liegenschaftsverwaltung durchführen kann? Welche Informationen müssen in der Planungs- und Ausführungsphase bereitgestellt werden, damit maßgebliche Entscheidungen gefällt werden können? Dies kann die Erstellung von Projektfortschrittsberichten oder Mengenermittlungen zu Kalkulationszwecken ebenso umfassen wie die Ermittlung detaillierter Produkteigenschaften, um Anschaffungs-, Betriebs- und Wartungskosten abschätzen zu können.

47 Sowohl der *BIM Planning Guide for Facility Owners* („BIM-Planungsanleitung für Immobilienbetreiber") der Staatlichen Universität von Pennsylvania als auch der *National Building Information Modeling Guide for Owners* („Nationale Bauinformationsanleitung für Bauherren") des US-Instituts für Bauwissenschaften wurde bereits in Kapitel 5 erwähnt. Hervorragend geeignet für den hier besprochenen Zweck sind auch die Abschnitte 2 und 3 der britischen Norm PAS 1192.

6.2.2 Der Lebenszyklus eines Bauwerks nach ISO 19650-1

Die **Organisatorischen Informationsanforderungen** (OIA) beschreiben den Informationsbedarf einer Eigner-Organisation zur Verwaltung ihres Immobilien-Portfolios und der damit zusammenhängenden Dienstleistungen.

Die **Liegenschafts-** (oder Asset) **Informationsanforderungen** (LIA) beschreiben die nötigen Informationen für die betriebliche Nutzung einer Liegenschaft.

Die **Projekt-Informationsanforderungen** (PIA) beschreiben die nötigen Informationen, damit am Ende für ein bestimmtes Bauvorhaben (z. B. Umbau oder Erweiterung eines Gebäudes) zum Zweck der betrieblichen Nutzung die Liegenschaft zur Verfügung gestellt werden soll.

ISO 19650-1 verwendet für die generelle dreischrittige Anforderungsdefinition, wie oben skizziert, spezifische Begriffe. Die **Organisatorischen Informationsanforderungen (OIA)** (*Organisational Information Requirements* = OIR) bezeichnen die übergreifende, portfolioweite Perspektive, wie sie oben unter „Schritt 1“ dargestellt wurde. Hierzu gehören strategische Ziele, aber auch praktische Vorschriften in Bezug auf unternehmensübliche Verfahrensweisen der Immobiliennutzung und -verwaltung.

Die Projektanforderungen, die unter „Schritt 2“ beschrieben sind, werden in ISO 19650-1 in zwei Komponenten unterteilt. Zum einen gibt es die **Liegenschafts-Informationsanforderungen**, oder LIA, (*Asset Information Requirements* = AIR), worunter die detaillierten Informationen verstanden werden, die zur Nutzung und Verwaltung einer Liegenschaft erforderlich sind. Zum Zweiten gibt es die **Projekt-Informationsanforderungen**, oder PIA, (*Project Information Requirements* = PIR), die die Informationen beschreiben, die ein Eigentümer / Betreiber hinsichtlich eines bestimmten ‚Projekts‘ der Liegenschaft braucht (oder erwartet). ‚Projekt‘ umfasst hier alle Bauaktivitäten des Gebäudes, sei es ein Neubau, Umbau, aber auch kleine Erweiterung oder Sanierung.

Die LIA definieren die Informationen, die bei Projektübergabe für die betriebliche Nutzung gebraucht werden. Einfach gesagt, beschreiben die LIA die vertraglichen Inhalte zur Erstellung eines Asset-Informationsmodells (AIM).

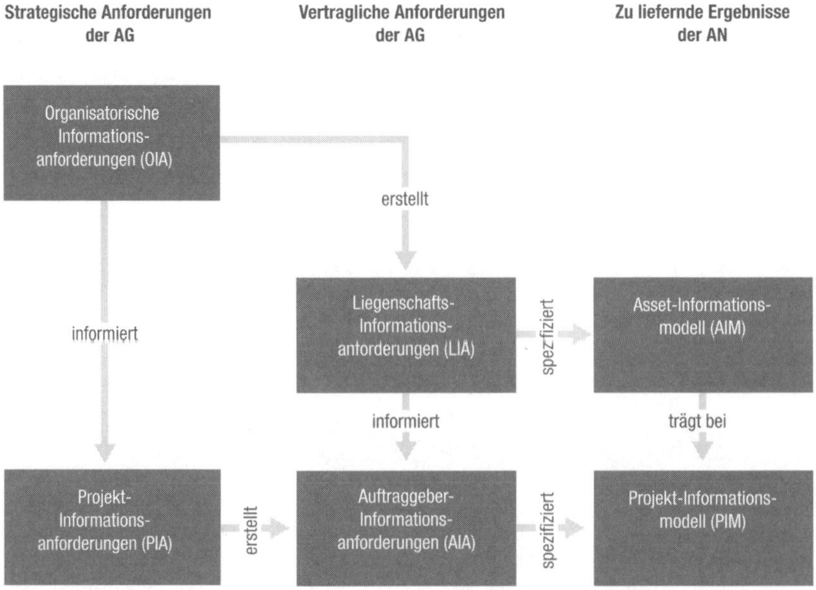

Quelle: ISO 19650-1

Abbildung 134: Die Hierarchie der Informationsanforderungen

Die BIM-Informationsanforderungen, die unter „Schritt 3" beschrieben sind, werden in der ISO 19650-1 in den **Auftraggeber-Informationsanforderungen** oder AIA (*Exchange Information Requirements* = EIR) spezifiziert. Die AIA ist auf Basis der PIA erstellt und definiert die Informationen, die im Zuge der Projektentwicklung, d. h. in der Planungs- und Ausführungsphase auszutauschen und bereitzustellen sind. Die AIA ist die vertragsrelevante Vorgabe (BIM-Pflichtenheft) für die Auftragnehmer, die in der BIM-Abwicklung einzuhalten sind. Kurz gesagt beschreibt die AIA die vertraglichen Inhalte zur Erstellung des Projektinformationsmodells (PIM).

Auftraggeber-Informationsanforderungen (AIA) (en: *Employer Information Requirements* = EIR), auch als **BIM-Pflichtenheft** bezeichnet, beschreibt die projektbezogenen BIM-Anforderungen aus der Sicht des Bauherrn. Die AIA sind üblicherweise Teil des Vertragswerkes zwichen Auftraggeber und Auftragnehmer.

6.3 Die Projekt-BIM-Vorgaben (auch BIM-Pflichtenheft)

Im Kern beschreiben die BIM-Vorgaben die Informationsabgaben, das heißt die Modellelemente (Räume, Bauteile, Ausstattung) als auch deren Eigenschaften, um die gewünschte BIM-Anwendungen zu ermöglichen (sei das Kostenschätzung, Terminplanung, betriebliche Nutzung oder was auch immer). Diese Modell-Vorschriften sind mit dem sog. Modellelement-Erstellungsplan zusammengefasst.[48]

Einfach gesagt, ist der Modellelement-Erstellungsplan eine Liste sämtlicher Elemente eines Bauwerks, die den Detaillierungs- und Informationsgrad nach Projektphase vorgibt. Ferner ordnet die Tabelle üblicherweise jedem baulichen Element einen ersten Modellurheber zu, wobei dieser in der Abfolge der Projektphasen wechseln kann. So ist es beispielsweise in einer frühen Entwurfsphase der Architekt, der Wände und Decken modelliert, während diese Elemente im weiteren Verlauf der Projektplanung in das Modell des Tragwerksplaners übergehen.

Ein **Modellelement-Erstellungsplan** (en: *Model Production Delivery Table* = MPDT) ist ein projektspezifischer Übersichtsplan, der für jedes Modellelement projektphasenbezogen den geometrischen sowie den Informationsgrad angibt. Die MPDT ist Kernbestandteil von BIM-Lastenheften und -Projektabwicklungsplänen.

Diese Informationen werden normalerweise bei Abschluss der Projektierungsphase, d. h. mit Vorlage von Plänen bereitgestellt. Freilich steht es dem Bauherrn frei, die Abgabe von Daten (sog. *data drops*) zu jedem beliebigen Zeitpunkt der Projektabwicklung, an dem maßgebliche Entscheidungen getroffen werden müssen, zu verlangen. Die Festlegung dieser Zeitpunkte ist ein bedeutender Bestandteil des in ISO 19650-1 normierten Informationskreislaufs.

Wie Abb. 135 zeigt, ist für jede Objektgruppe die Festlegung eines Detaillierungs- und Informationsgrads (LoG / LoI) notwendig; außerdem ist ein Modellelement-Urheber (*Model Element Author* = MEA) vorzusehen. Die hier gezeigte Tabelle enthält eine zusätzliche Spalte, in die Elemente eingetragen werden, die nicht zu modellieren, jedoch als Symbol oder einfache Linienstruktur in 2D-Zeichnungen darzustellen sind. Die Arbeit mit 2D-

48 Der Begriff Modellelement-Erstellungsplan (Englisch: *Model Production Delivery Table)* findet sich nicht *expressis verbis* in ISO 19650-1. Er bezeichnet jedoch eine international anerkannte bestmögliche Verfahrensweise und wird in den Vereinigten Staaten und Großbritannien weithin verwendet, in der einen oder anderen Abwandlung auch in vielen anderen Ländern.

eBKP-H		Phase											
		Vorprojekt				Bauprojekt				Ausführungsplanung			
Position	Elementbeschreibung	LoG	LoI	2D	MEA	LoG	LoI	2D	MEA	LoG	LoI	2D	MEA
C	**Konstruktion Gebäude**												
C 1	Bodenplatte, Fundament	100	100	√	ARCH	200	300	√	TWP	350	300	√	TWP
C 2	Wandkonstruktion	200	100	√	ARCH	300	300	√	ARCH	350	300	√	ARCH
C 3	Stützenkonstruktion	100	100	√	ARCH	300	300	√	TWP	300	300	√	TWP
C 4	Decken-/Dachkonstruktion	100	100	√	ARCH	300	300	√	ARCH	350	300	√	ARCH
D	**Technik Gebäude**												
D 1	Elektroanlage												
D 1.1	Apparat, Anlage Starkstrom	–	–	–	–	0	100	√	ELEK	0	300	√	ELEK
D 1.2	Installation Starkstrom	–	–	–	–	0	100	√	ELEK	0	300	√	ELEK
D 1.3	LeuchteStützenkonstruktion	100	100	√	ARCH	200	200	√	ARCH	200	350	√	ELEK
D 1.4	Elektrogerät	0	100	√	–	0	100	√	ELEK	0	350	√	ELEK

Abbildung 135: Beispiel eines Modellelement-Erstellungsplans basierend auf dem schweizerischen Objektgliederungssystem eBKP-H

Linienstrukturen und -Symbolen kann im Modellierungsprozess Zeit und Aufwand sparen und Modelle entschlacken. BIM-Software kann Symbole und andere 2D-Elemente als Modellelemente erkennen, auch wenn sie geometrisch nicht dreidimensional dargestellt werden.

Der Modellelement-Erstellungsplan ist eine Methode zur groben Festlegung der Projektanforderungen. Innerhalb der Tabelle sind auch Variationen je nach BIM-Anwendung möglich (z. B. um den für eine energetische Analyse erforderlichen Modellinhalt festzulegen).[49] In jedem Fall beschreibt er die Erwartungen des Auftraggebers dahingehend, welche Informationen in welcher Genauigkeit vom Projektteam beizubringen sind. Dies kann durchaus genügen, um einen Dienstleistungsvertrag zwischen Auftraggeber und Planungsbüro aufzusetzen. Es ist aber nicht hinreichend, wenn es um die Festlegung von Modellaustausch-Anforderungen oder kollaborativen BIM-Aktivitäten im Einzelnen geht. Dafür ist der weiter unten beschriebene BIM-Projektabwicklungsplan da.

6.3.1 LoI versus Attributierung

Der gewünschte geometrische Detaillierungsgrad kann zum Zweck der BIM-Vorgaben gut mit Hilfe von LoG-Bezeichnungen definiert werden. Obwohl die Darstellungen eher grob sind, reichen sie normalerweise für die Zwecke des Bauherrn. Die Modellelement-Informationsinhalte können nicht immer mit der LoI-Konvention abgedeckt werden. Wenn der Informationsinhalt keine zentrale Rolle für den Auftraggeber spielt, kann LoI grob definiert werden (s. Abb. 136). In optimalen Fällen, wenn etwa ein Bauherr das Modell für die betriebliche Nutzung wünscht, müssen die einzeln Objektattribute definiert werden – z. B. mit einer COBie-Vorschrift.

49 Vgl. die *Model Element Table* des *BIM Forum*: www.bimforum.org/lod/.

6.3.2 Inhalt und Struktur

Ein BIM-Pflichtenheft muss zunächst die Gesamtziele benennen, die der Kunde mit dem Projekt verfolgt. Sodann sind die im Projekt einzusetzenden BIM-Anwendungen aufzulisten sowie die für Kollaboration und Modellaustausch zuständigen Stellen anzugeben. Dazu kann es gehören, die Vorgaben für Projektkoordinationsbesprechungen, aber auch für die Modellkoordinierung und -Qualitätssicherung zu präzisieren.

Ebenso kann man Modellprüfungs- und -freigabeprozesse entwerfen, ferner Verfahrensregeln für den Datenaustausch, die Sicherung und das Backup von Dateien sowie die Projektkommunikation. ISO 19650 beschreibt Verfahrensweisen des Teilens und Austauschens von Dateien im Zuge der Definition der gemeinsamen Datenumgebung, wie sie in Kapitel 2 vorgestellt wurde. BIM-Pflichtenhefte können auch die Verwendung bestimmter Software z. B. für das CDE, die Koordination, die Kostenkalkulation oder die Liegenschaftsverwaltung vorschreiben. Allerdings wird üblicherweise darauf verzichtet, die einzusetzende Modellierungssoftware zu spezifizieren.

Es gibt indes Bauherren, die ihren Beratern den Einsatz einer spezifischen Modellierungssoftware auferlegen. Je weiter jedoch die *openBIM*-Standards heranreifen, umso weniger sollte dies nötig sein. Bedient sich ein Bauherr bestmöglicher Verfahrensweisen, so verlangt er, dass ihm die Modelldaten sowohl in einem offenen Format wie IFC oder COBie als auch in der Ursprungsversion vorgelegt werden, ohne zu bestimmen, welches native Format zu wählen ist.

Geht es um Struktur und Inhalt, so können wir das BIM-Pflichtenheft in drei Bereiche unterteilen: den strategisch-geschäftlichen, den managementbezogenen und den technischen. Nachfolgend ein Beispiel für den Inhalt eines BIM-Pflichtenhefts.

Geschäftlich	Managementbezogen	Technisch
• Projektbeschreibung • Vertragsarten • Kunden- u. Projektziele • BIM-Anwendungen • Terminplan • Leistungsübersicht zur Modellerstellung	• Prozessvorgaben • Rollen und Verantwortungsbereiche • Kollaborations- und Kommunikationsprozesse • Modellkoordination und Qualitätskontrolle	• Projektkonzeption • Modellstruktur • Datenaustausch-Format • LoD/LoI (Definition der Objekteigenschaften) • Struktur des CDE • Soft- u. Hardware

Abbildung 136: Beispiel für Struktur und Inhalt eines projektbezogenen BIM-Pflichtenheftes

6.4 Die Abwicklungsplanung

Das kundenseitige BIM-Pflichtenheft beschreibt die für ein Projekt geltenden Informationsanforderungen, also, *was* zu liefern ist. *Wie* Daten erstellt, ausgetauscht und präsentiert werden, ist durch das Projektteam festzulegen; daraus ergeben sich die Prozesse der Informationsbereitstellung. Dies ist der Zweck eines BIM-Projektabwicklungsplans. Die Entwicklung des Projektabwicklungsplans kann in der Hand des Projektkoordinators liegen, jedoch sollte dabei das gesamte Projektteam eingebunden sein.

Eine sehr frühe, anerkannte Beschreibung der BIM-Projektabwicklungsplanung ist der *BIM Project Execution Planning Guide* („Anleitung zur BIM-Projektabwicklungsplanung") der Pennsylvania State University, der 2009 zum ersten Mal und 2011 in einer überarbeiteten Fassung veröffentlicht wurde.[50] Seither sind weltweit etliche verschiedene Vorgaben für die BIM-Projektabwicklungsplanung entwickelt worden. Nach unserer Auffassung ist jedoch die Anleitung der *Penn State* nach wie vor die hilfreichste und leichtverständlichste am Markt.

Das Dokument entwirft einen geradlinigen vierschrittigen Prozess der Definition von Projektleistungen:

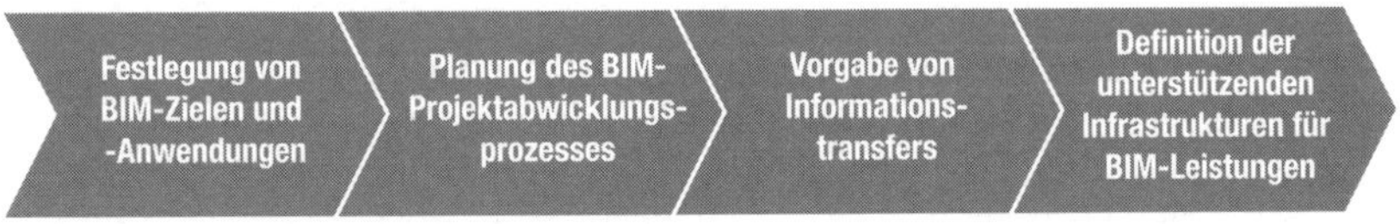

Quelle: BIM Project Execution Planning Guide der Pennsylvania State University

Abbildung 137: Die vier Schritte der BIM-Projektabwicklungsplanung

6.4.1 Die Festlegung von BIM-Anwendungen

Die Abwicklungsplanung eines BIM-Projekts beginnt mit der Festlegung der BIM-Ziele und -Anwendungen aus den Auftraggeber-Informationsanforderungen. Da die meisten Unternehmen sich noch in einer frühen BIM-Einführungsphase befinden, muss man sich realistisch klarmachen, was im Rahmen eines anstehenden Projekts erreichbar ist. Das Projektteam tut gut daran, so früh wie möglich ein Treffen zu organisieren, um das Projekt im Kollektiv durchzugehen und die Abwicklung zu planen. Dabei nimmt man üblicherweise als Erstes eine Einschätzung der Projektanforderungen und eine Soll / Ist-Analyse vor, um absehen zu können, inwieweit das Team den Anforderungen mit den gegebenen Ressourcen gewachsen ist.

Die Planungsanleitung der *Penn State* bietet viele Hilfsmittel und Vorlagen, die die Projektplanung unterstützen. Eines dieser Werkzeuge ist eine

50 BIM Project Execution Planning Guide, Version 2. Hg. v. Computer Integrated Construction Research Program, University Park, PA: The Pennsylvania State University, Mai 2011.

Übersicht zu den Einsatzmöglichkeiten der ins Auge gefassten BIM-Anwendungen (*BIM-use assessment matrix*), in die alle vorgesehenen BIM-Anwendungen eingetragen werden und wo für jeden Projektbeteiligten angegeben ist, über welche Erfahrungen, Kompetenzen und Ressourcen er verfügen muss.

Dabei geht es nicht darum, Mitarbeiter bloßzustellen, sondern um eine offene Einschätzung der Kompetenzen und Defizite innerhalb des gesamten Projektteams. Schwachpunkte innerhalb eines Unternehmens können durch Stärken eines anderen ausgeglichen werden. Solche Workshops erfordern ein gewisses Maß an Vertrauen, Bereitschaft zur Zusammenarbeit und gutem Willen. Diese Analyse kann zu dem Schluss führen, dass weitere Schulungen, Workshops oder auch externe Berater erforderlich sind, um den Anforderungen des Bauherrn zu genügen. Das Projektteam kann durchaus auch zu dem Ergebnis kommen, dass die eine oder andere komplexere BIM-Anwendung zum gegebenen Zeitpunkt noch nicht einsetzbar ist. Ist das der Fall, so muss es mit dem Bauherrn besprochen und mit ihm zusammen entschieden werden.

BIM-Anwendungen	Projekt-nutzen	Beteiligte	Fähigkeiten			Bemerkungen	Entscheid
			1–3 (1 = niedrig)				
			Ressourcen	Kompetenz	Erfahrung		
As-Built-Modellierung	hoch	Bauunternehmer	2	2	2	benötigt entsprechendes Training	vielleicht
		Betreiber	1	2	1	spielt nur begleitende Rolle	
					3		
Terminplanung (4D)	mittel	Bauunternehmer	1	1	1	benötigt Software-Schulung	nein
		Architekt	2	2	1	benötigt Modellierungs-Richtlinien	
Kostenplanung (5D)	hoch	Bauunternehmer	3	3	3	benötigt entsprechendes Training	ja
		Architekt	2	2	2	benötigt Modellierungs-Richtlinien	
Planungsüberwachung und -kontrolle	mittel	Architekt	2	3	2		ja
		Bauherr	2	1	1	spielt nur begleitende Rolle	
3D-Koordination	hoch	Architekt	3	2	2		ja
		TGA-Planer	3	3	3		
		Tragwerksplaner	2	3	2		
Ingenieurtechnische Untersuchungen	niedrig	TGA-Planer	2	3	3		vielleicht
		Architekt	2	1	1	spielt nur begleitende Rolle	

Quelle: Quelle: BIM Project Execution Planning Guide der Pennsylvania State University

Abbildung 138: Einschätzung der Befähigung des Projektteams zum Umgang mit vorgesehenen BIM-Anwendungen

Fortgeschrittene Projektteams können dagegen weitere BIM-Anwendungen hinzuziehen, die der Bauherr gar nicht gefordert hat, die aber ihre Planungsprozesse unterstützen. So kann der Auftraggeber beispielsweise folgende BIM-Anwendungsbereiche in sein Pflichtenheft geschrieben haben:

1. Modellkoordination
2. Kostenkalkulation
3. 4D-Simulation.

Darüber hinaus möchte das Projektteam einsetzen:

4. statische Analyse (durch den Tragwerksplaner)
5. Simulation der betrieblichen Nutzung des Bauwerks (durch den Gebäudetechniker).

In Kombination der verlangten und der hinzugenommenen BIM-Anwendungen entwickelt das Projektteam die notwendigen Prozesse, um die anstehenden Aktivitäten auszuführen.

6.4.2 Prozessplanung

Die im Projekt zu nutzenden BIM-Anwendungen bestimmen den Umfang des BIM-Einsatzes. Doch müssen diese Anwendungen geplant und durchführbar gemacht werden. Das fängt damit an, dass man eine Übersicht sämtlicher BIM-Anwendungen erstellt, die über den Lebenszyklus des Projekts hinweg zum Einsatz kommen werden. Manche Aktivitäten können phasenspezifisch sein (wie z.B. eine Machbarkeitsstudie), während andere (wie z.B. die Modellkoordination) im Projektverlauf wiederholt auftreten werden. Erstellt man einen solchen Übersichtsplan aller BIM-Aktivitäten, gewinnt man eine Gesamtschau des BIM-Prozesses und macht sichtbar, in welchen Abschnitten intensivere Maßnahmen erforderlich werden können (siehe Abb. 139).

Jede Aktivität muss in einem detaillierten Prozessplan genauer dargestellt werden. Dieser enthält sowohl die einzelnen Aufgaben, die Teil der jeweiligen Aktivität sind, als auch die beteiligten Akteure, erforderliche Inputs und zu erbringende Outputs. Abbildung 140 zeigt einen Beispielprozess zur Kostenkalkulation. Die prozessorientierte Darstellung der einzelnen Aktivitäten erfolgt nach einer Methodik, die der Anleitung zur Informationsbereitstellung (IDM) vergleichbar ist (s. Kapitel 4).

Die detaillierte Prozessübersicht gibt den Projektteam-Mitgliedern ein Anleitungsmuster an die Hand, mit dessen Hilfe sie die gestellten Aufgaben lösen können. Zugleich zeigt sie die Gesamtabfolge und die spezifischen Interdependenzen des Projekts auf. So kann beispielsweise eine energetische Untersuchung erst vorgenommen werden, wenn der Architekt sein Modell entsprechend vorbereitet und bereitgestellt hat. Genauer: Der Architekt muss zunächst korrekt die Räume definieren, anhand derer die energetische Analyse durchgerechnet werden kann.

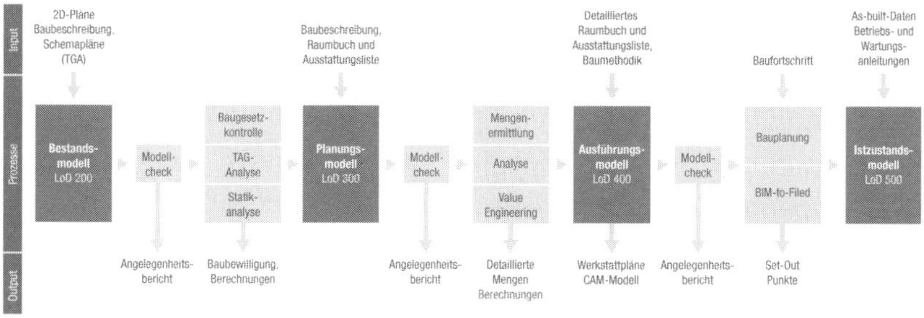

Abbildung 139: Beispiel für eine Projekt-Gesamtübersicht Prozessplan

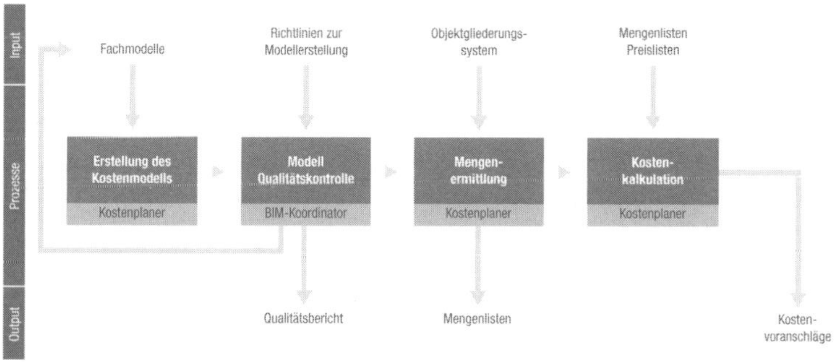

Abbildung 140: Beispiel eines detaillierten Prozessplans zur Kostenkalkulation

6.4.3 Informationsaustausch

Ein **Informationsaustausch** ist die Übertragung (bzw. der Transfer) von Informationen von einer Stelle zur nächsten. Im BIM-Kontext ist hiermit im Regelfall die Ausgabe von Modellen oder Modelldaten gemeint.

Ein wichtiges Ergebnis der Prozessübersicht ist die Beschreibung der Informationstransfers, d. h. die Vorgabe der spezifischen Informationen, die an den jeweils nächsten Akteur im Prozess weiterzugeben sind. Im obigen Beispiel einer energetischen Analyse muss der Architekt dem Gebäudetechniker ein Entwurfsmodell zur Verfügung stellen, anhand dessen er die Simulation durchführen kann. Dieses Modell muss spezifische Informationen enthalten, damit die als nächstes vorgesehene Aktivität stattfinden kann. So müssen z. B. Räume definiert, Wände als ‚Innen' oder ‚Außen' bezeichnet und die Außenwände mit Isolationswerten versehen werden.

Es gilt zu entscheiden, wo diese Informationen generiert werden. Eine Möglichkeit ist, dem Architekten vorzugeben, dass er innerhalb seines Modells exemplarische Räume definieren muss. Die Isolationswerte jedoch müssen vom Gebäudetechniker oder einem anderen externen Fachmann kommen. Informationstransfers lassen sich in einem dreischrittigen Prozess definieren (Abb. 143).

Erstellung von Prozessübersichten und Vorgabe von Informationstransfers sind erstrangige Funktionen und Ergebnisse eines BIM-Projektabwicklungsplans, der die Prozesse, Austauschvorgänge und Akteure festlegt, die zur Umsetzung der Projektanforderungen gemäß BIM-Pflichtenheft benötigt werden.

1. Informationsanforderung	2. Ausgabeformat	3. Akteur
Welche Informationen brauchen wir, um die vorgesehene BIM-Aktivität ausführen zu können?	In welchem Format sind diese Informationen bereitzustellen?	Wer wird diese Informationen erstellen/herausgeben und zu welchem Zeitpunkt?
	Beispiel 1	
Raumflächen-Festlegung	Im geometrischen Modell enthalten	Architekt (mit Bereitstellung des Architekturmodells)

Abbildung 141: Beispiel eines Prozesses zur Festlegung des für eine energetische Simulation erforderlichen Informationstransfers

IDMs und BIM-Projektabwicklungsplan (BAP)

Einigen Lesern mag deutlich geworden sein, dass es Ähnlichkeiten zwischen Prozessübersicht und Informationsaustausch-Vorgaben im Rahmen eines Projektabwicklungsplans und der in den Kapiteln 3 und 4 dargestellten IDM-Methodik gibt. Man könnte sagen, ein BAP gibt IDM-Arbeitsabläufe *en miniature* vor. Selbstverständlich beschreiben IDMs Aktivitäten – z. B. Kalkulationsvorgänge – im Grundsatz bzw. in generalisierter Form. Dagegen sind die durch einen BAP vorgegebenen Arbeitsabläufe prinzipiell projektspezifisch. Darüber hinaus ist ein IDM darauf angelegt, Informationsaustausch-Vorgaben gemäß IFC-Schema zu formulieren, während der BAP sich auf einer allgemeineren Ebene des Bauinformationswesens bewegt.

6.4.4 Infrastruktur

Der letzte Schritt, den die *Penn-State*-Anleitung ausweist, ist die Definition der unterstützenden Infrastruktur, die benötigt wird, um das Projekt abzuwickeln. Dazu gehören Arbeiten wie die Festlegung von Modellbereitstellungs- und -austauschprotokollen im CDE, die Vorgabe von Qualitätssicherungsverfahren und die Zuordnung von bestimmten Rollen und Verantwortungsbereichen zu einzelnen Teammitgliedern. Darüber hinaus sind technologische Voraussetzungen Teil der Infrastruktur. Sobald feststeht, wer zum Projektteam gehört, kann man eruieren, was an BIM-spezifischer Software jeweils vorhanden ist und welche Prozesse erforderlich sind, damit zwischen diesen Systemen Datentransfer stattfinden kann.

gbXML ist ein offenes Datenaustauschformat, das speziell für energetische Analysen verwendet wird.

Es kann sinnvoll sein zu bestimmen, dass auf der Ebene der generellen Projektkoordination Informationstransfer gemäß IFC stattfinden, während im Rahmen spezifischer Aktivitäten wie z. B. ingenieurtechnischer Simulationen native Dateien ausgetauscht werden oder andere offene Austauschformate wie gbXML zur energetischen Simulation verwendet werden. Dieser Arbeitsschritt sollte auch die Klärung von Server- und Hardware-Voraussetzungen umfassen.

6.4.5 Inhalt und Struktur

In seiner Struktur kann ein BIM-Projektabwicklungsplan gemäß BIM-Pflichtenheft angelegt werden, im Inhalt unterscheidet er sich jedoch erheblich von diesem. Maßgebliche Projektinformationen, BIM-Anwendungen und Projektleistungen kommen auch im BAP vor, aber die Prozesse werden detailliert dargestellt. Im BAP sind spezifische Projektrollen definiert, am wichtigsten ist jedoch die detaillierte Dokumentation von Arbeitsabläufen und Informationstransfer.

Geschäftlich	Managementbezogen	Technisch
• Projektbeschreibung • Schlüsselkontakte • Projektziele • BIM-Anwendungen • Terminplan • Anforderungen an BIM- und Liegenschaftsdaten • Projektleistungen	• Rollen und Verantwortungsbereiche • Prozessplanung und Arbeitsabläufe • Kollaborations- und Kommunikationsverfahren • Modellkoordination und -Qualitätssicherung	• Projekt-Setup, Koordinaten und Maßeinheiten • Modellstruktur • Informationstransfers • Datenaustauschformate • Struktur des CDE • Soft- und Hardware-Anforderungen

Abbildung 142: Beispiel für Struktur und Inhalt eines BIM-Projektabwicklungsplans

6.5 Objektdefinition und Austauschanforderungen

Am Anfang dieses Buches haben wir das Prinzip vorgestellt, dass innerhalb des BIM-Prozesses Modellelemente anhand von drei Hauptparametern bzw. Dimensionen definiert sind: der Phase, in der das Objekt modelliert wird, dem Zweck, für den es vorgesehen ist, und der Rolle bzw. dem Arbeitsbereich (Disziplin) des Modellerstellers. Damit sind im Grunde die Kernbestandteile sowohl der Projektdefinition als auch der -Abwicklungsplanung bezeichnet. Erst wenn wir die BIM-Anwendungen im Projekt, die Projektphasen und die Akteure festgelegt haben, können wir anfangen zu bestimmen, wie Modellelemente zu definieren sind.

Beschränkt man sich auf die einfachste Art der BIM-Vorgaben, so werden Objekte lediglich nach LoG / LoI pro Phase definiert, ohne dass Verwendungszweck oder Rolle des Modellurhebers Berücksichtigung findet. Dies ist eine sehr vereinfachende Herangehensweise. Ihr größter Nachteil ist, dass sie die BIM-Anwendungen nicht einbezieht, die den größten Einfluss darauf haben, wie ein Modell zu konstruieren ist und welche Informationen es enthalten muss. So enthält z. B. ein zum Zweck der Kollisionserkennung konstruiertes Modell andere Informationen – und kann überhaupt anders angelegt sein – als eines, das der energetischen Analyse dient.

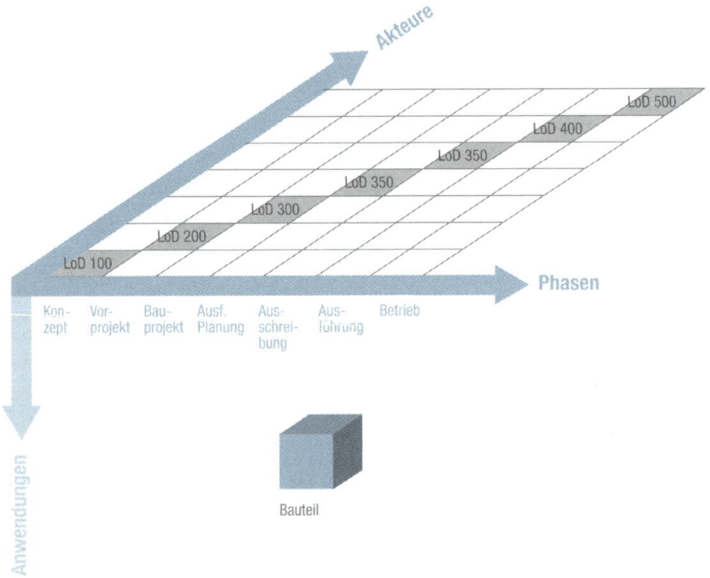

Abbildung 143: Die einfachste Form der BIM-Spezifizierung: Bauelemente werden lediglich nach Phasen definiert, wobei ihnen für jede Phase ein LoD zugeordnet wird.

Nur indem wir diese drei Dimensionen – Verwendungszweck, Phase und Akteur – übereinanderlegen, können wir Funktion und Inhalt eines Modellelements innerhalb eines Projekts gültig bestimmen.

In der BIM-Projektabwicklungsplanung müssen wir aufzeigen können, wie jedes Modellelement in einer spezifischen Phase, im Hinblick auf einen bestimmten Anwendungsfall und aus der Sicht jedes beteiligten Akteurs darzustellen ist. Welche Informationen muss z. B. der Architekt (Akteur) über ein Fenster (Objekt) während der Bauprojektierung (Phase) liefern, damit sein Modell für eine energetische Analyse (Anwendungsfall) herangezogen werden kann? Dabei geht es um die Festlegung der *Datenaustausch-Anforderungen*, die den Kern eines BIM-Projektabwicklungsplans ausmachen.

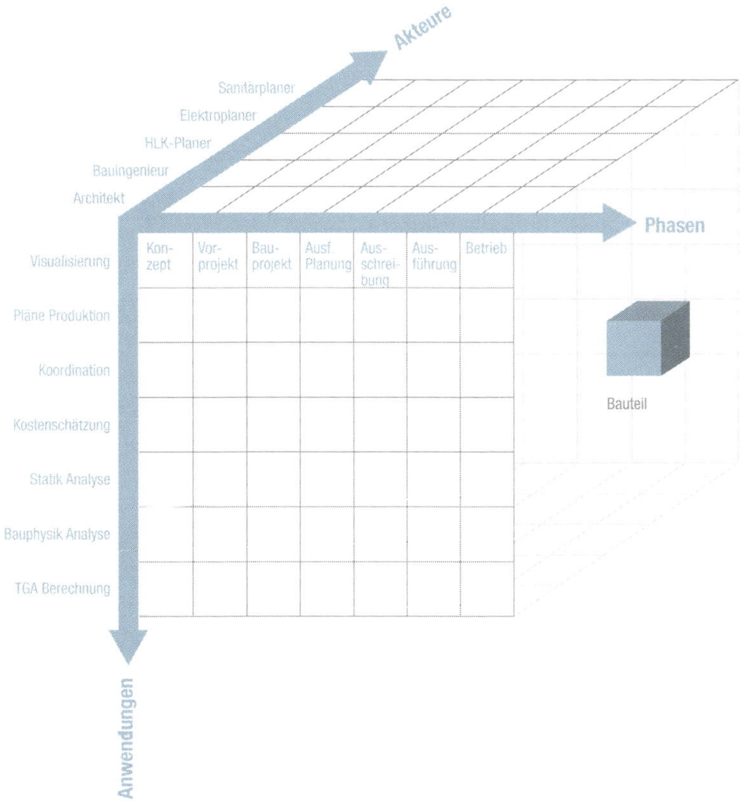

Abbildung 144: BIM-Objektdefinitionsmatrix

6.6 Digitale Werkzeuge

Was ein BIM-Projekt leistet, hängt maßgeblich vom BIM-Pflichtenheft und dem Projektabwicklungsplan ab. In der Praxis können die entsprechenden Dokumente hochkomplex und -detailliert sein, so dass es manchmal schwerfällt, Projektteams von ihrem Nutzen zu überzeugen. Das Paradoxon ist: Wir sprechen zwar von digitalen Arbeitsverfahren, greifen aber auf eine archaische Weise der Prozessdefinition zurück. Ein Pflichtenheft oder Projektabwicklungsplan von 120 Seiten ist nicht im Geringsten digital, integriert oder dynamisch!

Doch kann sich dies ändern. In den letzten paar Jahren ist eine Reihe innovativer Werkzeuge zur Digitalisierung von Projektanforderungsdefinitionen und -abwicklungsplanungen entwickelt worden.

6.6.1 Das *NBS BIM Toolkit*

Um BIM gemäß Stufe 2 in Großbritannien durchsetzen zu können, haben die dortigen Behörden die Entwicklung einer Online-Plattform zur Definition von BIM-Projektanforderungen in Auftrag gegeben. Es hat sich eingebürgert, diese Plattform als *BIM Toolkit* zu bezeichnen. Sie wurde durch das Nationale Institut für Bauvorschriften (*National Building Specification institute* = NBS) erarbeitet und allen Nutzern zwecks Ausarbeitung ihrer BIM-Pflichtenhefte kostenfrei zur Verfügung gestellt.[51]

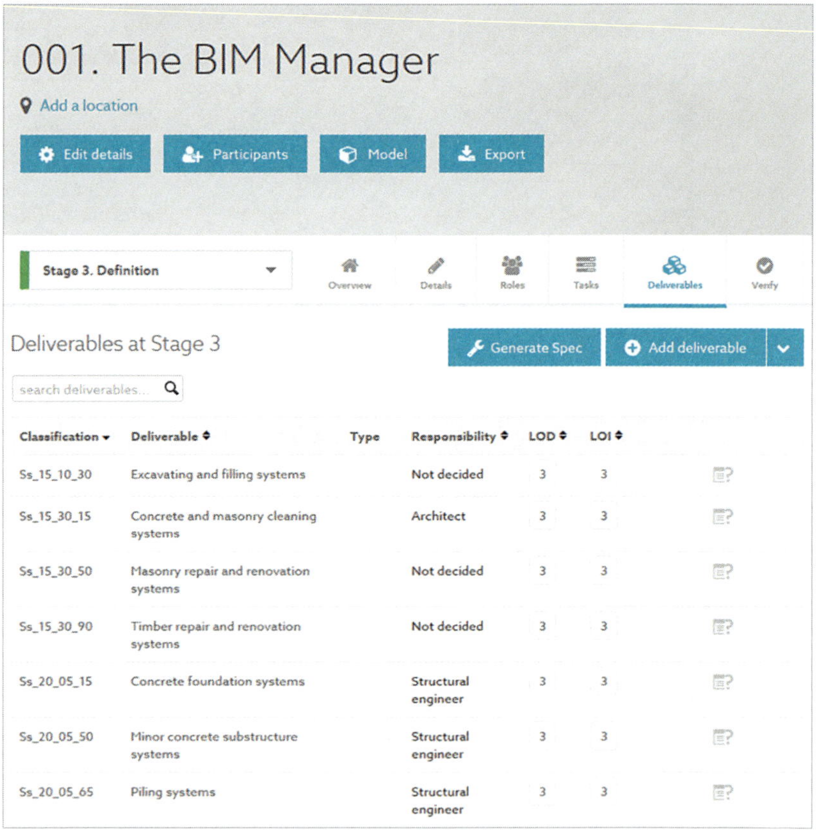

Quelle: www.toolkit.thenbs.com

Abbildung 145: Projekt-Leistungsübersicht zur Modellerstellung, gegliedert nach Phasen und Akteuren, im NBS BIM Toolkit

51 https://toolkit.thenbs.com/.

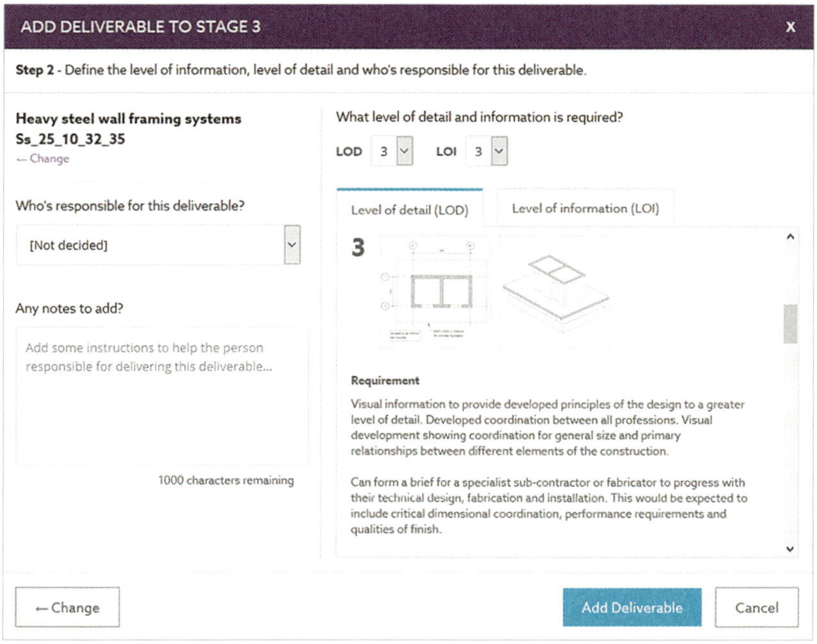

Quelle: www.toolkit.thenbs.com

Abbildung 146: LoD- / LoI-Objektdefinitionen im NBS BIM Toolkit

Die Leistungsübersicht zur Modellerstellung, wie sie das *NBS BIM Toolkit* bietet, beinhaltet viel Fortschrittliches. Erstens hat NBS eine Objektbibliothek mit ungefähr 5.700 generischen Objektdefinitionen online gestellt. Darin sind zu jedem Objekttyp die nach Phase, Verwendungszweck usw. variierenden LoDs und LoIs (mit einem Modellbeispiel und Angabe der Objekteigenschaften) verzeichnet. Um sich die Entscheidung zu erleichtern, welcher LoD / LoI jeweils angemessen ist, kann man Ansichten des Objektelements in den verschiedenen Detaillierungsgraden aufrufen.

Jeder LoD / LoI ist phasengerecht definiert und dem Objekt wird automatisch eine Klassifizierung (gemäß dem britischen Elementklassifizierungssystem *OmniClass*) zugeordnet. Sobald alle Objekte durch alle Phasen hindurch definiert wurden, kann man die Ergebnisse entweder – in herkömmlicher Form – als PDF-Dokument oder als digitale Datei an den Planer weiterleiten, damit er sie auf Übereinstimmung mit den Modelldefinitionsanforderungen prüft.

Weiter bietet NBS ein Validierungswerkzeug, das COBie-Vorlagen, wie sie in Form von Arbeitsblättern seitens der Berater eingereicht werden, auf Übereinstimmung mit den projektspezifischen Regeln für COBie-Daten prüft. Das Tool generiert einen Bericht, der alle Elemente im vorgelegten Modell benennt, die nicht den Projektanforderungen entsprechen.

Das *Toolkit* enthält noch andere nützliche Funktionen wie die Festlegung von Aufgaben je nach Phase samt Benennung der verantwortlichen Stellen, ein

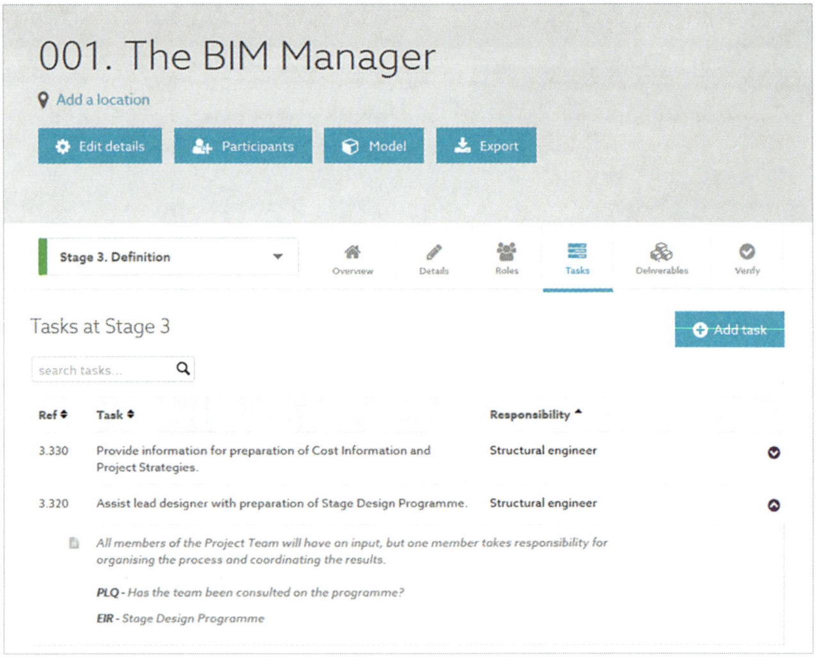

Quelle: www.toolkit.thenbs.com

Abbildung 147: Phasenbezogene Auflistung von Aufgaben und Zuständigkeiten im NBS BIM Toolkit

äußerst sinnvolles Instrument für die Projektplanung. Durch Import einer Musterdatei (die z.B. auf den vom Verband der britischen Bauindustrie vorgegebenen Projektphasen basieren kann) erhält man eine Liste von Standardaufgaben, die sowohl modifiziert als auch bestimmten Projektteam-Mitgliedern zugeordnet werden können.

Grenzen

So innovativ das *BIM Toolkit* zweifelsohne ist, so deutlich sind auch seine Nachteile. Deren erster ist, dass das *Toolkit* die Sichtweise des Bauherrn, nicht die des Projektteams zugrunde legt. D.h., BIM-Aufgaben und -Leistungen – LoD- und LoI-Vorgaben – werden allein aus der Warte des Auftraggebers definiert. Damit ist das *BIM Toolkit* ein Werkzeug zur Aufstellung eines BIM-Pflichtenhefts, nicht jedoch zur Projektabwicklungsplanung. Weder definiert es BIM-Anwendungen im Projekt, noch erfasst es irgendeinen der kollaborativen Prozesse, die zur Durchführung eines BIM-Projekts notwendig sind (Modellaustausch, Arbeitsabläufe und Kommunikation im Projekt, koordinierende und kollaborative Aktivitäten).

Das Werkzeug orientiert sich an den Normen der britischen Bauindustrie inkl. sowohl der landesüblichen LoD- / LoI-Grade (0–7) als auch des Klassifizierungssystems *OmniClass*. Angesichts von mehr als 5700 verzeichneten Objekten geht die Objekttyp-Definition viel zu sehr ins Detail. Es gibt keinen Objekttyp „Tür“, dafür aber 37 einzelne Türelemente (Türgarnitur komplett, Türstopper, Angel, Türklopfer usw.). In der Praxis hilft es weiter, wenn man breiter angelegte Gruppierungen hat, anhand derer sich generelle LoD-Objektdefinitionen aufstellen lassen.

Wie bereits gesagt, sind gruppenweise Festlegungen von LoDs und LoIs hilfreich für die Projektspezifizierung, sie genügen jedoch nicht, wenn es um die Definition individueller Austauschanforderungen geht. Das *NBS BIM Toolkit* ist bestens geeignet, um maßgebliche BIM-Leistungen aus Bauherrensicht zu beschreiben, aber nutzlos, wenn es darum geht, BIM-Anwendungen zu definieren und eine projektumspannende BIM-Abwicklungsplanung zu unterstützen.

6.6.2 BIMQ

Das Tool BIMQ wurde von der innovativen britisch-deutschen Firma AEC3 entwickelt, einem Unternehmen, dem einige der wichtigsten Neuentwicklungen im Bereich der IFC- und *openBIM*-Normen zu verdanken sind. Wir halten BIMQ für ein weitaus durchdachteres und nützlicheres Werkzeug. Es deckt sowohl die Projekt-Spezifizierung als auch die Abwicklungsplanung ab.

BIMQ definiert zunächst die Projekt-Parameter und die einzusetzenden BIM-Anwendungen. Ausgehend von den ausgewählten BIM-Funktionen entwickelt BIMQ eine Matrix der Informationsanforderungen, die das Planungsteam zu erfüllen hat. Dies geschieht bis hin zur Festlegung individueller Objekteigenschaften für jeden Objekttyp; es wird also eine detaillierte Tabelle der zu liefernden Modellinhalte aufgestellt – eine Art Modellelement-Erstellungsplan.

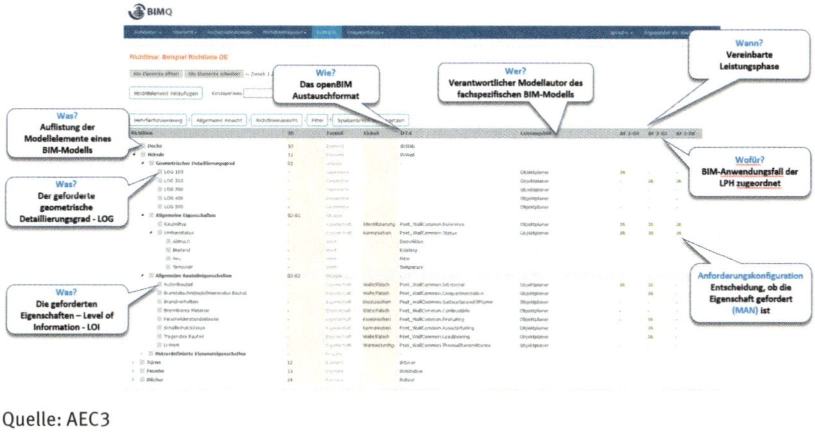

Quelle: AEC3

Abbildung 148: Projekt-Leistungsübersicht zur Modellerstellung in BIMQ

Qualitätsprüfung der BIM-Modelle

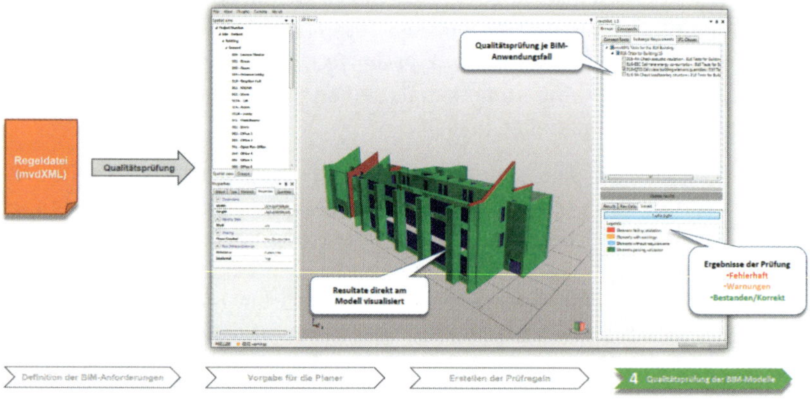

Quelle: AEC3 und University of Northumbria

Abbildung 149: xBIM (University of Northumbria) mit einem mvdXML-Plugin, das das IFC-Modell im Hinblick auf die digitalen Projektanforderungen von BIMQ validiert

Am eindrucksvollsten ist, dass das Tool dem Planungsteam eine digitale Vorgabe (u.a. in mvdXML-Form) an die Hand gibt, aus der es exakt entnehmen kann, welche Objektattribute es modellieren muss. Die einzelnen Fachplaner können auf Basis der mvdXML-Datei die Modell-Informationsanforderungen in ihre eigene Modellierungssoftware einlesen. Dabei wissen sie genau, welche Attribute jedes Bauteil in gewissen Phasen benötigt.

Auf Auftraggeberseite können die fertigen und abgegebenen Fachmodelle validiert werden. In Modell-Checker-Software (wie Solibri Model Checker oder xBIM) können die Objekteigenschaften eines vorgelegten IFC-Modells auf Übereinstimmung mit den ursprünglichen Informationsanforderungen (auf Basis der mvdXML-Vorschiften) geprüft werden. Fehlen in dem vorgelegten Modell Informationen, so wird dies als visuelle Fehlermeldung kenntlich gemacht.

BIMQ ändert die Spielregeln der BIM-Vorgaben und -Abwicklungsplanung. Es rückt die Erstellung komplexer Vorschriften aus dem Blickfeld und befähigt mithin Projektteams, sich auf die Projektabwicklung zu konzentrieren.

Das Tool generiert ferner ein Pflichtenheft als lesbaren Text, wobei dieses Dokument nur in zweiter Linie von Belang ist. Vorrangig geschieht die Kommunikation digital zwischen BIMQ und der Modellierungssoftware, die im Projektteam zum Einsatz kommt. Diese direkte Integration kündigt eine neue Ära der Planung, Durchführung und Validierung von BIM-Projekten an.

Fallstudie: St. Claraspital Basel

Beitrag: BFB Architekten AG

Neubau Hirzbrunnen, St. Claraspital

Basel, Schweiz

Bauherr:	St. Clara Infra AG
Generalplaner:	BFB Architekten AG
Projektgröße:	Gesamtkosten: 250 Mio. CHF
Status:	in der Ausführung
Fertigstellungsdatum:	2021

Projektbeschreibung

Das St. Claraspital in Basel ist ein hochspezialisiertes Privatspital mit den Schwerpunkten Bauch- und Tumorzentrum. Innerhalb eines räumlich stark limitierten Bauperimeters wird das Spital um den Neubau Hirzbrunnen durch das Generalplanerteam BFB Architekten AG aus Zürich erweitert. Die Betrachtung des Alt- und Neubaus als städtisches Gesamtensemble stellt eine besondere Herausforderung an den städtebaulichen und historistischen Kontext dar. Die stark beengte räumliche Lage und die baulichen Schnittstellen zum laufenden Betrieb erfordern ein hohes Maß an räumlicher und terminlicher Koordination.

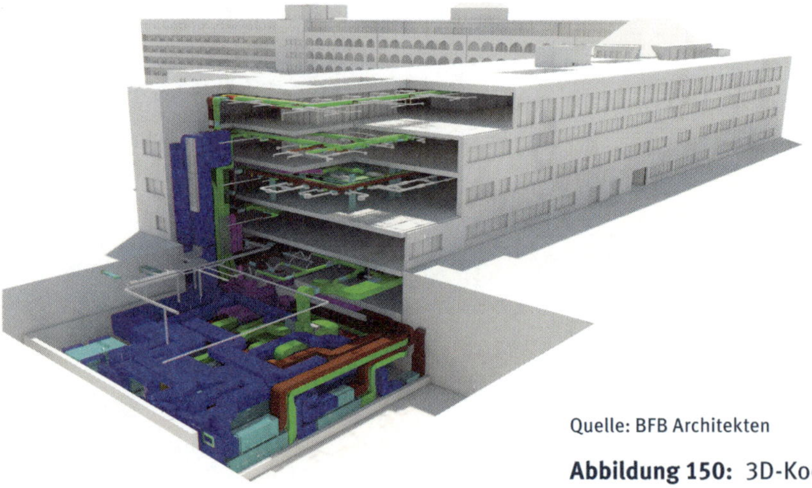

Quelle: BFB Architekten

Abbildung 150: 3D-Koordinationsmodell

Die BIM-Methodik

Das Generalplanungsteam BFB Architekten aus Zürich erstellt die komplette Planungsleistung vom Vorprojekt bis zur Ausführungsplanung nach der BIM-Methodik. Die bauliche Umsetzung erfolgt durch einen partizipativen Realisationspartner (TU).

Um der Komplexität, der mehrfach etappierten Realisation des Neubaus und der Bestandsbauten gerecht zu werden, musste eine projektspezifische Zusammenarbeit des Teams nach der BIM-Methodik erarbeitet werden. Den wesentlichen Dreh- und Angelpunkt des Informationsmanagements stellt die zentrale Datenbank dar. Diese ermöglichte von Projektbeginn an einen Informationsaustausch ohne Informations- und Zeitverlust zwischen allen Planungsbeteiligten.

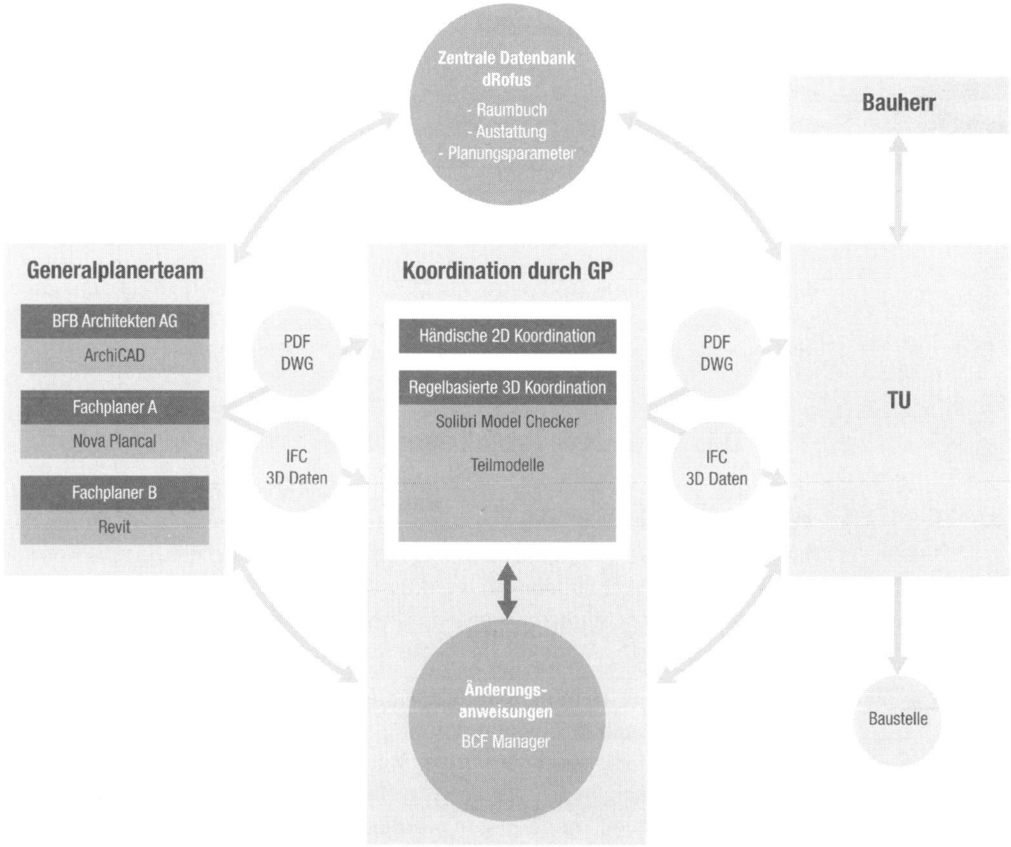

Quelle: BFB Architekten

Abbildung 151: Prozessplanungsabwicklung

Neben den Vorzügen der zentralen Information dient die Datenbank gleichzeitig zur fehlerlosen, direkten Weitergabe von Planungsparametern in die Ausführungsunterlagen.

Somit können menschliche Übertragungsfehler und nicht aktuelle Planungsinformationen vollständig ausgeschlossen und die Planungs- und Planlieferungszeit stark optimiert werden.

Um das Projekt zwischen allen Projektbeteiligten effizient koordinieren und abwickeln zu können, wird neben dem räumlichen Austauschformat IFC für die Planungskommunikation das Format BCF mit der Software BCF-Manager verwendet. Die Kontrolle der Planungsqualität erfolgt durch die Software Solibri mittels regelbasierter Planungsprüfung.

Durch diese Methoden konnten die direkte Zuordnung von Aufgaben, deren kontrollierte Abwicklung und die Planungsqualität stark verbessert werden. Bei höherer Planungsqualität können mit diesem Vorgehen innerhalb der regelmäßigen Koordinationssitzungen 30 % mehr Themen abgehandelt werden.

7 Aufsetzen und Durchführen von Projekten

Gutes Urteilsvermögen erwächst aus Erfahrung, und eine Menge Erfahrung erwächst aus falschen Urteilen.

Anonym

In diesem Kapitel werden wir betrachten, wie man BIM-Projekte organisieren kann. Schwerpunkte sind dabei die Modellstruktur, Modellierungsvorschriften, die Modellentwicklung und -urheberschaft sowie Objektbibliotheken. Darüber hinaus geht es auch um allgemeinere BIM-Leitlinien.

7.1 Das vereinigte Projektmodell

In Kapitel 2 erörterten wir den „Ein-Modell-Mythos" und sahen, dass sich Projekte nur selten in einem einzigen Modell darstellen lassen. Sie bestehen vielmehr aus einer ganzen Reihe von Fachmodellen, die zwecks Koordination oder anderer kollaborativer Aktivitäten regelmäßig ausgetauscht und miteinander verschmolzen werden. Diese Herangehensweise bezeichnen wir als „vereinigtes Modell"; sie ist die Grundlage für *openBIM*-Prozesse.

Es ist nicht ganz richtig, das „Ein-Modell"-Konzept völlig außer Acht zu lassen, hat es doch in bestimmten, begrenzten Bereichen durchaus seinen Wert. Die Arbeit mit einem zentralen Modell birgt den Vorteil, dass man es nur mit einer einzigen „Quelle der Wahrheit" zu tun hat. Ein solches Modell ist jederzeit aktuell, Änderungen werden projektweit auf der Stelle eingepflegt. Arbeitet man mit einem einzigen, zentralen Modell, so muss man keine Dateien austauschen, und es gibt natürlich keinen IFC-Export. Alle Beteiligten können mittels eines gemeinsamen lokalen oder auch cloudbasierten Servers (auch: nativer Modellserver) auf dieselbe Projektdatei zugreifen.

Ungeachtet dieser Vorteile ist es in den meisten Fällen schlicht unpraktisch, ein aus mehreren Planungsbüros zusammengesetztes Projektteam mit einem einzigen nativen Modell arbeiten zu lassen. Erst einmal müssen dazu sämtliche Projektteam-Mitglieder dieselbe Software nutzen. Das Hauptproblem besteht jedoch darin, innerhalb der Begrenzungen einer einzigen Modellumgebung die verschiedenen Projektrollen und -aktivitäten zu managen.

Unter solchen Voraussetzungen ist es schwierig, über die verschiedenen Arbeitsbereiche (Disziplinen) hinweg festzulegen, wer in welchem Umfang wofür verantwortlich ist. Das kann regelrecht gefährlich werden, hat doch grundsätzlich jeder die Möglichkeit, auf alles im Modell zuzugreifen. Um unberechtigte oder unabsichtliche Änderungen auszuschließen, muss strikt durchgesetzt werden, wer was zu modellieren hat – und modellieren darf! – und wer welche Zugangsrechte genießt. Selbst der Hauptvorteil eines einzigen Modells – dass sämtliche Projektinformationen immer auf dem neuesten Stand sind, das Modell also *live* ist – kann zum Problem werden:

Sämtliche Änderungen, wie geringfügig oder vorübergehend sie auch sein mögen, werden von allen in Echtzeit gesehen. Es geht aber allen anderen Disziplinen schlicht auf die Nerven, wenn sie mitverfolgen müssen, wie z. B. der Architekt im Modell fortwährend Änderungen an irgendwelchen Gebäudeteilen vornimmt.

Obendrein kann es sehr schnell dazu kommen, dass das Projektmodell überdimensioniert und unhandlich wird. Bei größeren Projekten kann der Prozessor jeweils mehrere Minuten brauchen, um die Modelldatei nur zu öffnen oder zu aktualisieren, nachdem daran Änderungen vorgenommen wurden.

Kurz gesagt: Es gibt nur wenige Fälle – kleinere Projekte, bei denen alle Beteiligten gut aufeinander abgestimmt sind und ihre kollaborativen Prozesse gründlich durchdacht haben –, in denen es möglich ist, mit einem einzigen zentralen Modell zu arbeiten. In der übergroßen Zahl der Fälle ist es nötig, das Modell in mehrere Bereichs- bzw. Gewerk- und sogar Unterbereichsmodelle aufzugliedern. Damit sind wir bei der Methodik des vereinigten Modells.

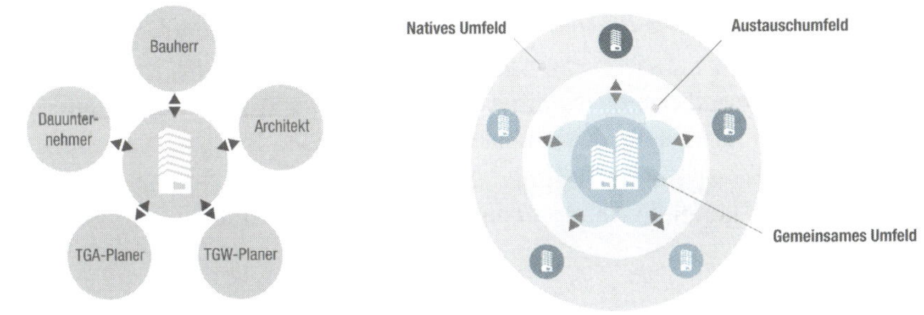

Abbildung 152: Das Arbeiten mit einem einzigen Projektmodell (links) und einem vereinigten Projektmodell (rechts)

Die Konfiguration des vereinigten Modells bietet Klarheit und Struktur hinsichtlich des Austauschs von Modellinhalten. Jede Disziplin arbeitet mit ihrem eigenen Fach- oder Gewerkmodell und kann zu Zwecken des Abgleichs andere Fachmodelle einsehen. Es ist jedoch niemandem möglich, direkt auf ein natives Modell zuzugreifen, das nicht zu seinem Arbeitsbereich gehört. Werden aus dem eigenen Arbeitsbereich Änderungen in einem „fremden" Modell (Referenzmodell) erforderlich, so muss dem betreffenden Modellurheber eine Änderungsanforderung zugeleitet werden. Darüber hinaus kann jeder Modellurheber durch Filterung seines Modells beim Export festlegen, welche Informationen er zu einem gegebenen Zeitpunkt teilen möchte. In IFC-genormten Arbeitsabläufen sorgen dafür die Modellansichtsdefinitionen (MVDs), wie sie in den Kapiteln 3 und 4 vorgestellt wurden.

Ein weiterer positiver „Nebeneffekt" des Arbeitens in *openBIM* ist der Schutz geistigen Eigentums. Es gibt Planungsbüros, die beträchtliche Summen in die Entwicklung hauseigener Objektbibliotheken und Projektabwicklungsmechanismen stecken und nicht wollen, dass diese Materialien öffentlich zugänglich sind. Da statt der nativen Projektdatei nur eine IFC-Kopie ausgetauscht wird, bleiben solche firmeneigenen Daten geschützt. Mag sein, dass dies nicht unbedingt im Interesse offener, kollaborativer Arbeitsweisen liegt, doch ist es häufig eine geschäftliche Notwendigkeit.

Wichtiger noch: Das Arbeiten mit dem vereinigten Modell gewährleistet jedem Projektteam ein hohes Maß an Freiheit und Flexibilität im Hinblick darauf, wie es seine native Umgebung konfiguriert, und das nicht nur in puncto Software-Auswahl, sondern auch bei der Modellstruktur und in der Gestaltung interner Arbeitsabläufe. Manche Firmen bevorzugen, mit einem einzigen Fachmodell zu arbeiten, während andere mit verknüpften multiplen Modellen umgehen und möglicherweise sogar multiple Designsoftware-Lösungen inkl. interner Austauschprozesse anwenden.

Zusammengefasst lassen sich folgende Vorteile einer vereinigten Modellstruktur erkennen:

- freie Software-Auswahl
- reduzierte Größe einzelner Modelldateien
- klare Zuschreibung von Verantwortungsbereichen und Arbeitsumfängen (durch bereichs- / gewerkspezifische Modellurheberschaft)
- Kontrolle und flexible Gestaltung von Struktur und Inhalt des Modells verbleiben im eigenen Zuständigkeitsbereich
- Stabilitätsgewinn durch Koordination mit statischen Referenzmodellen, ohne dass laufende Änderungen durch andere Disziplinen mitverfolgt werden müssen
- versehentliches Editieren oder Löschen von Komponenten „fremder" Fachmodelle ist unmöglich
- „interner" oder vertraulicher Inhalt kann bei Export aus dem Modell herausgenommen werden.

Doch auch das Arbeiten mit vereinigten Modellen ist nicht ohne Nachteile. Geteilte Modelle sind überholt, sobald sie exportiert werden. Der Exportvorgang selbst kann für unerfahrene Nutzer ein Quell von Frustration sein und zu Datenverlusten führen. Und natürlich werden Änderungen nicht automatisch eingepflegt, sondern müssen beim jeweiligen Modellurheber angefordert und individuell eingearbeitet werden. Das Arbeiten mit einem vereinigten Modell erfordert verglichen mit der Ein-Modell-Lösung zweifellos ein Mehr an Kommunikation und Koordination.

Die Steuerung von Modellaustausch-, Prüfungs- und Koordinierungsvorgängen ist ein wesentlicher Teil des BIM-Projektmanagements. Sie lässt sich am wirksamsten innerhalb einer geteilten Projekt-Plattform, der Gemeinsamen Datenumgebung (*Common Data Environment* = CDE), ausüben. Dabei operiert man zwar nicht mit einem einzelnen Modell, aber mit einer einzigen digitalen Projektumgebung, die eine Vielzahl von Modellen und zugehörigen Projektinformationen umfasst. Auf die Gemeinsame Datenumgebung kommen wir in Kapitel 9 noch einmal zurück.

7.1.1 Eine Alternative: das native vereinigte Modell

Mit einem vereinigten Modell arbeiten kann man nicht nur in *openBIM*. *openBIM* ist zwar das Idealszenario; es gibt aber auch die Möglichkeit, sich eines *nativen* vereinigten Modells zu bedienen. In diesem Fall besteht das Projekt aus verschiedenen bereichs- bzw. gewerkspezifischen Untermodellen, die in einem *nativen* Datenformat ausgetauscht werden. Das setzt voraus, dass alle Projektteam-Mitglieder dieselbe Software verwenden – es können also keine IFC-Dateien ausgetauscht werden. Doch genießt das Team die Vorteile geringerer Dateigrößen (in Form der Untermodelle), und die einzelnen Verantwortungsbereiche sind transparenter. Denn wie beim Arbeiten mit dem „offenen" vereinigten Modell verantwortet jeder Bereich sein eigenes Modell und kann zu Referenzzwecken auf andere Modelle zugreifen. Dabei sind die Referenzmodelle zwar nicht so gut geschützt wie bei der IFC-Herangehensweise, denn die verknüpften nativen Modelle können editiert werden. Es gibt jedoch Vorkehrungen gegen versehentliches Editieren, muss man doch verknüpfte Dateien bewusst öffnen, um sie modifizieren zu können.[52]

Ein natives vereinigtes Modell kann man in Projekten nutzen, bei denen sich alle Beteiligten auf eine gemeinsame Software verständigen oder der Auftraggeber eine solche vorgibt. Weil verbreitet ist diese Arbeitsweise in Nordamerika, Großbritannien und Teilen Asiens, während sie in Mitteleuropa weniger gebräuchlich ist. Abgesehen von den Einschränkungen im Software-Bereich schließt diese Methode auch die Anwendung der IFC-Modellansichtsdefinitionen sowie von IFC-basierten Arbeitsabläufen aus.

Im weiteren Verlauf dieses Kapitels konzentrieren wir uns auf die Arbeit mit vereinigten Modellen im *openBIM*-Kontext, wobei die dargestellten Prinzipien gleichermaßen für native vereinigte Modelle gelten.

7.2 Aktivitäten im Projektentwicklungskreislauf

Bei der Projektarbeit mit einem vereinigten Modell haben wir es mit zwei Projektumfeldern zu tun: der nativen Umgebung, die geistiges Eigentum des jeweils zuständigen Arbeitsbereichs ist, in dem Modelldaten generiert werden, und der gemeinsamen Projektumgebung, die für alle zugänglich ist und in der Modelldaten ausgetauscht und koordiniert werden. Der BIM-gestützte Projektentwicklungsprozess stellt einen ständigen Kreislauf zwischen dem nativen und dem kollaborativen Umfeld, zwischen Generieren und Kollaborieren, dar.

52 Die Arbeit mit einem nativen vereinigten Modell funktioniert nur bei Nutzung einer Software, die in verschiedensten Arbeitsbereichen (wie Architektur, Statik und Gebäudetechnik) anwendbar ist. Grundsätzlich gilt dies für Autodesk Revit, in gewissem Grad auch für Bentley-Tools.

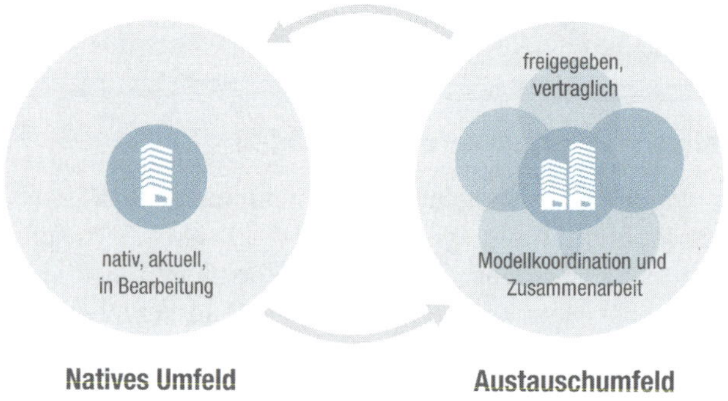

Abbildung 153: Der Kreislauf der Projektinformationsentwicklung zwischen nativem und kollaborativem Umfeld

Diesen Unterschied sollte man sich einprägen. Gleichzeitig muss klar sein, dass *openBIM* – oder, allgemeiner gesprochen, das kollaborative Umfeld – das native BIM nicht ersetzt. Es ist vielmehr ein paralleler, erweiterter Projektraum. Einige Aktivitäten, z. B. die Modellerstellung, *müssen* in der nativen Umgebung stattfinden, während andere in der kollaborativen besser aufgehoben sind. Es gibt auch eine Reihe von Aktivitäten, die sowohl im nativen als auch im kollaborativen Umfeld ablaufen können. So kann beispielsweise die Modell-Qualitätssicherung in beiden Umfeldern vorgenommen werden, während der Projektabwicklungsplan andere Aktivitäten von vornherein entweder dem nativen oder dem kollaborativen Umfeld zuweist.

Man kann davon ausgehen, dass gegenwärtig in typischen BIM-Großprojekten schätzungsweise 80–90 % der Aktivitäten im nativen Umfeld stattfinden. Im kollaborativen Umfeld sind also nur 10–20 % aller Projektarbeiten angesiedelt.

Natives Umfeld	Kollaboratives Umfeld
zwingend • Entwurfsgestaltung • Modellerstellung • Zeichnungsanfertigung • Dateiexport • Analyse und Simulation	**empfohlen** • Modellüberwachung und Qualitätssicherung • Koordination und Kollisionserkennung • Informations(Daten)auszüge
optional • Mengenermittlung (Kostenkalkulation) • Informations(Daten)auszüge • Modellüberwachung und Qualitätssicherung • BIM-to-Field • BIM-to-FM	**optional** • Mengenermittlung (Kostenkalkulation) • Terminplanung • BIM-to-Field • BIM-to-FM

Abbildung 154: Zuordnung der BIM-Anwendung im nativen und kollaborativen Umfeld

Viele sehen das kollaborative Umfeld als „Maschinenraum" der Projektsteuerung, dessen Bedeutung in Zukunft immer weiter zunehmen wird. Kollaboratives Arbeiten wird umso wichtiger, je mehr Anerkennung Funktion und Wert des kollaborativen Umfelds finden (insbesondere durch ein besseres Verständnis sowohl der Gemeinsamen Datenumgebung als auch des *openBIM*-Prozesses). Im selben Maß wird sich der Schwerpunkt auf die kollaborative Arbeit verlagern.

Allerdings wird diese Schwerpunktverlagerung nicht allzu dramatisch ausfallen; denn auch weiterhin wird die Modellarbeit im nativen Umfeld – insbesondere das Modellieren, Editieren und Erstellen von Zeichnungen – vorrangige Bedeutung genießen und mindestens die Hälfte aller projektweiten BIM-Aktivitäten ausmachen.

7.2.1 Die fünf Gruppen von Aktivitäten

Bei genauerem Hinsehen vollzieht sich Entwicklung von Projektinformationen innerhalb von fünf Gruppen von Aktivitäten, die sich sowohl über die native als auch die kollaborative Umgebung erstrecken:

1. Modell- und Modelldaten-Erstellung (inkl. Anfertigung von Zeichnungen)
2. Analyse und Auswertung von Modelldaten (Simulationen, Informationsauszüge usw.)
3. Austausch, Qualitätskontrolle und Koordination von Modellen
4. Projektkoordination und -kollaboration
5. Datenbereitstellung und -validierung.

Die Erstellung von Modellen und Modelldaten ist die grundlegende BIM-Aktivität und macht die tägliche Arbeit von Planungsbüros aus. Mit dieser Aktivität eng verbunden ist die fortlaufende Analyse des Modells (Gruppe 2). Diese kann durch schlichte Sichtkontrolle erfolgen, umfasst aber auch die Extrahierung und Analyse von Daten zwecks Nutzflächenberechnungen, Mengenermittlungen und Bauausführungssimulationen. Diese beiden Phasen gehören vorrangig in das native Umfeld (mit Ausnahme einiger modellgestützter Simulationen, die unter Verwendung von Tools durchgeführt werden können, die von dritter Seite bereitgestellt werden).

Jedes Modell sollte regelmäßiger Qualitätskontrolle unterzogen werden. Dazu gehören interne Prüfungen, die sicherstellen, dass das Modell mit unternehmensseitigen, projektbezogenen und baurechtlichen Vorgaben übereinstimmt (z. B. Revision von Objektklassifikationen und -eigenschaften, Überprüfung auf fehlende oder doppelt vorhandene Elemente, Durchführung sonstiger regelbasierter Prüfläufe). Die Qualitätskontrolle umfasst auch die Koordination mit anderen Fachmodellen. Häufig findet sie wöchentlich oder zweiwöchentlich statt. Sie kann innerhalb der Modellierungssoftware selbst oder unter Heranziehung externer Prüfwerkzeuge durchgeführt werden. Die meisten Tools zur Verschmelzung oder Koordinierung von Modellen importieren eine Vielzahl von Dateiarten, darunter IFC und native Formate.

Modell-/Datenerstellung ist die vorrangige BIM-Aktivität in der Herstellung von Projektmodellen.

Modellaustausch und Fachkoordination sind sämtliche kollaborativen BIM-Aktivitäten, die den Transfer von Projektinformationen umfassen. Eingeschlossen sind Prozesse der Modell-Qualitätssicherung und -Koordinierung (z. B. Kollisionserkennung und Durchbruchsplanung).

Projektkoordination bezieht sich auf Aktivitäten der Projektsteuerung, die das gesamte Projektteam betreffen. In ihrer einfachsten Form kann sich die Projektkoordination auf die Modellkoordinierung beschränken. Idealerweise richtet sie sich jedoch auf eher strategische Koordinierungsprozesse im Hinblick auf Zeitplan und Budget des Projekts.

Datenvalidierung (auch als BIM-Auditing bezeichnet) ist ein Qualitätssicherungsprozess, der Vollständigkeit, Richtigkeit und Konsistenz von Projektdaten gewährleistet.

Im vierten Schritt kommt es zur Bereitstellung von Modelldaten im kollaborativen Umfeld zwecks Projektkoordination, Kostenkalkulation und anderer Aktivitäten der Projektsteuerung. Diese Gruppe von Aktivitäten bezeichnen wir gemeinhin als die Domäne von IFC. Wie im vorigen Abschnitt dargestellt, können sie aber ebenso gut im Rahmen einer auf native Dateien gestützten Kollaboration stattfinden. Es kommt darauf an, dass sich dieser Bereich klar von der Modellerstellung abhebt. Er liegt normalerweise in der Verantwortung eines eigens ernannten Projektkoordinators.

Wie oft diese Kollaborationszyklen durchlaufen werden, ist projektabhängig. Häufig arbeitet man mit Zweiwochenrhythmen, in einer frühen Planungsphase kann aber auch ein Intervall von vier Wochen genügen.

Letztes Stadium des Prozesses ist die Bereitstellung von Modelldaten zu im Vorhinein vertraglich festgelegten Zeitpunkten (sog. *data drops*). Diese Zeitpunkte fallen oft mit dem Abschluss bestimmter Planungs- oder Bauphasen zusammen; sie können jedoch ebenso gut vom Auftraggeber frei bestimmt werden. Wie in ISO 19650-1 vorgegeben, bedeutet Bereitstellung von Daten nicht allein die Vorlage der Projektmodelle, sondern umfasst sämtliche Projektdaten und -dokumente. Zum Zeitpunkt der Modell-Bereitstellung werden die Daten validiert, um sicherzustellen, dass das Modell vollständig und fehlerfrei ist und dass es dem Entwicklungsgrad entspricht, den der Bauherr im BIM-Pflichtenheft vorgeschrieben hat. Häufig wird diese Validierung (BIM-Audit) im Auftrag des Bauherrn von einem externen Berater durchgeführt.

Was diese Grafik nicht direkt zeigt, ist der Hauptzweck eines Bauinformationsmodells: die *Datennutzung*. Diese kann in jeder Phase des Prozesses stattfinden, wobei der Plausibilitätsgrad steigt, je weiter der Prozess voranschreitet. Eine modellbasierte Kostenschätzung, die nach der finalen Datenvalidierung (Phase 5) vorgenommen wird, weist einen höheren Grad an Wahrscheinlichkeit auf und beruht auf weit mehr kollaborativem Input als eine Kalkulation in der Phase der nativen Analyse (Phase 2).

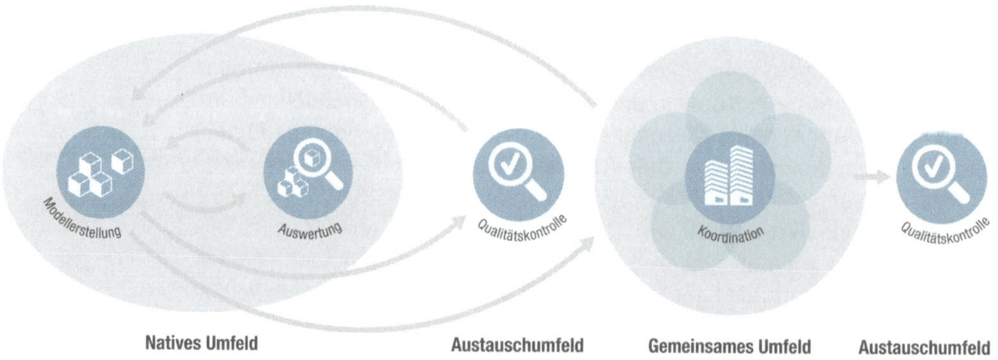

Abbildung 155: Die fünf Aktivitätsgruppen im Rahmen der Entwicklung der Projektinformationen

7.3 Modellstruktur und -entwicklung

Wie also erstellt man diese Modelle und koordiniert sie miteinander?

Am Anfang vieler Projekte steht ein einzelnes, vom Architekten entwickeltes Projektmodell. In den frühen Phasen eines Projekts (z. B. bei Machbarkeitsstudien) unterliegt die Planung häufigen Änderungen, und es arbeitet sich am sachgerechtesten mit einem vereinfachten Einzelmodell (z. B. zwecks Kostenkalkulation, Nutzflächenplanung oder Entwurfsvisualisierung). In diesem Stadium sind Grundstruktur und Materialien des Gebäudes i. d. R. noch kaum festgelegt. Sind Beiträge seitens spezialisierter Planer erforderlich, so werden diese üblicherweise direkt dem Architekten zugeleitet, und dieser pflegt sie in sein Modell ein.

Sobald der Entwurf steht, kann die Koordinierung mit anderen spezialisierten Disziplinen (Bauingenieurwesen, Statik, Landschaftsarchitektur, Innenarchitektur usw.) stattfinden. In dieser Phase kann man das Projektmodell in verschiedene Untermodelle aufgliedern. Üblicherweise legt der Architekt sein Modell den verschiedenen Ingenieurdisziplinen vor, so dass diese daraus ihre eigenen bereichsspezifischen Modelle ableiten können.

Diese Modelle lassen sich auf verschiedene Weise strukturieren. Generell ist zu empfehlen, dass jedes bereichsspezifische Modell ausschließlich die Elemente enthält, die zum jeweiligen Bereich gehören – das Statikmodell beispielsweise nur die tragenden Elemente des Gebäudes –, während alle anderen Gebäude-Objekte als zu externen Modellen gehörig ausgewiesen sind.

In der Praxis kann der Prozess folgendermaßen ablaufen:

1. Der Architekt leitet sein vollständiges Projektmodell (entsprechend der Vorplanungsphase) an den Tragwerksplaner und / oder andere Fachleute weiter.
2. Der Tragwerksplaner verknüpft das Architekturmodell im Hintergrund mit einem (leeren) Statikmodell und beginnt mit der Modellierung des erforderlichen Tragwerks.
3. Der Tragwerksplaner sendet das Statikmodell an den Architekten.
4. Der Architekt verknüpft das Statikmodell mit seinem Architekturmodell und löscht alle tragenden Elemente aus dem Architekturmodell.

Auf zwei Aspekte dieses Austauschprozesses ist hinzuweisen: Erstens ist das einzelne Projektmodell in zwei bereichsspezifische Modelle aufgegliedert worden. Zweitens ist jedes dieser beiden Modelle für sich genommen unvollständig. Um das Projekt im Ganzen sehen zu können, muss es mit dem anderen bereichsspezifischen Modell (und ggf. weiteren) verknüpft werden. Abbildung 156 zeigt einen Sektor eines Architekturmodells, das alle Bauelemente enthält. In der nachfolgenden Phase ist die tragende Deckenplatte in das Statikmodell eingearbeitet und aus dem Architekturmodell herausgenommen.

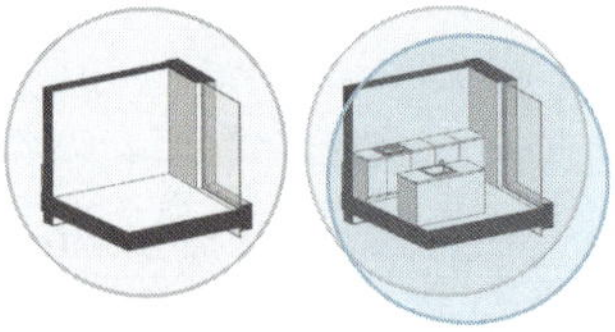

Abbildung 156: Fortschritt und Aufgliederung des Modells

Im Lauf der weiteren Projektentwicklung setzt sich diese Modell-Aufgliederung fort. Genauso kann man Gebäudeunterhaltungsmodelle hinzufügen und Fachmodelle weiter aufgliedern. So lässt sich beispielsweise das Statikmodell in ein Beton- und ein Stahlbaumodell unterteilen. Ferner kann man ein separates Modell für Infrastruktur- und Erdarbeiten anlegen. Das Architekturmodell lässt sich in ein Fassaden- und ein Innenraummodell aufteilen. In einer separaten, mit dem zentralen Architekturmodell verknüpften Datei kann man Mobiliar und Ausstattung erfassen.

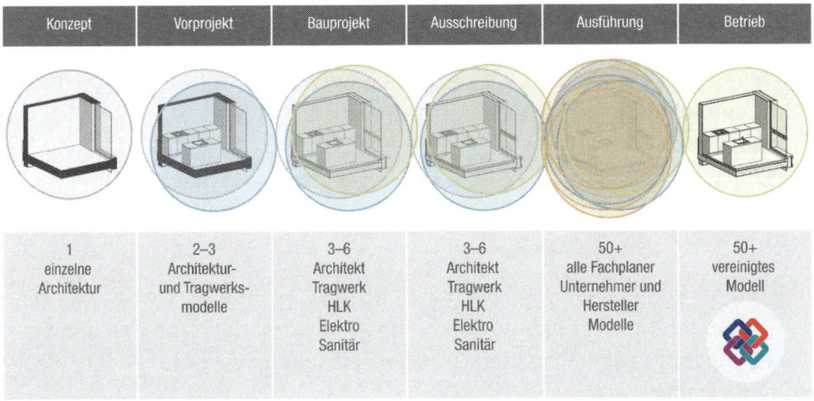

Abbildung 157: Fortschritt und weitere Aufgliederung des Modells

Parallel zur Entwicklung des Modell-Detaillierungsgrads (LoD) nimmt die Anzahl der Untermodelle zu. Wird ein neues Untermodell erstellt, entfernt man die zu diesem gehörigen Elemente aus den vorhergehenden bereichsspezifischen Modellen. So kann aus Entwurfsgründen eine Küchenspüle im ursprünglichen Architekturmodell enthalten sein. In einem späteren Stadium ist dieses Element in das Modell des Installationsplaners eingebunden, während es im letzten Stadium in einem Lieferantenmodell enthalten ist.

Kommen wir in die Produktions- bzw. Bauausführungsphase, so können wir es rasch mit Dutzenden von Modellen zu tun haben, in größeren Projekten auch gut und gern mit mehr als hundert. Bei manchen Projekten besteht die Anforderung an jedes auf der Baustelle tätige Gewerk, als Vertragsbestandteil ein Fertigungsmodell herzustellen.

Modelle der Subunternehmer

Es gibt durchaus Subunternehmer, die über Erfahrungen in der Arbeit mit Modellen zu Fertigungs- oder Installationszwecken verfügen. Dies gilt z. B. für Stahl- oder Fassadenbauer und zu einem gewissen Grad auch für Heizungs-, Lüftungs- und Klima-Installateure, Gewerke also, die schon seit längerem daran gewöhnt sind, mit 3D-Modellen umzugehen. Für die Mehrheit der traditionelleren Gewerke, wie Maurer oder Trockenbauer, dürfte jedoch nach wie vor gelten, dass sie nicht darauf eingestellt sind, BIM-Inhalte zu liefern. Ist das der Fall, kann der Generalunternehmer von jedem Unterauftragnehmer verlangen, dass er in Fremdvergabe ein Fachmodell erstellen lässt. Mitunter übernimmt auch der Generalunternehmer selbst die Erstellung der Fachmodelle.

Alternativ können Auftragnehmer Informationen auch in eine Projekt-Datenbank einspeisen, die automatisch mit dem Projektmodell verlinkt werden kann. So können mithilfe von Mobilgeräten (*BIM-to-Field*) objektbezogene Statusberichte (in Fertigung, auf der Baustelle, verbaut, mit geringfügigem Fehler verbaut) abgegeben oder sogar per Laserscan Istzustandskoordinaten eingepflegt werden. Auch betriebs- und wartungsrelevante Informationen können digital übermittelt und mit dem Projektmodell verknüpft werden.

Wie weiter unten in diesem Kapitel ausgeführt werden wird, muss nicht alles, was man baut, modelliert werden. Bauelemente können in einem Modell als Symbole oder in einer Datenbank als Zeile dargestellt werden. Auf diese Weise kann man auch ohne geometrische Objektdarstellung planen und Kosten ermitteln.

7.3.1 Modellstruktur-Varianten

Der bis hierher aufgezeigte Prozess ist ziemlich generisch; es gibt viele mögliche Varianten. Beispielsweise kann man anstelle von Referenzmodellen Elemente in den verschiedenen Fachmodellen duplizieren. Ein Wandobjekt etwa kann man sowohl im Architektur- als auch im Statikmodell darstellen. Wird in einem Modell eine Wand verändert, muss diese Änderung an das andere Fachmodell weitergegeben werden. Für diese modellübergreifende Objekt-Koordination gibt es zwar Tools, diese können aber schwerfällig sein und sollten nur unter strikter Überwachung und in begrenztem Umfang eingesetzt werden.[53]

53 Beispiel für ein solches Tool ist die Funktion *copy monitor* in Autodesk Revit. Wie oben beschrieben, kann man damit Elemente überwachen, die in zwei Modellen – z. B. einem Architektur- und einem Statikmodell – dargestellt sind, welche dieselbe Entität abbilden. Überwacht man zu viele Objekte gleichzeitig, so kann diese Funktion rasch schwer handhabbar werden. Am besten setzt man sie ein, um Kernelemente zu koordinieren, die nur selten geändert werden, wie z. B. Gitternetze oder Ebenen.

7.4 Modellkoordination und -Qualitätskontrolle

Auf die Modellkoordination und -Qualitätskontrolle kommt es bei BIM maßgeblich an. Da Projektmodelle weitaus mehr Informationen enthalten müssen als herkömmliche Zeichnungen und da sie im Projektverlauf für verschiedenste Verwendungen geeignet sein müssen, muss die Qualität der Modelle fortwährend streng geprüft werden. Darüber hinaus müssen die verschiedenen Fachmodelle regelmäßig ausgetauscht und miteinander koordiniert werden.

Innerhalb des Projektentwicklungszyklus sind normalerweise vier Ebenen der Qualitätskontrolle vorgesehen:

7.4.1 Planerinterne Qualitätskontrolle

Jede am Projekt beteiligte Disziplin trägt die Verantwortung für die Qualität ihrer Modelle. Diese muss unter mehreren Aspekten sichergestellt sein: Planungsabsicht, Raum- und Objektdefinitionen, Nutzflächenkoordinierung, Einhaltung baurechtlicher Vorschriften, praktische Durchführbarkeit sowie Anforderungen der betrieblichen Nutzung und Instandhaltung (je nach Projektphase). Es folgt eine Tabelle, die exemplarisch die verschiedenen Überprüfungen und deren anzustrebende Frequenz aufzeigt.

Vor jedem Modellaustausch muss eine interne Qualitätskontrolle durchgeführt werden, um abzusichern, dass die Daten technisch korrekt, fehlerfrei und für die beabsichtigten Verwendungen brauchbar sind.

Eine Checkliste zur Qualitätskontrolle bei Austausch von Modellen sollte folgende Punkte umfassen:

- Die Modelle sind vollständig, fehlerfrei und tagesaktuell
- Die Modellstruktur entspricht der BIM-Methodik, wie sie für das Projekt vereinbart ist
- Dateiformat und Bezeichnungsverfahren stimmen mit den projektspezifischen Austausch-Vorgaben überein
- Sämtliche verknüpften Referenzdateien sind entfernt

QA/QC Model Check	Beschreibung	Verantwortlicher	Software	Häufigkeit
Design-Absicht	Sicherstellen, dass die Modellierung und Bearbeitung in Bezug auf das Original Design-Absicht unternommen ist	Konstrukteur	Revit	täglich
Raum- und Ausstellungs-Validierung	Sicherstellen, dass das Modell alle Bauteile, Geräte und Ausstattung enthält, die im Projekt angegeben werden	Konstruktueur Koordinator	dRofus	täglich
Räumliche Koordination	Koordination, um Zusammenstöße zwischen Fachmodellen zu vermeiden und die notwendigen Toleranzen zu ermöglichen	Konstruktueur Koordinator	Solibri/Navisworks	täglich
Standards und Norm Check	Sicherzustellen, dass das Modell allen anwendbaren Bauregeln entspricht sowie alle Projektstandards des Kunden festgelegt sind	Koordinator BIM-Manger	Solibri	wöchentlich
Modell Integritätsprüfung	Prüfung der Qualität und Eignung des Modells für die erforderlichen Anwendungen	Koordinator BIM-Manger	Solibri	wöchentlich

Abbildung 158: Beispiel Checkliste für die interne Qualitätskontrolle eines Modells

- 3D-Modelle und 2D-Zeichnungen sind koordiniert (2D-Informationen müssen aus dem 3D-Modell abgeleitet sein)
- Alle seit der letzten Herausgabe erfolgten Änderungen sind dem Projektteam kommuniziert
- Die Modelle sind auf jedwede Information fremder Provenienz geprüft und davon gereinigt.

7.4.2 Fachkoordination

In einem zweiten Schritt werden die Fachmodelle miteinander koordiniert. Dieser Prozess besteht für gewöhnlich aus zwei Handlungssträngen. Als Erstes wird das Architekturmodell bzw. werden die Architekturmodelle mit den Statikmodellen koordiniert, damit Grundentwurf und Tragwerksplanung kompatibel sind. Parallel dazu werden die Bauausführungsmodelle miteinander koordiniert. Dabei liegen die Schwerpunkte auf der Entwicklung von Strategien und räumlichen Vorgaben für Installationsflächen und -schächte, der Nutzflächenkoordination (Kollisionsvermeidung) sowie der Planung von Montage-Durchbrüchen. Dabei sind bauliche Durchführbarkeit und Wartungsaspekte (Zugangsmöglichkeiten und Auswechselbarkeit von Anlagen / Aggregaten) zu beachten.

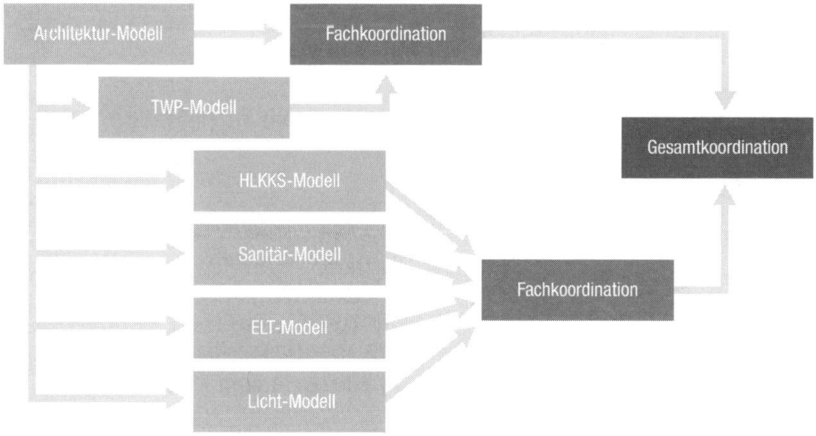

Abbildung 159: Beispielhafter Ablauf eines Zyklus für die Modellkoordination

7.4.3 Projektkoordination

Im Rahmen der regelmäßigen Projektkoordinationsbesprechungen sollten auch BIM-Koordinationssitzungen stattfinden. Diese Sitzungen leitet der BIM-Projektkoordinator. Alle relevanten planenden und bauausführenden Unternehmen nehmen daran teil. Diese Sitzungen dienen der allgemeinen Planungskontrolle und -koordination, besonders aber dazu, den Projektfortschritt an Projektvorgaben, Budget und Terminplan zu messen. Sie sollten mindestens einmal monatlich stattfinden, jedoch nicht öfter als alle zwei Wochen.

7.4.4 BIM-Audit (externe Qualitätskontrolle)

Über die Fach- und Projektkoordinationsbesprechungen hinaus werden häufig externe Begutachtungen der Modellqualität in Anspruch genommen. Solche ‚BIM-Audits' werden üblicherweise anlässlich maßgeblicher *data drops* erstellt, z. B. bei Abschluss einer Projektphase. Sie sollen sicherstellen, dass die Modellentwicklung den Projektvorgaben (Pflichtenheft) entspricht, bevor das Modell dem Kunden vorgelegt wird.

7.4.5 Bericht und Vertagung von Koordinationsproblemen

Die regelmäßige Durchführung dieser verschiedenen Koordinierungsprozesse im Verlauf der Projektentwicklung ermöglicht es, auftretende Probleme je nach Schwere differenziert zu behandeln. Lassen sich Probleme, die im Zuge von Qualitätssicherungs- und Koordinationsverfahren aufgefallen sind, nicht in einer Sitzung lösen, so können sie unter Einhaltung folgender Hierarchie auf die nächste vertagt werden:

1. Einzelne Fachplaner sind in erster Linie selbst für ihre Planungsinhalte sowie die korrekte Aufbereitung ihrer Projektdaten (Modelle, Zeichnungen und allgemeine Dokumente) gemäß den Projektvorgaben verantwortlich. Jedes Unternehmen muss dafür sorgen, dass regelmäßige Qualitätskontrollen durchgeführt werden, um Unverträglichkeiten auszumachen und zu beheben.
2. Probleme, die seitens einzelner Fachplaner nicht zu beheben sind, werden in Gewerk-Koordinationsbesprechungen vorgetragen. Dort kann man einen oder mehrere weitere Fachplaner in die Problembehandlung einbeziehen und das Problem so einer Lösung zuführen.
3. Probleme, die sich in einer Gewerk-Koordinationsbesprechung nicht lösen lassen (etwa, weil sie sich auf den gesamten Projektverlauf oder sonstige seitens der Gewerk-Koordinationsbesprechung nicht zu beeinflussende Faktoren auswirken), werden in Projekt-Koordinationsbesprechungen vorgetragen.
4. Werden während dieses Prozesses schwerwiegende Probleme identifiziert, die sich auf die Projekt-Fertigstellung oder die Projektkosten auswirken, so sind diese dem Auftraggeber zu berichten.

Externe Gutachter sollen Probleme grundsätzlich dem Projektteam widerspiegeln und nicht dem Bauherrn berichten.

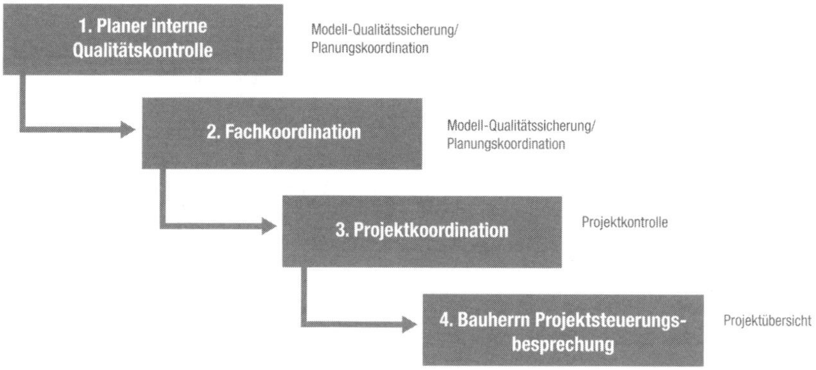

Abbildung 160: Bearbeitung von Problemen im Verlauf der Projektkoordinationssitzungen

7.5 Unterbrechung der Modellentwicklung

Neben dem Ein-Modell-Mythos trifft man auf die einigermaßen unrealistische Ansicht, ein Projektmodell (oder gar einzelne Fachmodelle) unterliegen kontinuierlicher Weiterentwicklung von der Vorplanung bis zur Liegenschaftsverwaltung. Zwar ist es möglich, ein einzelnes Fachmodell über den gesamten Lebenszyklus des Projekts hinweg weiterzuentwickeln, doch in bestimmten Fällen ist es besser, ein spezielles Modell zu konstruieren, das nur einem spezifischen Zweck dient oder nur für eine Projektphase relevant ist.

Eines der meistbenutzten Beispiele ist die Entwicklung des Architekturmodells von der Vorplanung bis zur Bauplanung. Befindet man sich in der Vorplanung, geht es also z. B. um eine Machbarkeitsstudie oder einen Wettbewerbsbeitrag, so ist es nicht ungewöhnlich, dass das Entwurfsmodell oft und rasch geändert wird. Im Zuge der Entwurfsentwicklung können Grundform und tragende Struktur durchaus mehrmals überarbeitet werden, indem man sie Belastungsproben unterzieht usw. Am Ende der Entwurfsphase befindet sich das Projektmodell häufig in einem erbärmlichen Zustand: ohne klare Struktur, voll überholter Inhalte und womöglich fehler- und konfliktbehaftet.

An diesem Punkt kann es empfehlenswert sein, das Modell von null an mit klarer Struktur neu zu konstruieren. Das beinhaltet die Definition des Projekt-Nullpunktes, der Ausrichtung, der Ebenen und Gitternetzlinien, jedoch ebenso die Vorbereitung der Austauschbarkeit und Teilbarkeit des Modells.

Doch keine Sorge! Eine Neukonstruktion des Modells geht weit schneller von der Hand als der fortschreitende Entwurfsprozess bis zu diesem Punkt. Worauf es am meisten ankommt: Auf diese Weise gewährleistet man, dass die Datei ordnungsgemäß aufgebaut, klar strukturiert und auf zukünftige Verwendungszwecke hin angelegt ist.

Auch zu Fertigungszwecken kann es sinnvoll sein, ein einzelnes, zweckgebundenes Modell zu erstellen. Dafür gibt es drei wesentliche Gründe. Erstens geht die Urheberschaft vom Konstrukteur auf den Hersteller über. Die meisten in der Generierung von Modellen erfahrenen Hersteller und Einbauer (vor allem in der Stahl-, Beton-, Heizung / Lüftung / Klima- und Installationsbranche) gehen mit ihren Modellen ganz anders um als die ihnen zuarbeitenden Konstrukteure. CAM-Tools[54], also Modellerstellungssoftware für Fertigungsprozesse, funktionieren anders als die Werkzeuge der Konstrukteure. Sie arbeiten eher mit fixen, standardisierten Komponenten, während Modellelemente in der Entwurfssoftware vorwiegend parametrisch sind und sich flexibler verändern lassen. Jedenfalls ziehen es die meisten Hersteller vor, von null an ihre eigenen Modelle zu erstellen und nicht das Modell des Konstrukteurs zu übernehmen, das mit anderer Software zu einem anderen Zweck gebaut wurde.

Selbstverständlich gibt es Ausnahmen von dieser Regel: Es gibt Fertigungssoftwarelösungen auf dem Markt, die Entwurfsmodelle importieren und die Objekte innerhalb des Fertigungstools regenerieren können.[55] Doch liegen die Dinge nicht anders als bei dem o. a. Architektenentwurf-Beispiel: Das Fabrikationsmodell kann in der Entwurfsphase vielerlei Änderungen durchlaufen haben, so dass der Hersteller schneller und problemloser fertig wird, wenn er von null an (genauer gesagt: von den ursprünglichen Zeichnungen ausgehend) ein neues Modell erstellt, statt das Modell-Vermächtnis des Fachplaners zu übernehmen.

Der zweite Grund, warum man Fertigungsmodelle als Sonderfall und nicht als Evolutionsstufe der Projektmodellentwicklung betrachten sollte, liegt darin, dass es beträchtliche Unterschiede zwischen der Geometrie eines Entwurfs- und der eines Fertigungsmodells geben kann. Dabei geht es im Wesentlichen um einen höheren Detaillierungsgrad. So wird der Konstrukteur beispielsweise Rohre und Leitungen als durchgehende Elemente modellieren, während der Hersteller standardisierte Rohr- und Leitungssegmente inkl. Flanschen und Aufhängungen modelliert. Darüber hinaus können Entwurfs- und Fertigungselemente geometrisch differieren. Bei stählernen Tragwerken wird ein Träger in der Entwurfsphase in seiner Endposition modelliert. Dagegen wird dasselbe Element im Fertigungsmodell etwas größer dargestellt, damit der Träger durch sein Eigengewicht in die Endposition einfedern kann.

In den wenigsten Fällen werden Fertigungsmodelle weiterentwickelt, um sie in der Liegenschaftsverwaltung zu verwenden. Normalerweise braucht man

---

54 CAM = Computer Aided Manufacturing

55 Tekla Structures ist ziemlich gut darin, Informationen aus Entwurfsmodellen zu übernehmen, besonders wenn es um die Konvertierung von IFC-Modellen in native Tekla-Elemente zu Fertigungszwecken geht. In der Autodesk-Welt können Entwurfskomponenten aus Revit MEP in Fertigungskomponenten konvertiert und in CADmep Fabrication verwendet werden (Quellen: www.tekla.com/products/tekla-structures; www.autodesk.com/products/fabrication-products/).

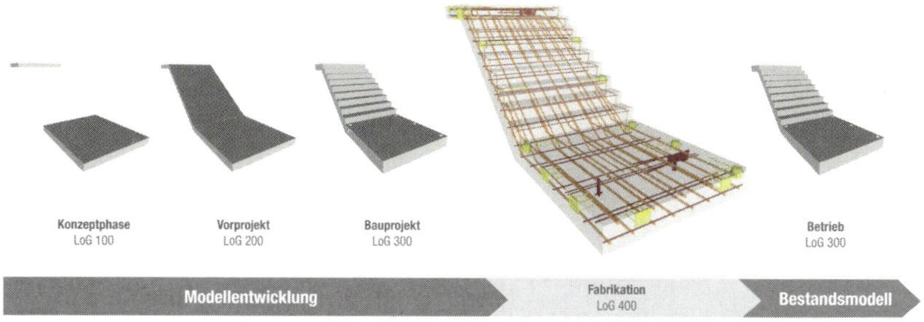

Quelle: BIM Forum LoD Spezifikation 2016

Abbildung 161: Beispiel für eine Modellentwicklung, bei der Fertigungselemente (LoD 400) nicht in die Betriebsphase übergeben werden

in der Liegenschaftsverwaltung einen geringeren geometrischen Detaillierungsgrad als in der Fertigung. Liegenschaftsverwaltungsmodelle sind häufig näher mit dem Bauplanungsmodell verwandt als mit Fertigungsmodellen. In den meisten Fällen genügt es für Zwecke der Liegenschaftsverwaltung, Modellelemente in LoD 300, LoD 250 oder gar LoD 200 darzustellen.

Man ergänzt deshalb oft Bauplanungsmodelle mit Istzustandsinformationen, um sie in der Liegenschaftsverwaltung zu benutzen, während Fertigungsmodelle schlicht ins Archiv wandern. Man kann in einem späteren Stadium zu Renovierungs- oder auch Abbruchzwecken auf Fertigungsmodelle zurückgreifen; im Großen und Ganzen sind sie jedoch als Einphasen-Modelle zu betrachten.

7.5.1 Weitere zweckgebundene Modelle

Innerhalb eines einzelnen Projekts können in der Tat zahlreiche zweckgebundene Modelle entstehen. Viele Generalunternehmer und Bauleiter setzen eigene Kostenmodelle auf, statt auf die von den Planern vorgelegten Modelle zurückzugreifen. Im Idealfall sollte ein Modell ins nächste übergehen – mithin zu vielfältigsten Funktionen herangezogen werden –, doch ist dies nicht immer hilfreich oder machbar.

Die finnische Norm *Common BIM Requirements* (COBIM) definiert sieben mögliche Modelltypen[56]:

1. Der Bauherr kann ein anfängliches *Anforderungsmodell* vorlegen, das den Projektumfang und die grundsätzlichen Projektvorgaben (also die Planungsaufgabe) enthält. Hierzu gehören Angaben wie Budget, Gesamt-Nutzfläche, Bauvolumen usw.
2. Sind auf dem Bauplatz Bestandsgebäude vorhanden, geht es also um Renovierung oder Abbruch, so kann der Bauherr diese in einem *Bestandsmodell* dokumentieren.

56 COBIM, 2012 (www.en.buildingsmart.kotisivukone.com / 3).

3. Neben einem etwaigen Modell der Bestandsbauten kann man ein *Umgebungsmodell* anlegen, das den Baugrund und benachbarte Gebäude zeigt. Ein solches Modell kann man z. B. durch Punktwolken-Laserscanning erzeugen.
4. Der Nutzflächenplanung und Geschossflächenberechnung dient ein *Räumliches Modell.* Dieses ist jedoch normalerweise in das zentrale Entwurfsmodell integriert.
5. Als fünftes Modell definiert COBIM das *Bauelemente-Modell* (In der geläufigen BIM- und ISO-19650-Terminologie ist dies das Projektinformationsmodell = PIM).

Istzustandsmodelle (en: *As-built Models*) sind spezifische Modelle erstellt auf Grundlage der tatsächlichen Bedingungen nach dem Bau. Istzustandsmodelle werden meistens auf Basis der Datenaufnahme (z. B. Point-Cloud-Laserscans) erstellt.

6. Zusätzlich kann es ein *Istzustandsmodell* geben. Zumeist wird das Bauelemente-Modell mit Istzustandsinformationen angereichert, evtl. wiederum mittels Laserscanning vor Ort.
7. Schließlich gibt es das *Liegenschaftsverwaltungsmodell*, identisch mit dem Anlageninformationsmodell (AIM).

Istzustandsmodelle sind Modelle, die die tatsächlichen Bedingungen nach dem Bau widerspiegeln. Dies beinhaltet die Aufzeichnung aller Variationen oder Mängel, die auf der Baustelle aufgetreten sind und dem Auftraggeber gemeldet werden sollen. In der idealen Form ist ein As-Built-Modell ein völlig neues Modell, das aus detaillierten Point-Cloud-Laserscans gebaut wurde. Sie können durch den Generalunternehmer, einzelne Subunternehmer Trades oder auch durch extern Vermessungsfirmen erstellt werden.

Rekordmodelle (en: *Record Models*) sind (normalerweise vom Architekten) aktualisierte Planungsmodelle, um die tatsächlichen Bedingungen nach dem Bau darzustellen.

In einigen Fällen wird beim Projektabschluss kein neues Modell erstellt, sondern die Fachplaner-Modelle werden einfach auf Grundlage der von der Bauinspektion gesammelten Daten aktualisiert. Solche Modelle werden als „Rekordmodelle“ bezeichnet.

Die **beabsichtigte Verwendung** des „as-built“, also des dem Bau entsprechenden, Modells (z. B. für die Fehlerberichterstattung oder für das zukünftige Facility Management) sowie die **Präzision** und die **akzeptable Abweichung** der „as-designed“ Modelle sollten in den Vorgaben definiert werden.

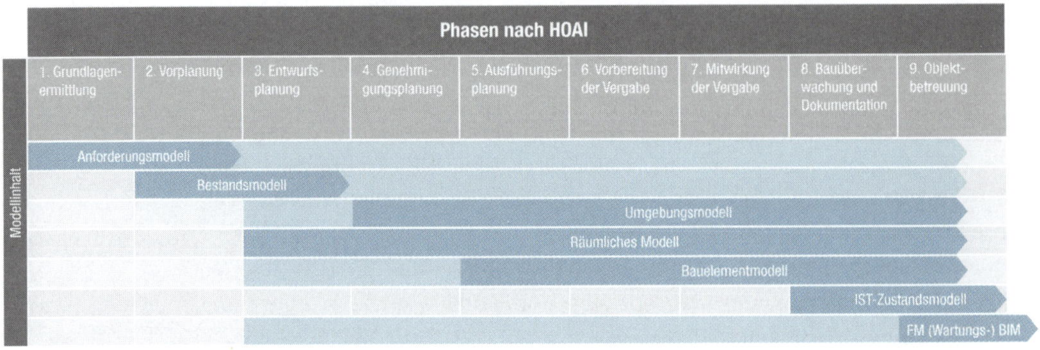

Quelle: COBIM 2012

Abbildung 162: COBIM Modellarten

7.6 Modellintegration und Datenmanagement

Wie verwaltet man nun diese vielfältigen Modelle? Gehen Projektinformationen verloren, sobald man von einem Modell zum nächsten, von einer Phase zur nächsten übergeht? War BIM nicht angetreten, um genau das zu verhindern?

Dieses Problem ist noch nicht zur Gänze gelöst. Allerdings löst es sich weitgehend – und ist gewiss weit besser handhabbar –, sobald wir mit der Gemeinsamen Datenumgebung arbeiten und vor allem, wenn wir Modelldaten *separat* von der Modellgeometrie bearbeiten. Zusätzlich zur Loslösung geometrischer Modelle hat es sich bewährt, Informationsinhalte auch von Modellobjekten zu trennen. In der Tat lassen sich Projektdaten weit effektiver in separaten Datenbanken managen, die man sodann mit einem oder mehreren Modellen verknüpfen kann.

Unbedingt sollte man so verfahren, falls Objekteigenschaften nicht vom Modellurheber, sondern von einem externen Fachplaner (z.B. zwecks Kostenermittlung, Brandschutz-Einstufung oder Vorgabe detaillierter Produkteigenschaften) bereitgestellt werden. Anzuraten ist es auch da, wo Objekteigenschaften über mehrere Fachmodelle hinweg geteilt werden müssen. So können beispielsweise die Dämmeigenschaften einer Wand sowohl für das Architektur- als auch für das Heizung / Lüftung / Klimamodell (zur Ermittlung der thermischen Belastung) relevant sein. Sind Objekteigenschaften in einer separaten Datenbank gespeichert, so können sie durch den jeweils zuständigen Fachplaner leicht verwaltet und in den einschlägigen Fachmodellen direkt aktualisiert werden, sobald Änderungen vorzunehmen sind. Genauer werden wir auf dieses Thema in Kapitel 9 eingehen.

Zusammengefasst bietet diese Herangehensweise folgende Vorteile:

- Modelle enthalten ausschließlich diejenigen Daten, die in den Zuständigkeitsbereich der Disziplin fallen, von der sie erstellt wurden. (So sollte z.B. ein Architekturmodell keine Brandschutz-Einstufungen enthalten; diese verwaltet der Brandschutzbeauftragte in seiner eigenen separaten Datenbank.)
- Daten können mit vielfältigen Modellen verknüpft und nach Bedarf synchronisiert werden. (Brandschutz-Einstufungen können z.B. simultan sowohl mit dem Architektur- als auch mit dem Heizung / Lüftung / Klimamodell verlinkt werden.)
- Modelldaten lassen sich von einem Modell ins andere verschieben. (So kann man z.B. die für diesen Zweck benötigten Eigenschaften aus einem Fertigungsmodell zur Weiternutzung in ein Liegenschaftsverwaltungsmodell exportieren.)

Je nach Projekt muss man entscheiden, welche Informationen man direkt ins Modell aufnimmt und welche durch Verlinkung mit einer externen Quelle bereitgestellt werden. Diese Entscheidung trifft man für gewöhnlich im Einvernehmen mit sämtlichen Planern. Der generelle Trend geht dahin, einzelne

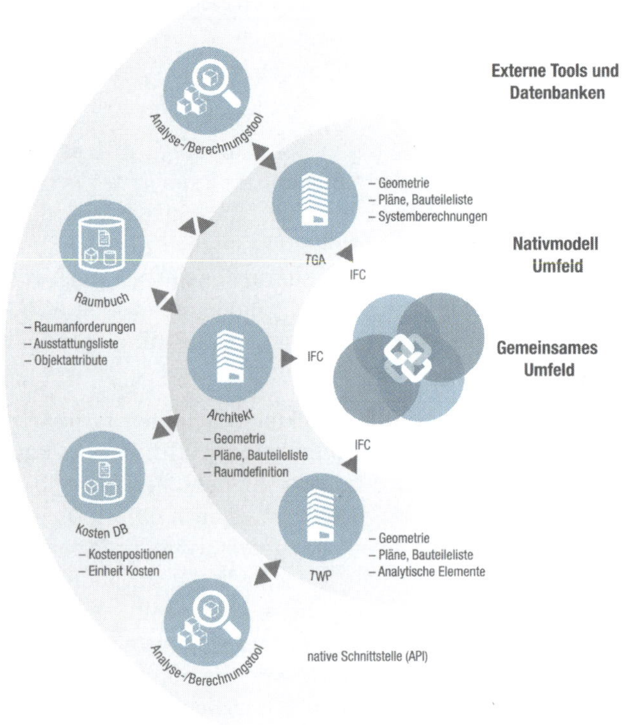

Abbildung 163: Struktur des vereinigten Projektmodells

Fachmodelle nicht mehr exzessiv mit Inhalten zu überladen. Am wichtigsten ist, dass man keine aus anderen Bereichen stammenden Objekteigenschaften einbindet, weil diese nur allzu leicht überholt sein können und sich möglicherweise nicht mit anderen Eigenschaften vertragen.

7.6.1 Modell-Urheberschaft

Zusammenfassend gilt, dass wir es nicht mit einem einzigen Projektmodell, sondern mit einer Vielzahl von Teil- bzw. Untermodellen und mit externen Datenbanken für spezifische Gewerke, Verwendungen und Phasen zu tun haben.

So gesehen kann man nicht von einem Urheber des Projektmodells sprechen. Man kann den Urheber eines Teilmodells identifizieren, genauer: den Urheber eines bestimmten Modellobjekts. In manchen Fällen bezieht sich die Urheberschaft nicht auf das gesamte Objekt, sondern nur auf eine Unterkomponente oder Teileigenschaft desselben. Und diese Urheberschaft kann sich im Lauf des Projekt-Lebenszyklus ändern.

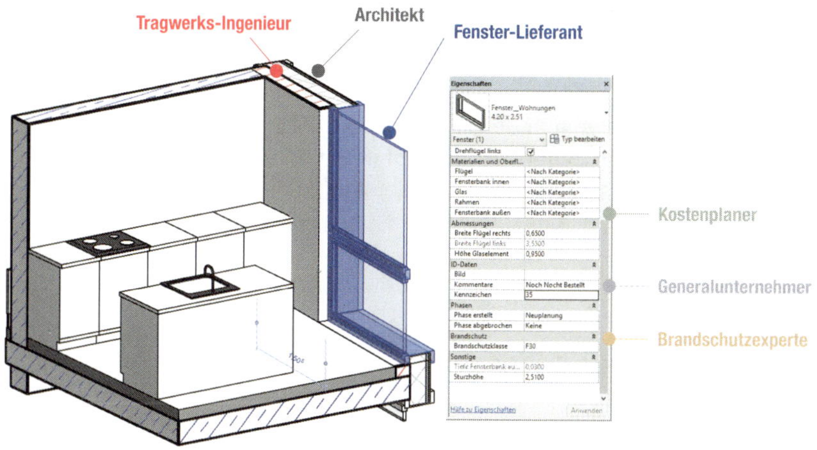

Abbildung 164: Beispiel für die Zuordnung von Modellelementen zu verschiedenen Urhebern

So ist beispielsweise in einer frühen Entwurfsphase der Architekt Urheber einer Wand. In der Bauplanungsphase geht diese in das „geistige Eigentum" des Tragwerksplaners über, schließlich in der Bauausführungs- bzw. Konstruktionsphase in das eines oder mehrerer Hersteller. Dasselbe gilt, wie oben ausgeführt, für die Eigenschaften dieser Wand: Auch diese werden von mehreren Urhebern, die wiederum unterschiedlichen Disziplinen / Gewerken angehören (Kalkulator, Produzent, Brandschutzbeauftragter usw.), definiert.

Modellurheberschaft und die Abgrenzung von Verantwortungsbereichen sind eine komplizierte Materie. Damit soll nicht gesagt sein, dass diese Dinge heute komplexer sind als bei herkömmlichen Projekten. Sie fallen nur mehr ins Auge. Im BIM-Kontext können Fragen der Zuständigkeit und vertraglicher Urheberrechte nicht in der Schwebe gelassen werden. Sie müssen projektweit klar definiert und gemanagt werden. Dies ist eine essentielle Komponente des BIM-Projektabwicklungsplans, die innerhalb des Managements der Gemeinsamen Datenumgebung konsequent durchgesetzt werden muss.

7.7 Objektdefinition und -Klassifikation

In der Einleitung wurden die Modellobjekte als Bausteine von BIM bezeichnet. Obwohl sie von derart ausschlaggebender Bedeutung sind, herrscht nach wie vor viel Unklarheit darüber, wie man Modellelemente definiert und konstruiert. Wir greifen einige Dinge, die bereits besprochen wurden, noch einmal auf, um auf dieses Thema näher einzugehen.

7.7.1 Der Objektinhalt

Wir wissen: Modellobjekte liegen zum einen in geometrischer Darstellung vor, zum anderen sind ihnen Informationsgehalte zugeordnet. Weiter ist klar, dass das eine vom anderen unabhängig sein kann: Zu einem einfach definierten geometrischen Objekt können hochkomplexe Informationen gehören. Hinzu kommt, dass Modellobjekte zumindest noch für etwa ein Jahrzehnt in 2D dargestellt sein müssen, um von ihnen Zeichnungen anfertigen zu können. Das können wir uns als eine weitere Lage von Informationen vorstellen, die über Geometrie und Informationsgehalt geschichtet wird und ihrerseits von diesen unabhängig sein kann.

Unverändert sind Zeichnungen sehr wichtig für den Kommunikationsprozess; und mitunter ist es nötig, ein simples geometrisches Objekt hochgradig detailliert in 2D darzustellen. Als Beispiel mag ein Fensterobjekt dienen, das man zwar nur grob modellieren muss – etwa in LoD 300 –, dessen Wasserdichtigkeit jedoch nur mithilfe einer Schnittzeichnung im Maßstab 1:2 dargestellt werden kann.[57] Dies setzt man um, indem man eine 2D-Detailzeichnung in das 3D-Modellobjekt einbettet. Legt man einen Schnitt

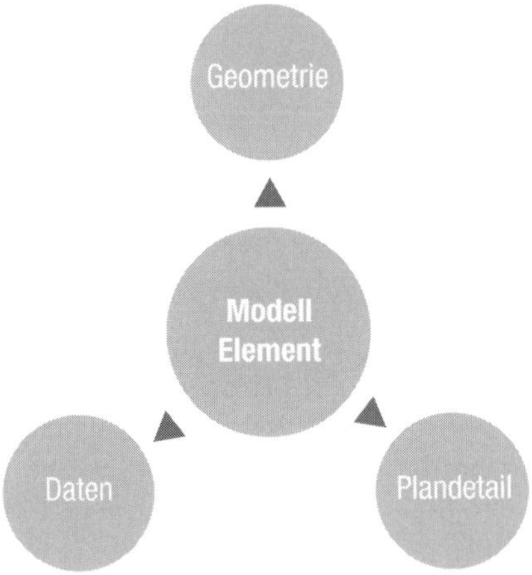

Abbildung 165: Die drei Aspekte von Inhalt und Darstellung eines Modellelements

durch das Modell an, so überlagert man die 3D-Geometrie des Objekts mit der 2D-Zeichnung. Dies gewährleistet eine hochdetaillierte Darstellung.

57 Diese Darstellung orientiert sich stark an der Sichtweise des Planers. BIM-Fertigungssoftware benötigt üblicherweise weit weniger an Zeichnungen. Viele Fertigungstools beinhalten die besagte 2D-Darstellungsschicht gar nicht. Zeichnungen, die mit solchen Tools hergestellt werden, sind schlicht orthogonale Projektionen des geometrischen 3D-Elements, ohne dass weiter ins Detail gegangen wird.

7.7.2 Die Identifikation eines Objekts

Jedes BIM-Objekt hat eine eindeutige Identität. Diese ist im sog. *Global Unique Identifier* (GUID) festgelegt, einem Identitätsmarker, der aufgesetzt wird, sobald das Objekt erstmals innerhalb einer Urheber-Software generiert wird. Der GUID ist das maßgebende Hilfsmittel, um in der BIM-Umgebung ein Objekt zu identifizieren. Er haftet dem Objekt während seines gesamten Entwicklungsverlaufs an und wird auch mitübertragen, wenn das Objekt in IFC oder andere Formate exportiert wird.

Der GUID ist das Mittel, mit dem eine Software ein Objekt identifiziert – für die Anwendung durch Menschen ist es eher nicht gedacht. In der Praxis nimmt man nicht oft auf den GUID eines Objekts Bezug, vielmehr auf seinen Exemplifizierungsgrad oder die Art seines Vorkommens im Modell.

Es gibt drei Ebenen der Objekt-Exemplifizierung:

1. **Klasse.** Damit ist die generelle Eingruppierung eines Objekts gemeint. Klassen sind z. B. Fenster, Wände oder Türen. Welcher Klasse ein Objekt angehört, bestimmt maßgeblich, wie es in die Modellstruktur eingefügt ist.
2. **Typ.** Natürlich gibt es in jedem Projekt verschiedene Typen von Türen oder Fenstern. Diese sind in den Typeigenschaften, einer Unterkategorie der Klasse, festgelegt.
3. **Exemplar.** Jeder Objekttyp kommt im Modell mehrfach vor. Das individuelle Objekt bezeichnen wir als Exemplar.

Klasse ist hier als eine übergeordnete Gruppierung oder Klassifizierung der Modell- bzw. Gebäudeelemente (z. B. Wand, Fenster etc.) zu verstehen.

Typ ist eine Unterkategorie von Modellobjekten. Ein Schiebefenster in Aluminium-Ausführung stellt z. B. einen spezifischen Typ der Objektklasse „Fenster“ dar.

Exemplar bezeichnet hier die einzelnen Vorkommen eines Objekttyps innerhalb eines Projektmodells.

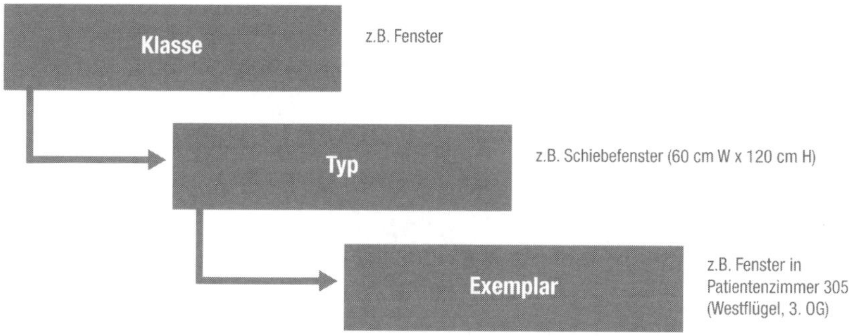

Abbildung 166: Ebenen der Objekt-Exemplifizierung

7.7.3 Die Objekt-Klassifikation

Auch wenn BIM-Datenschemata (sowohl was die Modellerstellungssoftware als auch was Austauschverfahren angeht) eine inhärente Struktur aufweisen, hat es sich bewährt, BIM-Objekte mithilfe eines anerkannten Klassifikationssystems zu kategorisieren.[58] Dies erleichtert das Aufsuchen und Gruppieren von Objekten ebenso wie die Durchführung nachfolgender Anwendungen (z. B. Kostenrechnung und Terminplanung), die allesamt auf demselben Klassifikationssystem aufbauen können.

Klassifizierung bezeichnet ein standardisiertes System für die Gruppierung (Zuordnung) von Modell- bzw. Gebäudeelementen.

Klassifizierung ist insofern eine vertrackte Angelegenheit, als es überall landesübliche Klassifikationssysteme gibt, manchmal mehrere in einem Land, die zudem noch in ihrer Anwendungsweise variieren können. Die meisten dieser Systeme wurden entwickelt, als von BIM noch keine Rede war, und viele decken nicht nur die reine Klassifikation ab, sondern ragen in die Sphäre der Definition von Objekteigenschaften hinein.

Im britischen *Uniclass*-System gibt es 29 verschiedene Möglichkeiten, eine Tür zu klassifizieren, je nach Art der Tür, ihrer Funktion usw. Das US-amerikanische *Omniclass*-System hält für ein Türobjekt sogar über 211 Positionen bereit, Unterkomponenten und Arbeitsergebnisse eingeschlossen. Im *Omniclass*-System kann es vorkommen, dass sich die Klassifikation einer Tür je nach Projektphase ändert, was sehr verwirrend und schwer handhabbar sein kann.

Aus BIM-Sicht taugen diejenigen Klassifikationssysteme am meisten, die in ihrer Struktur vereinfacht und im Umfang reduziert sind.[59] Für eine Tür sollte eine einzige klassifizierende Position vorgesehen sein. Sämtliche weiteren Zuschreibungen – Typ, Funktion, Phase – sollten als individuelle Objekteigenschaften verzeichnet sein.

---

58 Wie bereits angesprochen, unterliegen Objekte in BIM-Modellen einer inhärenten Organisationsstruktur. Diese stellt sowohl eine Hierarchie (eine Tür ist in einer Wand, Wände bilden einen Raum, ein Raum befindet sich auf einem Stockwerk, ein Stockwerk in einem Gebäude) als auch eine dynamische Beziehung (wird die Wand versetzt, dann ändern sich auch die Standorte der zu ihr gehörenden Fenster und Türen) dar. Diese Struktur zieht sich sowohl in der Modellerstellungssoftware als auch in den Austauschverfahren (z. B. IFC) durch. Auch wenn einige dies anders sehen, ersetzen weder das IFC-Schema noch die nativen Datenstrukturen Objektklassifikationssysteme.

59 Ein solches System ist das *Cuneco Classification System* (CCS) der dänischen Normenagentur: In ihm hat jede Baukomponente eine einzige klassifizierende Position. CCS kommt mit insgesamt 590 Positionen für Komponenten aus.

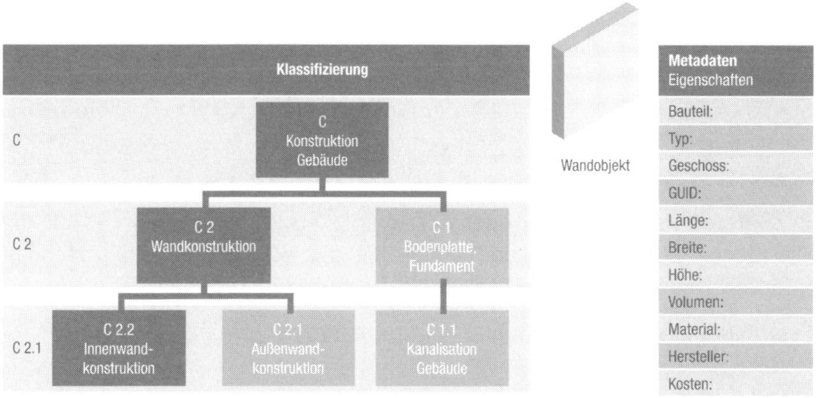

Abbildung 167: Objektdefinition nach Gliederung- / Klassifikationssystem (links) und Attributierung / Eigenschaften (rechts)

Stellt die Klassifikation eine fixe Struktur – eine Hierarchie – dar, so bilden die Eigenschaften eines Objekts eine potenziell endlose Liste von Faktoren, die zum größten Teil unstrukturiert sind. Sie ändern nichts an der Klassifikation des Objekts, sondern tragen lediglich zur Vollständigkeit seiner Beschreibung bei.

7.8 Objektbibliotheken

Planungsbüros stecken erhebliche Ressourcen in die Entwicklung unternehmenseigener Objektbibliotheken. In den frühen Jahren der BIM-Nutzung lag der Schwerpunkt meist auf der Generierung geometrisch akkurater Objekte, um das Projekt visuell präsentieren zu können. In den letzten Jahren ist man indes vermehrt dazu übergegangen, hochwertige Dateninhalte anzulegen.

Seit mehr als zehn Jahren sind kommerzielle Objektbibliotheken für BIM-Praktiker eine geläufige Ressource, und zwar sowohl herstellerseitige Bibliotheken, aus denen man für gewöhnlich Inhalte frei herunterladen kann, als auch von Objektentwicklern erarbeitete generische Verzeichnisse, die i. d. R. abonnierbar bzw. kostenpflichtig sind.

Der häufigste Fehler bei der Entwicklung von Bibliotheksinhalten, ob es sich nun um interne oder kommerzielle Ressourcen handelt, besteht in überdetaillierter Geometrie und unstrukturierten Daten. Die Goldene Regel bei der Anlage von BIM-Daten heißt: „Modelliere so wenig wie möglich und so viel wie nötig." Diese Regel gilt es nirgendwo mehr zu beachten als bei der Ausarbeitung von Bibliotheksinhalten.

7.8.1 Generische oder herstellerspezifische Produkte?

In frühen Planungsphasen ist es ratsam, generische und nicht produktspezifische Objekte zu nutzen. Herstellerseitige Inhalte sind meist detaillierter

Generische Objekte sind Modellelemente, die zwar definiert, jedoch noch nicht herstellerspezifisch festgelegt sind (z. B.: doppelt verglastes Dach-Kippfenster).

Herstellerspezifische Objekte sind eindeutig definierte Produkte eines bestimmten Herstellers (z. B.: Velux GGL).

als generische Objekte und lassen sich im Planungsfortschritt weniger flexibel anpassen. Darüber hinaus ist häufig vertraglich festgelegt, dass vor der Ausschreibung weder ein spezifisches Produkt noch eine bestimmte Marke vorgegeben werden darf. Der Planer sollte sich darauf beschränken, die entwurfsseitigen Anforderungen zu definieren (z. B. die gewünschte Brandschutzklasse oder den erforderlichen Dämmwert).

In späteren Projektphasen oder bei komplexen Projekten kann es für die Nutzflächenplanung oder zur Validierung der Pflichtenheft-Entsprechung unerlässlich sein, herstellerspezifische Produkte vorzugeben.

Letztlich muss diese Entscheidung unternehmens-, projekt- und phasenabhängig getroffen werden.

7.8.2 Die Geometrie

Die Geometrie muss der jeweiligen BIM-Anwendung und Projektphase entsprechen. Es ist bewährte Praxis, ein und dasselbe Bauelement mittels multipler Objekte in verschiedenen LoDs darzustellen. Es ist notwendig, Richtlinien für die Erstellung geometrischer Inhalte aufzustellen, um die Einhaltung bestmöglicher Verfahrensweisen zu fördern und Konsistenz innerhalb der Objektbibliothek zu gewährleisten. Die meisten Planungsbüros haben bestimmte Mitarbeiter mit der Entwicklung geometrischer Inhalte beauftragt, um unternehmensweit konsistente Objekte zu verwenden. Es gibt auch öffentlich zugängliche Modellerstellungs-Richtlinien, darunter der britische *NBS BIM Object Standard*.[60]

7.8.3 Informationsinhalte

Der erstrangige Informationsinhalt eines Modellobjekts setzt sich zusammen aus: Identifikation, Klasse (Klassifikation), Typ und Exemplar. Auf der zweiten Ebene stehen die Attribut-Werte. Diese können entweder aus der Modellgeometrie – aus Daten wie Ausdehnungen, Volumen oder Lokalisierung – abgeleitet sein oder dem Modellelement frei zugeschrieben werden. Letzteres gilt neben vielem anderen z. B. für Kosten, Oberflächengestaltung, Dämmwert oder Entwurfsstatus.

Wie bereits angesprochen, müssen zugeschriebene Eigenschaften vorsichtig gehandhabt werden; es ist ratsam, sie in extern verlinkten Datenbanken zu verwalten.

Die Definition von Objekteigenschaften ist ein BIM-Bereich, der weithin vernachlässigt wurde. Bis vor kurzem war die Bezeichnung von Eigenschaften nur wenig vereinheitlicht. Beachtliche Ausnahmen von dieser Regel sind COBie und die anderen Normen für den Informationsaustausch, die sich als enorm wertvoll erwiesen haben, wenn es darum geht, Nutzern ein Regel-

60 www.nationalbimlibrary.com/nbs-bim-object-standard.

werk für die Bezeichnung von Objekteigenschaften an die Hand zu geben. Dabei deckt COBie natürlich weder den gesamten Projekt-Lebenszyklus noch sämtliche möglichen Nutzanwendungen ab. Um diesen Mangel zu beheben, sind neue Normen, die sog. „Produktdatenvorlagen“, in Arbeit.

7.8.4 Produktdatenvorlagen

Produktdatenvorlagen (*Product Data Templates*) sind genormte Listen, die Objekteigenschaften für bestimmte Objektklassen aufführen. Sie decken phasenübergreifend sämtliche Objektklassen und denkbaren Eigenschaften für alle Einsatzzwecke / Anwendungen ab. Eine der bis dato wichtigsten Initiativen verantwortet die europäische Normenagentur CEN.[61] Die CEN-Initiative benennt nahezu 700 Objektklassen. Jeder Klasse ist eine ausführliche Liste von Eigenschaften zugeordnet.

Produktdatenvorlagen (en: *Product Data Templates*, PDT) sind standardisierte Listen von Eigenschaften, die eine spezifische Objektklasse bzw. ein spezifischer Objekttyp aufweisen müssen.

Nicht alle Eigenschaften sind universell anwendbar, auch wenn dies für die Mehrheit gilt: So weist z. B. eine Tür in jedem Land eine Höhe, Breite und Dicke auf, sie hat einen Griff, entspricht einer bestimmten Brandschutzrate usw. Doch werden wir es immer mit länderspezifischen Anforderungen zu tun haben. Deshalb weisen die Produktdatenvorlagen jeweils gesondert global anwendbare Eigenschaften, spezifischen europäischen Vorschriften entsprechende Eigenschaften und nationalen Vorgaben gemäße Eigenschaften aus. Zusätzlich kann man projektspezifische Eigenschaften hinzufügen, was freilich nur dann geschehen sollte, wenn es keinen standardisierten Terminus gibt. Individuelle Hinzufügungen stellen eine Erweiterung des genormten Produktdatenvorlagenkatalogs dar.

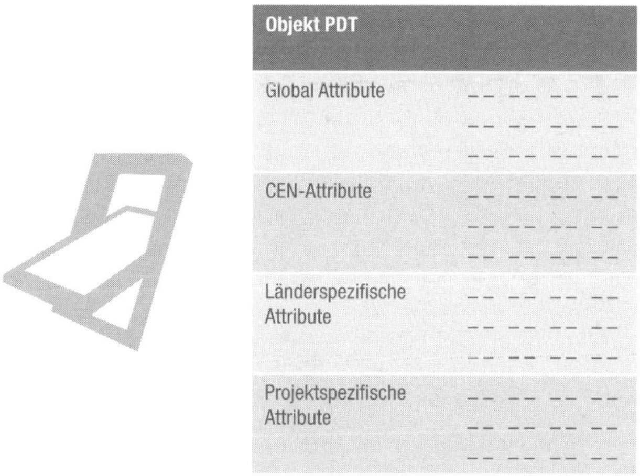

Abbildung 168: Vereinfachte Struktur einer Produktdatenvorlage

61 Hierbei handelte es sich ursprünglich um eine französische Norm namens PPBIM, die mittlerweile unter der Bezeichnung *CEN / TC 442 Workgroup 4* als offizielles CEN-Vorhaben weitergeführt wird.

Produktdatenvorlagen (*Product Data Templates* = PDTs) verzeichnen ausschließlich Objekt*daten*. Sie enthalten keine Geometrie. Ferner geben sie keine Attribut-Werte, sondern nur die Attribut-Bezeichnungen an. PDTs sind Musterdateien, in die man für jeden Typ bzw. jedes Exemplar eines im Projekt vorkommenden Objekts die individuellen Werte eintragen muss. Beispiel: Zu einem Fenster gehört die Eigenschaft „Breite", die den Wert „60 cm" aufweisen kann.

Die CEN-Initiative für Produktdatenvorlagen schließt das *buildingSMART*-Datenwörterbuch ein, so dass sämtliche Objektklassen und -eigenschaften in viele Sprachen übertragen und in Beziehung zu verschiedenen Klassifikationssystemen und Datenstrukturen gesetzt sind. Hat man also die offiziellen Produktdatenvorlagen in ein Modell implementiert, so hat man den Vorteil, dass man die Projektdaten in verschiedene Sprachen und Klassifikationssysteme exportieren kann.

Produktdatenvorlagen werden auf zweierlei Weise benutzt: zur Definition *generischer* Objekte in einem Planungsprozess und zur Angabe *herstellerspezifischer* Produkte.

Im ersten Fall importiert der Planer die benötigten PDTs in sein Modell und bestückt sie mit den Attribut-Werten der Objekte. Es sind PlugIns für verschiedene Modellerstellungssoftwareprogramme entwickelt worden, mit denen sich PDTs importieren und Objekteigenschaften je nach Phase und Anwendung filtern lassen. Befindet man sich z.B. in einer frühen Entwurfsphase und weiß, dass das Modell ausschließlich für Zwecke der Koordination und der Mengenermittlung gedacht ist, braucht man für jedes Modellobjekt weit weniger Objekteigenschaften, als wenn das Modell der Liegenschaftsverwaltung dienen soll.

Im zweiten Fall kann der Hersteller auf das Produktdatenmuster zurückgreifen, um sein Produkt zu digitalisieren. Dabei wählt er die zum Produkt passende PDT aus und setzt einfach die Produktwerte in die dafür vorgesehenen Eigenschaftsfelder ein. Die Verwendung der PDT zur Definition eines bestimmten Produkts kommt der Aufstellung eines Produktdatenblatts (*Product Data Sheet* = PDS) gleich.

Produktdatenblätter (en: *Product Data Sheets*, PDS) sind die digitale Auflistung von Eigenschaften eines bestimmten Hersteller-Produkts – auf Basis der einschlägigen Produktdatenvorlage.

Digitale Produktdatenblätter bieten Herstellern enorme Vorteile. Zunächst einmal können sie mit dem *buildingSMART*-Datenwörterbuch verknüpft werden, so dass die Daten herstellerseitig nur einmal einsprachig eingegeben werden müssen, um automatisch in eine Vielzahl von Sprachen übertragen und den verschiedenen Klassifikationssystemen etc. zugeordnet zu werden.

Digitale Produktdatenblätter machen es Planern leicht, Herstellerprodukte zu spezifizieren. Hat man in den Modellen unter Heranziehung von PDTs bereits die Anforderungsparameter definiert, so kann man mühelos einen Suchlauf nach Produkten durchführen, die den eigenen spezifischen Vorgaben entsprechen. Diese Funktion findet man in verschiedenen Tools. Zu den höchstentwickelten Tools gehören die von CoBuilder. Damit kann ein Hersteller seine Marktpräsenz sehr zielgerichtet ausweiten.

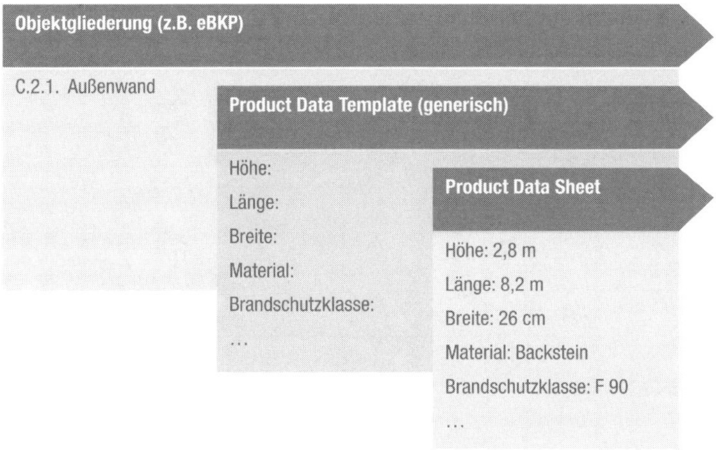

Abbildung 169: Verhältnis von Objektklassifikation/-gliederung, Produktdatenvorlagen und Produktdatenblatt

Aus der Sicht des Planers bringt die Arbeit mit Produktdatenmustern und -blättern einen enormen Vorteil. Mithilfe von Tools, die PlugIns für die verfügbaren Modellerstellungssoftwareprogramme beinhalten, kann er PDTs in seine Modelle importieren. Wie oben ausgeführt, lassen sich die Objekteigenschaften automatisch nach Phase und Anwendung filtern. So verkürzt sich die Eigenschaftsliste für das jeweilige Objekt beträchtlich, und der Planer wird angeleitet, je nach Projektphase die jeweils korrekten Daten einzugeben.

Verbessert wird auch die Qualitätssicherung, indem die Eigenschaftsbezeichnung dieselbe ist wie in allen künftigen Anwendungen und für alle Projektbeteiligten.

Obendrein spart die Verwendung von PDTs zur Spezifizierung von Produkten jede Menge Zeit. Planer oder Ausstatter können eine gefilterte Produktsuche durchführen, bei der sie nur die Produkte sehen, die ihren spezifischen Projektanforderungen entsprechen. Sobald ein Produkt ausgewählt ist, kann der Planer die Produktdaten in sein Modell importieren und mit seinen nativen Modellelementen verknüpfen. Das ist eine von Grund auf neue Verfahrensweise. Man muss keine fremden, herstellerseitig spezifizierten Objekte mehr importieren, die oft überdetailliert und parametrisch nicht hinlänglich brauchbar sind, sondern kann bei den eigenen Modellelementen bleiben und sie einfach mit den benötigten Produktinformationen verknüpfen.

Da die Objektdaten nicht ins Modell eingebettet, sondern lediglich mit diesem verknüpft und – sofern mit CoBuilder gearbeitet wird – in Relation zum *buildingSMART*-Datenwörterbuch gesetzt sind, können die Objekteigenschaften in verschiedene Sprachen und Klassifikationssysteme exportiert werden. Das Datenwörterbuch wiederum gleicht die Daten sowohl mit verschiedenen Schemata wie COBie als auch mit Urheber-Dateiformaten ab.

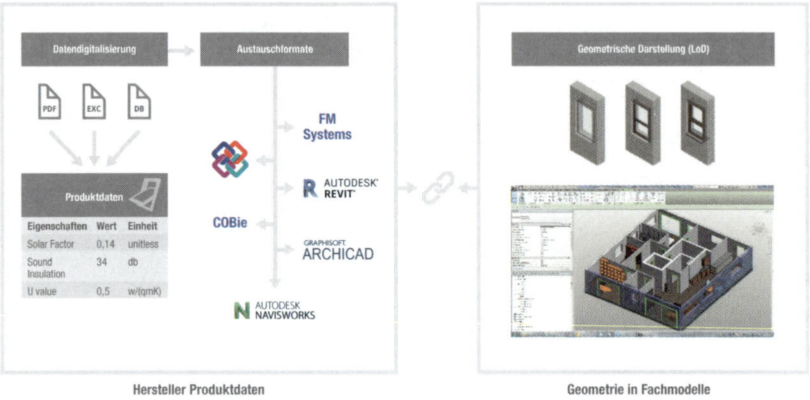

Quelle: CoBuilder

Abbildung 170: Verknüpfung von Hersteller-Produktdaten aus CoBuilder (links) mit Objektgeometrie aus dem Fachplanermodell (rechts). Den geometrischen Detaillierungsgrad der Modellelemente kann der Fachplaner unabhängig selbst bestimmen

Die meisten Hersteller halten nicht nur Produktdatenblätter vor, sondern auch geometrische Objektdarstellungen, so dass es dem Planer je nach Wunsch freisteht, detaillierte Modellelemente zu importieren.

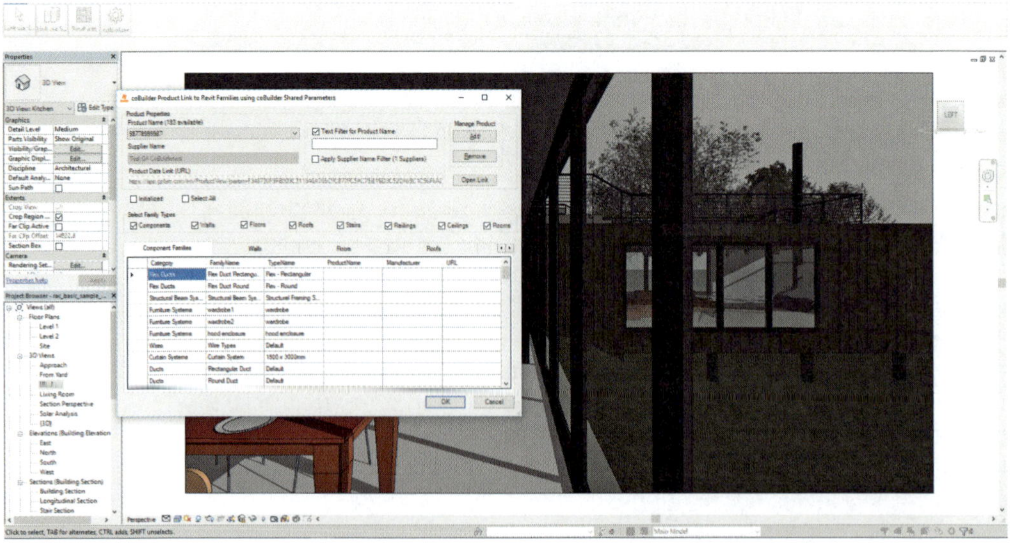

Quelle: CoBuilder

Abbildung 171: CoBuilder Revit Plugin ermöglicht es, Produktdateninformationen direkt in das Fachplanermodell zu importieren

Fallstudie: Gartenhochhaus

Beitrag: Waldhauser + Hermann AG

Gartenhochhaus

Risch-Rotkreuz, Kanton Zug, Schweiz

Preisträger: Goldpreis Innovation, der Schweizer Arc-Award BIM

Bauherr:	Zug Estates AG
Generalplaner:	S+B Baumanagement AG
Architekt:	Ramser Schmid Architekten
Projektgröße:	19.500 m^2 BGF
Status:	in der Ausführung
Fertigstellungsdatum:	Q4 2018

Projektbeschreibung

In Risch-Rotkreuz, nahe den urbanen Zentren Zug, Luzern und Zürich, entsteht das Gartenhochhaus Aglaya mit hochwertigen Eigentumswohnungen. Eine visionäre Wohnform – die Natur ist bereits in das Gebäude integriert.

Ein einzigartiges Begrünungskonzept schafft einen besonderen Ausdruck und sorgt dafür, dass sich die Qualität einer Hochhausaussicht mit dem Gefühl von Wohnen mit Garten verbindet.

In den unteren 4 Geschossen des Hochhauses werden Dienstleistungs-, Gastro- und Lagerflächen angeboten. Darüber befinden sich 17 Wohngeschosse.

Unser Leistungsspektrum umfasst die Energie- und Gebäudetechnikplanung (HLKK) sowie die Fach- und BIM-Koordination.

Quelle: Ramser Schmid Architekten

Abbildung 172: Blick auf das Gartenhochhaus

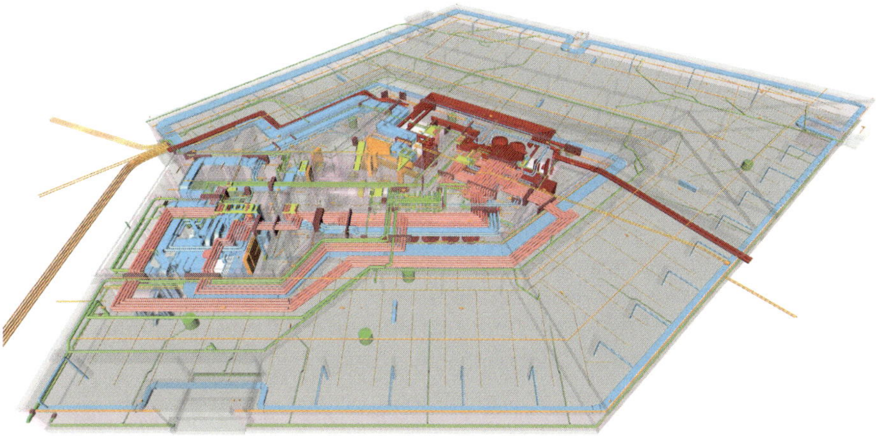

Quelle: Waldhauser + Hermann AG

Abbildung 173: FaKo Gesamtmodell 99UG

Die BIM-Methodik

Das Gebäude wurde auf Wunsch des Bauherrn mit der BIM-Methode geplant, um die Gebäudedaten anschließend für das Facility Management nutzen zu können. Dazu wurden zu Planungsstart Workshops durchgeführt mit dem Ziel, Richtlinien für den Umgang mit BIM zu erarbeiten. Da das Projekt in dieser Art ein Pilotprojekt darstellt und viele Methoden zum ersten Mal in der vorhandenen Teamzusammenstellung erprobt wurden, veränderte sich der Prozess zu Beginn laufend.

Die BIM-Integrationstiefe variiert zwischen den beteiligten Planungsbüros. Gemeinsam ist das wöchentlich abgeglichene Modell aus IFC-Daten, welches zur Koordination dient. Wir nutzten zu Projektbeginn das Modell für Energie- und Leistungsbestimmungen sowie im weiteren Planungsverlauf für Mengenermittlungen und Unterstützung bei der Kostenermittlung.

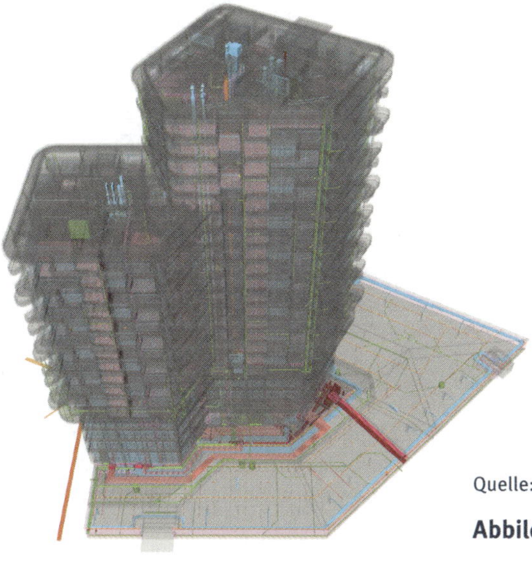

Quelle: Waldhauser + Hermann AG

Abbildung 174: FaKo Gesamtmodell

Gastbeitrag: BIM in der technischen Gebäudeausrüstung

Tim Hoffeller
ist als freier Consultant im BIM-Umfeld seit mehr als 20 Jahren aktiv. Sein Schwerpunkt liegt im Bereich TGA und FM. Hier unterstützt er Kunden bei der Implementierung ihrer BIM-Prozesse. Neben den Kundenprojekten ist er als Softwareentwickler tätig.
Seit 2000 ist er aktives Mitglied bei *buildingSMART* und hat in diesem Zusammenhang gemeinsam mit Dr. Thomas Liebig das IFC-Anwenderhandbuch für Deutschland herausgegeben.

Der Zweite in der Kette

BIM ist in aller Munde. Das Ausland gibt mit hoher Taktzahl die technisch machbaren Schritte vor. Auch hierzulande international agierende Planer haben meist schon ihre ersten BIM-Schritte hinter sich.

Prinzipiell ändert die vielzitierte neue Arbeitsweise aber erst einmal nichts an der Tatsache, dass der klassische TGA-Planer nach dem Architekten an der Reihe ist und somit auf die datentechnischen Grundlagen aufbauen muss. Das ist nichts Neues, wurden die bisherigen Projekte doch ebenfalls basierend auf den DWGs des Architekten erstellt. Der Begriff BIM weckt aber, wenn man das I mit Information übersetzt, einige Begehrlichkeiten auf Seiten der TGAler. Liefert das Modell des Architekten nun mehr Grundlagen? Kann ich mit einem Klick das Gebäude berechnen? Welche Daten muss ich wieder liefern und in welchen Formaten?

Erwartungshaltung

Die Erwartungen sind hoch, die Lernkurve zu Beginn allerdings ebenfalls. Haben wir bisher in unserer eigenen Softwarelandschaft Daten erhoben und gepflegt, sollen nun die Informationen aus den Modellen der Planungsbeteiligten übernommen werden. Im besten Fall natürlich vollautomatisch, mit voller Prüfbarkeit. Das geht nicht ohne technisches Grundwissen. Viele Informationen sind in den Fremdmodellen vorhanden, doch möchten diese Schätze erst gehoben werden. Das bedeutet aber, dass die neuen Arbeitsweisen schrittweise in die eigenen Prozesse integriert werden sollten. Außer das Büro verfügt über eine schlagkräftige IT-Abteilung, die sämtliche technischen Fragen beantworten kann. Wir sollten auch einen Blick auf die sinnvollen Prozesse werfen. Sicherlich möchten wir das Gebäude des Architekten für unsere Heiz- und Kühllastberechnungen nutzen. Werden wir aber Netze von Fremdplanern in unserer Software nachberechnen? Hierfür würden wir die komplette Intelligenz des zur Erstellung genutzten Softwaresystems benötigen. Ein derzeit technisch nicht umsetzbarer Ablauf.

Unsere Planungsdaten fließen wieder zurück an den Architekten und später eventuell auch Bauherren. Welche Informationen und Qualitäten werden hier benötigt? Möchte der Bauherr später unseren Luftauslass bearbeiten können oder reichen die geometrischen Informationen in statischer Form kombiniert mit den Metadaten (Volumenstrom, akustische Parameter etc.) aus? Hat der Bauherr überhaupt Interesse an den Daten? Oftmals ist der Betreiber ein Anderer, zu dem während der Planung noch gar kein Kontakt besteht. Welche CAFM-Lösung in solch einem Fall mit meinen Daten arbeiten soll, steht also noch gar nicht fest.

openBIM contra closedBIM

Beim Datenaustausch unterscheiden wir zwischen openBIM- und closedBIM-Szenarien. Erhalten wir Daten vom Planungspartner, der mit einer anderen Software arbeitet, bin ich in der Regel in openBIM-Prozessen unterwegs. Dies trifft in der Praxis auf alle externen Büros zu. Der Architekt nutzt seine BIM-fähige Software und stellt uns die Ergebnisse als Austauschformat zur Verfügung. Da seine Software TGA-spezifische Prozesse unterstützen muss, arbeiten Haustechniker im Allgemeinen mit einem anderen Produkt. Wir haben hier einen Wechsel in der BIM-Plattform, womit der Datenaustausch interessant wird.

Im eigenen Büro besteht meist eine aufeinander abgestimmte Softwarekette. Sie funktioniert in sich, der Austausch zu Berechnungsprogrammen ist durch direkte Schnittstellen implementiert. Das betrifft insbesondere die Anbindung an Berechnungen. Je spezifischer die Berechnung wird (Rohrnetze, Luftkanal-Akustik), desto unwahrscheinlicher ist aktuell die Kommunikation innerhalb des Büros mittels openBIM-Formaten. Die gängigen Softwarelösungen für haustechnische Berechnungen bieten AddIns / PlugIns für die verbreiteten BIM-Konstruktionssysteme an. Wir bewegen uns also im closedBIM.

Verlässt das Modell unser Büro und ist ein möglichst intelligenter Austausch der Planungsbeteiligten untereinander gewünscht, handelt es sich in der Regel wieder um openBIM. So transferiert der TGA-Planer seine Ergebnisse (ohne Gebäude!) an den Architekten via IFC.

Datentransfer per DWG

In der Vergangenheit handelte es sich bei diesem Datentransfer zum großen Teil um DWG-Dateien, meist 2D. Dieses Format wird von allen gängigen Softwaresystemen unterstützt und ist zudem Bestandteil vieler Pflichtenhefte. Deren Strukturierung ist oft an CAFM-Vorgaben gekoppelt, um die Daten später für den Gebäudebetrieb weiter zu verwenden. Leider kann dieses Format nur in beschränktem Maß Beziehungen zwischen Bauteilen übertragen, z. B. zu welchem Raum gehört diese Tür? Hierfür gibt es weitaus besser geeignete Formate, allem voran IFC[62]!

62 http://www.buildingsmart.de

Datentransfer per IFC

Das Format wird seit 1996 von der weltweit tätigen Organisation buildingSMART entwickelt und hat sich als freier Standard für den Austausch von BIM-Modellen etabliert. Hatte das Format in der Vergangenheit auch einen etwas akademischen Ruf, so ist die Anwendbarkeit in Projekten seit der letzten Zertifizierung extrem gestiegen. Ziel der IFC ist der bauteilorientierte Austausch inklusive der Meta-Informationen eines Bauelementes, z. B. der u-Wert einer Wand. Per IFC wird die Wand des Softwaresystems A beim Architekten in eine IFC-Wand umgewandelt. Das empfangende System, beispielsweise beim TGA-Planer, erzeugt aus dieser Wand wieder eine Wand im eigenen Programm. Ein weitverbreiteter Irrtum ist die Annahme, beide Systeme arbeiten direkt mit IFC! Die Daten werden also in ein allgemeines Format übertragen und anschließend wieder in unserem System mit dessen Möglichkeiten eingelesen und dargestellt.

Wahrscheinlich beruht daher die Ernüchterung bei den Projektbeteiligten, wenn dieser Austausch zum ersten Mal durchgeführt wird. Die Wände haben auf einmal nicht mehr die Schraffuren des Ausgangssystems, Beschriftungen und Bemaßungen fehlen. Doch für einen derartigen Austausch wurde IFC nie entwickelt! Zur Übertragung druckfähiger Pläne sollten PDF oder 2D DWG parallel zu IFC genutzt werden.

IFC ist also kein Bearbeitungsformat. Ein Umweg in der Form

- Export der Daten vom Architekten
- Modifikation durch einen Dritten
- Einlesen der Daten in das Originalmodell

macht auch in der Praxis wenig Sinn. Die Wand gehört rechtlich dem Architekten, der Haustechniker darf nicht einfach den Durchbruch einbauen. Es gibt also immer einen Eigentümer der jeweiligen Daten, der für Modifikationen verantwortlich ist.

CAD-Historie und auf zu neuen Ufern

Auch wenn nun alle Planer nur noch BIM machen, waren die bisherigen Arbeitsweisen in der Haustechnik auch erfolgreich. Je nach Gewerk wird die Umstellungsphase unterschiedlich verlaufen, wenn eine Implementierung in einem Büro erfolgen soll.

Lüftung

Die Lüftung dürfte das dankbarste Gewerk sein. Auch sie wurde in der Vergangenheit meist 3D geplant, die Netze berechnet, genaue Stücklisten bis zur Fertigung sind Standard. Trotzdem ergeben sich durch den Zugriff auf die Hintergrundinformationen der Modelle enorme Optimierungen! Geschossübergreifendes Arbeiten ist bisher nicht Standard. Schnitte können aus dem Modell erzeugt werden und alle Beschriftungen sind immer aktuell.

Das mag nun logisch klingen, doch wie automatisiert laufen die Planungen in Ihrem Büro im Moment wirklich?

Rohrgewerke

Bei den Rohrgewerken scheiden sich schon eher die Geister. Zentralen wurden meist 3D, die Geschossverteilung in Heizung und Trinkwasser oft nur im Einstrichverfahren erstellt. Hier gilt es, Überzeugungsarbeit zu leisten. Für viele Netzberechnungen werden mittlerweile detaillierte Stranginformationen benötigt, wir kommen um die Erstellung der echten Netztopologie nicht herum. Ein Umdenken ist auch in der bisherigen Darstellungsweise nötig. Im Gewerk ‚Heizung' wurden Vor- und Rücklauf als Einstrich-Darstellung in den Raum gezeichnet. Die Lage der Einstrichleitung und die real installierte Rohrleitung haben nicht wirklich etwas miteinander zu tun. In Realität wurden die Leitungen eventuell vertikal übereinander in der Wand verlegt. Da sich diese Verlegung schlecht auf einem Plan darstellen und nachvollziehbar auf die Baustelle transportieren lässt, wurde zu dieser abstrahierten Darstellung gegriffen. Selbiges gilt für die Symboldarstellung von Einbauteilen, wie z. B. Ventilen. Deren Position im Plan hat oft darstellungstechnische Gründe. Die reale Lage nach Installation ist eine andere.

Nun, wir möchten exakte Daten, Netze, Berechnungen. Die Kollisionsprüfungen sollen fehlerfreie Modelle gewährleisten. Damit verabschieden wir uns von den bisherigen, abstrahierten Plandarstellungen und gehen neue Wege. Beide Ansätze lassen sich in einem Modell nicht unter einen Hut bringen. Wir brauchen mehr Schnitte, Detailansichten etc., um das Modell nachvollziehbar auf der Baustelle zu darzustellen. Ein Festhalten an den alten Darstellungsweisen und an „Das haben wir schon immer so gemacht!" ist im BIM-Umfeld keine Lösung. Es werden schon Datenbrillen eingesetzt, mit deren Hilfe der Bauleiter das Modell live auf die Baustelle projiziert.

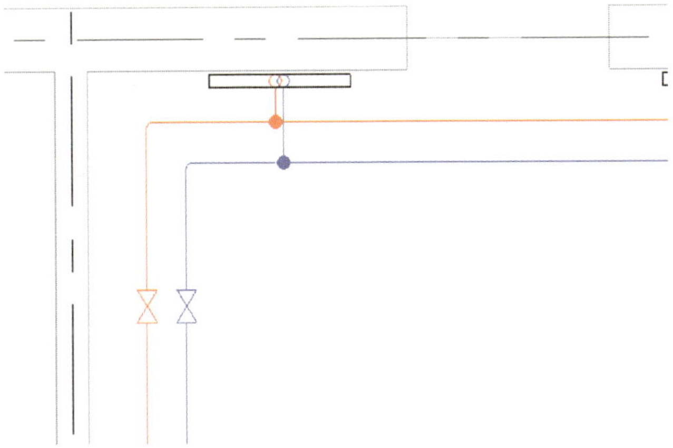

Quelle: CAD Development

Abbildung 175: Funktioniert diese Darstellung noch mit BIM?

Elektro

Hier wird bisher fast ausschließlich 2D geplant. Es dominiert eine symbolhafte Darstellung, um die Vielzahl der Objekte in den Plänen lesbar darzustellen. Hiervon muss auch nicht abgerückt werden, allerdings bringen uns räumliche und örtliche Bezüge viele Vorteile. Ein Brandmelder, unter der Decke platziert, wird sowohl als Symbol als auch als einfache Geometrie dargestellt.

Folgendes Szenario: Er bringt noch einen an- und abschaltbaren Störraum mit, durch dessen Hilfe wir z. B. Luftkanäle per Kollisionsprüfung finden können, die der Lüftungsplaner in seinem Modell räumlich unter unseren Melder montiert hat? Diese Situation für tausende Elemente in einem großen Projekt zu prüfen und sicherzustellen, dürfte den Mehrwert eines Modells außer Frage stellen.

Der Ein-Modell-Mythos

Im vorliegenden Buch wurde dieser Mythos schon detailliert erläutert. Hier nun ein TGA-lastiger Blick auf Modellstrukturen.

Die direkte Zusammenarbeit an einem Modell **ist** prinzipiell nur möglich, wenn alle Projektbeteiligten in derselben Software modellieren. Aber auch dann stellt sich die Frage, ob es in der Praxis Sinn macht. Wenn z. B. der Architekt und der TGAler ein Modell teilen, muss über eine dedizierte Rechtevergabe geregelt werden, wer welche Parameter ändern darf. Die Wand gehört dem Architekten, der Durchbruchsvorschlag dem TGAler und so weiter. Das kann innerhalb einer Firma über verschiedene Abteilungen hinweg funktionieren, firmenübergreifend steigt der IT- und Administrationsaufwand schnell enorm an.

Arbeiten mit Fremddaten

Wie arbeiten nun die Haustechniker mit den externen Daten? Die gängigen BIM-Softwarepakete bieten die Referenztechnik an. In das Lüftungsmodell referenziert der Lüftungsplaner das Architekturmodell. Nun stehen alle Informationen des Architekten zur Verfügung. Änderungen des Architekten können in genau abgesprochenen Intervallen integriert werden. Wöchentliche Übergaben der Daten waren auch schon vor BIM üblich und können beibehalten werden.

Auf dieselbe Art und Weise können die Daten weiterer Fachplaner eingebunden werden. Durch den modularen Modellaufbau können für unterschiedliche Analysezwecke optimierte Modellkombinationen zusammengestellt werden.

DWG-Container

Diese Vorgehensweise bietet sich auch für 2D-Daten an. Noch sind nicht alle Planer auf den 3D-BIM Zug umgestiegen. Das bedeutet aber nicht, dass ich in meinem Büro die für mich wichtigen Prozesse nicht nutzen kann, nur weil ein Partner kein IFC-Modell liefert. 2D-Daten sollten in Container-Modellen referenziert werden, um sie später in den eigenen Modellen flexibel einzusetzen. So lassen sich die beiden Welten wunderbar miteinander kombinieren. Über diesen Schritt erhalten wir auch ein sauberes Plotergebnis in der Planausgabe. Wie weiter oben beschrieben, transportiert IFC keine Schraffuren und Ähnliches. Liefert der Architekt IFC und die passenden DWGs, kann ich rechtlich einwandfreie Planungsdaten produzieren und die Modellvorteile, z. B. für die Berechnung oder Kollisionsprüfung, nutzen.

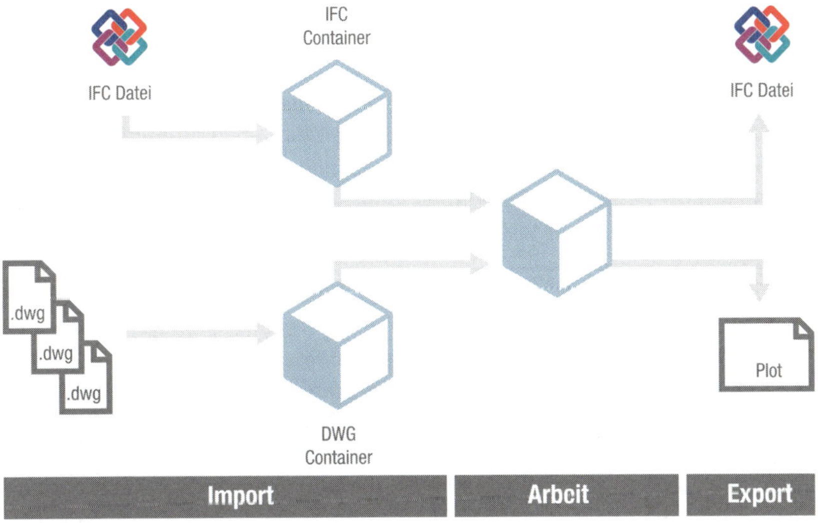

Quelle: CAD Development

Abbildung 176: Verwendung IFC und DWG-Container im Projekt

Modelle für die Berechnung

Für die Gebäudeberechnungen in der TGA benötigen wir eine spezielle Sicht auf das Architekturmodell. Die unterschiedlichen Berechnungen erfordern differenzierte Betrachtungen. Wird, z. B. in der Heizlast, der Rohbau betrachtet, benötigen wir für das Luftvolumen unter Umständen das Raumvolumen bis zur geschlossenen abgehängten Decke. Werden die Räume automatisch erzeugt, ist das in einem Modell oft nicht für mehrere Berechnungen möglich. Dies lässt sich durch modifizierte Modelle des Architekten erreichen. Das Original kann durch Technologien wie Dynamo-Modelle skriptgesteuert modifiziert werden. Abgehängte Decken lassen sich somit raum- oder nicht raumbegrenzend schalten und die Raumvolumina werden automatisiert angepasst.

Gebäudeberechnungen

Nehmen wir an, der Architekt schickt uns das Gebäude per IFC. Wir haben also nun, nach dem Import der IFC-Modelle, intelligente Objekte.

Wird alles gut?

Modellstruktur Architektur

Nun, prinzipiell schon, aber ...

Den Haustechniker interessiert am Gebäude die tragende Struktur, eventuelle Störgeometrie, Freiräume für die Technik. Eben alle Informationen, die z.B. für eine Kollisionsprüfung benötigt werden. Wahrscheinlich auch die tragende Struktur des Hauses, um sie in Berechnungsprogramme für Heizlast, Kühllast, EnEV usw. zu transferieren. Während die Kollisionsprüfung derzeit eines der meistgenutzten Themen in der Koordination sein dürfte, gibt es bei den technischen Gebäudeberechnungen regelmäßig lange Gesichter. Das liegt nur bedingt am Austausch unter den Fachplanern, sondern vielmehr an der Art und Weise, wie das Gebäude modelliert wird. Der Architekt sieht es durch eine andere Brille. Erstellt z.B. ein am Fertigbetonbauteil orientierter Modellierer das Ausgangsmodell, werden wir in den Berechnungen nicht viel damit anfangen können. Unsere Normen erwarten eine Wand, die Fenster beinhaltet. Kommt nun stattdessen ein Stück Fertigbetonbauteil, auf das ein Fensterband modelliert wurde, wird die Berechnungssoftware nicht das gewünschte Ergebnis präsentieren. Ähnliches gilt für mehrschalige Bauteile wie Wände und Decken. Diese können in Form einer Wand mit mehreren Schichten gezeichnet werden. Dann hat der Haustechniker allerdings keine Chance, Putz- und Dämmungsschichten zu ignorieren und die Räume auf Basis der tragenden Schicht zu berechnen. Es kommt uns als TGA-Planern sehr entgegen, wenn die Architekten jede Schicht mit einem eigenen Bauteil modellieren, um korrekte Massenermittlungen zu erhalten.

Ein weiteres Problem ist der hohe Detaillierungsgrad. So erhalten wir in der Berechnung unzählige Flächen, die nicht mehr prüfbar sind. Leider können wir dem Architekten in den seltensten Fällen unsere Modellierungswünsche vorgeben. Also kann in solch einem Fall nicht berechnet werden? Nein! Wir nutzen die Grundlage und erstellen uns ein eigenes, stark abstrahiertes Modell des Gebäudes nur für unsere Berechnung. Mit ein wenig Übung geht das immer noch wesentlich schneller von der Hand statt die Daten manuell in die Tabellenform der Berechnungssoftware einzugeben! So lassen sich heute schon aus Fremdmodellen die gängigen Berechnungen für Gebäude erzeugen.

Wie läuft ein Workflow in der Gebäudeberechnung ab?

Der Architekt sendet ein IFC-Modell. Dieses Modell muss wie oben beschrieben an meine Bedürfnisse angepasst werden. Es ist also eine Kopie, die nur zur Berechnung herangezogen wird.

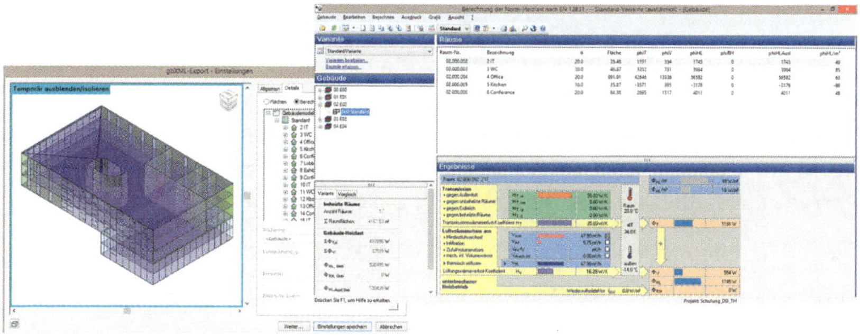

Quelle: CAD Development

Abbildung 177: Beispiel Heizlastberechnung aus dem Modell mit SOLAR-Computer Software

Die Plausibilitätsprüfung findet in der BIM-Software statt. Sind alle Raum-Geometrien stimmig? Keine Außenbauteile mitten im Gebäude? Wenn alle Volumina geprüft wurden, kann das thermische Modell an die Berechnungssoftware übertragen werden. Dies geschieht oft mit dem Datenformat gbXML, einer Untermenge der IFC, spezialisiert für ein technisches Raumbuch.

Rohrnetzberechnungen

Den zweiten großen Bereich der Berechnungen bilden der Druckverlust, Abgleich und die Übergabe zur Fertigung. Findet dies in der Erstellungssoftware statt, so kann man in der Regel per direkter Schnittstelle (closedBIM) die Netzdaten weiterverarbeiten, oft auch bidirektional. Hier bewegen wir uns auf dem Stand der Technik, dieser Workflow wird oft im täglichen Projektablauf praktiziert.

Ist der Ausführende ein anderer als der Planer und beide nutzen unterschiedliche BIM-Software, sieht es aktuell nicht mehr so rosig aus. Die detaillierten Informationen, die für eine Netzberechnung nötig sind, können per IFC momentan nicht übertragen werden. Es kommt zwar in der Regel die korrekte Geometrie im empfangenden System an, die nötige Verknüpfung über Systeme, verwertbare Maßangaben, Metadaten usw. gehen allerdings verloren. Dem Ausführer bleibt also nur das Nachmodellieren oder die Investition in die BIM-Software des Planers, um das Modell verwerten zu können.

An diesem Punkt muss selbstverständlich gearbeitet werden. Es gilt, den Standard IFC und die zertifizierten BIM-Programme zu erweitern. Ohne eine übergreifende Standardisierung führt auch das aber in eine Sackgasse. Das sendende und das empfangende System müssen die Parameter verstehen. Wenn die sendende Software vom Durchmesser spricht, der Empfänger aber DN erwartet, wird ebenso wenig ankommen. Diese Standards müssen auf nationaler und internationaler Ebene in Verbänden entwickelt werden.

Gewerkemodelle

Je nach Projektgröße bietet es sich an, die haustechnischen Gewerke, wenn sie denn alle im eigenen Büro bearbeitet werden, auf einzelne Modelle aufzuteilen. Auch im 21. Jahrhundert haben die Rechner nicht unbegrenzte Rechenleistungen. Am besten werden die Modelle sinnvoll mit Blick auf die Performance, aber auch Nutzbarkeit für die Berechnungen usw. aufgeteilt.

Diese Einzelmodelle können natürlich wieder in gewünschter Form referenziert und kombiniert werden, um die bürointerne Koordination zu gewährleisten.

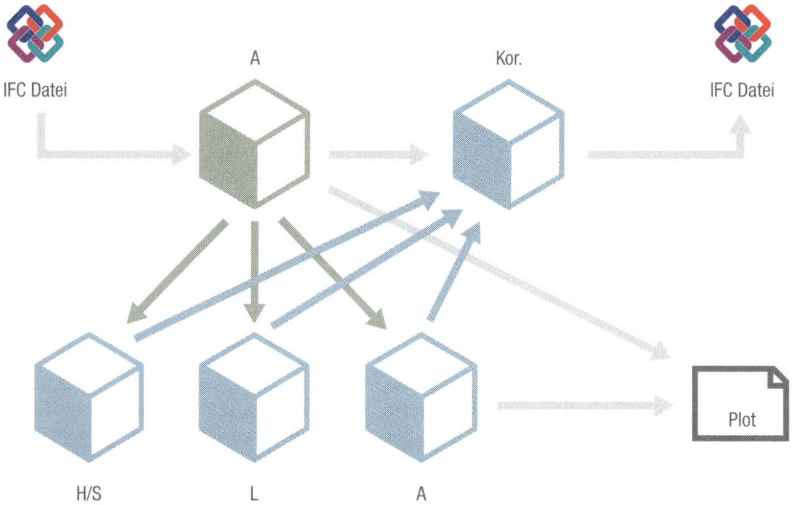

Quelle: CAD Development

Abbildung 178: Mögliche Konstellation der einzelnen Gewerkemodelle im Projekt

Durchbruchskoordination

Diese Arbeitsweise bietet sich auch für die Durchbruchsplanung an. Ein an sich leeres Modell enthält nur Referenzen auf die Architektur und TGA-Gewerke. In diesem Modell werden die Durchbruchvorschläge erstellt. Diese lassen sich z. B. per IFC an den Architekten übertragen. Dazu mehr im Abschnitt ‚Provision for Void'.

Plotmodelle

Wie oben bereits erläutert, liefert IFC keine Plotdarstellung im gewohnten Umfang. Hierfür empfiehlt sich ein eigenständiges Plotmodell, das neben den Fachmodellen auch den DWG-Container beinhaltet und so eine zentrale Planausgabe ermöglicht.

Aktuell umsetzbare openBIM-Prozesse

Neben den closedBIM-Prozessen mit speziell implementierten Schnittstellen in einer Softwarekette gibt es bereits einige machbare openBIM-Prozesse. Aus der Blickrichtung des Haustechnikers bieten sich die folgenden Workflows an.

Provision for Void

Die Durchbruchsplanung ist eines der Themen, das eine direkte Kommunikation mit den Architekten und Tragwerksplanern erfordert. Bisher wurden 2D-DWGs oder -PDFs verschickt und diese auf der Architekturseite in die Planung integriert.

Über IFC gibt es allerdings eine elegantere Variante. Grundlage ist die Annahme, dass ein Haustechniker die Wand oder Decke im Architekturmodell nicht direkt bearbeiten darf (technisch und rechtlich). Hierfür wurde nun seit der IFC Version 2x3 ein sogenanntes ‚Provision for Void (PfV)', ein Durchbruchsvorschlagsobjekt, erstellt.

Der Haustechniker plant in seinem Koordinations- oder Durchbruchsmodell dreidimensionale Durchbruchsplatzhalter ein. Das sind geometrisch einfache Boxen oder Zylinder. Sie werden für den Export als Vorschlag markiert. Der IFC-Export schreibt diese Objekte als Austauschdatei, wahlweise mit oder ohne TGA-Elementen. An den Vorschlägen hängen Informationen zum sendenden Gewerk.

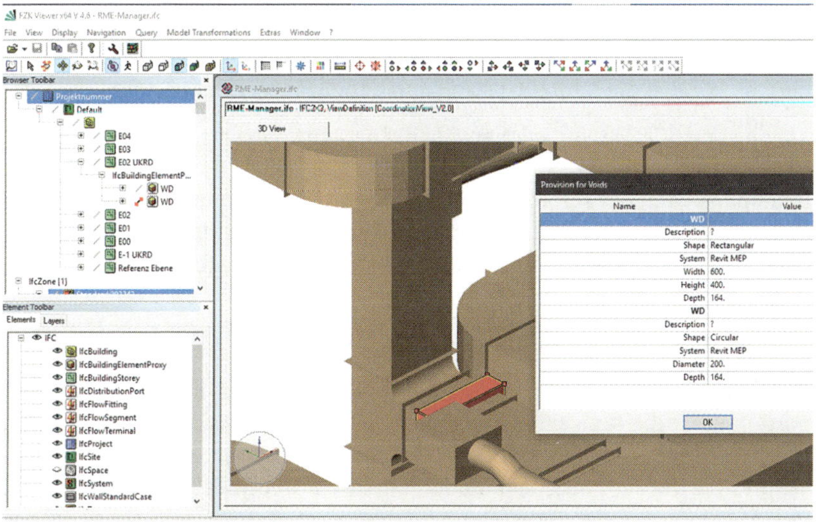

Quelle: Quelle: CAD Development

Abbildung 179: Provision for Void (PfV) im IFC-Viewer

Der Architekt erhält nun von allen beteiligten TGA / EL-Planern die IFC-Dateien mit den gewerkespezifischen Vorschlägen. Diese werden im Architekturmodell hinterlegt und können in die eigene Planung übernommen werden. Der Vorteil gegenüber der bisherigen Vorgehensweise ist die passgenaue Abmessung und korrekte Lage der Vorschlagsobjekte. Somit entfallen Fehleingaben auf der Architekturseite.

Endergebnis ist ein aktualisiertes Modell des Architekten, das nun die echten Öffnungen beinhaltet. Der Haustechniker kann mittels einer Kollisionsprüfung testen, ob alle TGA-Elemente durch Öffnungen abgedeckt werden. Im besten Fall gibt es keine Kollisionen mehr.

BCF

Ein Modell wird während der Entstehungsphase fortwährend geändert. Diese Änderungen müssen kommuniziert werden. Der Kommunikationsbedarf entsteht bei allen Projektbeteiligten, denn jeder führt Änderungen an den eigenen Modellen durch. Leider entstehen durch die Modifikationen Konflikte, deren Behebung in Protokollen und Aktennotizen festgehalten werden. Die dadurch produzierte E-Mail-Flut ist bekannt.

Auch hierfür hat buildingSMART eine Lösung parat: BCF[63], das building collaboration format. Es transportiert Nachrichten zu Modellelementen zwischen unterschiedlichen Softwareprodukten. Dies kann zusammen mit IFC-Dateien oder alleinstehend passieren. Wenn z. B. in einer Besprechung eine Kollision entdeckt wird, kann diese als BCF-Eintrag gespeichert werden. Der Architekt und beispielsweise Elektroplaner erhalten diese Markierung, da die Kabeltrasse ohne PfV durch eine Wand läuft, es entsteht also eine Kollision. Beide haben durch diesen BCF-Marker eine Referenz in das eigene Modell, können die Bauteile (Wand und Kabeltrasse) direkt finden.

An diesem BCF-Marker können auch Zustände gesetzt werden, wie z. B. ‚Aktiv, In Bearbeitung, Behoben, Geschlossen' usw. Kombiniert mit einer Datenbank kann ein automatisiertes und prüfbares Monitoring des Projektes implementiert werden. Welche offenen Punkte gibt es noch, was ist behoben? Die zuvor erwähnte Transparenz dürfte allen Projektbeteiligten helfen.

Vom Modell auf die Baustelle

Der Schritt, die im Rechner erstellten Modelle auf die Baustelle zu transportieren, ist die logische Konsequenz des BIM-Prozesses. Firmen wie Hilti haben Lösungen entwickelt, mittels Lasermessgerät z. B. Brandschutzschotts für Decken, aus dem Modell direkt auf der Schalung zu platzieren. Der Aufwand auf der Baustelle wird hierdurch extrem reduziert, da das Modell bereits alle Koordinaten liefert.[64]

63 http://www.buildingsmart-tech.org/specifications/bcf-releases

64 https://www.youtube.com/watch?v=S57Cuf49AN0

Die Brandschutzelemente werden ebenfalls modellbasierend ermittelt.[65] Hierfür wird das Modell aus Sicht des Brandschutz-Fachingenieurs klassifiziert. Welche Wände und Decken agieren als Brandschutzbarriere, welche TGA-Bauteile durchdringen diese? Hiermit können vollautomatisch die technisch zulässigen Produkte ermittelt und im Modell platziert werden, inklusive der rechtlich notwendigen Dokumentation. Eine Übergabe auf die Baustelle oder in das Gebäudemanagement ist dann nur noch Formsache.

Zum Betrieb

Der ganze BIM-Workflow legt nahe, die ermittelten Modelldaten mit ihren unzähligen Metainformationen auf der Betreiberseite zu nutzen. Einige CAFM-Softwarepakete sind bereits in der Lage, die Daten zu verwerten und ein modellbasierendes Wartungsmanagement zu implementieren. Neue Technologien, wie die Augmented Reality[66], können durch die genaue Verortung von Modellelementen bisher ungeahnte Transparenz in real existierende Gebäude bringen. Bereits verfügbare Technologien wie Microsofts HoloLense[67] können mittels Datenbankanbindung Zusatzinformationen in realer Umgebung einblenden, die dem Betreiber vor Ort jederzeit zur Verfügung stehen.

Woran müssen wir arbeiten?

Die Möglichkeiten, die sich mit BIM für die Haustechnik ergeben, sind enorm. Wir werden mit Sicherheit in einigen Jahren über Prozesse diskutieren, die heute nicht einmal erkannt wurden. Die Karten werden neu gemischt, und es ist an der Zeit für jeden Planer, Ausführer und Betreiber, jetzt die Themen anzugehen.

BIM bedeutet in erster Linie Transparenz! Planungsfehler werden früher gefunden, unsere Modelle und Strukturen sind für die Planungspartner und Auftraggeber nachvollziehbarer. Die bisherige Geheimniskrämerei und das Zurückhalten von Informationen sind nicht mehr sinnvoll. Die gewonnene Transparenz ist der folgerichtige Weg, um den immer kürzer werdenden Planungszyklen überhaupt noch Herr zu werden.

Zuerst muss der Planer die internen BIM-Prozesse in den Griff bekommen. Das geht nur mit Übung. Die wenigsten werden sich ohne Training an einen Ironman wagen, dasselbe gilt für komplexe BIM-Prozesse.

Offene Standards

Zuerst benötigen wir Standards. Haben bisher die großen Baufirmen in ihren BIM-Abteilungen an den eigenen Prozessen gefeilt, gilt es nun, der

65 https://hiltibutton.us.hilti.com/

66 http://buildings.trimble.com/hololens

67 https://www.microsoft.com/microsoft-hololens/en-us

breiten Masse die Werkzeuge in bedienbarer Form anzubieten. Nicht jedes Büro hat eine eigene BIM-Abteilung, die an Projektvorlagen, Bibliotheken, Skripten usw. monatelang und auf Zuruf arbeiten kann. Wir benötigen freie und offene Standards, die für jeden zugreifbar und rechtlich frei nutzbar sind. Eine Bibliothek, deren Bauteile nicht an Planungspartner weitergegeben werden dürfen, ist in einem BIM-Prozess rechtlich nicht nutzbar und somit ein Risiko. Das trifft leider auf eine Mehrzahl der aktuell verfügbaren BIM-Objekte der gängigen Web-Portale und kommerziellen Bibliotheken zu.

Aktuell gibt es hierzu Initiativen des BTGA[68], zusammen mit der Interessengemeinschaft BIMUpYourLife[69], sowie Vertretern aus Österreich und der Schweiz. Gemeinsam werden frei verfügbare Projektvorlagen, Bauteile, Skripte und AddIns für unterschiedliche BIM-Software entwickelt. Diese Arbeiten werden von einer Community erstellt und gepflegt mit dem Ziel, darauf aufbauende Prozesse zu standardisieren.

Wenn die Modelle zu Beginn nicht definierten Strukturen folgen, haben die darauf aufbauenden Prozesse wenige Möglichkeiten, die Informationen zu verwerten. Ohne Standards werden wir die wunderbaren Bilder der allerorts gezeigten Präsentationen nicht mit vertretbarem Aufwand umsetzen können.

Offene und akzeptierte Standards können allerdings nur entwickelt werden, wenn viele ihr Wissen dazu beitragen. Die folgenden Hauptpunkte haben sich in den vielen Diskussionen der letzten Jahre als wichtige Schritte herauskristallisiert.

Generische kontra Hersteller-Bauteile

Der größte Diskussionsbedarf besteht derzeit bei der Verwendung von Elementen in Modellen. Dürfen diese herstellerspezifisch sein oder muss generisch, also neutral gearbeitet werden? In der Entwurfsphase dürfen für öffentliche Bauherren keine produktspezifischen Bauteile verwendet werden. Nach der Ausschreibung und Vergabe wird aber ein bestimmtes Produkt installiert. Wie können diese Informationen nun in den Modellen abgebildet werden? Folgen die Hersteller allgemeinen Standards der Modellierung oder laden wir mit dem Content Probleme in unsere Modelle? Darf der Content weitergegeben werden (Endbenutzer-Vereinbarungen)? Wie sieht es mit Produktupdates aus?

Das bisher einzige Format im TGA-Bereich für die softwareneutrale Beschreibung eines Bauteiles durch einen Hersteller ist die VDI 3805.[70] Sie

68 http://www.btga.de

69 http://www.bimupyourlife.com

70 https://www.vdi.de/technik/fachthemen/bauen-und-gebaeudetechnik/fachbereiche/technische-gebaeudeausruestung/richtlinienarbeit/richtlinienreihe-vdi-3805-produktdatenaustausch-in-der-tga/

deckt vorwiegend Bauteildefinitionen aus dem Bereich Lüftung und Heizung ab. Einige Hersteller stellen Datensätze ihrer Produkte in diesem Format bereit. Für die gängigen BIM-Softwareprodukte gibt es in der Regel Importmöglichkeiten, um diese Datensätze einzulesen. Weitere Gewerke, wie etwa Elektro, Brandschutz usw., sind noch nicht umgesetzt.

Selbstverständlich erhalten wir auf den Webseiten der Hersteller Bauteilinformationen in DWG / DXF-Formaten. Diese sind allerdings statisch, müssen manuell in die jeweilige Software eingelesen und intelligent gemacht werden. Dieser Prozess enthält viele Stolperfallen, je nach Tagesform des Anwenders ist das Ergebnis mehr oder weniger gut nutzbar im Projekt. Abgesehen davon ist solcher Content immer kritisch im Umgang mit großen Modellen zu sehen. Im Interesse des Herstellers ist eine möglichst genaue Darstellung seines Produktes, der Wiedererkennungswert.

Möchten wir allerdings weg vom Austauschen eines Elementes hin zum kontinuierlichen Verfeinern eines Bauteils, dem Anreichern der Parameter? Dann ist der aktuelle Workflow zu überdenken. Im BTGA wird an BIM-konformen Lösungen zu den Themen LOI, LOD, generischer hin zu herstellerspezifischem Content und den hiermit verbundenen Standards gearbeitet. Diese Themen bekommen wir nur mit einem offenen Standard in den Griff.

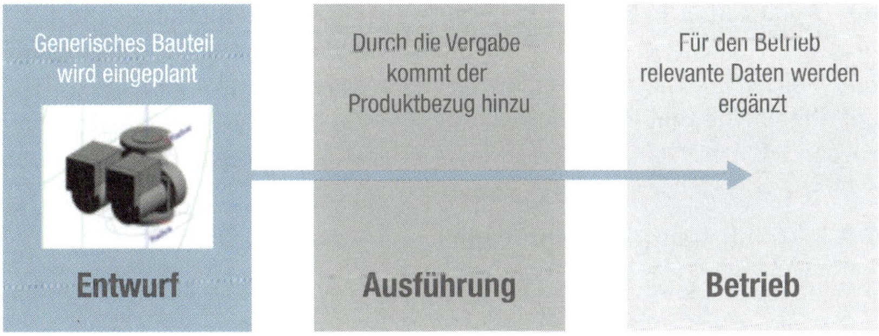

Quelle: CAD Development

Abbildung 180: Durchgehender Workflow im Planungsprozess

7.9 Richtlinien

Richtlinien und Projektabwicklungspläne greifen ineinander. Richtlinien sind meist unternehmensspezifisch, während sich ein Abwicklungsplan immer auf das einzelne Projekt bezieht. Besteht ein Konflikt zwischen einer Richtlinie und dem Projektabwicklungsplan, so genießt letzterer den Vorrang.

Unternehmenseigene BIM-Richtlinien erleichtern das Tagesgeschäft einer Organisation, indem sie Rollen und Verantwortungsbereiche zuordnen, bei der Aufsetzung eines Projekts anleiten, Modellerstellungsmethoden und Modellstrukturen vorgeben, Arbeitsabläufe definieren und technologische Anforderungen (Soft- und Hardware) umreißen. Richtlinien sind sowohl „Benutzer-Handbuch" als auch Grundlage der Projektabwicklung.

In Folgenden ist grob dargestellt, wie Struktur und Inhalt typischer unternehmensinterner BIM-Richtlinien aussehen. Beigefügt sind ein paar allgemeingültige Empfehlungen und Hinweise.[71]

7.9.1 Einleitung

In der Einleitung sollten Richtlinien überblicksartig angeben, in welchem Umfang und Zusammenhang BIM in der Organisation zum Einsatz kommt. Dazu gehört z. B.: Ist BIM Teil der grundsätzlichen Unternehmenspolitik, oder stellt es nur eine von mehreren Methoden dar, die je nach Projekt angewandt werden? Weiter sollte klar herausgestellt werden, wie man in der Organisation an BIM herangeht und mit welcher Methodik man es einsetzt. So kann man etwa angeben, in welcher Phase der BIM-Übernahme sich die Organisation befindet, ob sie sich eher auf little-BIM- oder BIG-BIM-Projekte ausrichtet, mit welchen BIM-Anwendungen sie arbeiten möchte und welche Software verwendet werden soll. Ferner kann an dieser Stelle auf allgemeine BIM-Prinzipien und bestmögliche Verfahrensweisen hingewiesen werden.

7.9.2 Implementierungsplanung

Im Weiteren müssen Zuständigkeiten im Unternehmen klar benannt werden, und zwar sowohl typische Rollen und Aufgaben in einem Projekt als auch organisationsspezifische Rollen (und Ansprechpartner). Darüber hinaus müssen die Richtlinien vorgeben, wie ein BIM-Projekt anzufassen ist. Das kann in Form einer allgemeinen Schilderung der Vorgehensweise bei der Aufsetzung eines BIM-Projekts geschehen oder aber Checklisten und Mustervorlagen umfassen, z. B.:

- Wie wird ein Projekt in den administrativen Unterlagen des Unternehmens erfasst?
- Nach welchen Mustern wird die Projektplanung vorgenommen? Wie sieht ein unternehmenseigener BIM-Projektabwicklungsplan aus?
- Wie wird die Besprechung bei Projektbeginn strukturiert?

71 Wir stützen uns dabei im Großen und Ganzen auf das *AEC (UK) BIM Technology Protocol* (Version 2.1.1, Juni 2015) und die finnischen *Common BIM Requirements* von 2012. Beide Dokumente sind frei zugänglich und nachdrücklich zu empfehlen.

- Wie setzt man ein Projekt in der BIM-Software auf? Wo findet man Musterdateien usw.?
- Wie wird der BIM-Projektfortschritt gemanagt und berichtet?

Empfehlung: Rollendefinition

Wenn es um die Zuschreibung von Rollen geht, ist eine Kompetenzmatrix hilfreich, wie sie etwa im *AEC (UK) BIM Technology Protocol* vorliegt. Dort gibt es eine allgemeine Auflistung BIM-bezogener Aktivitäten, die man auf verschiedene Rollen aufteilen kann. Darüber hinaus kann man für jede BIM-Rolle eine Beschreibung in Textform bereitstellen; die Matrix bietet jedoch bereits einen guten Überblick und eine sinnvolle Verantwortungsstruktur.

	Rolle	BIM-Manager	Koordinator	Modellersteller
Strategisch	Korporative Ziele	√	–	–
	Forschung	√	–	–
	Prozess + Arbeitsablauf	√	–	–
	Normen	√	–	–
	Implementierung	√	–	–
	Schulung	√	–	–
Management	Abwicklungsplan	√	√	–
	Modellüberwachung	–	√	–
	Modellkoordination	–	√	–
	Erstellung von Inhalten	–	√	√
Produktion	Modellierung	–	√	√
	Erstellung von Zeichnungen	–	–	√

Quelle: AEC [UK] BIM Technology Protocol

Abbildung 181: Kompetenzmatrix

7.9.3 Kollaboratives Arbeiten in BIM

Kollaboratives Arbeiten findet sowohl bei Prozessen innerhalb einer Organisation als auch in projektspezifischen Arbeitsabläufen statt. Die Projektzusammenarbeit wird durch einen BIM-Projektabwicklungsplan detailliert geregelt. Darüber hinaus kann man in unternehmenseigenen Richtlinien generelle Prinzipien und bestmögliche Verfahrensweisen darstellen. Im Wesentlichen dienen Unternehmensrichtlinien jedoch dazu, interne Verfahrensweisen vorzugeben.

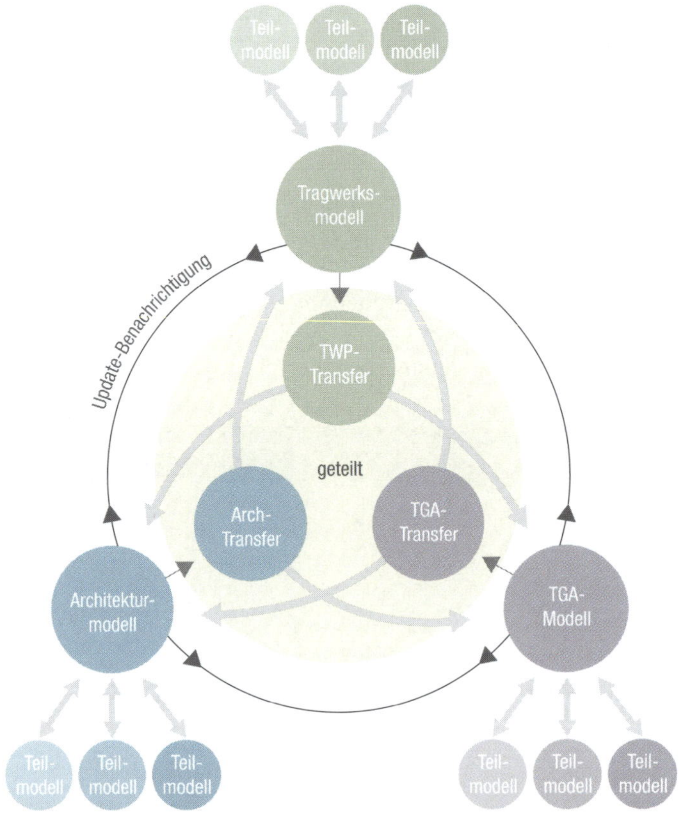

Quelle: AEC [UK] BIM Technology Protocol

Abbildung 182: Beispiel einer projektbezogenen Modellstruktur und der kollaborativen Arbeitsprozesse

Hier sind z. B. folgende Themen abzudecken:

- interne Daten- und Dokumentenmanagement-Systeme
- Verknüpfung von Dateien / Zugriff auf Referenzdateien
- Zugangsrechte für Nutzer (innerhalb der Modellerstellungs- wie auch anderer Softwaresysteme)
- interne Prüfungs- und Freigabeverfahren (Prüfung auf Einhaltung der Qualitätskriterien bei Erreichen bestimmter Meilensteine)
- Verfahren der Speicherung und des Austauschs von Dateien.

7.9.4 Die Modellstruktur

Die Entwicklung einer genormten Modellstruktur kann der Schlüssel dazu sein, in zunehmend komplexen Projekten eine Ordnung aufrechtzuerhalten. Dabei geht es nicht bloß um das Prinzip handwerklicher Sauberkeit: Eine genormte Struktur kann Mitarbeitern ihre Aufgabe sehr erleichtern, wenn es darum geht, ein Projekt neu aufzusetzen oder von einem Projekt ins andere zu springen. Dieser Abschnitt behandelt die (bereichs- bzw. gewerkspezifische) Modellstruktur innerhalb einer Organisation, weniger die in einem einzelnen Projekt angewandte.

Sprechen wir von der Modellstruktur, so geht es im Prinzip um die Konstellation verknüpfter Modelle und Dateien (die Struktur der Modellgliederung). Wir können den Begriff aber auch in einem erweiterten Sinn benutzen; dann bezieht er das Management von Objektbibliotheken und extern verlinkten Datenbanken – etwa für die Kostenrechnung –, die Terminplanung und die Verwaltung von Objekt- / Ausstattungseigenschaften ein. Auf die Verlinkung externer Datenbanken werden wir detaillierter in Kapitel 9 (Management von Modellinhalten) eingehen.

Im Projektverlauf wird die Modellkonstellation immer komplexer. In einer Wettbewerbs- oder sehr frühen Entwurfsphase mag es am einfachsten sein, mit einer einzigen Datei zu arbeiten. Im weiteren Projektfortschritt empfiehlt es sich jedoch, Modelle in verschiedene Untermodelle aufzugliedern. Als Minimalstandard empfehlen wir Folgendes:

- eine primäre Modellerstellungsdatei, die alles enthält, was modelliert und in 2D gezeichnet wird
- eine separate Container-Datei für alle verlinkten Modelle (unabhängig davon, ob sie in IFC oder einem nativen Format gespeichert sind) und Zeichnungen[72]
- eine Master-Plotdatei, die ausschließlich dem Plotten von Zeichnungen dient und in der nichts modelliert werden darf.

Komplexe Bestandsmodelle (detaillierte Umgebungsmodelle oder Punktwolken-Dateien) gehören so gut wie ausnahmslos in eine separate Datei. Entweder speichert man sie im Referenz-Container oder, sofern die Umgebung ein hohes Maß an Bearbeitung erfordert, als separates Terrain-Modell. Es ist auch sinnvoll, eine separate Referenzdatei für den Projekt-Nullpunkt sowie Gitterlinien und Ebenen anzulegen. Diese sog. Projektkoordinationsdatei muss mit allen Fachmodellen verknüpft werden. Die in jedem Fachmodell nativ vorzunehmende Anlage von Gitterlinien und Ebenen greift auf diese Datei zurück. Wird entschieden, Gitterlinien oder Ebenen zu ändern, muss diese Änderung durch den Projektkoordinator durchgeführt bzw. verwaltet werden, indem er das Koordinationsmodell entsprechend aktualisiert.

72 Eine IFC-Datei enthält keine typischen Zeichnungsbestandteile wie Beschriftungen, Bemaßungen und Schraffuren, so dass sie sich in den meisten Fällen nicht als Unterlage zum Plotten eignet. Sie müssen nicht nur ein IFC-Referenzmodell, sondern auch geschossspezifische Zeichnungen importieren, um eine korrekte grafische Unterlage zu gewährleisten.

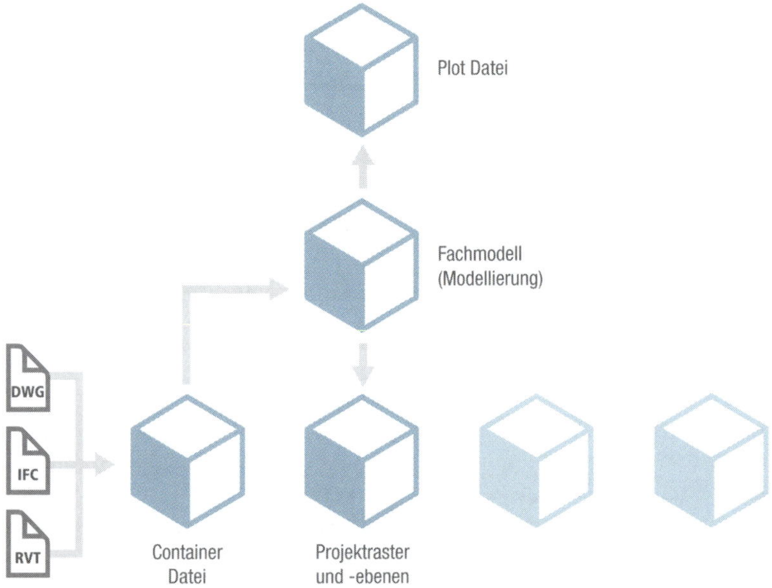

Abbildung 183: Beispiel einer internen Modellstruktur mit mehreren Container-Dateien

Je nach Bedarf lässt sich jedes Fachmodell weiter aufgliedern. So kann man beispielsweise ein Architekturmodell in die Rubriken (1) Fassade, (2) Gebäudekern und (3) Innenausbau aufteilen. In einer weiteren separaten Datei lässt sich die Möblierung darstellen.

7.9.5 Die Methodik der Modellierung

Die Methodik der Modellierung ist ein verzwicktes Thema. Sie hängt weitestgehend von der eingesetzten Modellierungssoftware ab. Auch die Entscheidung, zu welchen Zwecken das Modell verwendet werden soll, nimmt direkten Einfluss darauf, wie die einzelnen Bauelemente modelliert werden: Davon hängen der Grad der geometrischen Detaillierung und der Informationsgehalt ebenso ab wie die Konstruktion des jeweiligen Elements. Ein Planungsbüro kann generelle Prinzipien festlegen, die aber in jedem Fall den Projektanforderungen – gemäß BIM-Projektabwicklungsplan – angepasst werden müssen.

Grundsätzlich gilt: Legen Sie die BIM-Anwendungen fest und planen Sie Modellinhalt und -struktur, bevor Sie mit irgendwelchen Modellierungsarbeiten beginnen. Es gibt eine Anzahl guter Hilfsmittel, die Anleitung zum Modellieren geben, darunter die finnischen *Common BIM Requirements* (COBIM).[73]

73 Deutsche Version: www.jade4d.de/bim-anforderungen.

In diesem Abschnitt der Richtlinien sollten folgende Themen behandelt werden:

- Definition der Modellanwendungen
- Einheiten und Bemaßungen (dabei sind Annotationen und Flächenpläne zu beachten)
- Nullpunkte, Gitterlinien und Ebenen
- Referenzzeichnungen
- Objektbibliotheken vs. gebaute Objekte
- Parametrisierung und Objekteigenschaften (wie parametrisch soll ein Objekt sein?)
- LoD / LoI
- Nutzflächen-Definition (sind die für einen Raum vorgesehenen Materialien im Zusammenhang eines Raumobjekts vorgegeben, oder dienen sie der Oberflächengestaltung?)
- 3D-Modellierung vs. 2D-Detaillierung.

Empfehlung: Modellierungsregeln

Neben der Beachtung allgemeiner Prinzipien sollten Sie spezielle Vorgaben machen, um die Einhaltung bestmöglicher Verfahrensweisen sicherzustellen. Dazu zwei Beispiele:

1. Verwenden Sie grundsätzlich das korrekte Werkzeug, um ein Element zu modellieren. Wer eine abgehängte Decke mit dem Werkzeug modelliert, das für Fußböden gedacht ist, klassifiziert sein Deckenelement als „Boden“.
2. Wo immer möglich, sollten Sie Komponenten editieren, anstatt sie zu löschen und neu zu modellieren. Denn die Erstellung eines neuen Objekts bringt die Generierung eines neuen GUID mit sich. Damit gehen alle Verknüpfungen verloren, die zu dem gelöschten GUID gehörten.

Empfehlung: Gestaltung von 2D-Zeichnungen

Denken Sie sorgfältig darüber nach, in welchem Detaillierungsgrad Sie modellieren müssen und welche Detailinformationen sich besser in Form von 2D-Zeichnungen darstellen lassen. Das wird natürlich je nach Projektphase anders zu handhaben sein. Doch selbst in der Bauausführungsphase dürfte es nicht erforderlich sein, jede Schraube oder Aufhängung zu modellieren. Durch eine Modellmatrix kann man überblicken, welche Elemente zu modellieren sind, welche lediglich in 2D-Zeichnungen enthalten sein müssen und welche überhaupt keiner grafischen Darstellung bedürfen. Dies kann phasenabhängig geplant werden.

Im folgenden Beispiel ist die Verkabelung weder im Modell noch in der Zeichnung berücksichtigt. Sie kann beispielsweise als Zeile in einer Stückzahlliste oder einer sonstigen Aufstellung erscheinen. Anders verhält es sich mit den Kameras: Sie erscheinen bereits in einer frühen Phase im Modell

Modellelement	Phasenabhängige grafische Darstellung							
	Vorprojekt		Bauprojekt		Ausführungsplanung		Realisierung	
	Modell LoG	2D	Modell LoG	2D	Modell LoG	2D	Modell LoG	2D
Beleuchtung								
Aufhängungen	100	–	200	√	300	√	300	√
Schalter	–	–	–	√	–	√	–	√
Verkabelung	–	–	–	–	–	–	–	–
Rauchmelder								
Sensoren	–	–	–	–	200	√	200	√
Verkabelung	–	–	–	–	–	–	–	–
Sicherheitssystem								
Kameras	–	–	300	–	300	√	300	√
...								

Abbildung 184: Auszug aus einer Beispielzeichnung und Modellelementerstellungsplan, die auch die Zeichnungsdarstellung identifiziert

(zwecks Visualisierung), auf den Zeichnungen jedoch erst später. Schalter sind nur in der Zeichnung enthalten und werden im dargestellten Fall gar nicht modelliert.

7.9.6 Qualitätssicherung / -management und Qualitätskontrolle

Die Qualitätssicherung ist ein kritischer Faktor der Projektabwicklung. Einen Aspekt der Qualitätssicherung bildet die Koordination der Fachmodelle zum Ausschluss konzeptioneller Kollisionen. Doch zum guten Teil hat die Qualitätssicherung schlicht damit zu tun, dass man für saubere, gediegene Modelle sorgt, also dafür, dass Modelle zweckgerecht – für welche BIM-Anwendungen sie auch immer gedacht sein mögen –, mit dem korrekten Grad geometrischer Detaillierung und korrektem Informationsgehalt modelliert werden. Dabei gilt es auch zu überprüfen, dass die Modelle

- *vollständig* sind (also sämtliche Informationen enthalten, die im gegebenen Stadium und für die vorgesehenen Verwendungszwecke benötigt werden)
- *konsistent* sind (in Bezug auf Objektbezeichnungen, -eigenschaften und -ansichten sowie sauber aufgebaute Dateien)
- *korrekt* sind (keine Modellierungsfehler, Doppelungen oder Auslassungen sowie korrekte Objektklassifizierungen aufweisen).

Entsprechend sollte dieser Abschnitt der Richtlinien Prozesse beschreiben, die folgende Bereiche betreffen:

- Checklisten für die Qualitätskontrolle beim Modellieren
- Werkzeuge für die Datenvalidierung (z. B. *COBie checker*)
- Aufräumen des Modells für den Export
- Qualitätskontrollen des Modells (bei Im- und Export und zur Modellkoordination).

In Kapitel 9 werden wir detaillierter auf die Qualitätskontrolle als eine der drei wesentlichen Management-Aktivitäten in BIM eingehen.

7.9.7 Präsentationsstile

Hierbei geht es ebenso um *Renderings* und Simulationen wie um traditionelle Vorlagen, Zeichnungen, Pläne und Berichte. Trotz der zunehmenden Nutzung von Projektmodellen werden 2D-Zeichnungen noch für eine ganze Weile ein vorrangiges Kommunikationswerkzeug bleiben. Bei den meisten Projekten stellen die Bauherren an die Projektteams nach wie vor die vertragliche Anforderung, das Projekt grundsätzlich in Form von 2D-Zeichnungen zu dokumentieren. Folglich dürfen diese nicht übersehen werden.

Falls eine CAD-Richtlinie existiert, kann sie in diesen Abschnitt einbezogen werden, um Regeln für Linienstärken und -darstellungsweisen, Schraffuren, hinterlegte Bereiche, Symbole, Titulaturen, Annotationen und Bemaßungen zu setzen. Man kann Anleitungen bzw. bestmögliche Verfahren für den Export sowie Musterdateien bereitstellen, um die Erstellung normgerechter Zeichnungen, Pläne und Berichte aus dem Modell zu unterstützen.

In den Richtlinien geht es hier um folgende Themen:

- Ansichtsmuster
- Titulaturen
- Annotationen, Symbole und Bemaßungen
- Linienarten (Stile, Stärken und Formen)
- Schraffuren und hinterlegte Bereiche
- Schattierungen, materialisierte und gerenderte Ansichten.

Hinweis: bestmögliche Verfahrensweisen

Auch wenn die meisten Modellerstellungssoftwaresysteme recht gute 2D-Darstellungen ermöglichen, halten viele Planungsbüros es für wünschenswert, Zeichnungen aus der Modellerstellungssoftware exportieren zu können, um sie in 2D-CAD-Paketen oder grafischen Design-Programmen weiter zu verfeinern. Diese Arbeitsweise kann unterstützt werden, indem man handelsübliche Makros schreibt, die bestimmte Modellobjekte automatisch auf voreingestellte CAD-Layer legen.

7.9.8 Interoperabilität

Bei Fragen der Interoperabilität geht es gemeinhin um den Austausch von Dateien mit externen Projektpartnern. Freilich kann es auch interne Austauschvorgänge zwischen verschiedenen BIM-Tools innerhalb ein und derselben Organisation geben wie z. B. die Aufbereitung eines Stahlbau-Modells für den Export in ein hauseigenes Statikprogramm.

Im Hinblick auf organisationsinterne Prozesse müssen die unternehmenseigenen Richtlinien möglichst genaue Vorgaben machen, darunter schrittweise Anleitungen für den Modellexport, die Auflistung von Links zu Optimierungs-PlugIns sowie Hinweise auf bestmögliche Verfahrensweisen. Je fester sich interne Arbeitsabläufe innerhalb einer Organisation etablieren, umso weiter lassen sie sich verfeinern und verbessern.

Was den Austausch mit externen Partnern betrifft, gibt es unzählige mögliche Szenarien – je nach seitens des Partners verwendeter Software, Version und sogar Modellierungs- und Export-Methodik. Letztlich lassen sich diese Dinge nur projektspezifisch handhaben, auch wenn man einige wenige Regeln für den Austausch (Im- und Export) von Modellen aufstellen kann.

Empfehlung: Modelltransfer

Ob es sich um einen internen oder externen Modelltransfer handelt, ob er IFC-gemäß oder in nativem Format stattfindet, es gibt ein paar grundlegende handwerkliche Regeln, die einen effizienten und sauberen Transfer gewährleisten. Soll ein Modell exportiert werden, muss man es aufräumen und so aufsetzen, dass es für den als nächstes anstehenden Verwendungszweck geeignet ist. Von Anfang an sollten Modelle anhand von unternehmenseigenen oder projektspezifischen Mustervorgaben konstruiert werden und auf normierte Bezeichnungsverfahren für Dateien, zugehörige Arbeitsblätter, Ansichten, Objekte und Objekteigenschaften zurückgreifen. Alle verknüpften Dateien (vor allem Zeichnungsunterlagen) sind zu entfernen, und das Modell ist von unnötigen Objekten und Metadaten zu bereinigen. Arbeitet man in *openBIM*, sind Modellansichtsdefinitionen (MVDs) ein hochwirksames Mittel, um IFC-Modelle für eine spezifische Nutzanwendung aufzuräumen und zu filtern. So exportiert z. B. die Statik-MVD ausschließlich diejenigen analytischen Daten, die für die statische Simulation benötigt werden.

In Ergänzung genormter Exportverfahren ist es wichtig zu wissen, welche Optimierungs-PlugIns zur Verfügung stehen. Graphisoft hat verschiedene IFC-Exporttools für ArchiCAD entwickelt, die die Interoperabilität mit bestimmten Softwaresystemen wie z. B. Revit oder Solibri verbessern. Ähnliches bieten die fortgeschrittenen Exporttools von Autodesk für Revit-in-IFC-, COBie- und gbXML-Formate wie auch Dateltransfers In Urheberformaten. Auch Vectorworks bietet Tools für den IFC- und BCF- sowie den Revit / .rvt-Export an.

7.9.9 Bezeichnungsvorschriften, Ordnerstruktur und Modellserver

Wer an herkömmliche CAD-Normen gewöhnt ist, kennt sich mit Ordnerstrukturen und Bezeichnungsvorschriften aus. Im BIM-Kontext gilt es einige Unterschiede zu beachten, die nicht allein die Einbeziehung neuer Themenbereiche wie Objekt- und Eigenschaftsbezeichnung, sondern auch den Umgang mit altgewohnten Themen wie Dateibezeichnung betreffen. In der Regel wird es in diesem Abschnitt der Richtlinien um folgende Themenbereiche gehen:

- projektspezifische Ordner- und Datenstruktur
- allgemeine Bezeichnungsvorschriften
- Dateibezeichnung (Berichte, Modelle, Zeichnungen, Modellobjekte)
- Bezeichnungsvorschriften für die Objektbibliothek
- Bezeichnungsvorschriften für Objekteigenschaften
- Bezeichnungsvorschriften für Ansichten
- Ansichtenliste / -übersicht
- Datenorganisation
- Bezeichnungsvorschriften für Arbeitsblätter.

Empfehlung: Bezeichnungsvorschriften

Zur Bezeichnung von Dateien und Modellobjekten gibt es verschiedene Theorien. Von den Gepflogenheiten der Arbeit in 2D-CAD ausgehend, liegt es nahe, einen Bezeichnungscode zu benutzen, der sich beispielsweise aus Projektbezeichnung, Gewerk, Typ des Dokuments (Zeichnung, Bericht, Modell oder Modellobjekt), Phase und sogar Geschossangabe zusammensetzt. Zwar muss jede Organisation in Anlehnung an ihre internen Dateibezeichnungsregelungen und administrativen Anforderungen ihre eigenen Bezeichnungsvorschriften setzen, jedoch empfehlen wir nachdrücklich, es dabei in puncto Komplexität nicht zu übertreiben. Ohnehin enthalten fast alle Arten von digitalen Dokumenten einen Gutteil dieser Informationen als Metadaten, jedenfalls gilt dies für sämtliche BIM-Modelle und -Modellobjekte. Man macht sich insofern nicht nur unnötige Mühe, sondern riskiert auch vermeidbare Fehler.

Sind in der Objektbezeichnung Schlagworte codiert, so muss die Objektbezeichnung aktualisiert werden, sobald das Objekt modifiziert (oder auch nur auf ein anderes Geschoss verlegt) wird.

7.9.10 Ressourcen

Um mit detaillierteren Fragen zu Rande zu kommen, kann man zusätzliche Ressourcen erschließen, sei es in Form eines geteilten Ordners auf dem unternehmenseigenen Server, durch Online-Beratung oder Diskussionsforen. Weitere Ressourcen sind Links und Software-PlugIns (z. B. *IFC export*, COBie oder BCF) wie auch frei nutzbare Anwendungen, Objektbibliotheken oder Musterdateien für geteilte Inhalte.[74]

74 Für Autodesk-Revit-Nutzer ist folgende Website von großem Nutzen: www.biminteroperabilitytools.com. ArchiCAD-Nutzern stellt Graphisoft folgenden Link bereit: http://www.graphisoft.com/downloads/archicad.

Fallstudie: Siemens Büro- und Produktionsgebäude

Beitrag: STRABAG AG

Neubau eines Büro- und Produktionsgebäudes

Zug, Schweiz

Bauherr:	Siemens Schweiz AG
Totalunternehmer:	STRABAG AG
Architekt:	Burckhardt+Partner AG
Projektgröße:	rd. € 100 Mio.
Status:	in der Ausführung
Fertigstellungsdatum:	Sommer 2018

Projektbeschreibung

Die STRABAG AG führt als Totalunternehmerin bzw. Generalunternehmerin den Neubau eines Büro- sowie eines Produktionsgebäudes für die Siemens AG Schweiz aus. Das siebengeschossige Bürogebäude umfasst neben 18.400 m² VMF (vermietbare Fläche) zzgl. 300 Tiefgaragenstellplätze und Technikflächen. Das Produktionsgebäude bietet auf vier Etagen und 24.000 m² Bruttogeschossfläche Produktionshallen, Labors, Anlieferungs- und Logistikbereichen sowie Büroflächen. Im Untergeschoss wird ein automatisches Transport- und Lagersystem eingebaut. Die Realisierungszeit für Planung und Ausführung liegt bei zwei Jahren.

Die Beauftragung der Strabag erfolgte maßgeblich aufgrund der angeführten BIM.5D®-Kompetenzen sowie der Antwort auf die BIM-Anforderungen der Submissionsunterlagen.

Quelle: STRABAG AG

Abbildung 185: Screenshot aus der VR-Anwendung der Außenszene

Die BIM-Methodik

Ausgehend vom „Big Room“ auf dem Siemens Areal, wo sich das STRABAG-Projektteam, die Planungs- und die Auftraggeberseite mehrmals wöchentlich treffen, wird das Bürogebäude geplant und gebaut. Die Umsetzung der Methode, die Zusammenarbeit, der Informationsaustausch unter den Projektbeteiligten wurde im Zuge des BIM-Projektabwicklungsplans (PAP) festgelegt. Da eine Vielzahl der Anforderungen im Projektverlauf durch Abstimmung zwischen Auftraggeber, Auftragnehmer sowie weiteren Projektbeteiligten (z. B. FM-Betreiber) spezifiziert werden, wird der PAP stetig fortgeschrieben.

Teil des Totalunternehmervertrags sind eine Vielzahl von BIM-Anwendungsfällen, welche sich auf die Lebenszyklusphasen Planung, Ausführung und Betrieb des Bauwerks beziehen.

Die Umsetzung erfolgt in einer sog. „closed BIM“ Lösung. Die Grundlage der Modellierung stellt eine 2D-Planung der Entwurfs- resp. Genehmigungsphase dar. Die Modelle der Fachplanungsdisziplinen Architektur, Tragwerksplanung, Fassade, Heizung, Kühlung, Lüftung, Elektro und Sanitär werden hierbei in derselben Software erstellt. Modellbasierte Planungskoordination inkl. regelmäßiger Kollisionskontrollen werden vom BIM-Management durchgeführt.

Für die Parametrisierung der Objekte werden gemeinsam mit der Bauherrschaft dezidierte Anforderungen zunächst erarbeitet und im Folgenden eingearbeitet. In Verbindung mit Datenbanklösungen werden über den Projektverlauf hinweg Daten wie z. B. Herstellerangaben, Wartungszyklen, Beschaffenheit und Maße der Reinigungsflächen durch die STRABAG gesammelt. Nach der as-built-Erfassung und Umsetzung des Gebauten im „digitalen Zwilling“ werden Extrakte wie ein Raumbuch sowie ein Anlagenkataster zur Verfügung stehen. Während des Betriebs des Gebäudes können die bei den Objekten hinterlegten Informationen durch Zugriff auf die Datenbank per QR-Code abgegriffen werden.

Neben den BIM-Anwendungsfällen des Totalunternehmervertrags wird weiterer Nutzen aus der modellbasierten Planung gezogen. Zum einen erstellt die STRABAG eine Virtual Reality (VR)-Anwendung, wodurch die Bauherrschaft resp. der zukünftige Nutzer virtuell durch das Gebäude laufen kann. Mit einer VR-Brille werden Möblierungen in verschiedenen Farbkombination und Varianten visualisiert. Basierend darauf werden Entscheidungen bzgl. der Ausführung getroffen.

Weiter sind die Projekt- und Bauleitung der Bauausführung in der Lage, über ihre Rechner sowie über mobile Endgeräte die Informationen der Modelle abzugreifen. So können komplizierte Einbausituationen z. B. in Installationsschächten eingesehen, Kommentierungen an den Objekten vorgenommen oder Mengenabfragen durchgeführt werden.

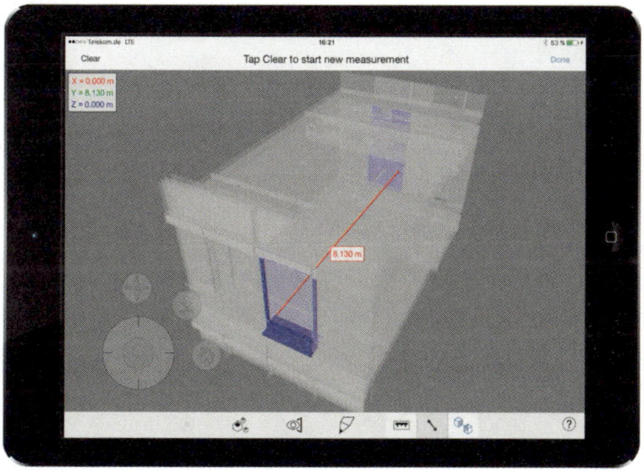

Quelle: STRABAG AG

Abbildung 186: Screenshot eines Tablets

8 Rollen und Verantwortungsbereiche

Das P in PM hat ebenso viel mit „Personenmanagement“ wie mit „Projektmanagement“ zu tun.

Cornelius Fichtner

So wichtig auch der technologische Fortschritt ist, so oft sind es doch die personellen Ressourcen, die sich für ein Unternehmen als höchster Wert erweisen. Ohne Frage verhält es sich in der vorwiegend dienstleistungsorientierten Bauindustrie so. Die Implementierung von BIM in ein Unternehmen und die erfolgreiche Durchführung von BIM-Projekten haben weit mehr mit Kompetenz und Engagement einzelner Mitarbeiter als mit der Funktionalität irgendeiner Software zu tun. Wie schon der Titel des vorliegenden Buches nahelegt, ist es die Rolle des BIM-Managers – und jede andere BIM-Rolle –, die während des gesamten Implementierungsprozesses hervorgehoben und gepflegt werden sollte.

In diesem Kapitel geht es um die Rollen und Verantwortungsbereiche, die mit Building Information Modelling verbunden sind, und zwar zunächst aus der internen Sicht einer Firma, sodann innerhalb des kollaborativen Kontextes einer Projektstruktur. BIM-Manager ist eine Rolle, die beide Bereiche überspannt: die Leitung der Implementierung innerhalb einer Organisation ebenso wie die Repräsentanz der Organisation in Projekten.

8.1 Rollen in einer Unternehmensstruktur

BIM-bezogene Rollen und Verantwortungsbereiche innerhalb einer Unternehmensstruktur unterliegen branchenweit fortlaufender Verfeinerung; zudem variieren sie von Organisation zu Organisation je nach Größe und internem Aufbau. BIM-Rollen kann man sich als zusätzlichen Kompetenzbereich vorstellen, um den die Rollen, die innerhalb einer Firma bereits vorhanden sind, erweitert werden. Es geht nicht in erster Linie darum, ganz neue Rollen hinzuzufügen oder vorhandene zu ersetzen. Im Lauf der Zeit werden sich die neuen Kompetenzbereiche weiterentwickeln, die ausschlaggebenden Rollen im Unternehmen werden jedoch dieselben bleiben.

Unabhängig von der Unternehmensgröße muss BIM gleichzeitig von oben nach unten und umgekehrt eingeführt werden – auf strategischer, taktischer und operativer Ebene. Diese koordinierte Implementierung erfordert eine offene Kommunikation über sämtliche Rollen und Hierarchie-Ebenen hinweg.

Um die nötigen Prozesse den Zielen und der Vision des Unternehmens anzupassen, sich strategischer Anleitung zu versichern und die angemessenen finanziellen wie personellen Ressourcen bereitzustellen, ist Managementunterstützung unerlässlich.

Genauso bedarf es eines taktischen Teams (oder auch einer Einzelperson, je nach Unternehmensgröße), um die Bedürfnisse und Herausforderungen des Unternehmens einzuschätzen, eine passgenaue Lösung zu erarbeiten und die Implementierung voranzutreiben. Dieses Team gewährleistet regelmäßige Berichte und Evaluierungen ebenso wie Forschung und Entwicklung, um Fragen wie z. B. die folgenden zu beantworten:

- Welche Technologien stehen zur Verfügung?
- Wie können wir diese Technologien am besten implementieren?
- Wie schulen und motivieren wir unsere Leute am wirksamsten?

Gleichzeitig muss BIM ins tägliche Geschäft eingebaut werden. Um die gewohnten operativen Abläufe zu stärken, müssen diese geprüft, erweitert, unterbrochen und angepasst werden.

Die Zuschreibung von Rollen auf strategischer, taktischer und operativer Ebene erfordert unter Umständen eine Anpassung der Unternehmensstruktur. Im Projektgefüge stellen sich Rollen anders dar als im Unternehmensaufbau – dazu später mehr.

Als generelle Richtlinie gilt, dass die Rollen, die im Prozess der BIM-Implementierung in einem Unternehmen auszufüllen sind, in drei Ebenen strukturiert werden können:

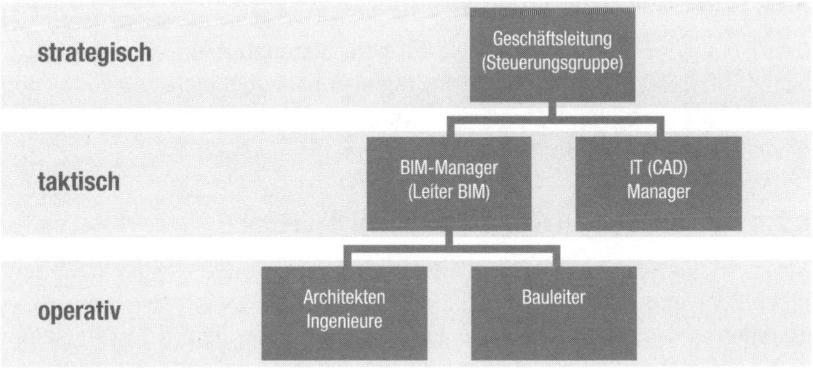

Abbildung 187: Ebene der BIM-Rollen in einer Unternehmensstruktur

8.1.1 Die Geschäftsleitung (strategisch)

Es ist Aufgabe des Managements, die strategische Richtung vorzugeben, in die BIM im Unternehmen führen soll. Dabei ist sicherzustellen, dass sich die Implementierung an Vision und Ziele des Unternehmens anpasst. Diese managementseitige Führung ist wichtig für Kontinuität und Stabilität, vor allem während Perioden des Übergangs.

In der Regel entscheidet das Management über die Bereitstellung von Ressourcen, hoch angesiedelte Prozesse sowie darüber, welche Projekte mit

BIM durchzuführen sind und wie das geschehen soll. In Absprache mit dem BIM-Manager und dem IT-Koordinator kann das Management auch Schulungsmaßnahmen und die benötigte Software auswählen.

8.1.2 Der BIM-Manager (taktisch)

Der BIM-Manager – in großen Firmen, wo es mehr als einen BIM-Manager geben kann, auch BIM-Leiter genannt – ist hauptverantwortlich für die BIM-Implementierung im Unternehmen. Diese Person gibt innerhalb der vom Management gesetzten Parameter die taktische BIM-Richtung vor, d. h., sie managt die Entwicklung der unternehmenseigenen Richtlinien, der allgemeinen Prozesse und der Projektvorgaben. Der BIM-Manager ist darüber hinaus Ansprechpartner in allen technischen Fragen und bei auftretenden Problemen.

In kleineren Firmen, die keinen IT-Manager haben, kann auch die Verantwortung für Installation und Unterhalt von Soft- und Hardware dem BIM-Manager zufallen.

Der BIM-Manager muss in Sachen innovativer Software auf dem Laufenden sein und sich in nationalen wie internationalen Normen und Richtlinien auskennen.

8.1.3 Der IT-Manager (taktisch)

Der IT-Manager trägt die Verantwortung für Installation und Nutzung sämtlicher Software, Hardware und IT-Systeme. Er kann in puncto Forschung und Entwicklung zur Findung und Prüfung neuer Technologien mit dem BIM-Manager zusammenarbeiten.

8.1.4 Architekten, Bauingenieure und Bauleiter (operativ)

Auf der operativen Ebene sind die Endnutzer angesiedelt: Architekten, Bauingenieure und Bauleiter, die Leute also, die die Modelldaten schließlich erstellen und nutzen. Auf dieser Ebene finden verschiedenste Tätigkeiten statt: von der Modellerstellung über die Entwurfsprüfung, Erstellung von Plänen (z. B. für Mengenermittlungen) und Durchführung von Simulationen bis hin zur Erfassung des Baufortschritts und der Überwachung von Änderungen oder Fehlerbehebungen vor Ort.

Jeder geht mit Veränderungen anders um: Manche lassen sich durch Innovationen motivieren, während andere skeptisch oder rundheraus ablehnend sind. In jedem Fall muss das gesamte operative Team mit ins Boot genommen werden, da BIM von kollaborativen Arbeitsabläufen abhängig ist.

Um den größtmöglichen Erfolg zu sichern, muss man das Team über Politik und Vorgehensweise der Führungsspitze unterrichten, d. h., das Management muss kommunizieren, wie sich die strategische Ausrichtung auf individuelle Endnutzer-Rollen auswirken wird.

BEISPIEL

Vor einigen Jahren habe ich im Nahen Osten für einen großen Generalunternehmer gearbeitet, dessen Geschäftsführer die Einführung von BIM angeordnet hatte. Trotz vieler Präsentationen ließen sich die Bauleiter nicht von den Vorteilen von BIM überzeugen. Schließlich modellierten wir einen großen Teil des Projekts und luden dann einen der Bauleiter in unseren Bürocontainer auf der Baustelle ein, um ihm zu zeigen, wie sich das Modell für die Bauplanung nutzen ließ. Auf der Stelle erkannte er den Wert dieses Prozesses und erschien in den darauffolgenden Wochen immer wieder mit der Bitte, weitere Abschnitte des Projekts zu modellieren oder bestimmte Konstruktions- und Installationsabfolgen zu simulieren.

Manche Menschen müssen die Vorteile einer Methode erst in der Praxis der eigenen Projekte erleben, um die Mühen der Veränderung auf sich zu nehmen.

8.2 Rollen in einer Projektstruktur

Gegenwärtig schälen sich verschiedene projektbezogene BIM-Rollen heraus, es gibt aber noch keinen internationalen Konsens darüber, wie diese Rollen zu definieren wären. Man hat eine Reihe von Initiativen gestartet, um hier zu Leitlinien zu kommen, z. B. das europäische Forschungsprojekt BIM-4VET (VET = *Vocational Education and Training* bzw. „Berufliche Ausbildung und Schulung") und das *buildingSMART*-Programm zur beruflichen Zertifizierung (s. Kap. 3).

Als Ausgangspunkt bietet sich an, auf die Standardrollen einer traditionellen Projektabwicklung zu schauen, um zu erkennen, wie diese durch BIM-Kompetenz unterstützt (oder erweitert) werden können. Zu diesen herkömmlichen Rollen gehören Bauherr / Projektentwickler, Generalplaner bzw. -unternehmer sowie sämtliche Fachplaner und Subunternehmer. Üblicherweise übernimmt einer der Fachplaner zusätzliche Koordinationsaufgaben wie Durchbruchsplanung, Kollisionserkennung und die Planung von Haustechnikschächten und -installationsräumen. In manchen Ländern fällt diese Rolle dem Architekten oder Gesamtplaner zu, in anderen wird sie normalerweise von einem der Fachplaner aus der Gebäudetechnik ausgeübt.

BIM-Funktionen unterstützen jede dieser herkömmlichen Projektrollen. Kurzfristig kann ein BIM-Fachmann zusätzliche Funktionen übernehmen, langfristig jedoch sollte man dahin kommen, dass Projekte mit derselben Anzahl „interner" BIM-kompetenter Mitarbeiter durchgeführt werden. Einzige Ausnahme ist der BIM-Berater des Bauherrn; diese Rolle kann auf Dauer von einem Externen übernommen werden.

Abbildung 188: Herkömmliche Projektrollen

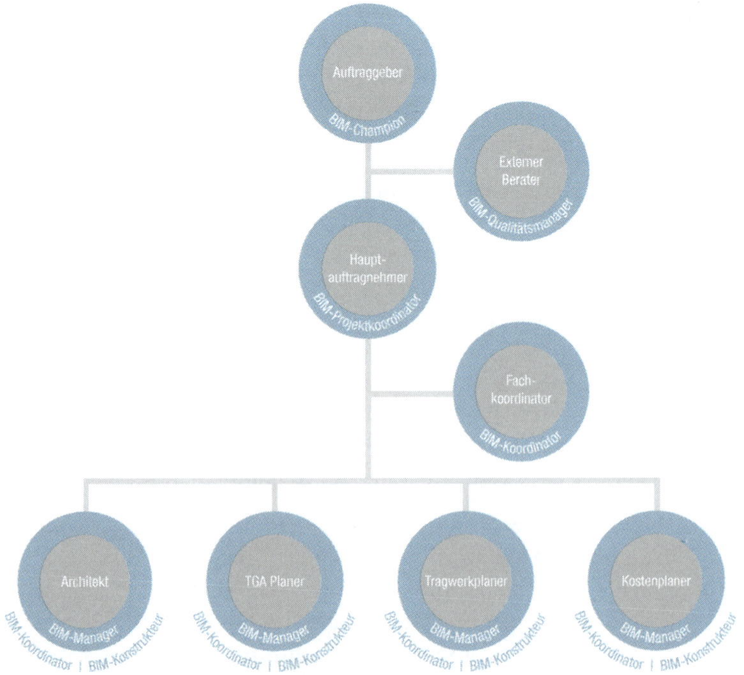

Abbildung 189: Herkömmliche Projektrollen und deren Aufwertung durch BIM-Kompetenzen

8.2.1 Der BIM-Champion (Bauherr)

Der BIM-Champion ist treibende BIM-Kraft im Unternehmen des Bauherrn und legt aus der Sicht des Eigentümers die BIM-Strategie und die BIM-Ziele fest. Daraus erwächst die Förderung von BIM-Aktivitäten und der BIM-Vision sowohl innerhalb der projektveranlassenden Organisation als auch bei externen Partnerorganisationen. Zu den Verantwortungsbereichen des BIM-Champions gehören

- die Koordination interner BIM-Kompetenzentwicklung (u. a. Schulung),
- die Planung interner Ressourcen (personell, finanziell, zeitlich),
- die BIM-Projektplanung.

8.2.2 Der BIM-QM (Berater)

Der BIM-QM (Qualitätsmanager) hat vorrangig mit der Definition und Überwachung der BIM-Anforderungen an das Projekt zu tun. Er sorgt dafür, dass das Team BIM ordnungsgemäß anwendet und die Koordination funktioniert. In Koordinationsbesprechungen vertritt der BIM-QM die technischen Interessen des Bauherrn. Er setzt gegenüber allen an BIM-Projekten beteiligten Personen projektgerechte Technologien, Normen und Richtlinien durch. Darüber hinaus ist er auf Bauherrenseite verantwortlich für

- die Definition der Projekt-BIM-Anforderungen,
- BIM-Ablauf und -Entwicklung,
- Qualitätskontrolle (bzw. Auditierung) der Datenabgabe und entsprechender Prozesse.

8.2.3 Der BIM-Projektkoordinator (Generalunternehmer oder Generalplaner)

Diese Rolle ist für alle Projektteams, die mit BIM arbeiten, von zentraler Bedeutung. Der BIM-Projektkoordinator leitet BIM-Projektüberprüfungen und -Koordinationsbesprechungen, agiert als Informationsmanager, sorgt für Problemlösungen und koordiniert die Aktivitäten der verschiedenen Kolonnen auf der Baustelle. Der Koordinator sichert die Leistungsfähigkeit des BIM-Ablaufs und sorgt dafür, dass Modelle untereinander kommunizieren können. Ebenso gewährleistet er Datenkonsistenz seitens aller Projektbeteiligten. Darüber hinaus umfasst sein Verantwortungsbereich

- BIM Projektmanagement und Qualitätskontrolle,
- Unterstützung der Kommunikation und Datenaustauch zwischen allen Beteiligten,
- die Überwachung zentraler BIM-Anwendungen wie BIM-to-Field sowie die Übergabe an das FM.

8.2.4 Der BIM-Koordinator (Fachkoordinator)

Der BIM-Koordinator verantwortet die Koordination der Haustechnikgewerke, einschließlich der räumlichen Koordination und Durchbruchsplanung sowie die Planung für Systemmontage und -wartung. Darüber hinaus verantwortet er

- die Modell-Qualitätskontrolle (Überprüfung von Geometrie und Objekteigenschaften),
- die Qualitätssicherung bei den einzelnen Projektteams,
- die Erstellung von Wochenberichten und die Koordination von Kontrollbesprechungen.

8.2.5 Der BIM-Manager (Architekten, Fachplaner usw.)

Innerhalb der Projektstruktur sind die BIM-Manager die Verantwortlichen in jedem beteiligten Unternehmen. Sie kommunizieren die Projektanforderungen an ihre Teams und gewährleisten, dass ihr BIM-Prozess die BIM-Vorgaben einhält. Anderseits vertreten sie die Interessen ihrea jeweiligen Unternehmens bei Projektkoordinationssitzungen. Darüber hinaus sind sie zuständig für

- Mitarbeit am Projektabwicklungsplan (insofern ihr Unternehmen beteiligt ist),
- Sicherstellung, dass ihr Fachmodell gemäß den Projektvorgaben erstellt wird,
- Berichterstattung in Koordinationssitzungen über Probleme, die ihre Team identifiziert haben.

8.2.6 Die BIM-Modellierer / -Konstrukteure

Dies ist die technische Rolle, die Gebäudeinformationsmodelle gemäß den jeweiligen Projektvorgaben entwickelt. Zugleich sorgen die BIM-Konstrukteure für die Lösung geringfügiger Probleme und koordinieren die dazu erforderlichen Aktivitäten. Größere Probleme vermerken sie, so dass der BIM-Manager sie auf die Tagesordnung von Koordinationssitzungen setzen kann.

8.3 Der BIM-Prozess im Projekt und die Festlegung von Rollen

Wie in Kapitel 7 gezeigt, besteht der gesamte BIM-Abwicklungsprozess im Wesentlichen aus fünf Aktivitäten:

1. Modell- und Datenerstellung
2. Modelldaten-Export und -Analyse (zwecks Simulationen, Mengenermittlungen usw.)
3. Modellaustausch, -qualitätskontrolle und -koordination
4. Projektkoordination
5. Datenübergabe und -validierung.

Diese Aktivitäten sind den entscheidenden BIM-Rollen im Projekt zugeordnet, wie sie oben definiert wurden:

- 1 und 2: Fachplaner (bzw. *BIM-Konstrukteure und -Manager*) sind für Modellerstellung, -export und -analyse verantwortlich.
- 3: Der *BIM-Koordinator verantwortet* Modellaustausch und -qualitätskontrolle (inkl. Fachkoordination).
- 4: In der Verantwortung des *BIM-Projektkoordinators* liegen Projektkoordination und -kollaboration (inkl. Durchführung von Projektkoordinationssitzungen, Problembehandlung, Kosten- und Terminplanung).
- 5: Die Validierung von übergegebener Daten (Data-Drops) obliegt dem *BIM-Auditor*.

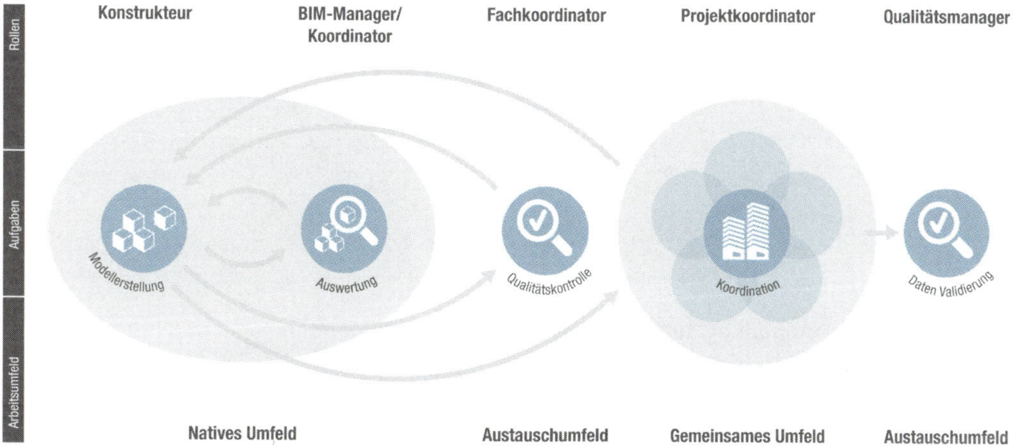

Abbildung 190: Die Zuordnung wesentlicher BIM-Aktivitäten im Projekt zu den einzelnen Rollen

8.3.1 BIM-Projektmanager und BIM-Projektkoordinator

Innerhalb der Projektumgebung ist der BIM-Manager Verbindungsmann. Er vertritt die Interessen seines Unternehmens in BIM-Projektkoordinationsbesprechungen und umgekehrt die Projektanforderungen innerhalb seines Unternehmens. Der BIM-Manager ist der erste Ansprechpartner der BIM-Projektkoordinatoren in den einzelnen Planungsteams.

Der BIM-Projektkoordinator wiederum ist in erster Linie dafür zuständig, die projektweiten BIM-Prozesse zu managen. Der BIM-Projektkoordinator kann vom Bauherrn oder Generalunternehmer ernannt werden und ist Hauptansprechpartner für alle Projektteams im Hinblick auf BIM-Anforderungen im Projekt.

Verallgemeinernd lässt sich sagen, der BIM-Manager hat zu 70 % mit unternehmensinternen Vorgängen und zu 30 % mit kollaborativer Projektarbeit zu tun. Im Gegensatz dazu ist der BIM-Projektkoordinator zu 90 % mit kollaborativen Tätigkeiten befasst und investiert nur einen geringen Teil seiner Zeit in die Unterstützung einzelner Projektbeteiligter in ihrer internen Prozessen.

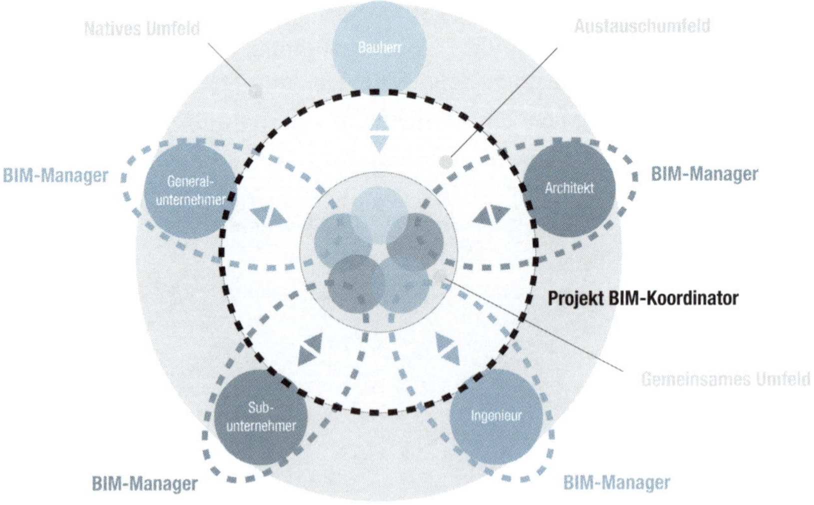

Abbildung 191: Die Aufgabenbereiche der BIM-Manager und Projekt-BIM-Koordinator

Rolle	Kollaborative Projekt-Aktivitäten	Unternehmensinterne Tätigkeit
BIM-Manager	30 %	70 %
BIM-Projekt-koordinator	90 %	10 %

Abbildung 192: Aufgabenverteilung

8.4 Projektbezogene BIM-Rollen im Unternehmen

Als Zwischenglied zwischen den Aufgaben im Unternehmen und denen des Projektteams als Ganzes lassen sich die projektbezogenen Rollen innerhalb eines Unternehmens bzw. Gewerks definieren. Es ist immer projekt-, bereichs- / gewerks- und phasenabhängig, wie viele Menschen mit einem Projekt befasst sind und welche tatsächlichen Aufgaben sie ausüben. Geht es um ein Einfamilienhaus, so braucht z. B. der Beleuchtungsplaner in einer frühen Phase nur eine einzige Personalressource. Handelt es sich dagegen um ein größeres Bauvorhaben, kann es ohne weiteres sein, dass ein Architekturbüro zehn oder zwanzig Mitarbeiter einbinden muss, um die Konstruktionsdokumentation zu erstellen. Nichtsdestoweniger lassen sich generalisierte Rollen und Tätigkeiten definieren.

Das europäische Forschungsprojekt BIM4VET definiert drei Hauptrollen in einem Projekt: BIM-Manager, BIM-Koordinator und BIM-Konstrukteur. Die Rolle des BIM-Konstrukteurs umfasst sowohl den Modellersteller als auch den Modellnutzer. Hier wird wiederum zwischen über- und untergeordneten Tätigkeiten unterschieden; es gibt also den Senior- und den Junior-BIM-Konstrukteur. Jeder dieser Rollen schreibt BIM4VET spezifische Tätigkeiten mit entsprechenden Kompetenzebenen zu.

BIM-Manager	BIM-Koordinator	BIM-Autor (Senior)	BIM-Autor (Junior)
• definiert und überwacht Projektstandards • gibt Software-Lösungen zur Implementierung frei • definiert Leistungsanforderungen im Projekt gemäß Kundenvorgaben • erstellt und pflegt ein koordiniertes Programm zur Leistungserstellung • sichert die Implementierung eines Systems zum Teilen von Projektinformationen • leitet BIM-Aktivitäten auf Projektebene • überprüft, ob die Befähigung eines Projektteams den Projektstandards gerecht wird	• sichert die Einhaltung der Projektstandards • sichert die Einhaltung korporativer Standards • sichert die Einhaltung relevanter nationaler und internationaler Normen • koordiniert die Arbeitsergebnisse der verschiedenen BIM-Urheber/ Techniker, um eine gute Modellqualität zu gewährleisten und sicherzustellen, dass das Modell dem BIM-Projektabwicklungsplan sowie den Kundenanforderungen entspricht • überwacht die Kollisionserkennung, -weitergabe und -auflösung • kümmert sich unmittelbar um Software-Probleme und unterstützt die laufende Software-Fortbildung des Personals • sichert die Implementierung BIM-gerechter Software	• hat den Überblick über alle geteilten Modelle im Projekt, um Planungskoordination und Kollisionsvermeidung zu gewährleisten • entwickelt und pflegt graphische und nichtgraphische Modelle gemäß Projektstandards • erbringt geforderte Projektleistungen mittels graphischer und nichtgraphischer Modelle • unterstützt die Einhaltung der Projektstandards • kümmert sich unmittelbar um Software-Probleme und unterstützt die laufende Software-Fortbildung des Personals • hält sich konsequent auf dem laufenden, was branchenübliche bestmögliche Verfahrensweisen im Bereich der Erstellung und des Austauschs von Informationen angeht • unterstützt die Einhaltung interner CAD-Standards und -Arbeitsabläufe, indem er dem BIM-Koordinator Rückmeldung gibt	• sorgt für die Weiterbearbeitung dessen, was andere Projektteam-Mitglieder vorlegen • entwickelt und pflegt graphische und nichtgraphische Modelle gemäß Projektstandards • bereitet Modelle zum Austausch mit internen und externen Projektbeteiligten auf • erbringt geforderte Projektleistungen mittels graphischer und nichtgraphischer Modelle • überprüft Arbeitsergebnisse und merzt Kollisionen aus • hat den Überblick über alle geteilten Modelle im Projekt, um Planungskoordination und Kollisionsvermeidung zu gewährleisten • überprüft Arbeitsergebnisse unter Qualitätssicherungsgesichtspunkten

Quelle: BIM4VET

Abbildung 193: Aufgaben der BIM-Rollen

Ausgehend von diesen Rollen- und Tätigkeitsbeschreibungen, hat BIM4VET eine Kompetenzeinschätzungs- und -entwicklungsmatrix erarbeitet.[75]

Schauen wir noch einmal auf die BIM-Pyramide, so zeigt sich, wie ihre drei Schlüsselebenen – Baugeometrie, Informationsgehalt und Prozessmanagement – mit den projektbezogenen BIM-Rollen in einem Unternehmen korrespondieren. Der BIM-Konstrukteur ist verantwortlich für die Schaffung des geometrischen 3D-Modells, der BIM-Koordinator sichert die Datenqualität im Modell und dessen Vorgaben-Entsprechung, der BIM-Manager verwaltet ein laufendes Koordinierungsprogramm und sichert die Einhaltung der Projektstandards.

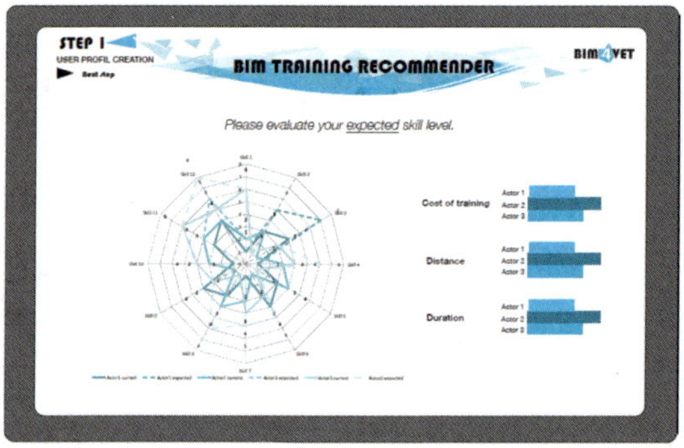

BIM4VET

Quelle: www.bim4vet.eu

Abbildung 194: BIM4VET Ausbildungsratgeber

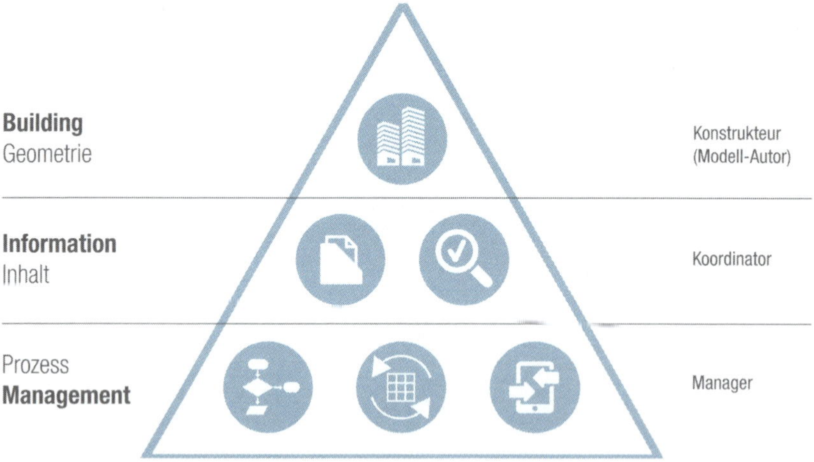

Abbildung 195: BIM-Pyramide und BIM-Rollen

75 S. Website des Programms: http://www.bim4vet.eu/.

8.4.1 Das Schulungsprogramm *BIM Ready*

Mensch und Maschine arbeitet mit einer ähnlichen Rollen-Differenzierung: BIM-Manager, BIM-Koordinator und BIM-Konstrukteur. Diese Rollen werden im Schulungsprogramm *BIM Ready* behandelt.

Das Programm *BIM Ready* ist einzigartig in Europa; im deutschsprachigen Raum ist es gegenwärtig die einzige standardisierte BIM-Ausbildung, die Planungs-, Koordinations- und Management-Themen abdeckt. Das Programm umfasst verschiedene Aspekte der Projektabwicklung von der strategischen Planung über Normen und Richtlinien bis hin zur Festlegung von Arbeitsabläufen und Informationsaustausch-Anforderungen. Es schließt auch das Management von Koordinations- und Kollaborationsaktivitäten ein.

Den drei *BIM-Ready*-Kursen liegt eine sorgsam entwickelte Struktur zugrunde, die bei der Technik ansetzt und zum Management hinführt:

- *BIM-Konstruktion* (Modell- und Datenerstellung durch BIM-Konstrukteur) ist ein zehntägiger Kurs, in dem es vorrangig um Modellierungs- und Koordinationstätigkeiten innerhalb des nativen Umfelds geht.
- *BIM-Koordination* ist ein fünftägiger Kurs zur Qualitätskontrolle des Modells unter Betonung von Koordinations- und Informationsaustausch-Gesichtspunkten.
- *BIM-Management* legt in einem fünftägigen Kurs den Schwerpunkt auf strategische und praktische Fragen der BIM-Implementierung und -Projektabwicklung.

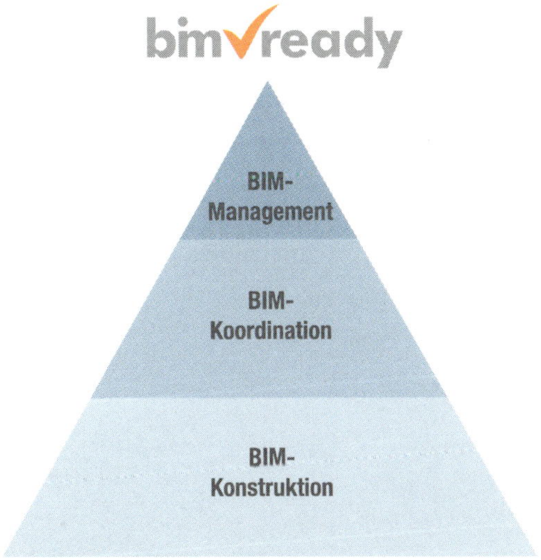

Abbildung 196: Ausbildungsebenen im Schulungsprogramm BIM Ready

Das Schulungsprogramm *BIM Ready* orientiert sich an den international erprobten bestmöglichen Verfahrensweisen und den *openBIM*-Normen von *buildingSMART*. Das Programm ist abgestimmt auf das *buildingSMART*-Programm zur beruflichen Zertifizierung, so dass Kursteilnehmer die „Individuelle Qualifikation" von *buildingSMART* erlangen können.

In diesem Kapitel haben wir verschiedene mögliche Rollenzuschreibungen innerhalb der Unternehmens- wie der Projektstruktur erörtert, wie sie in der nachstehenden Übersicht zusammengefasst sind. Je nach Rolle kann es zu Überschneidungen zwischen Unternehmens- und Projektstruktur kommen – dies ist z. B. bei der Rolle des BIM-Managers wahrscheinlich. Rollenzuschreibungen und rollengemäße Kompetenzen entwickeln sich fortwährend weiter, weshalb die Bedeutung von Aus- und Fortbildung zunehmen wird.

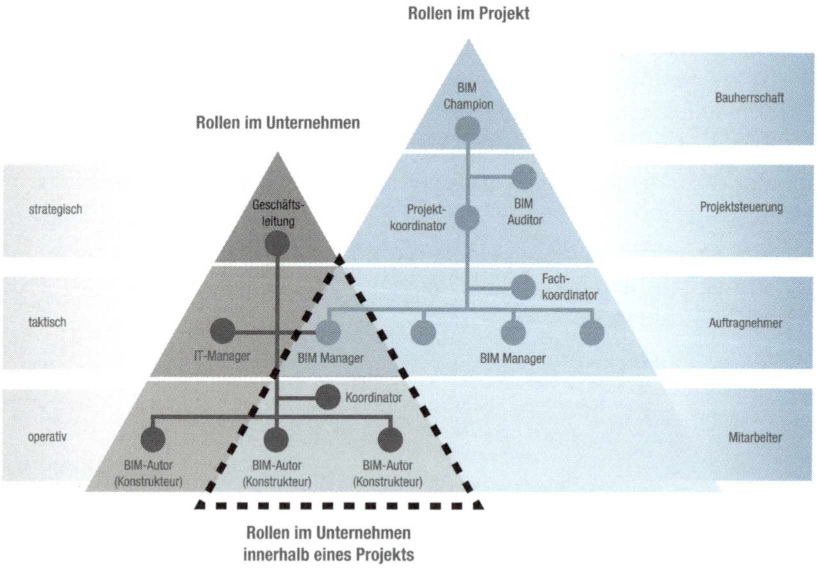

Abbildung 197: Zusammenstellung der verschiedenen Rollen

Fallstudie: CNP Cery

Beitrag: Burckhardt+Partner AG & Losinger Marazzi AG

Neubau eines Laborgebäudes für das Zentrum für Neurologie und Psychiatrie

Prilly (VD), Schweiz

Bauherr:	CHUV (Universitätsspital-Zentrum des Kantons Waadt)
Totalunternehmer:	Losinger Marazzi AG
Architekt:	Burckhardt+Partner AG
Projektgröße:	4.350 m² BGF
Status:	in der Ausführung
Fertigstellungsdatum:	2018

Projektbeschreibung

Der Neubau für das neurowissenschaftliche Forschungszentrum CNP befindet sich im ältesten Teil des CHUV-Standorts Cery in Prilly. Das im MINERGIE-P-ECO-Standard geplante Gebäude wird zwischen zwei bestehenden Gebäuden eingefügt und mit diesen verbunden. Diese Positionierung gibt die Ausrichtung der Räume vor: der Bürobereich ist nach Süden, der Laborbereich nach Norden ausgerichtet.

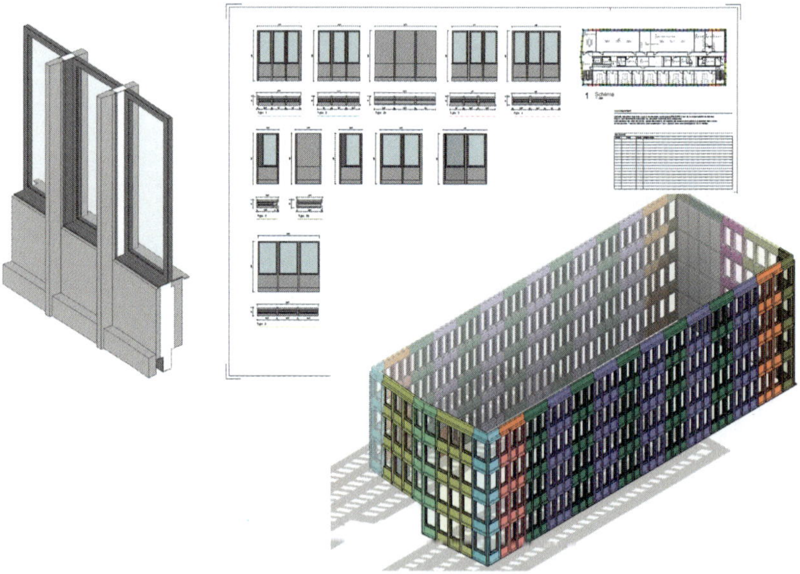

Quelle: Burckhardt+Partner AG

Abbildung 198: Blick auf das Gebäude

Auf vier oberirdischen Geschossen sind die Räume für die Forschung in den Bereichen Genetik, Molekularbiologie, Biochemie, Morphologie, Elektrophysiologie und Verhaltenswissenschaften untergebracht. Im Zentrum befinden sich die Technik-, Infrastruktur- und Sanitärräume sowie die Versorgungsschächte. Diese klare Unterteilung ermöglicht sowohl ein unabhängiges Funktionieren der beiden Tätigkeitsbereiche als auch eine tägliche Zusammenarbeit – je nach Forschungsauftrag – zwischen Klinik und Forschungsabteilung.

Die BIM-Methodik

Der Einsatz von BIM wurde vom Totalunternehmer Losinger Marazzi, den Fachplanern und dem Bauherrn bereits in der frühen Entwicklungsphase gestützt. Burckhardt+Partner war aktiv an der Entwicklung dieser Umsetzungsstrategie beteiligt.

Ziele

- Alle Lose (Architektur, Statik, HLKSE) koordinieren und vernetzen
- Submissionen und Aufmaße auf Grundlage der Modelle erstellen
- Die Anforderungen und Einrichtungen für die Laborräume verwalten (Room Data Sheets)
- Die Bauherrschaft für den Einsatz von BIM in der Betriebsphase sensibilisieren

Zusammenarbeit

Folgende Grundsätze wurden erarbeitet:

- **Koordination:** Die Baustelle verfügt über ihren eigenen BIM-Koordinator, welcher den Teams von Losinger Marazzi zugeteilt ist. Konflikte werden in täglichen Koordinationssitzungen gelöst. Über diesen BIM-Koordinator ist das Totalunternehmen somit für die Gesamtkoordination und den Austausch mit der Bauherrschaft verantwortlich.
- **Daten- und Leistungsmanagement:** Alle Leistungen werden somit in einer zentralen, gemeinsam genutzten Datenbank verwaltet, die mit den digitalen Modellen aller Fachplaner verknüpft ist.
- **Freigabe durch den Kunden:** Die Freigabe erfolgt anhand von 3D-Visualisierungen und Raumansichten, die auf Basis aller digitalen Modelle erstellt werden.

Um alle Partner optimal in diese kollaborative Arbeitsweise einzubinden, wurden Prozesse, Modellierungsregeln und zu verwendende Tools in einem BIM-Leitfaden laufend dokumentiert.

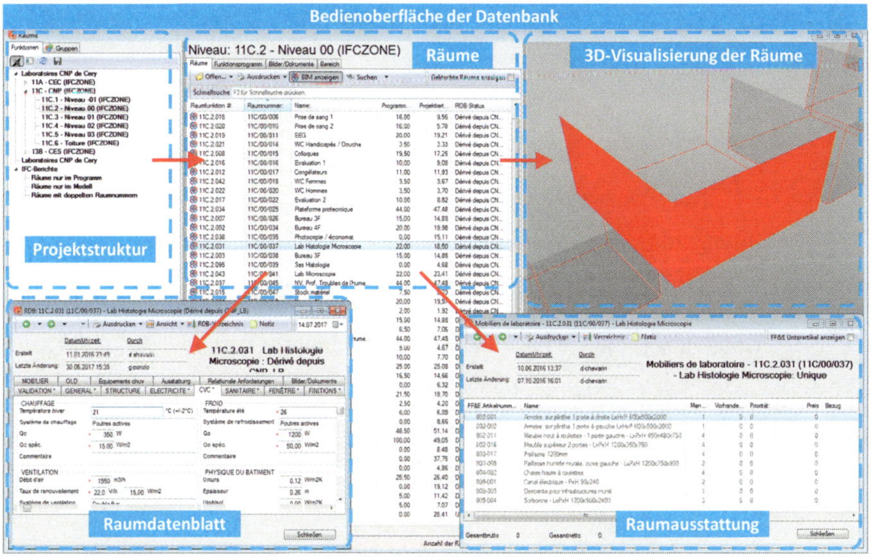

Quelle: Losinger Marazzi AG und dRofus

Abbildung 199: Zentralisiertes Datenmanagement (Auszug aus dRofus)

9 BIM-Projektmanagement

Wenn Menschen Technologie anwenden,
machen sie alte Dinge auf neue Weise.
Wenn Menschen Technologie verinnerlichen,
entdecken sie neue Dinge, die sie tun können.

James McQuivey (Digital Disruption)

In der Einführung haben wir zur Definition von Building Information Modelling auf die BIM-Pyramide zurückgegriffen. Diese Illustration verdeutlicht drei funktionale Aspekte von BIM:

1. geometrische Darstellung
2. Informationsgehalt
3. Prozessmanagement.

Zu jedem dieser Aspekte gehört ein bestimmter Bereich von Aktivitäten, in denen spezialisierte Software zum Einsatz kommt.

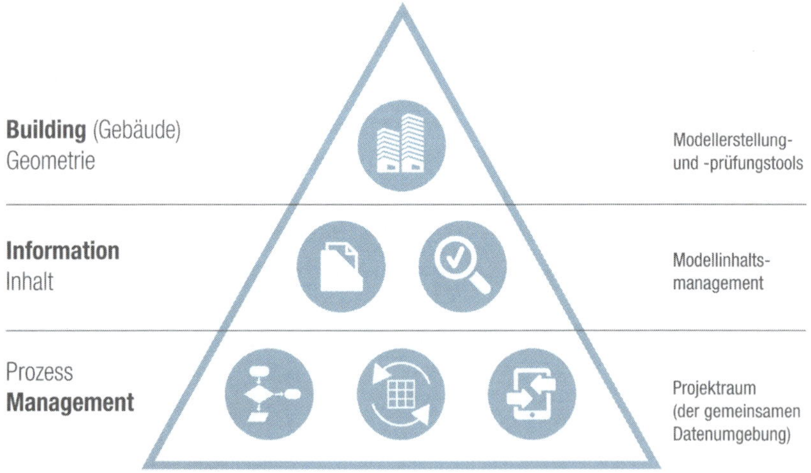

Abbildung 200: Die BIM-Pyramide mit den BIM-Aktivitäten und entsprechende Tools

Die **Gebäudegeometrie** ist Domäne des Modellurhebers (der Architekt oder Ingenieur), der mit seiner jeweiligen Modellierungssoftware arbeitet, um die Basismodelle zu erstellen. Neben der Modellerstellung gehören zur Baugeometrie aber auch Qualitätskontroll- und Koordinationstätigkeiten. Dafür nutzt man spezialisierte Koordinationssoftware für Modellzusammenführung, Viewing und Koordination (Kollisionserkennung).

Der Begriff **Informationsgehalt** bezieht sich auf die von der geometrischen Modellierung getrennte Generierung und Verwaltung von Objekteigenschaften und Modellinformationen. In weniger umfangreichen oder little-bim-

Projekten kann es machbar sein, Objekteigenschaften einfach innerhalb der Modellierungssoftware zu managen. In großen oder komplexen Projekten empfiehlt es sich jedoch, die geometrischen Modelle mit so wenigen Informationen wie möglich zu befrachten und Objekteigenschaften in separaten Applikationen zu managen.

Dies ist häufig in gewissen Fachgebieten wie der Kostenkalkulation oder der Brandschutzplanung der Fall. Der entsprechende Fachplaner nimmt zwar keine Modellierungsarbeiten vor, aber er trägt unter Umständen zusätzliche Projektinformationen bei. Planungsbüros können spezielle Werkzeuge einsetzen, um detaillierte Objekteigenschaften wie z. B. Raum- und Ausstattungsvorgaben extern zu managen. Diese Herangehensweise an das Projektinformationsmanagement bezeichnen wir als Modellinhaltsmanagement (*Model Content Management* = MCM).

Als **Prozessmanagement** gelten sämtliche organisatorischen Arbeiten rund um die Prozessdefinition und -überwachung. Dazu gehören etwa die Rollenzuordnung und Beauftragung mit speziellen Tätigkeiten, die Planung von Arbeitsabläufen, das Erkennen und die Überwachung von auftretenden Problemen und Änderungen sowie das Management von Modellen und Dokumenten. Selbstverständlich ist jedes einzelne Planungsbüro mit Prozessmanagement-Arbeiten befasst; hier jedoch geht es spezifisch um das BIM-Projektmanagement, das mit kollaborativen und koordinierten Aktivitäten zusammenhängt.

9.1 Qualitätskontrolle

Egal, ob ein Projekt mithilfe von BIM oder unter Anwendung traditioneller Methoden durchgeführt wird: Das Qualitätsmanagement ist ein entscheidender Aspekt der Projektabwicklung. Bewegen wir uns jedoch im Kontext von BIM, so besteht eine größere Abhängigkeit im Hinblick auf die Daten, die andere Projektbeteiligte zuliefern, und infolgedessen ist höhere Präzision erforderlich. Sind die erhaltenen Daten unvollständig, inkonsistent oder schlicht ungenau, so kann dies den weiteren Projektablauf erheblich beeinträchtigen.

Kurz gesagt, müssen wir in BIM bei der Generierung und Bereitstellung von Daten strukturierter und disziplinierter vorgehen. Das kann mit höherem Aufwand verbunden sein, als er in der herkömmlichen Projektplanung anzufallen pflegte. Zugleich ermöglichen digitale Technologien jedoch eine weitaus schnellere und präzisere Qualitätssicherung als früher. Im Normalfall überwiegt der Zusatznutzen, den digitale, teils automatisierte Prozesse der Koordinierung und Analyse von Projektinformationen generieren, den zur Erstellung hochwertiger BIM-Daten erforderlichen Mehraufwand bei weitem.

Der wohl größte Nutzen von BIM liegt in der raschen, intelligenten Analyse von Daten. Geht es um die Qualitätssicherung, schlägt sich dies in logischen, regelbasierten Kontrollverfahren nieder. Beispielsweise können

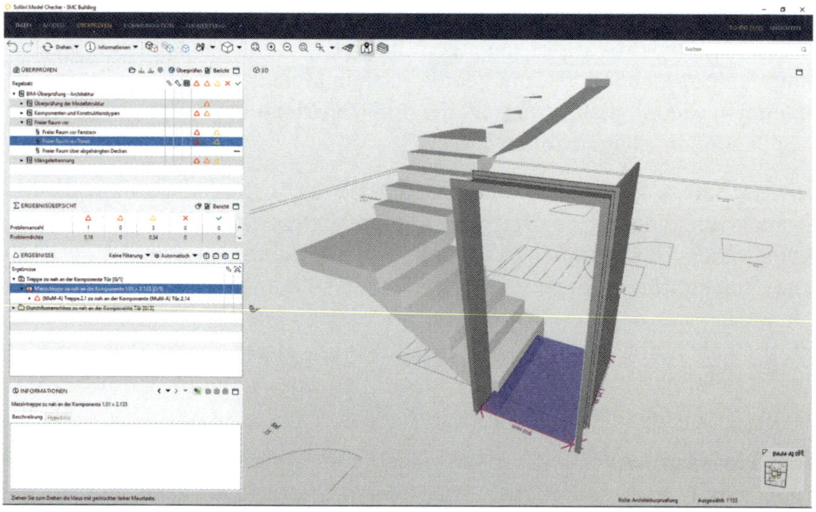

Quelle: Solibri Model Checker

Abbildung 201: Anzeige einer planerischen Kollision durch Model-Checker-Software: Das untere Ende der Treppe ragt in den Freiraum hinein, den die angrenzende Tür benötigt.

Modellprüfungsanwendungen sicherstellen, dass jeder Wohnraum ein Fenster aufweist oder für jeden Türflügel die nötige Freifläche vorgehalten wird. Ebenso lässt sich das Modell auf die Einhaltung baurechtlicher Vorschriften prüfen, indem z.B. verifiziert wird, dass Fenstersimse eine bestimmte Mindesthöhe wahren, Rampen nicht steiler angelegt sind als zulässig oder Türen von Behindertentoiletten die nötige Breite haben.

Modelle sind auch auf konstruktive Integrität zu überprüfen. Das beinhaltet das Auffinden etwaiger Modellierungsfehler wie beispielsweise doppelt vorhandener oder unvollständiger Komponenten. So wird z.B. ein Stützpfeiler, der über die aufliegende Deckenplatte hinausragt, als Kollision gekennzeichnet. Ist dagegen der Pfeiler zu kurz modelliert und reicht nicht an die Deckenplatte heran, so kann auch dies als Konstruktionsfehler im Modell aufgewiesen werden.

Bei drei wichtigen Datentransfers muss jeweils eine Modellprüfung stattfinden:

1. vor dem Export eines Modells an das Projektteam;
2. bei Erhalt eines Modells vonseiten einer anderen Disziplin;
3. bei Koordinierung multipler Modelle.

Qualitätsprüfungen der ersten und zweiten Kategorie werden an einzelnen Modellen durchgeführt und umfassen die o.a. Integritätschecks. Einen weiteren hilfreichen Check eines eingehenden Modells stellt der Versionsabgleich dar, eine Funktion, die viele einfache Koordinierungswerkzeuge aufweist und die es Ihnen ermöglicht, den Istzustand eines Modells mit

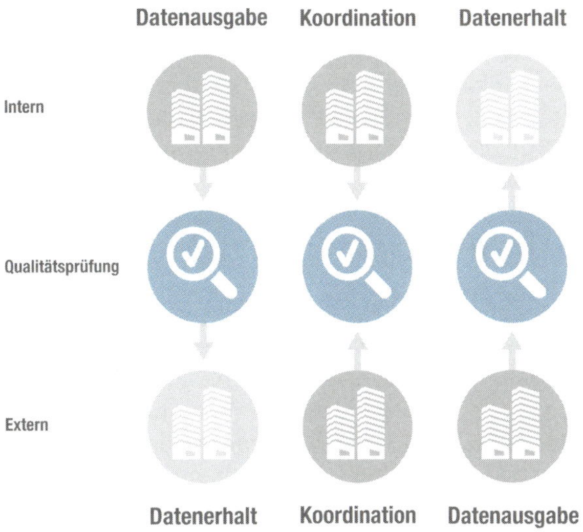

Quelle: S. Kraft, A. Schneider, M. Baldwin

Abbildung 202: Die Modellqualität ist zu überprüfen: vor der Herausgabe eines Modells (linke Spalte), bei Erhalt eines Modells (rechte Spalte) und bei der Koordinierung multipler Modelle (mittlere Spalte).

seinen früheren Stadien abzugleichen, um Änderungen zu erkennen. Dabei sind vorgenommene Änderungen in auffälligen Farben markiert: Wurde ein Element gelöscht, erscheint es z.B. in Rot. Ein neues Element kann in Blau angezeigt werden, ein verändertes in Grün.

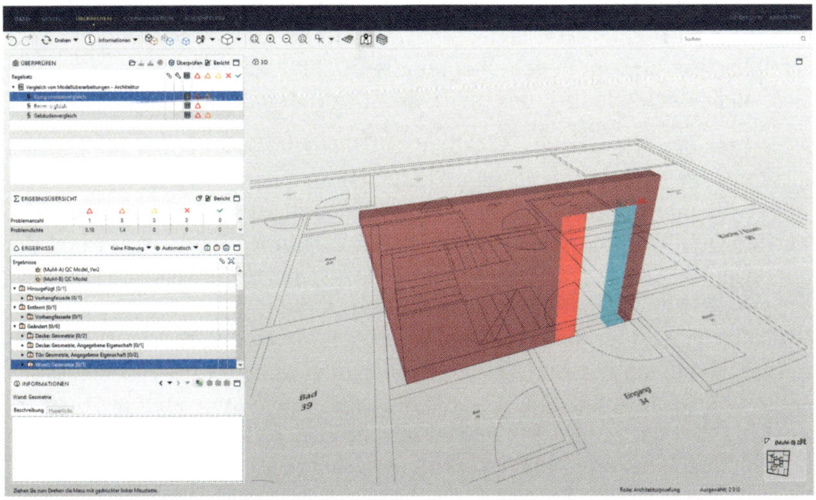

Quelle: Solibri Model Checker

Abbildung 203: Modellversionsabgleich zwischen zwei Bearbeitungsstadien ein und desselben Fachmodells. In der aktuellen Modellversion weggelassene Elemente sind rot gekennzeichnet, neu hinzugekommene blau.

Die Qualitätsprüfung der dritten Kategorie – im Zuge der Modellkoordinierung – dürfte die verbreitetste Form des Qualitätsmanagements sein. Hierbei geht es um die Zusammenfügung zweier oder mehrerer Fachmodelle unter Überprüfung von Konsistenz und Vollständigkeit. Dabei wird häufig als erstes eine Sichtkontrolle durchgeführt. Die einfache Navigation durch die vereinigten Modelle gibt Ihnen zu erkennen, ob das Projekt vollständig erfasst ist, und zeigt Entwurfsprobleme oder Modellierungsfehler auf. Eine systematischere Herangehensweise besteht in der Nutzung einer Kollisionserkennungsfunktion. Diese beinhaltet die Prüfung auf Objektkollisionen zwischen verschiedenen Modellen oder Teil / Untermodellen, z. B. zwischen Sanitär-Zu- und Abflüssen und tragenden Wänden. Von besonderem Nutzen ist die Kollisionserkennung für die Koordinierung von Installationselementen und die Planung von Montagedurchbrüchen. Einige Koordinierungswerkzeuge reichen so weit, dass sie bei Auffindung einer Kollision zwischen einem Installationselement (wie z. B. einem Lufteinlass) und einem tragenden Element (wie z. B. einer Wand) automatisch entsprechende Montagedurchbrüche vorschlagen.

Native vs. IFC-Qualitätskontrolle

Die Koordinierung kann sowohl an nativen als auch an IFC-Dateien durchgeführt werden. Viele Modellierungswerkzeuge weisen eingebaute oder Plug-in-Applikationen zur laufenden, mit der Modellbearbeitung synchron stattfindenden Qualitätsprüfung auf. Diese Werkzeuge unterscheiden sich in ihrer Funktionalität beträchtlich; sie können die Prüfung auf doppelte oder kollidierende Elemente ebenso umfassen wie die Validierung von Objekteigenschaften (z. B.: Ist allen Wandobjekten ein Eigenschaftsfeld zur Angabe der Tragfähigkeit zugeordnet, und wenn ja, ist der entsprechende Wert eingesetzt?). Im Regelfall sollte die Qualitätskontrolle jedoch mithilfe spezialisierter Modellprüfungssoftware stattfinden.

IFC ist im Begriff, sich als Standard zur Modellkoordinierung und -Qualitätskontrolle einzubürgern. Viele Planungsbüros sind dazu übergegangen, selbst für interne Arbeitsabläufe ein IFC-Modell zu generieren, um hochwertige Qualitätskontrollen gewährleisten zu können. Erstens gewinnt der Nutzer mittels eines IFC-Exports eine „neutralisierte" Ansicht des Modells außerhalb der Modellierungsumgebung. Es kann sein, dass inhärente Modellierungsfehler aufgetreten sind, die erst nach einem Export sichtbar werden. Zweitens versetzt der IFC-Export (oder genauer die passende Modellansichtsdefinition) den Nutzer in die Lage, das Modell unter bestimmten Gesichtspunkten zu reinigen und zu filtern. D. h., es können in spezifischen Bereichen fokussierte Qualitätsprüfungen vorgenommen werden. Und da IFC höchstwahrscheinlich das Format ist, in dem der Austausch erfolgt, ist es drittens einfach gute Praxis, das Modell in ebender Form zu betrachten, in der es der Empfänger sehen wird.

Problemberichte

Treten während der Qualitätsprüfung Probleme zutage, sind diese unverzüglich zu dokumentieren. Die meisten Koordinierungsanwendungen beinhalten Berichtsmechanismen. Probleme lassen sich registrieren, kommentieren und einer bestimmten Person zur Behandlung übertragen. Als Bericht mag es genügen, in Form eines Screenshots zu dokumentieren, wie sich das Problem im Koordinationstool darstellt, und den Screenshot dann als Excel- oder PDF-Datei zu exportieren. Das ist die allereinfachste Methode; die meisten Tools bieten weit ausgefeiltere Problemfindungsfunktionen. Die meisten Koordinierungswerkzeuge registrieren die Objekt-IDs sämtlicher problemrelevanter Objekte (im IFC-Workflow geschieht dies mittels des IFC-GUID), die Modellversion sowie Datum und Uhrzeit der Problemerkennung.

Innerhalb eines idealen Arbeitsablaufs werden Probleme mithilfe des BIM-Kollaborationsformats BCF registriert und behandelt. Wie verschiedentlich dargestellt, ist BCF ein offener Standard zur Unterstützung der Kommunikation zwischen Koordinations- und Entwurfswerkzeugen in BIM. BCF ermöglicht die freizügige Mitteilung von Problemen unter sämtlichen Projektbeteiligten. Jedes per BCF registrierte Problem kann nach Urheber, Datum, Gewerk / Bereich, Problemart und Bearbeitungsstand (offen, zugewiesen, überfällig oder gelöst) organisiert werden. Die systematische Anwendung von BCF (insbesondere unter Heranziehung eines BCF-Servers, s. Kap. 4) verschafft Projektkoordinatoren einen Überblick über sämtliche projektweit aufgetretenen Probleme und zeigt deren Geschichte an. BCF ist ein hochwirksames Werkzeug zur Unterstützung einer projektweiten, modellbasierten Qualitätskontrolle.

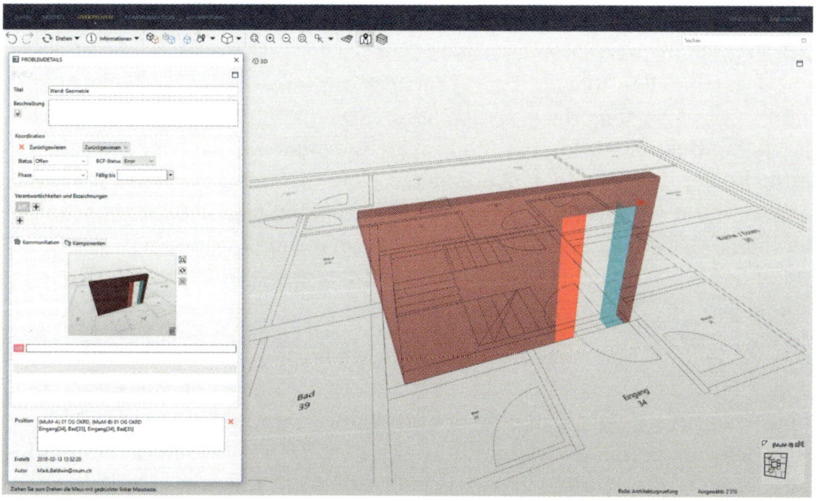

Quelle: Solibri Model Checker

Abbildung 204: Probleme, die im Zuge der Qualitätskontrolle auffallen, lassen sich in der Koordinierungssoftware zu Berichts- und Bearbeitungszwecken leicht dokumentieren

9.2 Management von Modellinhalten

Modellinhaltsmanagement (en: *Model Content Management* = MCM) bezeichnet Aktivitäten, die der Einordnung und Verwaltung von Projektinformationen abseits der grundlegenden geometrischen Modelle dienen.

Im Kapitel 7 wurde dargelegt, inwiefern es notwendig ist, Gebäudemodelle in einzelne Fach- oder Teilmodelle aufzugliedern. Über die Separierung der geometrischen Modelle hinaus ist es oftmals ratsam, die Informationsgehalte von den geometrischen Elementen zu trennen. Grundlegende Objekteigenschaften (wie Standort, Ausmaße, System, Typ) leiten sich aus dem Modell ab und müssen mit diesem verbunden bleiben, zusätzliche Eigenschaften jedoch (wie Kostendaten, Brandschutz-Klassifizierung oder Produktspezifikationen) können aus externen Datenbanken verlinkt werden.

Die Entscheidung, was direkt ins Modell eingebunden und was von außen angebunden werden soll, ist projektabhängig und wird von allen Projektbeteiligten gemeinsam getroffen. Wichtig ist jedoch, dass wir davon abkommen, Modelle mit exzessiven Datenmengen zu überladen. Schon gar nicht mit solchen aus externen Arbeitsbereichen, die nur allzu schnell überholt sein können.

Generell sollte man anstreben, Modelle geometrisch so schlank wie irgend möglich zu konstruieren und innerhalb des Modells nur das unerlässliche Minimum an Objekteigenschaften zu verwalten.

9.2.1 Management von Raumdatenblättern und Ausstattungslisten

Raumdatenblätter (RDB) sind Beschreibungen (oder Auflistungen), die sämtliche Informationen über spezifische Räume oder Raumtypen in einem Gebäude sammeln.

Ein Bereich, in dem das Modellinhaltsmanagement sehr wirkungsvoll eingesetzt werden kann, ist das Management von Raumdatenblättern und Ausstattungslisten. Die Verwaltung von Modellinhalten in einer separaten Datenbank kann dazu beitragen, eine klare Datenstruktur und definierte Arbeitsabläufe festzulegen, so dass Objekteigenschaften über eine Vielzahl von Fachmodellen hinweg synchronisiert werden können. So kann es z. B. wünschenswert sein, dass der Isolierungsfaktor einer Wand im Architekturmodell enthalten ist, um ein Produkt zu spezifizieren / anzugeben; ebenso braucht der Gebäudetechniker diesen Wert in seinem Modell, damit er energetische Analysen durchführen kann. Werden die Objekteigenschaften in einem Modell geändert, so erfolgt automatisch ein Update in der MCM-Datenbank, das synchron in die anderen zugehörigen Fachmodelle eingespeist wird.

Das Modellinhaltsmanagement dient jedoch nicht nur der Synchronisierung von Objekteigenschaften über verschiedene Fach- und Gewerkmodelle hinweg, sondern unterstützt auch Setup und Konfiguration des Projekts im Hinblick auf die betrieblichen Anforderungen. Bereits in einer Vorplanungsphase, also ehe überhaupt ein Modell existiert, kann das Modellinhaltsmanagement einsetzen und als Anleitung für den Planungsprozess dienen, indem es einen Referenzrahmen bietet, anhand dessen die Planungsanforderungen zu validieren sind.

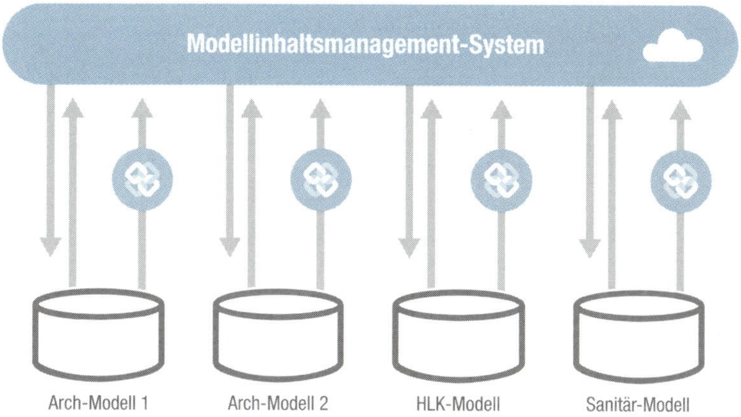

Abbildung 205: Eine MCM-Datenbank kann simultan mit einer Vielzahl von Modellen verknüpft werden und sorgt so für die Synchronisierung sämtlicher Objekteigenschaften (und von deren etwaigen Änderungen) in allen Fachmodellen

Zwar erfordern die Werkzeuge, die im Modellinhaltsmanagement zum Einsatz kommen, in der Anwendung einen gewissen Zusatzaufwand, sie können das Projekt jedoch im Hinblick auf Struktur und Organisation enorm aufwerten. Dies geschieht zunächst durch die Definition von Projektstruktur und -gehalt (Flächen- bzw. Raumplanung, Festlegung von Raumtypen, Erarbeitung von Ausstattungslisten). Darüber hinaus ermöglichen die Werkzeuge die Zusammenarbeit einer Vielzahl von Beteiligten, indem sie Rollen und Verantwortungsbereiche definieren, Änderungen überwachen sowie Entscheidungs- und Freigabeprozesse unterstützen, die während der Entwurfs-, Bauausführungs- und Übergabephase auftreten.

9.2.2 Vorgegebene Anforderungen vs. planerische Lösungen

Am Beginn eines Projekts werden die Projektanforderungen nur grob umrissen. Normalerweise kennt man zwar den Gesamtumfang des Projekts, aber detaillierte Anforderungen werden erst im Verlauf des Planungsprozesses entwickelt und verfeinert.

Beispiel: Der Betreiber eines Krankenhauses hat wahrscheinlich sehr klare Vorstellungen davon, wie die Räume in seinem Neubau beschaffen sein sollen. Aus den Erfahrungen, die er im Betrieb einer Klinik bereits gewonnen hat, kennt er von vornherein die Ausstattung bestimmter Räume; dennoch ist es höchst unwahrscheinlich, dass schon bei Projektbeginn die endgültige Konfiguration und die detaillierten Eigenschaften der Ausstattungsgegenstände feststehen. Diese Informationen ergeben sich letzten Endes erst aus dem Input *sämtlicher* Projektbeteiligten: Bauherr, Betreiber, Planungsspezialisten, Auftragnehmer und selbst Produkthersteller.

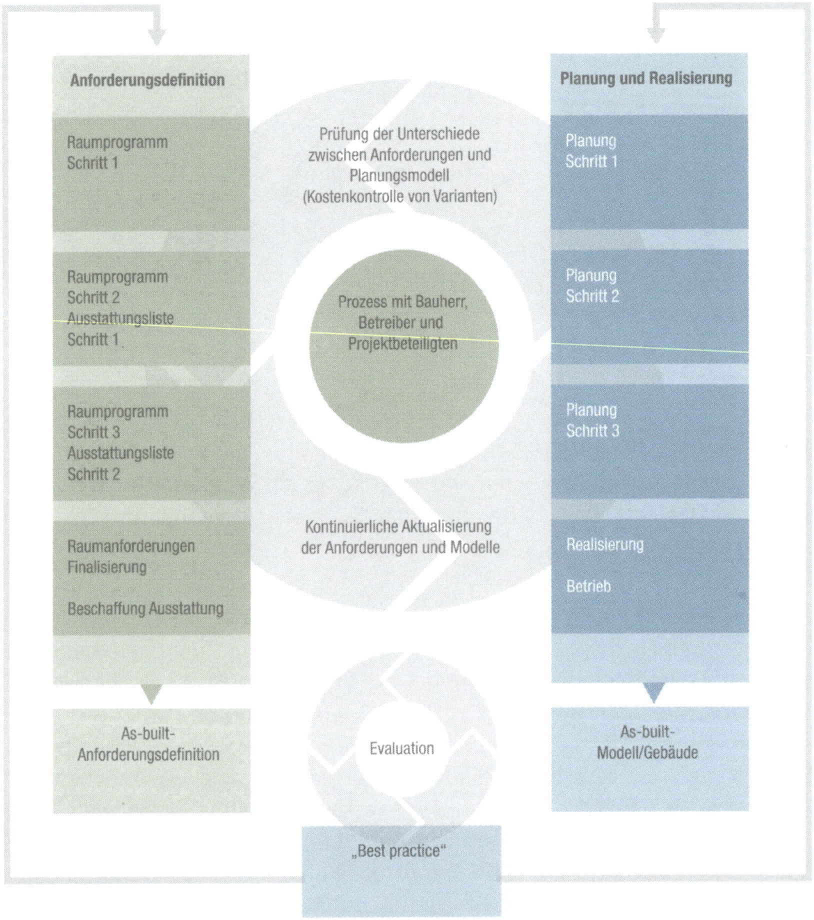

Quelle: Nosyko AS

Abbildung 206: Parallele Aktivitäten im Bereich der vorgegebenen Anforderungen (Bauaufgabe) einerseits und der planerischen Lösungsfindung (Umsetzung) andererseits

Die Festlegung spezifischer Anforderungen wird ebenso sehr durch den fortlaufenden Planungsprozess beeinflusst wie die Planung durch das ursprüngliche Pflichtenheft des Auftraggebers. Das ist ein reziproker, iterativer Prozess.

Das Projekt entwickelt sich durch Interaktion zwischen den bauherrenseitig vorgegebenen Anforderungen (Bedarfsdefinition) einerseits und den planerischen Lösungen, wie sie das Projektteam vorschlägt, andererseits. Es muss klar sein, dass dies ungeachtet der kontinuierlichen Kommunikation zwischen Bauherr und Planern verschiedene, parallel verlaufende Prozesse sind.

Findet die Interaktion zwischen vorgegebenen Anforderungen und planerischen Lösungen nicht kontinuierlich statt, wird der fertiggestellte Bau mit

Konflikten, Mängeln und Defiziten behaftet sein. Verknüpft und synchronisiert man jedoch Bauaufgabe und planerische Prozesse, so ist gesichert, dass auftraggeberseitige Änderungen sich automatisch in der Planung niederschlagen – und umgekehrt.

9.2.3 Beiden Bereichen gerecht werden: Anforderungen und Lösungen

Das Modellinhaltsmanagement unterstützt sowohl die Festlegung von Projektanforderungen als auch deren Überwachung, und zwar aus Sicht des Bauherrn wie des Betreibers. Parallel zur Definition der Bauaufgabe (Bedarfsdefinition) verläuft natürlich der Planungsprozess. In diesem entstehen planerische Lösungen, die mit den bauherrenseitigen Anforderungen in Einklang gebracht werden.

Im Bereich des Modellinhaltsmanagements stehen zahlreiche hervorragende Werkzeuge zur Verfügung. Die fortschrittlicheren davon sind in der Regel cloudbasiert und enthalten PlugIns zur direkten Integration in die Modellierungssoftware.[76]

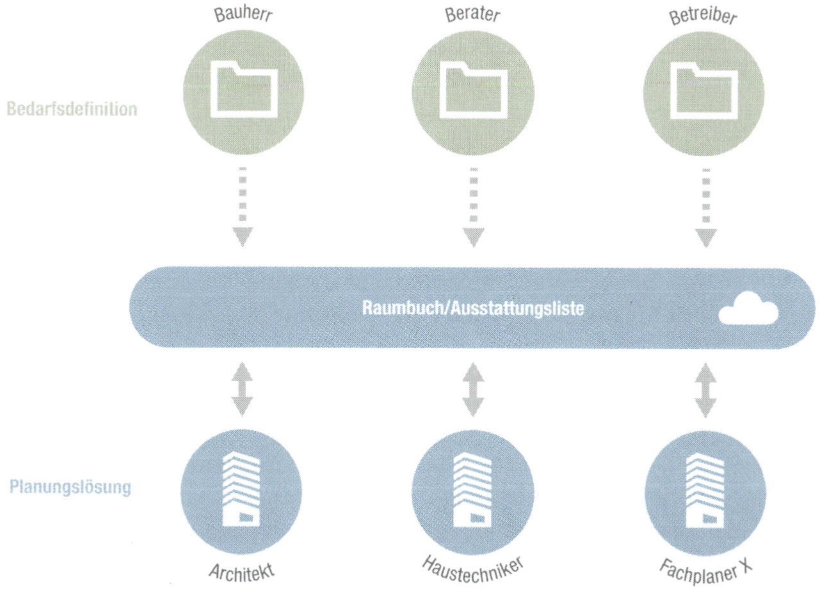

Abbildung 207: Die Aspekte des Modellinhaltsmanagements: Bauaufgabe (Bedarfsdefinition) und planerische Lösungen

76 Zu den führenden MCM-Werkzeugen gehören dRofus (www.drofus.com), EcoDomus (www.ecodomus.com) und BuildingOne (http://www.onetools.de/en/buildingone). Die beiden letztgenannten Anwendungen unterstützen auch die Liegenschaftsverwaltung.

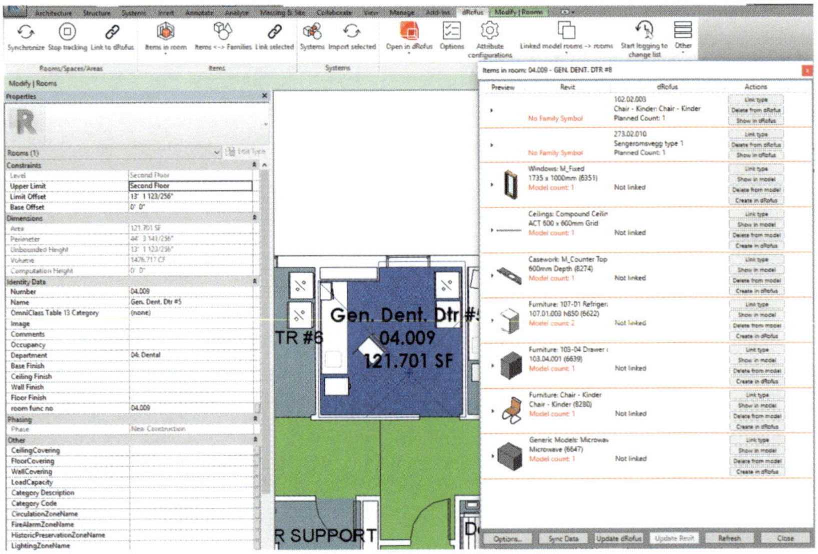

Quelle: dRofus

Abbildung 208: Beispiel einer Raumausstattungsliste, wie sie via dRofus-Plug-in in der Modellerstellungssoftware erscheint

Mit dem jeweiligen PlugIn haben Planer die Möglichkeit, aus ihrer Modellierungssoftware heraus die gültigen Raum- und Ausstattungsanforderungen einzusehen. Der Planer kann das Modell anforderungsgemäß gestalten oder Änderungen vorschlagen, die wiederum mit der Anforderungsdatenbank synchronisiert werden. Stehen Varianten zur Auswahl, muss die Projektleitung entscheiden, ob der Architekt sein Modell zu ändern hat, um den ursprünglichen Anforderungen gerecht zu werden, oder ob die Projektanforderungen ausgehend vom planerischen Vorschlag des Architekten aktualisiert werden.

9.2.4 Das Projekt-Setup mittels MCM

Die meisten MCM-Tools arbeiten mit Raum- und Ausstattungsmustern: standardisierten Raum- und Objekttypen, die im Gebäude vielfach wiederkehren. Zu Projektbeginn werden Zonen oder Funktionsbereiche im Gebäude definiert wie z. B. Bettenhäuser / Pflegestationen, technische Funktionsbereiche oder Verwaltungstrakte. Innerhalb dieser Funktionsbereiche werden Raumtypen festgelegt und spezifische Räume diesen Typen zugeordnet. So kann eine Projektanforderung beispielsweise lauten, innerhalb eines Bettenhauses 100 Räume des Typs „Einbett-Patientenzimmer“ vorzusehen.

Innerhalb eines Raumtyps (oder auch eines einzelnen Raumes) kann man damit anfangen, allgemeine Anforderungen aufzustellen. Dabei kann es ebenso um die Lokalisierung im Geschoss und die Art der Raumnutzung gehen wie um die Gestaltung von Oberflächen, Möblierung, feste Einbauten und sonstige Ausstattung. Innerhalb der Raumdefinition können bereichs-

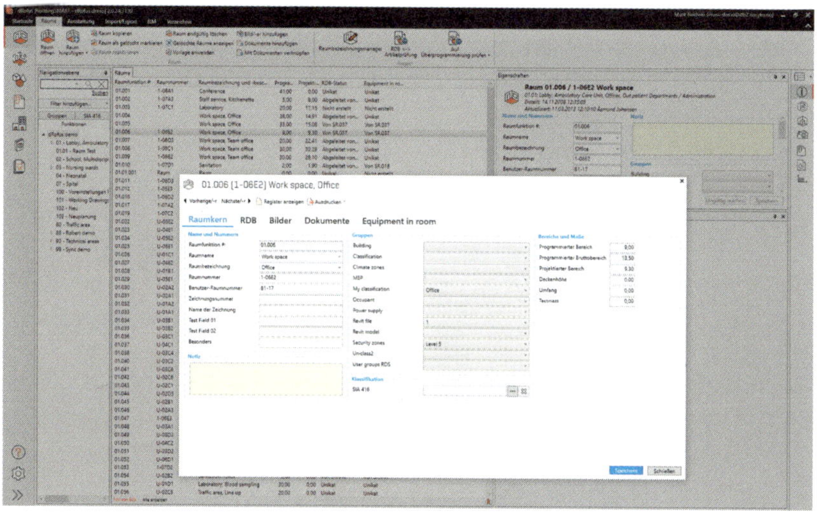

Quelle: dRofus

Abbildung 209: Festlegung der Raumstruktur eines Raumtyps und der für diesen Raumtyp vorgesehenen Ausstattung

spezifische Felder vorgesehen werden; so kann sich z. B. ein Heizungs- und Lüftungsplaner in den Raum einloggen, um ein für die Heizungs-, Lüftungs- und Klimatechnik freigelassenes Feld vorzufinden, in das er seine spezifischen Anforderungen eingeben kann.

Projektteam-Mitgliedern, die nicht in einer Modellumgebung arbeiten, bietet die zentrale Datenbank die Möglichkeit, Projektinformationen einzusehen und zu editieren. Je nach Zugriffsrechten können Objekteigenschaften direkt in der MCM-Datenbank bearbeitet und ins Modell zurücksynchronisiert werden.

Manche MCM-Lösungen verfügen auch über einen *Model Viewer*, eine hilfreiche Vorkehrung für Nutzer, die keinen Zugriff auf Modellierungstools haben, mittels dieses Instruments jedoch sowohl das Projekt visualisieren als auch flächenbezogene Funktionsplanungen (z. B. den Einbau besonders großer Ausstattungsgegenstände oder die Berücksichtigung von speziellen Zugängen) vornehmen können.

Jeder Nutzer, der auf die MCM-Datenbank zugreift, sei es von seinem Modell aus oder direkt über die Cloud-Plattform, braucht ein individuelles Profil. Anhand dieses Profils werden die Informationen, die ihm angezeigt werden, je nach seinem Arbeitsbereich gefiltert (so sieht z. B. ein Heizungs- und Lüftungsplaner ausschließlich für diesen Bereich relevante Räume, Objekte und Objekteigenschaften), so dass er nicht mit Inhalten aus Bereichen belastet wird, mit denen er nichts zu tun hat. Das Nutzerprofil managt zugleich die Lese- und Schreibberechtigung des jeweiligen Nutzers, so dass niemand Elemente bearbeiten kann, die nicht in seinen Zuständigkeitsbereich fallen.

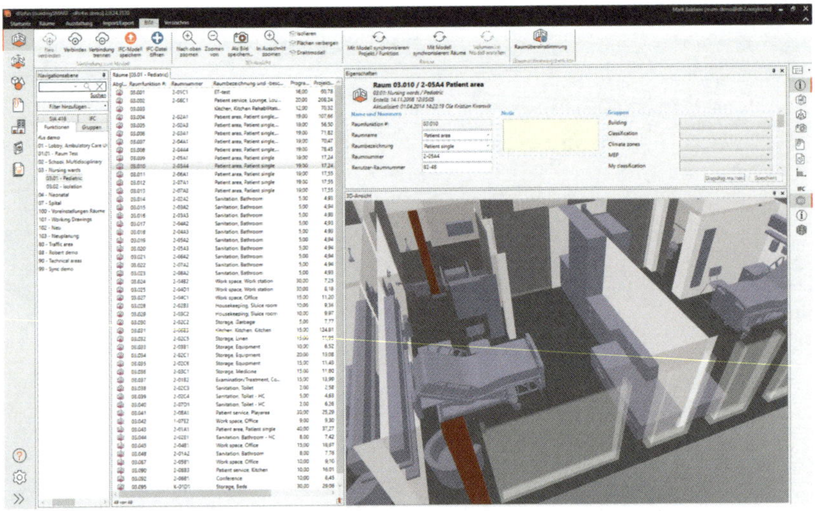

Quelle: dRofus

Abbildung 210: Dieser IFC-Viewer kann Raumkonfigurationen und sogar detaillierte Ausstattungsgegenstände visualisieren, wie sie in der Modellerstellungssoftware vorgegeben wurden

Die MCM-Plattform überwacht sämtliche Aktivitäten und Änderungen innerhalb des Projekts, die mit Modellinhalten zu tun haben. Damit wird projektweit protokolliert, wer welche Änderungen veranlasst hat.

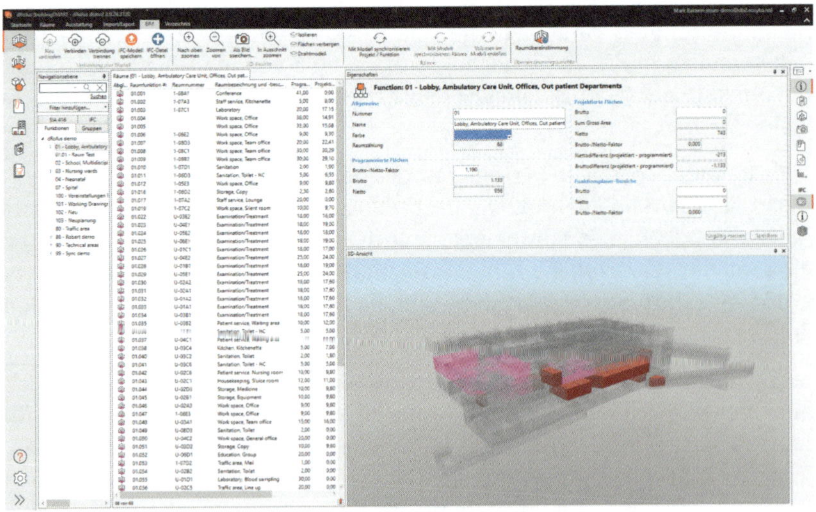

Quelle: dRofus

Abbildung 211: Raumtypen und Funktionsbereiche sind leicht in Tabellenform oder als farbig codiertes 3D-Modell darstellbar

Weiterhin kann die MCM-Datenbank zur Extraktion und Analyse von Daten benutzt werden. Beispiele dafür sind die Generierung von Raumdatenblättern und -ausstattungslisten oder spezifische Berichte über Entwurfsvarianten, die funktionsbezogene Flächenplanung oder die Platzierung von Ausstattungsgegenständen. Diesen Berichten können zur Verdeutlichung Ansichten des Modells beigegeben werden. Nachstehendes Beispiel zeigt die flächen- bzw. geschossbezogene Anordnung verschiedener Funktionsbereiche in einem Gebäude in Tabellenform, ergänzt durch eine farbig codierte bildliche Darstellung des Modells.

9.2.5 Wesentliche Eigenschaften und Nutzeffekte

Zentralisierte Projektdaten. Die zentrale Ablage sämtlicher Projektdaten erleichtert allen Beteiligten die Planung, Generierung und Verwaltung der Gebäudedaten. Ansicht, Kommentierung und Bearbeitung von Projektinformationen erfolgen synchronisiert und stehen allen Mitgliedern des Projektteams offen, unabhängig davon, ob sie in einer BIM-Modellierungssoftware arbeiten oder nicht.

Strukturierte Anforderungsdefinition. Projektanforderungen entwickeln sich mithilfe eines strukturierten, hierarchisierten Planungssystems kontinuierlich weiter. Die Definition von Vorgaben kann von einer groben Übersicht zu immer feinerer Detaillierung voranschreiten, von Abteilungen zu Unterabteilungen, Raumtypen, einzelnen Räumen, Ausstattungslisten und sogar individuellen Ausstattungsspezifikationen.

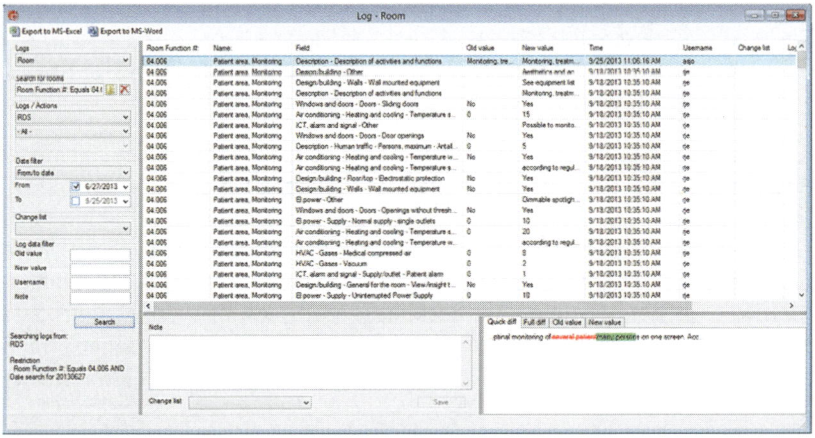

Quelle: dRofus

Abbildung 212: Beispiel eines Änderungsregisters für ein spezifisches Raumdatenblatt-Feld

Integrierte Entwurfsarbeit. PlugIns für Modellerstellungssoftware unterstützen die Arbeitsabläufe von Architekten und Ingenieuren. Dies ermöglicht einen gegenläufigen Informationsfluss zwischen den Modellerstellungswerkzeugen und der Projektinhalt-Datenbank und unterstützt die Synchronisierung über sämtliche Modelle hinweg sowie deren Überprüfung anhand der ursprünglichen Bauaufgabe.

Überwachung von Varianten und Änderungen. Sämtliche Änderungen im Bereich der Anforderungen (MCM-Plattform) und der Planung (mittels Modell- und Datenerstellungstools) werden registriert. So wird sichtbar, wer was wann geändert hat; gleichzeitig kann kommuniziert werden, aus welchen Gründen Änderungen vorgenommen wurden. Fortgeschrittene Suchmöglichkeiten erleichtern die Terminierung oder Protokollierung relevanter Änderungen.

9.2.6 Interoperabilität und Übergabe

Die führenden MCM-Lösungen basieren auf buildingSMART-gerechten *openBIM*-Standards. Dies beinhaltet IFC-Funktionalität für Import, Export und Modellansicht sowie den Export in COBie. Bei Übergabe des Projekts können sämtliche Projektdaten in verschiedenen Formaten exportiert werden, von Berichten in PDF und detaillierten Excel-Arbeitsblättern bis hin zu IFC-gemäßen Anlageninformationsmodellen oder COBie-gemäß aufbereiteten Projektdaten. Alternativ können Objekteigenschaften aus dem MCM in die Modellierungssoftware zurücktransferiert werden, falls das Ursprungsmodell zu Zwecken der betrieblichen Nutzung und Liegenschaftsverwaltung herangezogen werden soll.

9.3 Kommunikation und Datenmanagement mittels der Gemeinsamen Datenumgebung (CDE)

Kommunikation und Datenaustausch innerhalb eines Projekts sind komplex und müssen deshalb sehr strukturiert angegangen werden. Der unkontrollierte Austausch von E-Mails und Dateien zwischen Projektbeteiligten kann rasch so chaotisch werden, dass er sich nicht mehr nachvollziehen bzw. überwachen lässt. Dabei geht es nicht bloß um eine saubere „Haushaltsführung". In der Vertragsabschlussphase kann es Zeitverluste, erhöhte Kosten und schlimmstenfalls Rechtsstreitigkeiten nach sich ziehen, wenn man einen wichtigen Kommunikationsvorgang übersieht oder eine veraltete Zeichnung verwendet.

In den frühen Phasen eines Projekts findet die Kommunikation möglicherweise nur innerhalb einer sehr kleinen Gruppe von Unternehmen statt: Bauherr, Projektmanager und Planungsbüro oder Bauunternehmen. Schreitet das Projekt jedoch voran und treten immer mehr Fachleute dem Team bei, so wird das Kommunikationsnetz zunehmend komplexer und schwerer überschaubar.

An einem durchschnittlichen größeren Bauvorhaben sind während der intensivsten Projektphase etwa 190 Unternehmen und mehr als 1.200 Personen beteiligt, die alle in irgendeiner Form miteinander kommunizieren. Das führt zu mehr als 2,4 Millionen verschickten E-Mails und über 2,6 Millionen geteilten Dokumenten, in der Mehrzahl Freigaben, Informationsanforderungen, Entwurfsvarianten, Änderungsaufträge und sonstige wichtige Angelegenheiten, die entscheidungsbedürftig sind. In einem durchschnittlichen größeren Projekt kommen mehr als 7,4 Millionen entscheidungsbedürftige Vorgänge zusammen.[77]

Herkömmlicherweise werden diese Kommunikationsvorgänge ziemlich unstrukturiert abgewickelt. Steht eine projektbezogene Entscheidung an, kommunizieren zwei oder mehrere Projektbeteiligte – welche auch immer – untereinander, womöglich ohne dass dies irgendwie festgehalten wird. Dateien werden spontan von einem Individuum zum nächsten geschickt, und man verliert im Handumdrehen den Überblick, um welches Dokument es eigentlich gerade geht.

Selbst bei Benutzung eines Dokumentenmanagement-Systems kommt es noch häufig vor, dass mehrere Stellen dasselbe tun, da Dokumente auf lokale Server heruntergeladen und von dort aus bearbeitet werden. Ohnehin sind E-Mail-Kommunikation und Modellserver parallele Domänen, die üblicherweise nicht mit dem zentralen Dokumentenmanagement-System verknüpft sind.

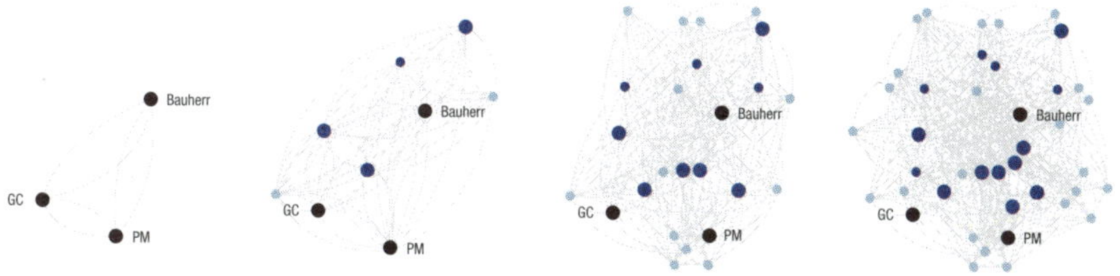

Quelle: Basiert auf Daten von Aconex, März 2016

Abbildung 213: Typische Entwicklung eines projektbezogenen Kommunikations- und Datenaustauschnetzes

77 Diese Durchschnittszahlen beruhen auf der Auswertung von 2.653 kommerziellen und privaten Projekten aus den Jahren 2000–2016, die sich der Aconex-Plattform (www.aconex.com) bedienten.

9.3.1 Der CDE nach ISO 19650 und PAS 1192

Das Vorhandensein eines virtuellen zentralen Projektraumes erleichtert Kommunikation und Datenaustausch erheblich. Die sogenannte Gemeinsame Datenumgebung (*Common Data Environment* = CDE) ist eine gemeinsame, geteilte Projektdomäne, welche Organisation und Austausch von Informationen managt.

Die Gemeinsame Datenumgebung (Common Data Environment = CDE) die in ISO 19650-1 beschrieben ist, nennt vier Bereichen für das Speichern und die Verteilung von Projektinformation (bzw. Modellen, Plänen und allgemeiner Dokumentation). Es geht nicht nur um die Definition von Speicherbereichen, sondern auch um das ‚Quality Gate' und Freigabeprozess für die Weitergabe von Projektinformation.

1. **Laufende Arbeitsvorgänge:** Hier können Planungsteams innerhalb des nativen Urheberumfelds arbeiten
2. **Geteilter Bereich:** Hier können Dateien (Dokumente, Modelle usw.) zwecks Prüfung, Koordination und Validierung ausgetauscht werden
3. **Veröffentlichte Dokumente:** Hier werden offiziell freigegebene Dokumente abgelegt
4. **Archiv:** Hier werden veraltete Versionen von Dokumenten und Modellen gespeichert

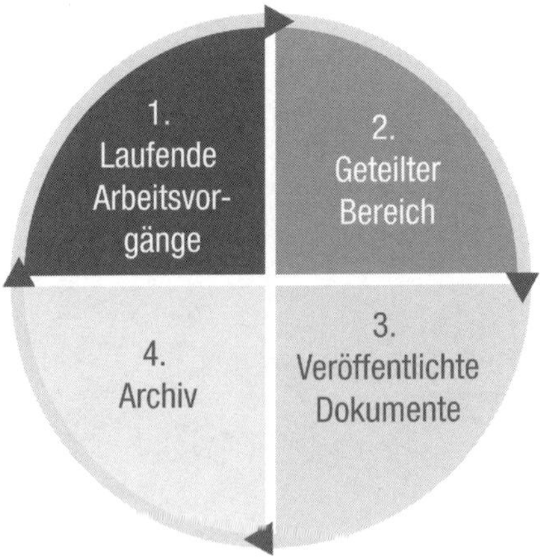

Quelle: ISO 19650-1

Abbildung 214: Die vier Bereiche der Gemeinsamen Datenumgebung

1. Laufende Arbeitsvorgänge

Dokumente und Modelldaten, die dem Bereich „Laufende Arbeitsvorgänge" zugeordnet sind, befinden sich im Herstellungsprozess und sind bislang weder geprüft noch zum Gebrauch außerhalb des Urheberteams freigegeben. Hier finden sich nicht freigegebene Planungsdaten zum ausschließlich internen Gebrauch des Planungsteams (z. B. Entwürfe oder Modelle, die noch in Bearbeitung sind).

2. Geteilter Bereich

Um die koordinierte, effiziente Zusammenarbeit zu erleichtern, muss sich jede Stelle bei der Herausgabe von Informationen für den projektweiten geregelten Zugriff an zentrale und einheitliche Regeln zur Datenspeicherung und Datenweitergabe halten. Der Geteilte Bereich enthält „informelle" Modelle und Pläne, die zu folgenden Zwecken mit dem Projektteam geteilt werden:

- Information und Referenz (Hinterlegen)
- Koordination
- Interne Prüfung und Bewertung
- Freigabe durch Bauherr oder TU (zum Beispiele für Werkstattpläne)

3. Veröffentlichte Dokumente

Zu abgesprochenen Schlüsselterminen („Meilensteinen") des Projekts werden Informationen aus dem Geteilten Bereich in den Bereich Veröffentliche Dokumente weitergegeben, spätestens beim Phasenabschluss. Dieser Bereich enthält folgende Projektinformationen:

- Abschluss der Projektphase
- Ausschreibung
- Kostenplanung
- Koordination und validierte Planungsergebnisse
- Fertigung
- nach Fertigstellung (as built)

4. Archiv

Sämtliche genehmigten Informationen einschließlich geteilter, veröffentlichter, ersetzter und protokollierter werden im Archivbereich gespeichert. Das Archiv dient zur Aufbewahrung der Projektgeschichte für Dokumentation, administrative und behördliche Zwecke, z. B.:

- Istzustandszeichnungen
- Änderungsprotokolle
- Betrieb und Wartung

Unser CDE-Konzept geht von diesem dokumenten- / dateienbasierten Prozess aus und erweitert ihn um kollaborative Vertragsverwaltungstätigkeiten.

Abbildung 215: Das CDE muss sämtliche Kommunikations- und Vertragsverwaltungsvorgänge projektweit verknüpfen.
BIM bildet den Dreh- und Angelpunkt dieses Prozesses.

Dies kann die Zuordnung von Rollen und Aktivitäten und das Korrespondenz-Management ebenso umfassen wie die Festlegung von Arbeitsabläufen und das Berichtswesen. Auch sind Ausschreibungs- und Kalkulationsarbeiten sowie die Unterstützung der Baustellenleitung bzw. -überwachung (Mängelerkennung und -behebung vor Ort) darstellbar. All diese Tätigkeiten sind in einem einzigen Umfeld angesiedelt, in dessen Mittelpunkt das Gebäudeinformationsmodell steht.

9.3.2 Über das CDE hinaus: Projektdaten-Management

Es stehen zahlreiche Plattformen zur Verfügung, die verschiedene Funktionalitätsgrade für die Arbeit in einem CDE bieten. Fortgeschrittenere CDEs stellen cloudbasierte Lösungen für projektweites Kommunikations- und Datenmanagement dar. Alle Projektdaten und alle Projektbeteiligten sind eingebunden. Innerhalb der Plattform werden spezifische Rollen und Tätigkeitsbereiche festgelegt. Ein Dokument zu teilen bedeutet nicht, dass man eine Datei tatsächlich versendet; vielmehr gewährt man anderen Projektbeteiligten Zugangsrechte, so dass sie auf das betreffende Dokument zugreifen können.

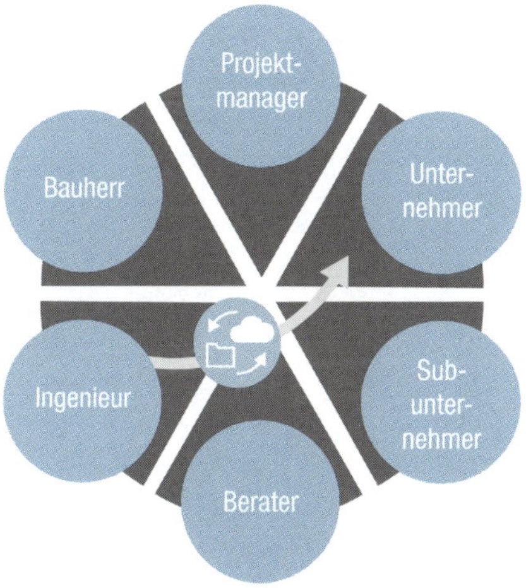

Abbildung 216: Eine CDE-Plattform ermöglicht das effektive Management von Rollen und Zugangsrechten für alle Projektbeteiligten

In Ausweitung dieses Konzepts kann man spezifische Arbeitsabläufe vorsehen, durch die spezifische Transaktionen und Freigaben in ihrer zeitlichen Abfolge programmiert werden. Beispielsweise kann ein Architekt ein Modell in einen Modellkoordinations-*Workflow* hochladen. Das registriert der BIM-Projektmanager, der innerhalb eines vorgegebenen Zeitrahmens das Modell prüfen und kommentieren muss. Danach wird es zeitgleich an andere Berater und schließlich an den Generalunternehmer weitergegeben.

In der Festlegung des Arbeitsablaufs kann man die Dauer der verschiedenen Freigabeschritte definieren, was sich sehr günstig auf die Benachrichtigung aller Beteiligten und das Berichtswesen auswirkt. Sobald eine Datei in einen definierten Arbeitsablauf hochgeladen wurde, erhält der erste Adressat eine Benachrichtigung per E-Mail. Hat er nicht innerhalb des gesetzten Zeitrahmens seine Freigabe erteilt, bekommt er eine Erinnerung. Ist die Freigabe seitens des ersten Adressaten erfolgt, so wird der nächste benachrichtigt, so dass er seinerseits das Modell bzw. die Daten prüfen und freigeben kann.

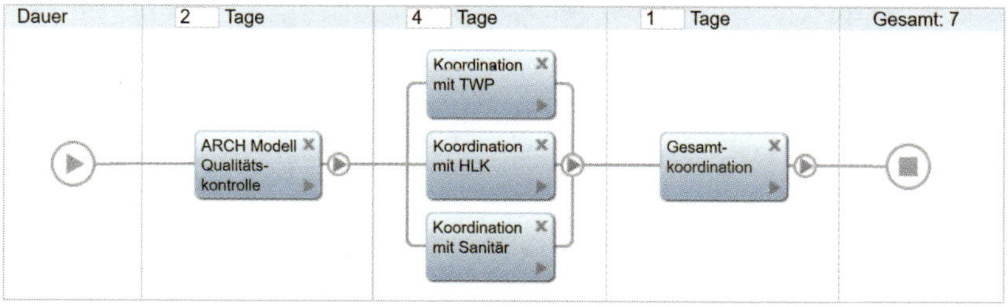

Quelle: Aconex

Abbildung 217: Exemplarischer Arbeitsablauf eines Modellfreigabezyklus

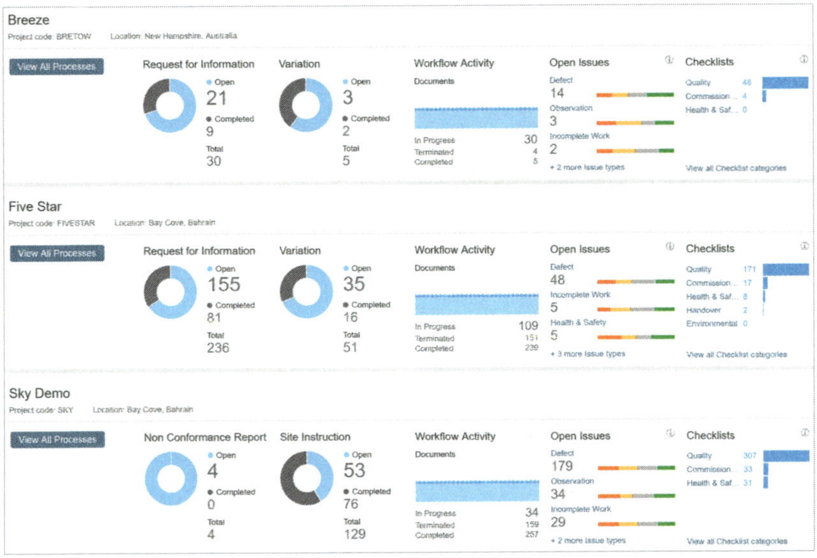

Quelle: Aconex

Abbildung 218: Projektreporting Dashboard

Aus diesen Arbeitsabläufen lassen sich zahlreiche Berichte generieren. So kann beispielsweise ein Projektmanager abfragen, wie viele Werkstattspläne sich gegenwärtig im Freigabeprozess befinden. Dabei kann er zu der Erkenntnis gelangen, dass ein auf 15 Tage terminierter Freigabeprozess tatsächlich im Durchschnitt 22 Tage in Anspruch nimmt. Forscht er nach der Ursache dieser Verzögerung, kann er ausmachen, dass der Heizungsbauer der „Übeltäter" ist, weil er durchschnittlich 13 Tage benötigt, um Pläne zu prüfen.

9.3.3 Wesentliche Eigenschaften und Nutzeffekte

Dokumenten-Management. Das CDE ist eine zentrale Ablage für sämtliche Projektinformationen (Zeichnungen, Modelle, Verträge, Berichte, Zeitpläne, Ausschreibungs- und Angebotsdokumente). Mit ihm lassen sich Organisation, Zugänglichkeit, Auffindbarkeit und Verwaltung von Informationen für alle Projektbeteiligten zu jeder Zeit realisieren.

Korrespondenz. Sämtliche Formen der Projektkommunikation – E-Mails, Zeichnungen, Modelle, Freigabevermerke, Ausschreibungen / Angebote, Verträge, Informationsanforderungen, Änderungsaufträge usw. – werden zentral gemanagt. Sämtliche Kommunikations- und Transaktionsvorgänge werden automatisch nach Zeit, Nutzer, Empfänger und Zweck registriert.

BIM-Zusammenarbeit. Viele CDE-Tools bieten Modellansichtsoptionen für IFC oder native Modelle. Einige Anbieter haben darüber hinaus PlugIns für Urheber-Software entwickelt, mit denen Modelle und Zeichnungen aus der Modellerstellungssoftware direkt ins CDE hochgeladen werden können.

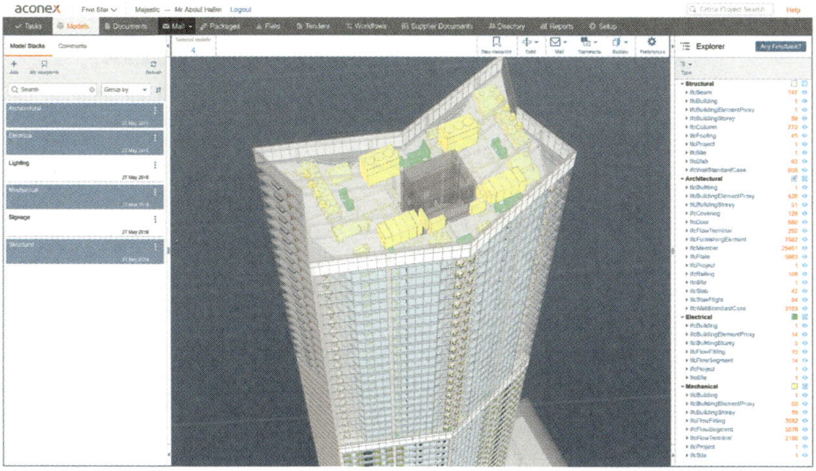

Quelle: Aconex

Abbildung 219: Einige CDEs bietet eine hochwirksame IFC-Modellansichtsoption und unterstützen openBIM-Standards wie BCF und COBie

Management von Arbeitsabläufen. Durch Tools zum Management von Arbeitsabläufen können Projektbeteiligte standardisierte Arbeitsabläufe kreieren, die ihrer eigenen Arbeitsweise entsprechen, die bestmöglichen Verfahrensweisen berücksichtigen und projektweit einheitlich angewandt werden. So wird das Management aller Transaktionen von der Einreichung von Plänen über die Vertragsverwaltung und Dokumentenfreigabe bis hin zur Übergabe unterstützt.

Inspektionen und Checklisten. Apps für Mobilgeräte ermöglichen sowohl die Bereitstellung von Modellen oder Plänen auf der Baustelle als auch die Erstellung von Checklisten und Mängelprotokollen. Istzustandskontrollen werden auf diese Weise erheblich vereinfacht, erfolgt doch die Erfassung, Weitergabe und Überwachung von Defekten und anderen Baumängeln in Echtzeit.

Berichtswesen. Mithilfe einer grafischen Anschlagstafel gewinnt man einen hohen Ansprüchen genügenden Überblick über das Projekt, auf Wunsch auch nutzerspezifisch mit Anzeige noch offener Arbeiten, detaillierten Berichten über den Fortschritt der Dokumentenfreigabe oder der Behandlung von Problembereichen. Diese Berichtsmechanismen machen sichtbar, in welcher Richtung Prozesse verlaufen und wann umgesteuert werden muss, um die Projektleistung zu optimieren.

Übergabe an den Betreiber und betriebliche Unterhaltung. Bei Fertigstellung einer Anlage wird üblicherweise von den erstellenden bzw. liefernden Subunternehmern verlangt, dass sie ihre Betriebs- und Wartungshandbücher sowie Istzustandsdokumente in standardisiertem Format direkt ins CDE einspeisen, so dass alle Istzustands- und betrieblich relevanten Daten bei Projektabschluss zentral und intelligent gespeichert sind.

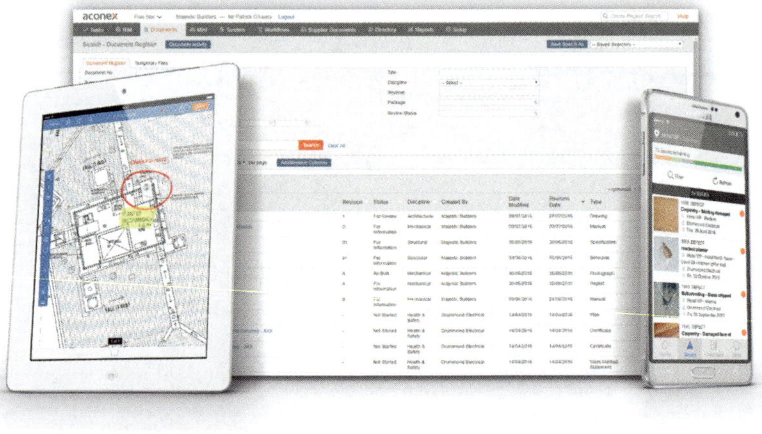

Quelle: Aconex

Abbildung 220: Zugriff zu Modellen, Plänen und Projektinformationen auf Mobilgeräten unterstützt die Bauleiter auf der Baustelle

9.4 Zusammenfassung

Planung ist ein kontinuierlicher Verfeinerungsprozess, der von einer groben Projektstudie zu einer detaillierten planerischen Lösung voranschreitet. Bei Beginn eines Projekts ist kein einzelner Beteiligter in der Lage, exakt anzugeben, wie das Gebäude bei seiner Fertigstellung beschaffen sein wird. Selbst der Bauherr verlässt sich ungeachtet seiner klaren Projekt-Anforderungen auf die Beiträge von Fachleuten, ehe er ultimativ festlegen kann, wie die zu erstellende Liegenschaft konfiguriert sein wird. Oftmals ist ein Projekt erst bei der Übergabe vollends definiert.

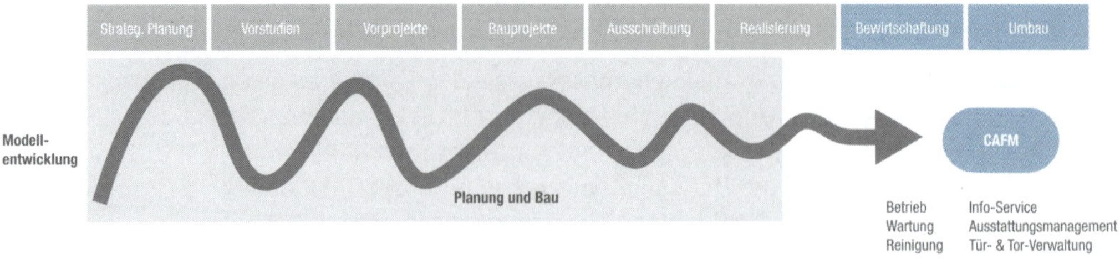

Quelle: Basiert auf einer Grafik von Christoph Eichler in BIM: Leitfaden Strukturen und Funktion

Abbildung 221: Der Planungs- und Bauprozess als Verfeinerung der Projektinformation

Die Definition von Anforderungen ist selbstverständlich aufs engste und vielfältig mit dem Planungsprozess verquickt; dennoch ist es sinnvoll, die damit zusammenhängenden Tätigkeiten im Sinne der Projektkontrolle und -validierung sowie der Qualitätssicherung separat zu handhaben. In diesem Bereich befassen wir uns mit dem *Inhalt* des Projekts (und folglich des Modells). Dazu gehören etwa die Entwicklung des Bauprogramms oder die Erstellung von Raumdatenblättern und -ausstattungslisten. Die Aktivitäten rund um die Definition und das Management von Anforderungen im Rahmen der Bauaufgabe haben wir unter dem Begriff Modellinhaltsmanagement (*Model Content Management* = MCM) zusammengefasst.

Eine zweite Aktivität begleitet die Entwurfsentwicklung: das Kommunikations- und Prozessmanagement. Dazu gehören die Festlegung von Arbeitsabläufen (wer macht was wann?), die Information der Projektbeteiligten über Planungsänderungen sowie das Änderungsmanagement. Das Kommunikations- und Prozessmanagement erfasst sämtliche geteilten Projektdaten (Pläne, Modelle und andere Unterlagen) sowie jedwede vertragsbezogene Korrespondenz. Es wird herkömmlich als Projektraum (Dokumentenmanagement-System) bezeichnet; im BIM-Kontext ist der Begriff Gemeinsame Datenumgebung (*Common Data Environment* = CDE) einschlägig.

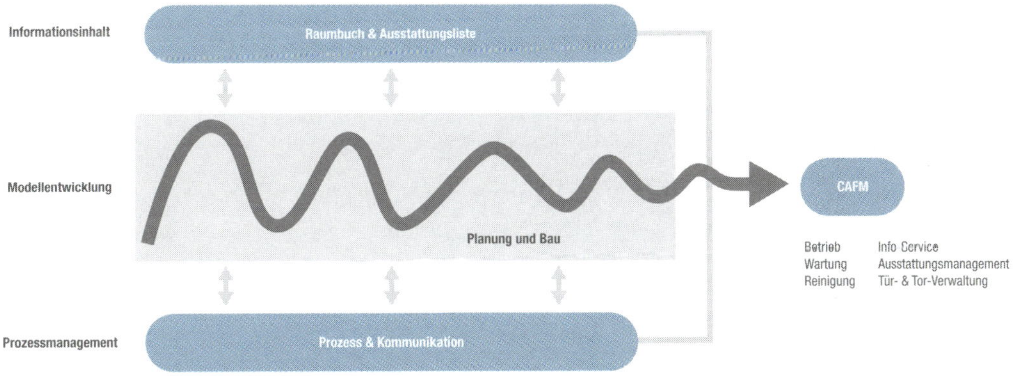

Abbildung 222: Die Gebäudemodellierung muss vom Prozessmanagement begleitet werden. Die Verwaltung von Informationen ist essenziell

Fallstudie: Andreasturm

Beitrag: Implenia AG

Andreasturm

Andreasstrasse, Zürich, Schweiz

Bauherrin:	SBB Immobilien
Totalunternehmer:	Implenia AG
Architekt:	Gigon/Guyer Architekten
Projektgröße:	35.640 m^2 BGF
Status:	in der Ausführung
Fertigstellungsdatum:	2018

Projektbeschreibung

Direkt am Bahnhof Zürich Oerlikon entsteht der 80 Meter hohe Andreasturm. Das Hochhaus mit 21 Geschossen verfügt über rund 20.000 m^2 Bürofläche, vielfältigen Raum für Verkauf und Gastronomie sowie direkte Anbindung an Perron und Bahnhofsunterführung. Das Großprojekt wird in Deckelbauweise sowie gemäß dem von der Schweizer Gesellschaft für Nachhaltige Immobilienwirtschaft (SGNI) adaptierten Label „DGNB Platin" erstellt. Implenia realisiert den Andreasturm, der ab Mitte 2018 die Skyline von Zürich Nord prägen wird, im Auftrag der SBB.

Weitere Informationen unter www.andreasturm.ch

Quelle: SBB Immobilien

Abbildung 223: Implenia realisiert den Andreasturm in Deckelbauweise für SBB Immobilien

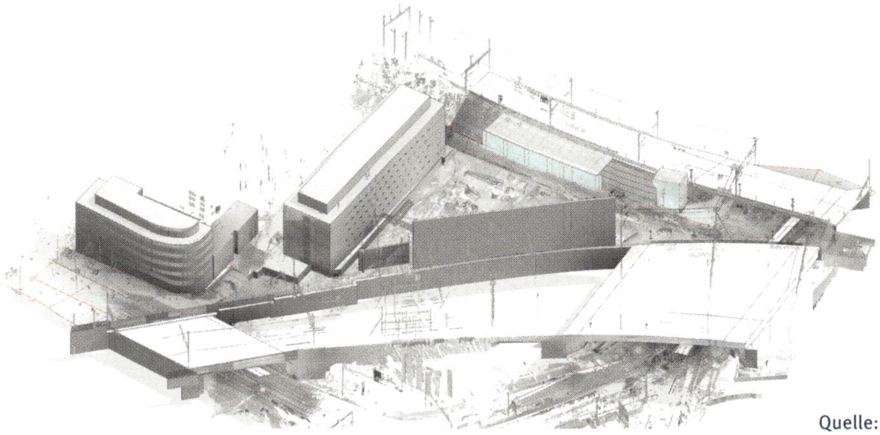

Quelle: bim-facility.ch

Abbildung 224: Anhand eines 3D-Laserscans wurde die Umgebung mit Millionen von Einzelmessungen kartographiert (die sogenannte Punktwolke) und ins REVIT-Modell integriert

Die BIM-Methodik

Implenia plante die Ausführung des komplexen und technisch anspruchsvollen Andreasturms bereits in der Angebotsphase unter Einsatz von 4D-BIM-Modellen. Dies erlaubte dem Team, Schnittstellen vorgängig zu koordinieren, Projektrisiken frühzeitig zu erkennen sowie den Bauablauf optimal aufzusetzen. Durch die modellbasierte Abbildung kann der Bauleiter alle Bautakte und Betonierabschnitte während der Arbeitsvorbereitung simulieren und, falls nötig, optimieren.

Eine besondere Herausforderung für das Baustellenteam stellen die knappen innerstädtischen Platzverhältnisse in unmittelbarer Nähe des Bahnhofs Zürich Oerlikon dar. Für die Planung der Baustelleneinrichtung wurde mittels 3D-Laserscanaufnahmen ein REVIT-Modell der Umgebung erstellt. Die gelieferten Daten wurden schließlich um das Planungsmodell ergänzt, sodass anhand von 4D-Simulationen verschiedene Logistikvarianten getestet werden konnten. Dank dieses technischen Einsatzes ist es Implenia gelungen, eine optimale Logistikplanung zu erstellen.

Quelle: Implenia AG

Abbildung 225: Eine modellbasierte Terminplanung mit Leistungsmeldung. Die verschiedenen Färbungen geben den Fertigstellungsgrad der einzelnen Bauteile wieder

10 Schlusswort

Selbst wenn du auf dem richtigen Pfad bist, wirst du überrannt werden, solange du dort bloß herumsitzt.

Will Rogers

10.1 Fragmentierung und Digitalisierung

Dass unsere Welt permanent im Fluss ist, ist eine der größten Herausforderungen, vor denen wir stehen – und hoffentlich zugleich eine Quelle der Inspiration. Die einzige Konstante ist die Veränderung!

Unsere Art zu arbeiten ist im Wesentlichen von zwei Entwicklungen geprägt, die in allen Wirtschaftsbereichen sichtbar sind. Die erste ist eine Tendenz zur Fragmentierung, eine kontinuierlich zunehmende berufliche Spezialisierung mit immer weiter ausdifferenziertem Fachwissen. Diese Entwicklung vollzieht sich bereits seit Jahrhunderten.

Die zweite Entwicklung, weit jüngeren Datums, wurde erst durch das Internet möglich: das Hervortreten digitaler, vernetzter Systeme. Im Gegensatz zu den zentralen Datenablagen der Vergangenheit haben wir es heute zunehmend mit dezentralisierten, jedoch verknüpften Datenquellen zu tun. Ein Beispiel dafür ist der Übergang von statischen Wissensreservoirs wie dem einst allgegenwärtigen *Großen Brockhaus* zu dynamischen Quellen wie Wikipedia. Letzteres ist ein Netzwerk von Informationen, geschaffen von unzähligen Autoren, minütlich aktualisiert und global zugänglich.

Die Herausbildung digitaler vernetzter Systeme ist ein Gegenmittel zur Fragmentierung unserer Welt. Denken wir an die vielen Anwendungen, die uns mittlerweile so geläufig sind: Google, Amazon, eBay, Skyscanner und die vielen sozialen Medien. Diese Anwendungen beeindrucken dank ihrer Komplexität: Mittels komplexer Algorithmen suchen und verknüpfen sie Informationen. Ihr größter Wert besteht jedoch in ihrer Einfachheit. Ihr Reiz liegt zweifellos in der problemlosen Zugänglichkeit von Informationen, mehr noch in ihrer Fähigkeit, aus der Fülle des Wissens genau das herauszufiltern, was wir brauchen.

Viele von uns haben sich aktiv, wenn nicht fördernd daran beteiligt, die Digitalisierung in verschiedensten Bereichen unseres Lebens voranzubringen – doch wenn es darum geht, die Bauindustrie zu digitalisieren, betätigen wir uns nach wie vor als Bremser.

In der Baubranche erleiden wir die Fragmentierung der Industrie, ohne die Vorteile vernetzter Systeme zu genießen. Projekte werden immer komplexer, baurechtliche Vorschriften restriktiver und Gewerke spezialisierter. Projektmanager haben zu kämpfen, um die losen Fäden schwer überschaubarer Projektkonstellationen zusammenzubinden, haben sie es doch mit einer wachsenden Zahl von spezialisierten Fachplanern, Bauvorschriften, Subunternehmern und Lieferanten zu tun.

Hinter dem notorischen Widerstand steht vielleicht eine subtile Angst: Werden *wir* womöglich überflüssig, wenn unsere Arbeit digitalisiert und automatisiert wird? Das ist selbstverständlich eine unnötige Befürchtung. Building Information Modelling ersetzt weder unsere Kompetenz noch unsere Erfahrung als Baufachleute. Sie automatisiert und übernimmt die händischen Routinearbeiten: Entwürfe vergleichen, Zeichnungen auf Fehler überprüfen, Terminpläne auf dem Laufenden halten, Änderungskosten abschätzen, berichten und überwachen – all das, was wir, offen gesagt, sowieso nicht mögen.

Ferner ist vielen unwohl angesichts der potenziellen Risiken, die BIM mit sich bringt: Produktivitätsverluste während der Implementierung, hohe finanzielle und personelle Investitionen, Entwicklung an den falschen Stellen. Am meisten aber fürchten wir den Abgrund des Unbekannten, zwingt uns BIM doch dazu, ein gewisses Maß an Kontrolle und Steuerung abzugeben.

Diese Besorgnisse sind weithin berechtigt. BIM steht sowohl für die Chance zu wachsen als auch für die Gefahr zu scheitern. Jede Organisation, die sich auf BIM einlassen möchte, sollte mit Fehlern rechnen, zugleich aber mit Wachstum und Fortschritt.

Building Information Modelling ist von zahllosen Organisationen erfolgreich implementiert worden. Der Pfad ist hinlänglich geebnet, und wie in diesem Buch dargestellt, existieren etablierte Strategien und Normen, die die Implementierung von BIM unterstützen und geeignet sind, echte Vorteile zu generieren.

In den Kapiteln 1 und 2 erörterten wir, wie wichtig es ist, eine einheitlich verstandene Terminologie und klar definierte Prozesse zu nutzen: Das ist die Basis für unser kollaboratives Arbeiten. Zu den wichtigsten Beiträgen in diesem Bereich zählen die neuen ISO-Normen für die Building Information Modelling, die Normenreihe ISO 19650. Sie legen ein gemeinsames Fundament und bilden das Rückgrat künftiger Arbeitsweisen. Natürlich bedarf es noch weiterer Normen und Richtlinien, vor allem auf nationaler Ebene, um den durch ISO 19650 gesetzten Rahmen zu füllen.

Aus technischer Sicht ist es notwendig, den Sinn bestehender Datenaustausch- und Kommunikationsnormen zu verstehen, d. h. im Kern der von *buildingSMART* aufgestellten *openBIM*-Normen, wie sie in den Kapiteln 3 und 4 vorgestellt wurden. Die Anwendung von Normen zielt nicht darauf ab, aus Planern Techniker zu machen. Normen und auf ihnen aufbauende Nutzanwendungen verhelfen uns dazu, freier zu agieren und uns auf unsere Kernkompetenzen, nämlich die Planung, den Bau und den Betrieb von Liegenschaften, zu konzentrieren. Freilich ist es unerlässlich, dass wir von der Existenz dieser Normen wissen und zumindest im Grundsatz begreifen, wie sie anzuwenden sind.

Zusammengefasst ging es im ersten Teil dieses Buches darum, die verschiedenen, vielfach komplizierten Bestandteile von BIM darzustellen. Zweck dieser Übung ist nicht, sich in Details zu verlieren, sondern eine ausgewogene Übersicht der Gesamtleistung von BIM zu gewinnen. Dazu gehören Technologie, Prozesse, Normen und der menschliche Faktor.

Im zweiten Teil des Buches sahen wir, dass strategische Planung der ausschlaggebende Erfolgsfaktor ist. Dies gilt ebenso für die Implementierung in eine Organisation (wie in Kapitel 5 erörtert) wie für die Projektabwicklung (behandelt in Kapitel 6). Es wurden Normen und Anleitungen vorgestellt, die sowohl die Implementierung als auch die Projektdefinition unterstützen.

Im dritten und letzten Abschnitt des Buches haben wir uns mehr ins Einzelne gehend die praktischen Aspekte des Projektmanagements und der Projektabwicklung angeschaut. BIM ist ein Feld der Innovationen, und technische Neuerungen vollziehen sich in erstaunlichem Tempo. Man könnte mühelos seine ganze Arbeitszeit damit füllen, sich nur auf dem Laufenden zu halten, was neue technologische und praktische Entwicklungen angeht.

Es ist unmöglich, sich in allen Bereichen von BIM fachmännisch auszukennen, doch müssen wir uns der Hauptprinzipien bewusst sein und wissen, in welche Richtung die Entwicklung weitergeht. Von daher möchte ich Ihnen noch ein paar Gedanken im Blick auf die Zukunft mitgeben.

10.2 Der Entwicklungskreislauf von Neuerungen

Wir wissen: Digitale Technologien verwandeln unsere Art zu arbeiten und zu leben – jedoch nicht immer so, wie wir es erwarten. Technologische, kulturelle und soziale Faktoren beeinflussen die Art und Weise der Übernahme und Weiterentwicklung von Technologien. Zwischen Nutzeranforderungen, technologischer Entwicklung, Nutzungsformen und etablierten Arbeitsabläufen besteht ein zyklischer Zusammenhang.

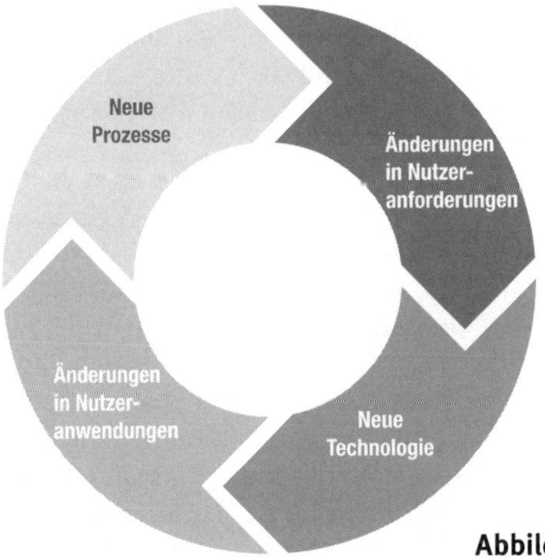

Abbildung 226: Der Innovationszyklus

Wenn ein „innovativer Kopf“ veränderte Nutzerbedürfnisse wahrnimmt, so mag er eine neue Technologie entwickeln, die ihnen gerecht wird. Diese neue Technologie verändert die Nutzergewohnheiten, woraus wiederum neue Prozesse entspringen, die neue Bedürfnisse mit sich bringen.

Dieser Kreislauf lässt sich an der Entwicklung von *Google Maps* zeigen. Die früheste Form von *Google Maps* war nichts anderes als eine digitalisierte Landkarte für unsere Desktops. Wir benutzten *Google Maps* genauso, wie wir früher eine gedruckte Karte zu benutzen pflegten, auch wenn wir in der digitalen Karte schneller navigieren und Orte suchen konnten.

Im Zuge der Verbreitung von Smartphones und Techniken der Standort-Erkennung konnte *Google Maps* ausgehend von unserem aktuellen Standort eine dynamische Routenberechnung anbieten. Später wurde diese Funktion durch die Verknüpfung mit Fahrplänen öffentlicher Verkehrsmittel und Straßenzustandsmeldungen weiter verbessert. Der wichtigste Innovationsschub wurde jedoch durch die Rückmeldung von Nutzergewohnheiten ausgelöst. So analysiert z. B. *Google Traffic* die GPS-gestützten Standortmeldungen, die die Nutzer von Mobiltelefonen an Google übermitteln, und verwendet sie dazu, anderen Nutzern von *Google Maps* eine Live-Simulation der aktuellen Verkehrsbedingungen zur Verfügung zu stellen.

Als Anwender der *Google-Maps*-App kann ich heute nach einer bestimmten Art von Geschäft suchen, z. B. einem Schuhladen, und obendrein stellt Google mir verschiedene weitere Informationen bereit, die mir die Entscheidung erleichtern, wohin ich mich wenden will. Als Erstes wird mir angezeigt, welche Geschäfte meinem derzeitigen Standort am nächsten liegen. Dazu erfahre ich, zu welchen Zeiten in diesen Geschäften am meisten und am wenigsten Betrieb ist. Und sobald ich entschieden habe, wohin ich will, zeigt Google mir die besten Fahrmöglichkeiten an.

Das *Google-Maps*-Beispiel lässt erkennen, wie der Kreislauf von Bedürfnissen, Technologie, Nutzung und Prozessen verläuft. Ergebnis ist ein hochwirksames, dynamisches und interaktives Navigationswerkzeug, das wir täglich nutzen.

Was BIM betrifft, stehen wir noch ganz am Anfang dieses Prozesses. Es sind Technologien entwickelt worden, die vermeintlichen oder tatsächlichen Bedürfnissen gerecht werden. Wie diese genutzt werden, welche neuen Arbeitsabläufe sich daraus entwickeln und wie sich daraufhin unsere Bedürfnisse verändern werden, ist noch weithin unbekannt. Freilich zeichnen sich verschiedene wichtige Trends ab, aus denen wir ablesen können, in welche Richtung sich die Dinge entwickeln mögen.

10.3 Künftige Trends

10.3.1 Big Data

Digitale Technologien generieren riesige Datenmengen. Die meisten webbasierten elektronischen Geräte sammeln Informationen über unsere Nutzergewohnheiten. In diesem Sinn produzieren wir womöglich mehr Daten, als wir konsumieren! Genauso wird es bei der Digitalisierung der Bauwirtschaft sein.

Selbst in konventionellen Projekten sind wir mit vermehrtem Datenaufkommen konfrontiert. Schon die Projektinformationen, die wir heute haben, sind mühselig zu verwalten, zu ordnen und zu verarbeiten. Wie sollen wir da im Projektvollzug *Big Data* managen?

Unser gegenwärtiges Problem besteht darin, dass Projektdaten in einer Form vorliegen, die sie schwer zugänglich machen (nämlich als gedruckte Zeichnungen und Dokumente). BIM ermöglicht die Digitalisierung von Daten im umfassenden Sinn, wodurch sie zugänglich, dynamisch und auffindbar werden. Mit BIM können wir die Daten suchen, die wir brauchen, wenn wir sie brauchen. Wir können das traditionelle Vorlagesystem („Hier haben Sie meinen Bericht!") hinter uns lassen und durch ein dynamisches Abrufsystem („Ich filtere genau die Informationen heraus, die ich brauche, und rufe sie ab") ersetzen.

Der gehörigste Fortschritt, den die Digitalisierung mit sich bringt, besteht darin, dass sie Daten dynamisch und suchbar macht. So gesehen wird *Big Data* keineswegs eine Datenwoge sein, die uns überrollt, sondern ein Informationskanal, den wir nach Belieben öffnen und schließen können.

10.3.2 Datenanalyse

Die Analyse von Daten ist ein großes Geschäft, das die betrieblichen Abläufe in den Unternehmen umwälzt. *Google Analytics* ist ein hocheffektives Werkzeug, das Einzelhandelsunternehmen Informationen über ihre Kunden verschafft. Klicke ich eine Website an, kann das Unternehmen, dem die Seite gehört, sehen, wo ich mich befinde, welcher Altersgruppe ich angehöre und welche Interessen ich habe (was an anderen Websites abzulesen ist, die ich vielleicht besucht habe).

Das Berichtswesen ist von jeher ein wichtiger Bestandteil betrieblicher Abläufe. Je digitalisierter jedoch unsere Prozesse werden, umso genauer können wir alles, was wir tun, bemessen: welche Aktivitäten wir durchführen und wie effizient wir dabei sind. Wir können uns Problembereiche anzeigen lassen, noch ehe es zu Engpässen kommt, und Strategien ausarbeiten, um diese zu vermeiden.

Auch wenn es sich darum handelt, Informationen herauszufiltern und ihnen je nach Bedarf auf den Grund zu gehen, sind Analysetools sehr hilfreich, indem sie Daten genau in der Form extrahieren, die unserem jeweiligen Verwendungszweck entspricht.

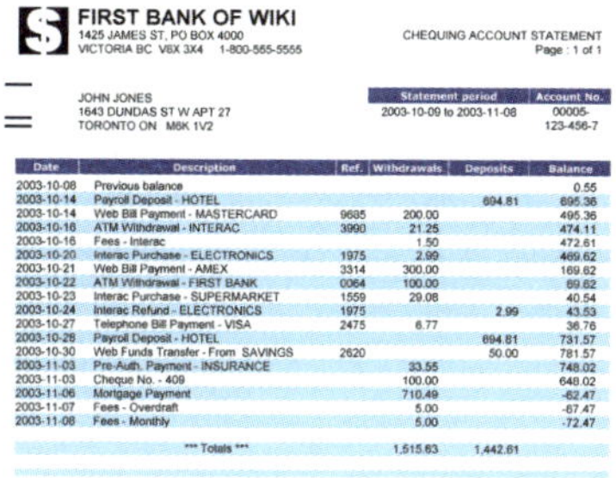

FIRST BANK OF WIKI
1425 JAMES ST, PO BOX 4000
VICTORIA BC V8X 3X4 1-800-555-5555

CHEQUING ACCOUNT STATEMENT
Page : 1 of 1

JOHN JONES
1643 DUNDAS ST W APT 27
TORONTO ON M6K 1V2

Statement period	Account No.
2003-10-09 to 2003-11-08	00005-123-456-7

Date	Description	Ref.	Withdrawals	Deposits	Balance
2003-10-08	Previous balance				0.55
2003-10-14	Payroll Deposit - HOTEL			694.81	695.36
2003-10-14	Web Bill Payment - MASTERCARD	9685	200.00		495.36
2003-10-16	ATM Withdrawal - INTERAC	3990	21.25		474.11
2003-10-16	Fees - Interac		1.50		472.61
2003-10-20	Interac Purchase - ELECTRONICS	1975	2.99		469.62
2003-10-21	Web Bill Payment - AMEX	3314	300.00		169.62
2003-10-22	ATM Withdrawal - FIRST BANK	0064	100.00		69.62
2003-10-23	Interac Purchase - SUPERMARKET	1559	29.08		40.54
2003-10-24	Interac Refund - ELECTRONICS	1975		2.99	43.53
2003-10-27	Telephone Bill Payment - VISA	2475	6.77		36.76
2003-10-28	Payroll Deposit - HOTEL			694.81	731.57
2003-10-30	Web Funds Transfer - From SAVINGS	2620		50.00	781.57
2003-11-03	Pre-Auth. Payment - INSURANCE		33.55		748.02
2003-11-03	Cheque No. - 409		100.00		648.02
2003-11-06	Mortgage Payment		710.49		-62.47
2003-11-07	Fees - Overdraft		5.00		-67.47
2003-11-08	Fees - Monthly		5.00		-72.47
	*** Totals ***		1,515.63	1,442.61	

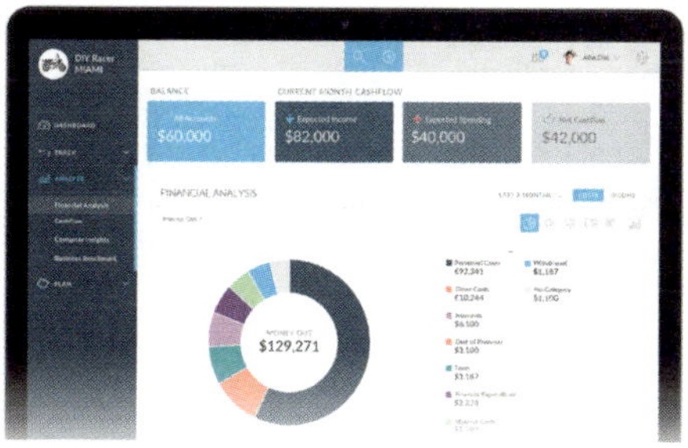

Quelle: Links: www.wikipedia.org; rechts: www.finance.strands.com

Abbildung 227: Traditioneller Kontoauszug im Vergleich zur Kontoanalyse

Ein praktisches Beispiel sind die Analysen, die heutzutage viele Banken ihren Kunden zur Verfügung stellen. Herkömmlicherweise ließ unsere Bank uns Kontoauszüge zukommen, eine schlichte Übersicht über unsere Ausgaben und Einnahmen, der aber nicht zu entnehmen war, wie bzw. wofür wir unser Geld ausgaben. Indem wir mehr und mehr Ausgaben mit Karten oder Online-Technologien tätigen, ist die Bank in der Lage, je nachdem, wohin Gelder fließen, individuelle Ausgabe-Kategorien zu erstellen: Sie kann z. B. Wohnnebenkosten vom Einkauf von Bekleidung unterscheiden.

Heute versorgen die meisten Banken ihre Kunden mit diesen Informationen in Form analytischer Übersichten von Ausgabe- und Einnahme-Kategorien. So überblickt man sehr rasch, wohin welches Geld fließt, und kann die Abläufe bedarfsgerecht bis hin zu einzelnen Zahlungen zurückverfolgen.

Im BIM-Kontext generieren wir unsere Projektübersichten und Datenanalysen aus der Gemeinsamen Datenumgebung. Indem wir eine Plattform einrichten, auf der sämtliche Kommunikationsvorgänge, Datentransfers und Entscheidungsprozesse stattfinden, erschließen wir eine Informationsquelle von unschätzbarem Wert (*Big Data* im Projektzuschnitt), die uns die bedarfsgerechte Filterung, Suche und Analyse von Informationen erlaubt.

10.3.3 Cloud-Computing

Cloud-Computing ist weniger Trend als bereits Realität. Wir alle verwenden Cloud Computing jedes Mal, wenn wir auf Google suchen oder auf eine App auf unserem Smartphone zugreifen.

Mit Cloud-Computing können wir große Mengen an Projektdaten verarbeiten und analysieren oder Vorgänge simulieren. Cloud-basierte Tools unterstützen eine echte Zusammenarbeit, so dass unbegrenzte Benutzer von zahlreichen Standorten aus auf dieselben Daten zugreifen können. Das ist für die Kommunikation ebenso wichtig wie für die Rechenschaftspflicht. Bei der Arbeit mit Cloud-basierten Projektplattformen erhalten wir einen detaillierten Überblick darüber, wer was getan hat, und wann. Dies ist entscheidend für das Projektmanagement, Aber auch die Unterstützung von verteilten

Projektteams, besonders wenn sie zwischen Büro und Baustelle regelmäßig kommunizieren müssen.

Diese Entwicklung wird sich fortsetzen; wir werden immer weniger die Rechenleistung unseres Desktop-Computers nutzen, sondern auf die nahezu unbegrenzte Rechenleistung von Cloud-basierten Applikationen zugreifen können.

10.3.4 Apps

Hand in Hand mit der Entwicklung von Cloud-Computing erlebten wir die Verbreitung von „Apps“. Diese leichten und benutzerfreundlichen Applikationen geben uns die Werkzeuge, die wir brauchen, auf unseren Smartphones und Tablet-PCs buchstäblich in die Hand.

Meine persönliche Voraussage ist, dass Building Information Modelling mehr und mehr wie Apps funktionieren wird. Wir werden nicht an bestimmte Software-Systeme gebunden sein, sondern für unsere Arbeiten, wie energetische Analysen oder Kostenkalkulationen, kleine, spezifische Applikationen nutzen.

Wenn dies funktionieren soll, brauchen wir ein gemeinsames Betriebssystem und einheitliche Austausch-Standards. Viele dieser Standards – wie IFC, BCF und IFD – wurden bereits entwickelt. In meinen Augen ist die Gemeinsame Datenumgebung das „BIM-Betriebssystem“, die Basis zur Speicherung, Bereitstellung von Projektdaten und der diversen Apps, die wir brauchen.

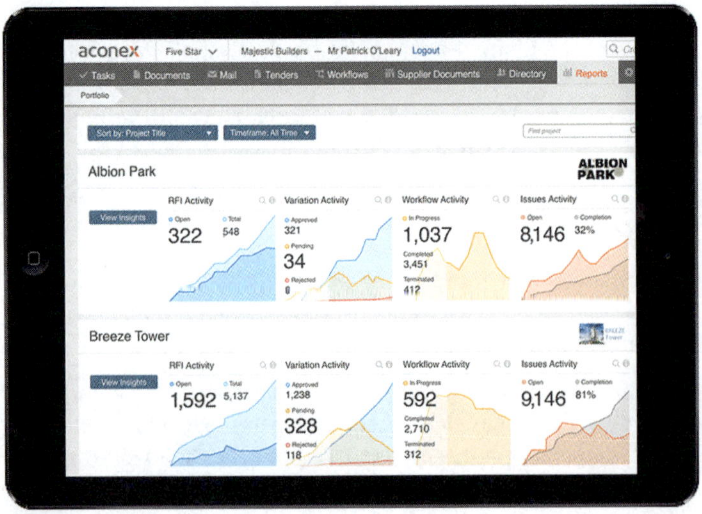

Quelle: Aconex

Abbildung 228: Projektbezogenes Berichten und Analysieren aus der Gemeinsamen Datenumgebung

Auf diese Weise würden wir in unserer täglichen Arbeit enorm an Flexibilität gewinnen. Zugleich käme es zur Demokratisierung der Software-Entwicklung, wären wir doch nicht länger von den großen Software-Anbietern abhängig. Vielmehr könnten kleine Entwickler – sogar fortgeschrittene Nutzer mit ein paar Programmierkenntnissen – bedarfsgerechte kleine Tools erarbeiten, deren Erfolg nicht an der Marketing-Potenz des Entwicklers, sondern an ihrer Relevanz für den durchschnittlichen Nutzer hinge. Wir haben es in der Hand, die Apps zu wählen, die uns zusagen, und selbst zu entscheiden, wie wir in Zukunft arbeiten wollen.

Die vier Trends *Big Data*, Datenanalyse, Cloud-Computing und App-basiertes Arbeiten kann man als Folge – und zugleich als eine Art Evolution – der Fragmentierung unserer Industrien und der vernetzten Systeme betrachten, die sie zusammenhalten. Natürlich werden sich neue Trends herausschälen, während andere in den Hintergrund treten. Dennoch erkennen wir hier eine klare Richtung künftiger Entwicklungen, auf die wir uns einstellen können.

www.derBIMmanager.org

Definitionen

2D-Zeichnung traditionelle Pläne (bzw. 2D-CAD). Im Kontext von BIM sind 2D-Zeichungen ein Output aus dem Modell.

3D-Druck eine Technik, mit der aus einem digitalen Modell ein physisches 3D-Modell hergestellt wird. Dies geschieht mittels einer Maschine, die Material (in flüssiger oder Partikel-Form) Zug um Zug übereinanderschichtet.

4D eine BIM-Anwendung, in der man ein geometrisches Modell mit Termininformationen verbindet, um eine Ablaufsimulation zu erstellen.

5D eine BIM-Anwendung, in der man ein geometrisches Modell mit Kostendaten verbindet, um einen Kostenplan aufzustellen.

AIA (Auftraggeber-Informationsanforderungen) ↗ „BIM-Pflichtenheft".

Akteure sind Personen oder Entitäten, die in bestimmten Funktionen (Rollen) bzw. Arbeitsbereichen am Projekt beteiligt sind, z. B. Architekten, Projektmanager, Bauherren, Kostenplaner usw.

Anwenderprogramm (buildingSMART) eine Initiative von buildingSMART für die Kommunikation mit und Einbindung von Anwendern von openBIM-Standards.

API (en: *Application Programming Interface*) eine Programmierungschnittstelle, vor allem für die Kommunkikation zwischen verschiedenen Softwarelösungen.

Apps Webbasierte Softwareapplikationen, bei denen die Rechnung über die ‚cloud' bzw. Rechenzentren verarbeitet wird, statt über die Leistung der Desktop-Computer. Apps sind vor allem für Mobilgeräte (wie Smartphones und Tablets) geeignet.

Asset-Informationsmodell (AIM) auch Liegenschafts-Informationsmodell (LIM): ein Datenmodell für den modellbasierten Betrieb und die Wartung einer Liegenschaft.

Attribute ↗ „Objekt-Eigenschaften".

Austauschumfeld Hier werden Modelle exportiert und für die Projektteams zur Verfügung gestellt.

Austauschanforderungen (en: *Exchange Requirements*, ER) definieren, welche Datensätze innerhalb spezifischer BIM-Anwendungen auszutauschen sind.

AVA-Systeme (Ausschreibung, Vergabe und Abrechnung) Softwarelösungen, die vor allem die Bereiche Kostenschätzung, Ausschreibung und Abrechnung von Bauleistungen abdecken.

BCF (en: *BIM Collaboration Format*) ein Format zur Übermittlung von Problemen und Mitteilungen zwischen verschiedenen Softwarelösungen.

BCF-Server kann jede Online-Applikation sein, die das BCF-REST-API nutzt, um direkt zwischen verschiedenen BCF-kompatiblen Softwares zu kommunizieren, ohne dass individuelle BCF-Dateien transferiert werden müssen.

BIG BIM projektweiter, kollaborativer Einsatz von BIM, basierend auf modellzentrierten Arbeitsabläufen, d. h. dem geregelten Austausch von Modellen.

Big Data eine Bezeichnung für große Volumen und komplexe Datensätze.

BIM (*Building Information Modelling* = Bauinformationsmodellierung) der Einsatz digitaler Modelle für die Planung, Realisierung und betriebliche Nutzung baulicher Liegenschaften.

BIM-Berater (oder Qualitätsmanager) i. d. R. ein vom Bauherrn beauftragter externer Fachmann, der Definition und Umsetzung von BIM-Anforderungen und -Verfahrensregeln unterstützt.

BIM-Anwendungen oder **-Anwendungsfälle** Nutzungsvarianten für BIM-Daten. Dazu gehören z. B. Modellerstellung, energetische Analyse, Kollisionserkennung und Mengenermittlung.

BIM-Champion Schlüsselperson in der Implementierung und Nutzung von BIM innerhalb einer Organisation (üblicherweise beim Bauherrn angesiedelt).

BIM-Koordinator führt auf operativer Ebene Qualitätssicherungsprozesse durch. Primäre Aktivitäten sind die Koordinierung von Modellen und die Lösung von Koordinationsproblemen.

BIM-Kompetenzbewertung ein Mittel zur Selbsteinschätzung der eigenen BIM-Befähigung. Diese Einschätzung kann auf individueller/personenbezogener, projektorientierter oder unternehmensweiter Ebene erfolgen.

BIM-Konstrukteur ↗ „BIM-Urheber".

BIM-Leitfaden Anleitung und Erklärung der allgemeinen Begriffs- und Prozessdefinition für die BIM-Methodik.

BIM-Manager der operative BIM-Leiter innerhalb eines Unternehmens.

BIM-Pflichtenheft (en: *Exchange Information Requirements*, EIR) auch als Auftraggeber-Informationsanforderungen (AIA) bezeichnet; beschreibt die projektbezogenen BIM-Anforderungen aus der Sicht des Bauherrn. Das BIM-Pflichtenheft ist üblicherweise Teil des Vertragswerkes zwischen Auftraggeber und Auftragnehmer.

BIM-Projektabwicklungsplan (BAP) (en: *BIM Execution Plan*, BEP) ein vom Projektteam aufgesetztes Dokument, das festlegt, in welcher Weise das Team BIM in einem gegebenen Projekt zum Einsatz bringen will.

BIM-Projektkoordinator der Hauptansprechpartner für das Projektteam in Sachen BIM. Ist üblicherweise mit strategischer Projektkoordination und -steuerung befasst und wird vom Hauptauftragnehmer gestellt.

BIM-Ready ein von Mensch und Maschine entwickeltes Trainingskonzept, das die drei Kernbereiche von BIM abdeckt: Konstruktion, Koordination und BIM-Management.

BIM-Richtlinien praktische Anleitungen sowie eine technische Erklärung für die Anwendung von BIM. Richtlinien können auf nationaler, unternehmensweiter oder projektspezifischer Ebene erstellt werden.

BIM-Strategie ein Dokument, das Vision, Ziele und Motivation des Einsatzes von BIM in einer Organisation erfasst. Es beschreibt auch die Herangehensweise, mit der die Organisation die gesetzten Ziele erreichen möchte.

BIM-Urheber (auch BIM-Modellierer oder -Konstrukteur) der Projektbeteiligte, der an der Erstellung von Modelldaten mitwirkt.

bSDD (en: buildingSMART *Data Dictionary*) eine Applikation von buildingSMART, mit der sich BIM-Inhalte in multiple Sprachen und Klassifizierungssysteme übersetzen lassen.

buildingSMART eine internationale Organisation, die die Entwicklung von Normen für openBIM (openBIM-Standards) vorantreibt.

CAD (en: *Computer Aided Design*) Einsatz digitaler Werkzeuge in Entwurfs- und Planungsarbeiten. Üblicherweise bezieht sich der Begriff CAD auf zweidimensionale Zeichnungen, er kann jedoch auch dreidimensionales volumetrisches Modellieren einbeziehen.

CAM (en: *Computer Aided Manufacturing*) Einsatz digitaler Werkzeuge zur Unterstützung maschinell gesteuerter Produktionsvorgänge.

CDE ↗ „Gemeinsame Datenumgebung“.

CEN (fr: *Comité Européen de Normalisation*) das europäische Normungsinstitut – eine öffentliche Organisation, die europaweite Normen (ENs) entwickelt und veröffentlicht.

CGI (en: *Computer Generated Imagery*) der englische Fachausdruck für mittels Computer generierte 3D-Grafiken, vor allem im Bereich der Filmproduktion.

COBie (en: *Construction Operation Building information exchange*) eine Norm zur Übermittlung von Informationen über ein Bauwerk im Übergang von der Bauausführung zur Liegenschaftsverwaltung während der betrieblichen Nutzung.

Coordination View eine der verbreitetsten Modellansichtsdefinitionen für IFC2X3. Coordination View ist sowohl für generelle Koordinierungszwecke als auch beim Austausch von Modellen einsetzbar.

Compliance Programme (buildingSMART) eine Initiative von *buildingSMART* für die Einhaltung und Zertifizierung in spezifischen Bereichen (aktuell für Softwares und Personen).

closedBIM auch als nativeBIM bezeichnet, beschreibt kollaborative Prozesse, insbesondere Datenaustausch-Vorgänge, die ausschließlich auf proprietären Systemen und kommerziellen Dateiformaten basieren.

Cloudbasierte Datenverarbeitung (en: *Cloud Computing*) Datenberechnung, die in Datenzentren und nicht auf Privat-Rechnern (PCs) abläuft.

CNC (en: *Computer numerical control*) eine Technologie, die computergesteuerte Maschinen in der Fertigung von Objekten einsetzt. Bezieht sich vorwiegend auf subtraktive Vorgänge wie das Sägen oder Wegschleifen von Material.

Datenauszüge (en: *data drops*) festgesetzte Abgabetermine für die Zulieferung von projektbezogenen Informationen an den Bauherrn.

Design Transfer View eine detaillierte Modellansichtsdefinition für IFC4, die komplexe Geometrie und hochwertige Informationsinhalte bietet.

Datenvalidierung auch als Auditing bezeichnet, ist ein Qualitätssicherungsprozess, der Vollständigkeit, Richtigkeit und Konsistenz von Projektdaten gewährleistet.

Durchbruchsanforderung (en: *Provision for Void*, PfV) meint speziell eine IFC-Entität, die die Notwendigkeit eines Durchbruchs in einem tragenden Element zu haustechnischen Installationszwecken anzeigt.

EIR ↗ „BIM-Pflichtenheft".

ERP-Systeme (en: *Enterprise Resource Planning*) Softwarelösungen für die Verwaltung von Kern-Geschäftsprozessen; vor allem in den Bereichen Finanzen, Logistik- und Personalplanung.

Exemplar hier als die einzelnen Vorkommen eines Objekttyps innerhalb eines Projektmodells gemeint.

Fachmodell ein von einem bestimmten Gewerk oder Arbeitsbereich (z. B. Installateur, Fassadenbauer) erstelltes Modell, das ausschließlich für dieses Gewerk/diesen Bereich relevante Informationen enthält.

gbXML ist ein offenes Datenaustauschformat, das speziell für energetische Analysen verwendet wird.

Gemeinsame Datenumgebung (en: *Common Data Environment*, CDE) auch als Projektraum bezeichnet, ist eine gemeinsame digitale Plattform, in der sämtliche Projektinformationen, insbesondere Modelle, Pläne, Dokumente und andere Dateien, gespeichert und ausgetauscht werden.

Generische Objekte sind Modellelemente, die zwar definiert, aber noch nicht als bestimmtes Hersteller-Produkt festgelegt sind.

GUID (en: *Global Unique Identifier*) eine einmalig vergebene Nummer, die in Datenverarbeitungssystemen Elemente identifiziert. Im Kontext von BIM haben wir es für gewöhnlich mit einem IFC-GUID zu tun, einer komprimierten Kennung (bestehend aus maximal 22 Zeichen), die im Normalfall zum Zeitpunkt eines IFC-Exports generiert wird.

Handbuch zur Informationsbereitstellung ↗ „IDM".

Hersteller-Objekte sind Modellelemente, die als spezifische Produkte bestimmter Hersteller definiert sind.

IDM (en: *Information Delivery Manual* = **Handbuch zur Informationsbereitstellung**) beschreibt standardmäßige BIM-Aktivitäten. Das IDM richtet sich vorwiegend an technische Anwender und Software-Entwickler.

IFC (en: *Industry Foundation Classes*) ein offener Standard zum Austausch von Modelldaten zwischen verschiedenen Softwarelösungen.

IFC2X3 eine frühere Version des IFC-Schemas, die schon von der Mehrzahl der Anwender genutzt wird.

IFC4 die aktuelle Version des IFC-Schemas und die erste, die ISO-genormt ist (ISO 16739:2013).

IFC-SPF das meistgenutzte IFC-Format, ein Textformat in der Modelliersprache *EXPRESS data*.

IFC-XML ein jüngeres IFC-Format, das auf die weiter verbreitete *Extensible Markup Language* = XML zurückgreift.

IFC-ZIP ein komprimiertes *Format* von IFC-SPF.

Individuelle Qualifizierung die erste Phase des *buildingSMART*-Programms zur professionellen Zertifizierung.

Industrie 4.0 aktueller Trend zur digitalen Automatisierung und zum digitalen Datenaustausch in der Produktion. Hierzu gehören Konzepte wie das „Internet der Dinge" und die cloudbasierte Datenverarbeitung.

Informationsaustausch die Übertragung von Informationen von einer Stelle zur nächsten. Im BIM-Kontext ist hiermit im Regelfall die Ausgabe von Modellen oder Modelldaten gemeint.

Internet der Dinge (en: *Internet of Things*) die digitale Vernetzung physischer Nutzgegenstände wie z. B. Autos, Haushaltsgeräte usw.

ISO 19650 eine Serie von Normen (2018 zur Veröffentlichung anstehend), die die BIM-Methodik bestimmen. ISO 19650 beruht weitgehend auf dem bekannten britischen Normenwerk PAS 1192.

ISO (en: *International Organization for Standardization*) die Institution, die Internationale Normen entwickelt und herausgibt.

Istzustandsmodelle (en: *As-built Models*) spezifische Modelle erstellt auf Grundlage der tatsächlichen Bedingungen nach dem Bau. Istzustandsmodelle werden meistens auf Basis von Datenaufnahmen (z. B. Point-Cloud-Laserscans) erstellt.

Klasse hier als eine übergeordnete Gruppierung oder Klassifizierung der Modell- bzw. Gebäudeelemente (z. B. Wand, Fenster etc.) zu verstehen.

Klassifizierung hier als ein standardisiertes System für die Gruppierung (Zuordnung) von Modell- bzw. Gebäudeelementen zu verstehen.

Kollaboratives Umfeld Hier werden Modelle herausgegeben, koordiniert und geprüft. Die kollaborative Umgebung kann ein CDE sein, aber auch eine informelle digitale Plattform für gemeinsame Arbeit.

Kollisionserkennung auch als räumliche Koordination bezeichnet, beschreibt automatisierte Prozesse, die zwei oder mehr Elemente aufzeigen, die nicht miteinander harmonieren.

Fachkoordination die Verschmelzung und Koordinierung von zwei oder mehr Fachmodellen. Beinhaltet üblicherweise automatisierte Kollisionserkennungen, kann aber auch die Durchbruchsplanung und visuelle Prüfung verschiedener Modelle bezeichnen.

Kostenplanung eine proaktive Herangehensweise, bei der die Projektkosten zusammen mit anderen Aspekten des Projekts von den allerersten Entwurfsphasen an geplant werden (auch als *design-to-cost*-Methode bezeichnet).

Kostenschätzung eine reaktive Kostenkalkulationsmethodik, die nicht in den Planungsfortschritt integriert ist, sondern sich eher an die Planungsphasen anschließt.

Liegenschafts-Informationsmodell (LIM) ↗ Asset-Informationsmodell

Liegenschafts- (oder Asset) **Informationsanforderungen** (LIA) Beschreibung der nötigen Informationen für die betriebliche Nutzung einer Liegenschaft.

LION (en: *Level of Information Need*) ein Überbergriff (aus ISO- und EN-BIM-Normen), um das gesamte LoD-Konzept zu beschreiben.

Line of Balance (LOB) auch ‚Flowline' genannt, ist ein Kontrollprozess, der für die Planung von Wiederholungsaktivitäten auf einer Baustelle verwendet wird, insbesondere im Hinblick auf die Verwaltung von Ressourcen, Zeit und Kosten.

little bim die Nutzung von BIM in einem begrenzten Kontext, genauer die BIM-Nutzung innerhalb einer einzigen Organisation ohne Modellaustausch mit externen Planungspartnern.

LoD (en: *Level of Development/Detail* = **Entwicklungs-/Detaillierungsgrad**) Genauigkeitsgrad der Darstellung eines Modellelements. Bezieht sich auf den geometrischen sowie den Informationsinhalt der Objekte.

LoG (en: *Level of Geometry*) der geometrische Genauigkeitsgrad eines Modellelements. LoG ist ein Aspekt der LoD-Definition.

LoI (en: *Level of Information*) Genauigkeitsgrad der Informationsinhalte (Metadaten) eines Modellelements. LoI ist der zweite Aspekt der LoD-Definition.

Mengenermittlung eine BIM-Anwendung, bei der Stücklisten oder andere Auswertungen (z. B. Flächenermittlung) aus dem Modell generiert werden.

Mensch und Maschine eine Deutsche Technologie Firma in der Bau-, Infrastruktur-, GIS- und Maschinebaubranche tätig. Mit über 700 Mitarbeitern ist das Unternehmen europaweit vertreten.

Model-Checking eine BIM-Anwendung zur Prüfung der Qualität eines Modells – von der Kollisionserkennung bis hin zu komplexeren Überprüfungen im Hinblick auf die Einhaltung von Bauvorschriften oder anderer Anforderungen.

Modellanalyse auch Modellsimulation, bezieht sich auf alle BIM-Anwendungen, die die Extrahierung und Bewertung von Projektinformationen umfassen – von einfachen Mengenermittlungen bis hin zu anspruchsvollen energetischen oder statischen Analysen.

Modell-/Datenerstellung die vorrangige BIM-Aktivität in der Herstellung von Projektmodellen.

Modellelement-Erstellungsplan (en: *Model Production Delivery Table* = MPDT) ein projektspezifischer Übersichtsplan, der für jedes Modellelement projektphasenbezogen den geometrischen sowie den Informationsgrad angibt. Die MPDT ist Kernbestandteil von BIM-Lastenheften und -Projektabwicklungsplänen.

Modellinhaltsmanagement (en: *Model Content Management* = MCM) ein Überbegriff für die Einordnung und die Verwaltung von Projektinformationen abseits der grundlegenden geometrischen Modelle.

MVD (en: *Model View Definition* = Modellansichtsdefinition) ein reduzierter IFC-Export bzw. eine gefilterte IFC-Ansicht für spezielle Verwendungszwecke (wie z. B. energetische Analysen).

Modellansichtsdefinition ↗ „MVD".

mvdXML ein Format, das zur Kommunikation zwischen Softwarelösungen eingesetzt wird, um den Inhalt einer Modellansichtsdefinition anzugeben.

Natives Format das Datenverarbeitungsformat, in dem ein Urheber ein Modell erstellt und modifiziert.

Normen anerkannte und verbindlich geltende Regeln oder Standards, normalerweise auf nationaler oder internationaler Ebene.

Objektbibliotheken auch als BIM-Bibliotheken bezeichnet, sind Kataloge digitaler Modellobjekte (Bauelemente), die in verschiedenen Projektmodellen verwendet werden können.

Objektorientiert ein Begriff aus der Software-Entwicklung, der sich auf die Verwendung vordefinierter Elemente in einer Softwarelösung bezieht. Im BIM-Kontext spricht man i. d. R. dann von objektorientierter Software, wenn diese Bauelemente als individuelle, unverwechselbare Einheiten bzw. Objekte erkennt.

Objekteigenschaften auch als Parameter bezeichnet, umfassen die individuellen Attribute eines Modellelements. Normalerweise auf Informationsinhalte (bzw. nicht-geometrische Aspekte) bezogen.

openBIM bezeichnet kollaborative Prozesse, insbesondere Datenaustausch-Vorgänge, die sich neutraler, offen zugänglicher Standards wie IFC (Industry Foundation Classes) oder BCF (BIM Collaboration Format) bedienen.

Organisatorische Informationsanforderungen (OIA) der Informationsbedarf einer Eigner-Organisation zur Verwaltung ihres Immobilien-Portfolios und der damit zusammenhängenden Dienstleistungen.

Parametrisch eine Beschreibung von Einheiten, die aus variablen Attributen oder Parametern konstruiert sind.

PAS 1192 (en: *Publicly Available Specification* = öffentlich zugängliche Vorschrift) ist die Bezeichnung einer britischen Normenreihe, die verschiedene Aspekte der BIM-Methodik regelt. PAS ist die Vorläufer-Bezeichnung von *British Standard* (Britische Norm).

Produktdatenvorlage (en: *Product Data Template,* PDT) standardisierte Liste von Eigenschaften, die eine spezifische Objektklasse bzw. ein spezifischer Objekttyp aufweisen muss.

Produktdatenblätter (en: *Product Data Sheets*, PDS) die digitale Auflistung von Eigenschaften eines bestimmten Hersteller-Produkts – auf Basis der einschlägigen Produktdatenvorlage.

Professionelle Zertifizierung ein von *buildingSMART International* aufgelegtes Programm zur Förderung von BIM-Schulungen und individuellen Zertifizierungen.

Projekt-Informationsmodell (PIM) ein digitales Modell für die Anwendung in den Planungs- und Bauphasen eines Projekts.

Projekt-Informationsanforderungen (PIA) beschreiben die nötigen Informationen, die am Ende eines gewissen Bauvorhabens (z. B. Umbau oder Erweiterung eines Gebäudes) zum Zweck der betrieblichen Nutzung der Liegenschaft zur Verfügung gestellt werden sollen.

Projektraum ↗ „Gemeinsame Datenumgebung".

Projektphase bezeichnet eine vertraglich festgelegte Projektabwicklungsphase, wie z. B. die britischen CIC Stages oder die deutschen HOAI-Leistungsphasen.

Proprietäres Format eine von einem kommerziellen Unternehmen entwickelte Datenstruktur, die im Eigentum dieses Unternehmens verbleibt.

Prozessübersicht ein Teil der IDM-Methodik, der feste Verfahrensvorschriften für standardmäßige projektbezogene Aktivitäten beschreibt.

Projektkoordination Aktivitäten der Projektsteuerung, die das gesamte Projektteam betreffen. In ihrer einfachsten Form kann sich die Projektkoordination auf die Modellkoordinierung beschränken. Idealerweise richtet sie sich jedoch auf eher strategische Koordinierungsprozesse im Hinblick auf Zeitplan und Budget des Projekts.

Rekordmodell (en: *Record Model*) ein aktualisiertes Planungsmodell (normalerweise vom Architekten) für die Projektübergabe, das die tatsächlichen Baukonditionen darstellt.

Reference View die in IFC4 vorwiegend benutzte Modellansichtsdefinition für den allgemeinen Modellaustausch und -koordination.

Raumdatenblätter (RDB) Beschreibung, die sämtliche Informationen über spezifische Räume oder Raumtypen in einem Gebäude enthält.

Simulation ↗ „Modellanalyse".

Software-Zertifizierung bezieht sich spezifisch auf die von *buildingSMART* vorgenommene Zertifizierung vorliegender Softwares im Hinblick auf deren Fähigkeit zum IFC-Im- und Export.

Standardprogramm (buildingSMART) das *buildingSMART*-Programm zur Förderung der Entwicklung von *openBIM*-Normen.

TGA (Technische Gebäudeausrüstung) ein Begriff für Gebäudetechnik (u. a. Heizungs-, Lüftungs-, Elektro- und Sanitärsysteme).

Transition BIM bezieht sich auf die Verwendung von BIM in einem Projekt, ohne dass projektspezifische Richtlinien vorhanden sind, also einen relativ willkürlich erfolgenden BIM-Einsatz.

Typ eine Unterkategorie von Modellobjekten. Ein Schiebefenster in Aluminium-Ausführung stellt z. B. einen spezifischen Typ der Objektklasse „Fenster" dar.

Unternehmens-BIM-Richtlinien ein technisches oder operatives Handbuch, das vorgibt, auf welche Weise BIM in einer Organisation oder einem Projekt eingesetzt wird.

User Programme das *buildingSMART*-Programm zur Weiterbildung industrieller Anwender in Bezug auf *openBIM*.

Vereinigtes Modell ein Projektmodell, das aus mehreren einzelnen Fachmodellen zusammengesetzt ist.

Verschattungsberechnung architektonische Untersuchung, durch die ermittelt wird, inwieweit ein zu errichtendes Gebäude benachbarte Bauwerke oder Freiflächen verschatten würde.

Visualisierung im vorliegenden Kontext eine BIM-Anwendung, die ein digitales Gebäudemodell zur Bereitstellung von perspektivischen Ansichten bzw. 3D-Simulationen (Animationen) heranzieht.

Abbildungsverzeichnis